粉体材料工艺学

无机非金属材料工程
Inorganic Non-metallic
Materials Engineering

Powder Materials Technology

李月明　主　编

谢志翔　石纪军　副主编

U0205696

化学工业出版社

·北京·

本书是根据"新工科"普通高等学校粉体材料科学与工程专业人才培养方案，结合工程教育专业认证标准而编写的教材。全书共 6 章，以粉体材料的粉体的性质、制备和用途为主线，阐述粉体的基本特性与表征，粉体的物理化学性质，各种无机材料粉体单元操作的基本过程、原理、技术与制备，粉末的制备的物理、化学基本原理以及相关的技术与制备，具有时代性和实用性。

本书即是高等院校粉体材料科学与工程专业教材，也可供粉体加工从业者、科研人员参考阅读。

图书在版编目(CIP)数据

粉体材料工艺学 / 李月明主编；谢志翔，石纪军副主编. —北京：化学工业出版社，2022.3（2023.7 重印）
ISBN 978-7-122-40775-7

Ⅰ．①粉…　Ⅱ．①李…　②谢…　③石…　Ⅲ．①粉体-材料工艺-高等学校-教材　Ⅳ．①TB44

中国版本图书馆 CIP 数据核字(2022)第 021450 号

责任编辑：王　婧　杨　菁
责任校对：田睿涵
装帧设计：李子姮

出版发行：化学工业出版社
　　　　　（北京市东城区青年湖南街 13 号　邮政编码 100011）
印　　装：北京天宇星印刷厂
787mm×1092mm　1/16　印张 17$\frac{1}{4}$　字数 397 千字
2023 年 7 月北京第 1 版第 2 次印刷

购书咨询：010-64518888
售后服务：010-64518899
网　　址：http://www.cip.com.cn
凡购买本书，如有缺损质量问题，本社销售中心负责调换。

定　　价：58.00 元　　　　　　　　　　版权所有　违者必究

前言

本书是根据"新工科"普通高等学校粉体材料科学与工程专业人才培养方案，结合工程教育专业认证标准而编写的教材。

近年来，我国高技术陶瓷产业飞速发展，陶瓷粉体制备技术呈现日新月异的变化。为适应新形势下粉体材料科学与工程专业的教学要求，培养高质量工程技术专业人才，满足陶瓷粉体行业快速发展的需求，结合工程教育专业认证标准，按照 OBE 人才培养理念，依据科学性、先进性和系统性的原则，吸收国内外现有教材、著作以及最新的研究成果和技术进展，组织景德镇陶瓷大学、苏州科技大学多位教授编写此教材。

"粉体材料工艺学"是粉体材料科学与工程专业的一门重要的专业方向课程，课程的任务是系统阐述粉体性能与特征及其表征方法，介绍粉体材料制备领域的最新研究成果，重点掌握各种陶瓷粉体的制备技术与工艺，了解粉体的应用领域。通过对本课程的学习，学生能够从事相关粉体工程的科研、生产、管理以及销售等工作，具备在陶瓷粉体工程及其相关领域解决复杂工程问题的能力。

本教材共 6 章，分别介绍了粉体的特征与表征，粉体的物理化学性能，粉体的通用制备方法以及各种氧化物和非氧化物粉体的性质、制备技术方法和应用，具有时代性和实用性。

全书由李月明担任主编，谢志翔、石纪军担任副主编。第 1 章，第 5 章 5.2、5.3 节，第 6 章 6.4～6.8 节由景德镇陶瓷大学李月明教授编写；第 2 章，第 3 章，第 6 章 6.9 节由石纪军副教授编写；第 4 章，第 5 章 5.1 节由苏州科技大学谢志翔副教授编写；第 6 章 6.1、6.2 节由赵林副教授编写；第 6 章 6.3 节由刘阳教授编写。全书由顾幸勇教授审稿。

由于编者水平有限，书中疏漏之处在所难免，恳请读者斧正。

编　者
2022 年 1 月

目录

第4章　粉体的制备方法

第5章　氧化物陶瓷粉体的制备

第6章　非氧化物陶瓷粉体的制备

第1章 绪论

内容提要

本章主要介绍粉体对制备高性能陶瓷的作用，采用思维导图介绍了本课程的主要内容以及课程在专业学习中的地位和作用。此外，介绍了颗粒和粉体的概念及其特性，简要介绍了粉体制备技术的发展趋势。

学习目标

○ 了解本课程的主要内容及其在专业学习中的地位和作用。
○ 掌握颗粒和粉体的概念及其特性，了解粉体制备技术的发展趋势。

当前，信息技术、生物技术和新材料技术的发展推动了粉体技术研究的深入和技术应用开发水平的提高。粉体材料制备技术不再仅仅是粉碎分级等简单的物理单元作业，而是在新的科学氛围和新的技术平台上与材料科学、化学、物理、机电、环境等学科的交融。粉体材料技术即使是在那些简单的物理单元作业中，新材料、计算机和测控技术的应用，也在不断使这些技术和设备推陈出新，更新换代。高性能粉体对高性能新材料的制备具有重要作用，因此，粉体材料具有巨大的发展空间和广阔的应用前景。

先进陶瓷材料的性能在一定程度上是由其显微结构来决定，而显微结构的优劣取决于制备工艺过程。先进陶瓷的制备工艺过程主要由粉体制备、成型和烧结等主要环节组成。在三个环节中，粉体制备是基础，若基础的粉体质量不高，即使在成型和烧结时做出再大的努力，也难以获得理想的显微结构和高质量的先进陶瓷产品。

粉体性能的优劣将直接影响到成型和烧结的质量。例如，粉体颗粒粗大、团聚严重、流动性差，无论通过何种成型方法，也难以得到质地均匀、缺陷少、致密度高的素坯，这样的素坯必然导致烧结温度狭窄，使烧结条件难以控制，不可能制得显微结构均匀、致密度高、内部缺陷少、外部平整的烧结体。所以粉体的优劣对陶瓷材料的性能至关重要。

一般来讲，先进陶瓷对粉体原料的特性有以下的要求：

① 化学组成精确。这是一个最基本的要求，对先进陶瓷而言，化学组成直接决定了产品的晶相和性能。

② 化学组成均匀性好。即化学组成分布均匀一致，如果化学组分分布不均匀将会导致局部化学组成的偏离，进而产生局部相的偏析和显微结构的差异及异常，同时导致最后

烧结体性能的下降。

③ 纯度高。要求粉体中杂质含量低，特别是有害的杂质含量要尽量低，因为杂质的存在将会影响到粉体的工艺性能和烧结体的物理、化学性能。

④ 适当小的颗粒尺寸。颗粒尺寸适当小可以降低烧结温度和有效降低烧结体的颗粒尺寸。

⑤ 球形颗粒，且尺寸均匀单一。球形颗粒的流动性好，颗粒堆积密度高，气孔分布均匀，从而在成型与烧结致密化过程中可对晶粒的生长和气孔的排除与分布进行有效的控制，以获得显微结构均匀、性能优良、一致性好的产品。

⑥ 分散性好，团聚少。尽量减少软团聚和硬团聚。

基于粉体的性能优劣对陶瓷材料的性能具有决定性的作用，研究与制备高性能粉体具有重要的意义。《粉体材料工艺学》教材是针对粉体材料科学与工程专业而编写的，其主要内容包括粉体的几何特征与表征，粉体的物理化学性质，粉体的通用制备方法，氧化铝、氧化锆等各种氧化物粉体和碳化硅、碳化硼、氮化硅等各种非氧化物粉体的性质、制备技术、工艺与应用。

1.1　颗粒的概念和特性

1.1.1　颗粒的概念

与大块固体相比较，相对微小的固体称之为颗粒。根据其尺度的大小，常区分为颗粒（particle）、微米颗粒（micron particle）、亚微米颗粒（sub-micron particle）、超微颗粒（ultra-micron particle）、纳米颗粒（nano-particle）等。这些词汇之间有一定的区别，目前正在建立相应的标准进行界定。通常粉体工程学研究的对象是尺度界于 $10^{-9}\sim10^{-3}$ m 范围的颗粒。

随着科学观察和实际操作能力的提高，制备和使用这些微细颗粒的技术从毫米级进入微米级，从微米级进入纳米级，并逐渐逼近分子级水平。20 世纪 80 年代，化学家关注的由 60 个碳原子组成的 32 面体的碳单质晶体，它既具有分子簇特征，也具有粉体颗粒的特性，可以说人类的操作能力进入分子和颗粒连续的时代。

广义上说，颗粒不仅限于固体颗粒，还有液体颗粒、气体颗粒。如空气中分散的水滴（雾、云），液体中分散的液滴（乳状液），液体中分散的气泡（泡沫），固体中分散的气孔等都可视为颗粒，它们都是"颗粒学"的研究对象。而粉体工程学的研究对象是大宗的固体颗粒集合体。

从颗粒存在形式上来区分，颗粒有单颗粒和由单颗粒聚集而成的团聚颗粒，单颗粒的性质取决于构成颗粒的原子和分子种类及其结晶或结合状态，这种结合状态取决于物质生成的反应条件或生成过程。从化学组成来分，颗粒有同一物质组成的单质颗粒和多种物质组成的多质颗粒。多质颗粒又分为由多个多种单质微颗粒组成的非均质复合颗粒和多种物质固溶在一起的均质复合颗粒。从性能的关联度来考虑，原子分子的相互作用决定了单颗粒，单颗粒之间的相互作用决定了团聚颗粒或复合颗粒的特性；团聚与复合颗粒的集合决定了粉体的宏观特性；粉体的宏观特性又影响到其加工处理过程和产品的品质。

1.1.2　颗粒的特性

从粉体工程学广泛的应用领域来看，以微小颗粒的形式来处理固体物质具有以下几方面的必要性与有利性：

① 比表面积增大促进溶解性和物质活性的提高，易于反应处理。

② 颗粒状态易于流动，可以精确计量控制供给与排出和成形。

③ 实现分散、混合、均质化与梯度化，控制材料的组成与构造。

④ 易于成分分离，有效地从天然资源或废弃物中分离出有用成分。

颗粒的性质决定了粉体的性质，粉体工程学涉及的基本理论，主要研究颗粒的体相性质（大小与分布、形状、比表面积、堆积特性、磁电热光等性质）；颗粒的表面与界面性质（表面的不饱和性、表面的非均质性、表面能等）；颗粒表面的润湿性（润湿类型、接触角与临界表面张力、亲液-疏液性等）；颗粒表面的动电性质（表面电荷起源、颗粒表面电位与吸附特性等）；颗粒表面的化学反应（类型与机理、反应动力学）等。

1.2　粉体的概念和特性

1.2.1　"粉"与"粒"的关系

拆字思义，"粉"乃将米粉碎而成，"粒"乃米的独立存在，这两个字形象地表明了古人对粉体和颗粒的认识。一尺之棰，日取其半，万世不竭，这是《庄子·天下》中对物质微细化过程的直接描述，它形象简洁地阐明了颗粒无限可分的概念。《金刚经》也记录过释迦佛陀多次以恒河中沙尘颗粒个数来比喻宇宙之大：河中沙粒之多，再以一粒沙比喻成为一条河，又可以无穷无尽地放大到无垠的空间。

古代先贤早已对颗粒构成的大千世界有了清楚的认识，而且这种无限、不断可分与放大的"尽虚空，遍法界"的多尺度思想和宽广的意境对我们认识粉体、认识颗粒有着极其重要的启发作用。

人类对客观世界的认识是从微观、介观和宏观等不同层次上进行的，认知范围的扩大与内容的深入，不断增强着人类对掌控客观世界的能力。对于人们热心的粉体技术来说，从构成原子的微粒子到充满无数星球的天体群，都在不同尺度上反映了颗粒（个体）与粉体（群体）之间的密切关系。

1.2.2　粉体的概念

固体颗粒的集合体定义为粉体。表示粉体的词汇有粒体（granule）、粉体（powder）、粉粒体（particulate matter）。大颗粒的集合体习惯上称之为粒体，小颗粒的集合体习惯上称之为粉体。

粉体是指离散状态下固体颗粒集合体的形态。但是粉体又具有流体的属性：没有具体的形状，可以流动飞扬等。正是粉体在加工、处理、使用方面表现出独特的性质和不可思议的现象，尽管在物理学上没有明确界定，我们认为"粉体"是物质存在状态的第 4 种（流体和固体之间的过渡状态）。这是在认识论层面上从各个领域归纳抽象出粉体和加工过程共性问题的基础。

粉体是由大量颗粒及颗粒间的空隙所构成的集合体，粉体的构成应该满足以下 3 个条件：①微观的基本单元是小固体颗粒；②宏观上是大量的颗粒的集合体；③颗粒之间有相互作用。

颗粒是构成粉体的最小单元，工程研究的对象多为粉体，进一步深入研究的对象则是微观的颗粒。颗粒微观尺度和结构的量变，必将带来粉体宏观特性的质变。

1.2.3 粉体的特性

粉体的特性包括颗粒物性和颗粒集合体的物性。首先，分析一个颗粒微观尺度量变到宏观性能质变的例子。

表 1-1 表示出具有立方结晶格子的固体（假设原子间距为 2×10^{-10} m 时）不断地被细化时，固体颗粒表面的原子数占固体颗粒整体原子数的比率。粒径在 $20 \mu m$ 时，颗粒表面的原子数占整体的比率几乎可以忽略；但是粒径小到 2nm 时，构成颗粒原子的半数在表面上，造成颗粒表面能的增加。这就是超微颗粒具有与通常固体不同物性的原因之一。反应性、吸附性等与表面相关的物理化学性质，随着粒径的变小而强化。

粒径细化将使材料表现出奇特的性质。通常金的熔点大约是 1060℃，但当把金细化到 3nm 的程度时，在 500℃左右就熔化了；铁强磁性体具有无数个磁畴，但当铁颗粒细化到磁畴大小时则成为单磁畴构造，可以用作磁性记录材料。

固体颗粒细化时表现出的微颗粒物性，作为材料使用时具有多种优异性能。这种量变到质变的哲学思想，是粉体技术赖以立足的磐石。

表 1-1 固体被细化引起表面原子数比率变化

1 边的原子数	表面的原子数	颗粒整体原子数	表面原子数占整体的比率/%	粒径及粉体实例
2	8	8	100	
3	26	27	97	
4	56	64	87.5	2 nm
5	98	125	78.5	20 nm 胶体二氧化硅
10	488	1000	48.8	200 nm 二氧化钛
100	58800	1×10^6	5.9	2 μm 轻质碳酸钙
1000	6×10^6	1×10^9	0.6	20 μm 水泥
10000	6×10^8	1×10^{12}	0.06	
100000	6×10^{10}	1×10^{15}	0.006	

为了说明这一理论基础的重要性，我们再来分析两个颗粒微观尺度量变到宏观性能质变的例子。

比表面积与活性：例如边长为 25px 的立方体颗粒，其比表面积是 $6\times10^{-4}m^2$，不断地将其细化，若细化成边长为 1μm 的立方体颗粒群时，总比表面积是 $6m^2$；若细化成边长为 0.1μm 的立方体颗粒群时，总比表面积是 $60m^2$；细化成边长为 0.01μm 的立方体颗粒群时，总比表面积是 $600m^2$。颗粒的细化导致比表面积急剧增大，将促进固体表面相关的反应。特别是当超微颗粒表面富于活性的情况下，效果会更明显。

粉体细化与流动：粉体在容器中呈静止状态，但受力后能像液体一样流出。若施加强作用力使粉体分散，能像气体一样扩散，因此粉体表现出类似于固-液-气三态的行为，这一特性在材料加工和输送处理方面十分有利，类同于自然界的"飞砂、沙丘与砂岩形成"的过程。

1.3 粉体技术的发展趋势

1.3.1 粉体技术的沿革

粉体技术可以指粉状物质的加工处理思路软件和相关设备硬件的总成。自从人类社会的发端开始，粉体技术就与每个人息息相关，一刻也没有离开过，只不过是每个人是否明确清晰地感觉到和识别出来而已。粉体技术作为一门综合性技术，就是随着人类文明的发展而逐渐形成的。从原始人学会制造石器粉碎食物开始，就出现了粉碎技术的雏形。通过对粉体技术的感知、认知的变化，我们可以从加工业的发展特点来形容粉体技术过程——构思颗粒、分析构成、加工粉体、制造产品、现实设想。

从石器时代到铁器时代，粉体技术扮演着重要的角色，而系统整理这一系列技术的还是我国古代的《天工开物》一书，是它归纳分析形成粉体技术的雏形。工业革命对钢铁需求的快速增加，大规模地加工矿物粉体的相关工业已得到迅速地发展。针对粉体企业生产中出现的种种故障与危害，在物理和化学等学科不断进步的推动下，20 世纪 50 年代对粉体过程现象与粉体技术理论的研究应运而生。20 世纪 60 年代理论研究与生产应用的结合与发展，确立了粉体工程学科的作用与重要性。20 世纪 70 年代为解决粉体相关产业存在的问题以及对新产品的研发，奠定了现代粉体技术的基础。

随着粉体技术的不断提高与积累以及微颗粒、超微颗粒材料制备与应用技术的发展，20 世纪 80 年代粉体技术实现了超细化，相关理论也逐渐系统化；由于微颗粒、超微颗粒的行为与颗粒的行为差异较大，从而微颗粒、超微颗粒成为粉体科学重要的研究对象。20 世纪 90 年代显微测试技术和计算机技术的飞速发展，促进了纳米粉体技术的诞生，纳米材料制备与应用技术又赋予粉体工程新的挑战和应用领域。21 世纪颗粒微细化以及颗粒功能化及复合化的发展，为粉体技术在材料科学与工程领域的应用中开辟了新天地，例如便于服用和可控溶解的缓释药物、延展性好不易脱落的化妆品、高生物利用度的超微粉体食品、高精度抛光的研磨粉、高纯材料制备的电子元件和各类能源材料，为高性能粉体的使用开拓了广阔的市场。

以粉体制备为例，古老的粉碎方式被粉碎（break-down）装备替代，已经工业化的超细搅拌磨突破了制备微粉的"3μm"粉碎极限，实现了亚微米级超微粉碎。精细化是一个突出特色，英语中"Fine particle must be fine"这句双关语的确说明了微细化与精细化的关系，超微颗粒的研究开发就是沿着这个方向发展的。以多尺度思想认识物质的结构，科技界已经将可操控的颗粒尺度从微米级进入纳米级，正在向分子级逼近；宏观世界和微观世界的界限逐渐模糊化。

随着材料及相关产业的科技进步，作为工业原料精细化加工处理的粉体技术应用范围也在不断地拓展，单纯的超细粉碎分级技术已经不能满足对终端制品性能的要求。人们不仅要求粉体原料具有微纳米级的超细粒度和理想的粒度分布，为了材料性能或粉体使用性能的提高，对粉体颗粒的成分、结构、形貌等也提出了日益严苛的要求。

1.3.2　粉体技术的发展趋势

社会的进步、科技的发展，人们期待着未来的粉体技术会更加完善。

（1）微细化

粉体技术最明确的一个发展方向是使颗粒更加微细化、更具有活性、更能发挥微粉特有的性能。近年来关于"超微颗粒"的研究开发就是沿着这个方向，以至于60个碳原子组成的C_{60}和70个碳原子组成的C_{70}（即fullerene，碳原子排列成球壳状的分子）归入超微粉体。自古以来的粉体单元操作——粉碎法（breaking-down法）、化学或物理的粉体制备法（building-up法）以及反应工程中物质移动操作的析晶反应，都被包含在粉体技术领域中。

（2）功能化与复合化

随着材料及相关产业的科技进步，粉体作为普通的工业原料，其加工处理技术日新月异，应用范围也在不断地拓展。单纯的超细粉碎、分级技术已经不能满足终端制品性能的要求，人们不仅要求粉体原料具有微纳米级的超细粒度和理想的粒度分布，也对粉体颗粒的成分、结构、形貌及特殊性能提出了日益严苛的要求。

通过表面改性或表面包覆，能够赋予复合颗粒及粉体一些特殊的功能：①形态学的优化；②物理化学性质的优化；③力学性质的优化；④颗粒物性控制；⑤复合协同效应；⑥粉体的复合物质化等特殊的功能。

（3）发展趋势

颗粒微细化作为粉体工程学科关键技术之一，科技进步对材料的微细化提出了更高的要求，涉及的课题及研究领域更广泛，如关于环境对策的粉体技术、关于资源能源的粉体技术、关于金属粉末成形的粉体技术等，这一点无论是今天还是将来都不会改变。

如同制粉一样，自古以来就使用的与人类生活密切相关的粉体技术，在以信息技术为代表的各种现代化产业领域中，起着相当大的作用。"发展"重要，"可持续发展"更重要。与此同时，面对能源日渐枯竭、资源不断减少、环境严重污染，地球能否持续发展的紧迫局面，对于粉体技术来说，既是严峻的挑战，又是发展的机遇，粉体技术已担负起重大的、长远的责任。粉体技术在环境治理、生态保护、资源循环利用、废弃物再生、节能省能领域中，具有不可替代的作用。人类的生存对于粉体技术的依赖和期望越来越高，粉体技术的不断创新和应用将使各行各业发生根本性的变化。

第2章　粉体的基本特性及表征

 内容提要

本章介绍了粉体的几何特性、堆积特性与压缩特性的一些基本概念，分析了粉体粒径、粒度分布、颗粒形状、粉体比表面积的测量原理与表征方法，讨论了实际颗粒堆积的主要影响因素，总结了粉体压缩机理、颗粒致密堆积理论与经验。

学习目标

○ 明确粒径和粒度、粒度分布、形状系数、形状指数、粉体比表面积、颗粒堆积结构的基本参数和粉体压缩等基本概念。

○ 理解等径球形颗粒的规则堆积，等径球形颗粒的随机堆积，异径球形颗粒的堆积，实际颗粒的非连续尺寸粒径的颗粒堆积，连续尺寸粒径的颗粒堆积的堆积模型。

○ 掌握频度分布函数和累积分布函数的应用；掌握粉体层空隙率和表观密度、粉体比表面积的计算；掌握粉体几何特性的常用表征方法。

○ 了解颗粒群对数正态分布方程式及粒度分布图，Rosin-Rammler 分布方程及粒度分布图；了解 Horsfield 致密堆积理论、Fuller 致密堆积（方式）、Alfred 致密堆积方程、隔级致密堆积理论和致密堆积经验以及粉体压缩机理。

粉体的基本特性主要包括几何特性、堆积特性与压缩特性等，它不仅对材料或制品的性能有很大的影响，而且对材料或制品的加工处理过程也同样具有重要的影响。了解和认识粉体的基本特性对于制定合适的工艺操作制度、选用正确的加工设备、提高粉体单元操作效率及改善最终产品的质量都具有非常重要的意义。

2.1　粉体的几何特性

粉体的几何特性与表征是粉体科学与工程最基本的内容。凡涉及粉体的理论研究和工程应用，均离不开对粉体颗粒几何特性的表征。粉体几何特性主要包括粉体的形态特征、粒径和粒度分布、粉体比表面积等。

2.1.1 粉体的形态特性

粉体颗粒的形态特性主要由颗粒粒度、颗粒形态、形状系数与形状指数及粉体颗粒形状的数学分析法等构成。

2.1.1.1 颗粒粒度

颗粒粒度是表征颗粒大小的一维尺寸，具有长度的量纲。对于规则的球形颗粒，可以用"直径"来表示；但自然界存在的天然颗粒和工业生产中人工合成的颗粒多为非球形颗粒，不能直接用直径的概念来准确地表示其大小。然而，将实际的非球形颗粒按某种特性与规则颗粒相类比，可以得到以规则颗粒的直径表示的颗粒尺寸，该尺寸称为颗粒的"当量粒径"。

（1）三轴径

轴径是以颗粒某些特征线段，通过某种平均方式，来表征单颗粒的尺寸大小。通常，以颗粒处于最稳定状态下的外接长方体的长（l）、宽（b）、高（h）作为颗粒的特征线段，获得的粒度平均值称为三轴径，如图 2-1 所示。也可以长（l）和宽（b）作为颗粒的特征线段获得二轴平均径。

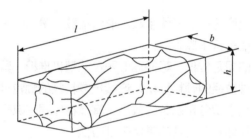

图 2-1 最稳定状态下颗粒的外接长方体

常见的外接长方体表示的颗粒粒径如表 2-1 所示。

表 2-1 单颗粒的轴径平均算式

序号	计算式	名称	物理意义
1	$(l+h)/2$	长短平均径 二轴平均径	二维图形算术平均
2	$(l+b+h)/3$	三轴平均径	三维图形算术平均
3	$\dfrac{3}{\frac{1}{l}+\frac{1}{b}+\frac{1}{h}}$	三轴调和平均径	与外接长方形比表面积相同的球体直径
4	$\sqrt{lb}$	二轴几何平均径	平面图形上的几何平均
5	$\sqrt[3]{lbh}$	三轴几何平均径	与外接长方形体积相同的立方体的一条边
6	$\sqrt{\dfrac{lb+bh+lh}{3}}$	三轴等表面积平均径	与外接长方形比表面积相同的立方体的一条边

（2）球当量径

对于三维颗粒，球当量径是指用与颗粒具有相同的特征参量的球体直径来表征单颗粒的尺寸大小。这些特征参量可以是体积、面积、比表面积、运动阻力、沉降速度等。几种主要的颗粒球当量径如表 2-2 所示。

表 2-2　单颗粒的球当量径

名称	符号	算式	物理意义或定义
等体积（球）当量径	d_V	$d_V = \sqrt[3]{\dfrac{6V}{\pi}}$	与颗粒体积相等的球的直径表示的颗粒粒径
等面积球当量径	d_S	$d_S = \sqrt{\dfrac{S}{\pi}}$	与颗粒具有相同面积的球的直径表示的颗粒粒径
等比表面积（球）当量径	d_{SV}	$d_{SV} = \dfrac{d_V^3}{d_S^2}$	与颗粒比表面积相等的球的直径表示的颗粒粒径
阻力当量径	d_d	$d_d = \dfrac{1}{\upsilon}\sqrt{\dfrac{F_R}{C\rho}}$	在黏度相同的流体中，$Re<0.5$ 时，与颗粒速度相同且具有相同运动阻力的球体直径
Stokes 当量径	d_{st}	$d_{st} = \sqrt{\dfrac{18\eta\upsilon}{g(\rho_p - \rho)}}$	悬浊液 $Re<0.5$ 时，用与颗粒具有相同沉降速度的球的直径表示的颗粒粒径

（3）圆当量径

对于薄片状的二维颗粒，圆当量径是指用与颗粒具有相同投影特征参量的圆的直径来表示颗粒的尺寸大小。这些投影特征参量包括面积、周长等。几种主要的颗粒圆当量径如表 2-3 所示。

表 2-3　单颗粒的圆当量径

名称	符号	算式	物理意义或定义
投影面积径	d_a	$d_a = \sqrt{\dfrac{4A}{\pi}}$	与颗粒在稳定位置的投影面积相等的圆直径
随机定向投影面积直径	d_p	$d_p = \sqrt{\dfrac{4A_i}{\pi}}$	与颗粒在任意位置的投影面积相等的圆直径
投影周长径	d_π	$d_\pi = \dfrac{L}{\pi}$	与颗粒在稳定位置的投影外圆周长相等的圆直径

（4）定向径（统计平均径）

定向径是指在以光镜（或电镜）进行颗粒形貌图像的粒度分析中，对所统计的颗粒尺寸度量，均与某一方向平行，且以某种规定的方式获取每个颗粒的线性尺寸，作为颗粒的粒径，如图 2-2 所示。

几种主要的颗粒定向径如表 2-4 所示。

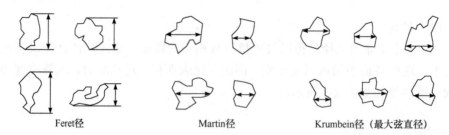

Feret径　　　　　　Martin径　　　　　　Krumbein径（最大弦直径）

图2-2　单颗粒的定向径

表2-4　颗粒定向径

名称	符号	物理意义或定义
Feret 径	d_F	在特定方向与投影轮廓相切的两条平行线间距
Martin 径	d_M	在特定方向将投影面积等分的割线长
Krumbein 径	d_{CH}	沿一定方向，由颗粒投影外形边界所限定的最大长度

显然，一个不规则的颗粒，在显微镜下的直径 d_M 和 d_F 的大小，均与颗粒取向有关，当测量的颗粒数目很多时，因取向所引起的偏差大部分可以互相抵消，故所得到的统计平均粒径能够比较准确地反映颗粒的真实大小。

（5）筛分径

颗粒通过粗孔网并停留在细孔网时，以粗细筛孔径的算术平均值或几何平均值表示颗粒的直径，如图2-3所示。

筛分径原理：利用筛孔尺寸由大到小组合的一套筛，借助振动把粉末分成若干等级，称量各级粉体质量，即可计算用质量分数表示的粒度组成。

筛分法的度量：筛孔的孔径和粉体的粒度可以用微米（毫米），或目数表示。所谓目数是指筛网 1in（25.4mm）长度上的网孔数。计算公式为 $m=25.4/(a+b)$。式中，m 为目数；a 为网孔尺寸；b 为丝径。

2.1.1.2　颗粒形态

粉体物料是由许多不同的颗粒组成的，这些颗粒或由人工合成，或是天然形成。不同粉体的颗粒形态各不相同，一般可分为原级颗粒、聚集体颗粒、凝聚体颗粒和絮凝体颗粒四类。

（1）原级颗粒

最先形成粉体物料的颗粒，称为原级颗粒。因为它是第一次以固态存在的颗粒，故又称一次颗粒或基本颗粒。从宏观角度看，它是构成粉体的最小单元。根据粉体材料种类的不同，这些原级颗粒的形状，有立方体的，有针状的，有球形状的，还有不规则晶体状的，如图2-4所示。

粉体物料的许多性能都与其分散状态即单独存在的颗粒尺寸和形状有关，真正反映粉体物料固有性能的是原级颗粒。

（2）聚集体颗粒

聚集体颗粒是由许多原级颗粒依靠某种化学力将其表面相连而堆积起来。因为它相对于原级颗粒来说，是第二次形成的颗粒，故又称二次颗粒。由于构成聚集体颗粒的各原级

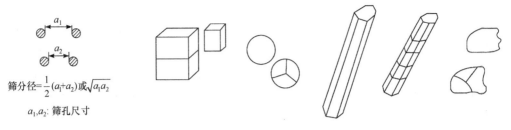

筛分径$=\frac{1}{2}(a_1+a_2)$ 或 $\sqrt{a_1a_2}$

a_1,a_2：筛孔尺寸

图 2-3　筛分径示意图　　　　　　　　**图 2-4**　原级颗粒示意图

颗粒之间均以表面相互重叠，因此，聚集体颗粒的比表面积比构成它的各原级颗粒比表面积的总和还要小，如图 2-5 所示。聚集体颗粒主要是在粉体物料的加工和制造过程中形成的。如化学沉淀物料在高温脱水或晶型转化过程中会发生原级颗粒的彼此粘连，形成聚集体颗粒。此外，晶体生长、熔融等过程也会促进聚集体颗粒的形成。

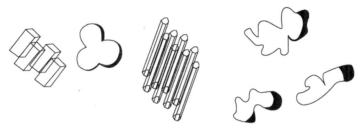

图 2-5　聚集体颗粒示意图

由于聚集体颗粒中各原级颗粒之间存在着强烈的结合力，彼此结合牢固，且聚集体颗粒本身尺寸较小，很难将它们分散成为原级颗粒，须用粉碎方法方能使之解体。

（3）凝聚体颗粒

凝聚体颗粒是在聚集体颗粒之后形成的，故又称为三次颗粒。它是由原级颗粒或聚集体颗粒或二者的混合物通过比较弱的附着力结合在一起的疏松的颗粒群，其中各组成颗粒之间是以棱或角结合的，如图 2-6 所示。正因为是棱或角接触的，所以凝聚体颗粒的比表面积与各个组成颗粒的比表面积之和大致相等。凝聚体颗粒比聚集体颗粒要大得多。

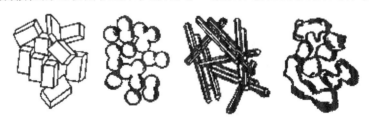

图 2-6　凝聚体颗粒示意图

凝聚体颗粒也是在物料制造和加工处理过程中产生的。如湿法沉淀的粉体，在干燥过程中会形成大量的凝聚体颗粒。

原级颗粒或聚集体颗粒的粒径越小，单位表面上的表面力（如范德华力、静电力等）越大，越易于凝聚，而且形成的凝聚体颗粒越牢固。由于凝聚体颗粒结构比较松散，它能够被某种机械力，如研磨分散力或高速搅拌的剪切力所解体。如何使粉体的凝聚体颗粒在具体应用场合下快速而均匀地分散开，是现代粉体工艺学中的一个重要研究课题。

（4）絮凝体颗粒

在粉体的许多实际应用中，都要与液相介质构成一定的分散体系。在这种液固分散体系中，颗粒之间的各种物理力使颗粒松散地结合在一起，所形成的颗粒群称为絮凝体颗粒。它很容易被微弱的剪切力所解絮，也容易在表面活性剂（分散剂）的作用下自行分散。长期储存的粉体，可视为与大气水分构成的体系，故也有絮凝体产生，形成结构松散的絮团——料块。

2.1.1.3　形状系数和形状指数

颗粒形状是指一个颗粒的轮廓边界或表面上各点所构成的图像。颗粒形状影响着粉体的一些重要性质，如比表面积、流动性、堆积性、附着性、流体透过阻力、化学反应活性和填充材料的增强、增韧性等。

一些工业产品对颗粒形状的要求，见表 2-5。

表 2-5　部分工业产品对颗粒形状的要求

产品种类	对性质的要求	对颗粒形状的要求
涂料、墨水、化妆品	固着力、反光效果好	片状颗粒
橡胶填充料	增强、增韧和耐磨性	非长形颗粒、球形颗粒
塑料填充料	高冲击强度	针状、长形颗粒
炸药、爆燃材料（固体推进剂）	稳定性	光滑球形颗粒
洗涤剂和食品添加剂	流动性	球形颗粒
磨粒	研磨性	棱角状
抛光剂	抛光性	球形颗粒

一些常用的颗粒形状基本术语，见表 2-6。

表 2-6　常用颗粒形状基本术语

术语	英文	术语	英文
球形	spherical	粒状	granular
立方体	cubicals	棒状	rodlike
片状	platy，discal	针状	needle-like
柱状	prismoidal	纤维状	fibrous
鳞状	flaky	树枝状	dendritic
海绵状	spongy	聚集体	agglomerate
块状	blocky	中空	hollow
尖角状	sharp	粗糙	rough
圆角状	round	光滑	smooth
多孔	porous	毛绒	fluffy，nappy

表 2-6 只是大致反映了颗粒形状的某些特征，是一种定性的描述。而在一些与颗粒形状密切相关的研究和应用问题中，需要对颗粒的几何形状作进一步的定量表征。

颗粒形状的表征主要包括形状因子和形状的数学分析两类方法。其中，形状因子又分为形状系数和形状指数两种形式；数学分析法常采用 Fourier 级数和分数维表征，此外，也采用谐函数和方波函数等数学表征方式。

（1）形状系数

形状系数以颗粒几何参量的比例关系来表示颗粒与规则体的偏离程度。

形状系数用来衡量实际颗粒与球形（立方体等）颗粒形状的差异程度。不管颗粒形状如何，其表面积 S 正比于颗粒的某一特征尺寸的平方，颗粒的体积正比于某一特征尺寸的立方。

形状系数的表达式：

若以 Q 表示颗粒平面或立体的参数，d_p 为平均粒径，两者的关系为：

$$Q = \phi d_p^n \text{（}\phi\text{为形状系数）} \tag{2-1}$$

体积形状系数：

以颗粒体积 V_p 代替 Q

$$V_p = \phi_v d_p^3 \text{（}\phi_v\text{为体积形状系数）} \tag{2-2}$$

表面积形状系数：

以颗粒表面积 S 代替 Q

$$S = \phi_s d_p^2 \text{（}\phi_s\text{为表面积形状系数）} \tag{2-3}$$

比表面积形状系数：

$$\phi = \phi_s / \phi_v \tag{2-4}$$

对于球形颗粒

$$V_p = \frac{\pi}{6} d_p^3, \quad S = \pi d_p^2$$

$$\phi_v = \pi/6$$

$$\phi_s = \pi$$

$$\phi = \phi_s / \phi_v = 6$$

Carman 形状系数 ϕ_c 是与颗粒层流动阻力有关的形状系数，定义为与颗粒等体积的球体表面积除以颗粒的实际表面积。

$$\phi_c = \frac{\text{与颗粒等体积的球体表面积}}{\text{颗粒的实际表面积}} = \frac{\pi D_v^2}{S} = \frac{\pi \left(\frac{6V}{\pi}\right)^{\frac{2}{3}} \left(\frac{6V}{\pi}\right)^{\frac{1}{3}}}{S \left(\frac{6V}{\pi}\right)^{\frac{1}{3}}} = \frac{6V}{S D_v} = \frac{D_{SV}}{D_V} \tag{2-5}$$

常用的几种颗粒形状系数如表 2-7 所示。

表 2-7   常用的几种颗粒形状系数

名称	定义式	举例
体积形状系数	$\phi_v = \dfrac{V}{D^3}$	球体：$\phi_v = \dfrac{\pi}{6}$ 立方体：$\phi_v = 1$
表面积形状系数	$\phi_s = \dfrac{S}{D^2}$	球体：$\phi_s = \pi$ 立方体：$\phi_s = 6$
比表面积形状系数	$\phi_{sv} = \dfrac{\phi_s}{\phi_v}$ 或 $\phi_v = S_v D$	球体：$\phi_{sv} = 6$ 立方体：$\phi_{sv} = 6$
Carman 形状系数	$\phi_c = \dfrac{D_{sv}}{D}$	球体：$\phi_c = 1$

（2）形状指数

将表示颗粒外形的几何量的各种无量纲组合称为颗粒的形状指数。它是对单一颗粒本身几何形状的指数化。

① 扁平度和伸长度。一个不规则的颗粒放在一平面上（如放在显微镜的载片上），一般的情形是颗粒的最大投影面（也就是最稳定的平面）与支承平面相黏合，这时颗粒具有最大的稳定度。

$$伸长度\ N = 长径/短径 = l/b \tag{2-6}$$

$$扁平度\ M = 短径/高度 = b/h \tag{2-7}$$

② 球形度。球形度指的是与颗粒体积相等的球形体的表面积与该颗粒的表面积之比，用符号 ϕ_c 表示。如果已知颗粒的表面积球当量径 d_s 和体积球当量径 d_v，球形度表达式为：

$$\phi_c = \frac{\pi d_v^2}{\pi d_s^2} = \left(\frac{d_v}{d_s}\right)^2 \tag{2-8}$$

$\phi_c(球)=1$；$\phi_c(d=h\ 圆柱体)=0.877$；$\phi_c(立方体)=0.806$；$\phi_c(正四面体)=0.671$。

2.1.1.4   颗粒形状的数学分析法

采用形状系数和形状指数来描述颗粒形状特征，虽然简单而实用，并且能获得与标准体（如球体和圆形）偏离程度的联系，但给出形状因子却不能获得唯一对应的颗粒形状，或者说两个形状因子相同的颗粒，可能实际形状有明显的不同。

20 世纪 70 年代以来，随着计算机技术，特别是数字图像处理技术的迅速发展，颗粒边界（轮廓）可以精确界定，为用数学分析法进行颗粒形状的表征提供了技术支撑。颗粒形状的数学分析法可在一定程度上克服形状因子的表征缺陷。

以下介绍两种较为实用的颗粒形状数学分析法，即 Fourier 级数法和分数维法。

（1）Fourier 级数分析法

① 将颗粒投影图像所获得的边界线（轮廓线）数值化处理，并在 x-y 坐标中建立对应数组，即在边界线上取数十至数百个点，并确定各点的对应坐标值(x_i, y_i)；

② 求出颗粒边界线所包围图形的面积质心，并以该质心为极坐标点，将边界线上点的坐标(x_i, y_i)转化为极坐标(R_i, θ_i)。

这些 R 和 θ 值则近似地表征了颗粒的投影轮廓，也获得了颗粒的形状和尺寸值，如图 2-7 所示。

若在各方向上取足够多的颗粒投影轮廓线，重复上述处理过程，可得到颗粒三维数值图像。R 与 θ 的关系，即颗粒投影轮廓线可用 Fourier 级数表征：

$$R(\theta) = A_0 + \sum_{n=1}^{\infty}(a_n \cos n\theta + b_n \sin n\theta) \qquad (2-9)$$

$\{a_n\}=\{b_n\}=0$ 时，图形是一半径为 A_0 的圆。

当 n 较小时，Fourier 级数对颗粒形状表征较为粗略，即低阶时，$\{a_n\}$、$\{b_n\}$ 反映了颗粒的主要特征；

当 n 足够大时，Fourier 级数可较精确地表征颗粒的实际形状，即高阶时，$\{a_n\}$、$\{b_n\}$ 反映了颗粒形状的细节。

$$R_i(\theta) = \frac{(R_{i+1}-R_i)\theta + R_i\theta_{i+1} - R_{i+1}\theta_i}{\theta_{i+1}-\theta_i} \qquad (2-10)$$

$$A_0 = \frac{1}{\pi}\sum_{i=1}^{n}\int_0^{2\pi} R_i(\theta)\mathrm{d}\theta \qquad (2-11)$$

$$a_n = \frac{1}{\pi}\sum_{i=1}^{n}\int_0^{2\pi} R_i(\theta)\cos n\theta\mathrm{d}\theta \qquad (2-12)$$

$$b_n = \frac{1}{\pi}\sum_{i=1}^{n}\int_0^{2\pi} R_i(\theta)\sin n\theta\mathrm{d}\theta \qquad (2-13)$$

颗粒边界线所包围图形的面积质心坐标为：

$$\left(x_c = \frac{\sum M_{xi}}{\sum S_i}, \quad y_c = \frac{\sum M_{yi}}{\sum S_i} \right) \qquad (2-14)$$

由于极角 θ 与颗粒投影图的位置有关，因此，规定投影轮廓最大长度方向为极半径的 $\theta=0$ 的位置。

（2）分数维法

① 分形与分数维。分数维法是一种用于描述颗粒表面结构及粗糙度的新的数学方法。

图 2-8 表示了四条曲线的分数维情况。四条曲线的整数维均为 1，但分数维的差别较大。可以看出，曲线形状越复杂，分数维数值越大。

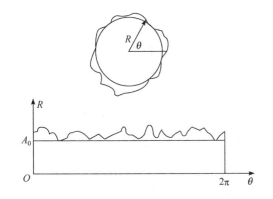

图 2-7　颗粒轮廓的极半径 R 与极角 θ 的关系

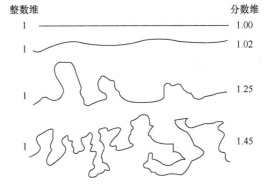

图 2-8　整数维和分数维

自然界和数学上都存在着一些不能用欧氏几何描述的图形。

利用表达式 $Nr^d=1$ 或 $N=\left(\dfrac{1}{r}\right)^d$，对其取对数后即可得到欧氏维数的对数表达式：

$$d=\frac{\ln N}{\ln\dfrac{1}{r}} \tag{2-15}$$

式中　N——小几何体的数目；

　　　r——原几何体线尺度是小几何体线尺度的倍数（每个小几何体的线尺度是原几何体的 $1/r$）。

当 d 为整数时，则为欧氏几何图形。

$d=1$，直线；

$d=2$，正方形；

$d=3$，立方体。

d 不是整数的几何图形，称之为分形；d 不是整数的维数，称之为分数维，用 D 表示。

分形可分为自相似分形和自仿射分形。其中，自相似分形包括：严格自相似分形和近似自相似分形。

严格自相似分形的雪花曲线，由等边三角形开始把三角形的每条边三等分，并在每条边三分后的中段向外作新的等边三角形，但要去掉与原三角形叠合的边。接着对每个等边三角形尖出的部分继续上述过程，即在每条边三分后的中段，向外画新的尖形。不断重复这样的过程，便产生了雪花曲线。雪花曲线令人惊异的性质是：它具有有限的面积，为原三角形的 8/5 倍，但却有着无限的周长（L），其表达式为：

$$L=nr=r^{1-D_\mathrm{f}} \tag{2-16}$$

式中　n——线段条数；

　　　r——每条线段的长度；

　　D_f——分数维的维数。

雪花曲线分数维值为 1.2618，其生成过程如图 2-9 所示。

图 2-9　Kock 雪花曲线的生成过程

② 分形的定义。组成部分以自相似的方式与整体相似的形体称为分形。其特征为：

a. 具有精细的结构，即有任意小比例的细节；

b. 是不规则的，无论是整体还是局部均不能用欧氏几何描述；

c. 有某种形式的自相似性；

d. 一般情况下，形体的分形维数大于其拓扑维数。

大多数情况下，形体可用简单方法形成，如迭代法。

③ 分数维的计算。分形的分数维可以通过欧氏维数的对数表达式计算。

④ 颗粒形状的分数维表征。多数情况下，颗粒的形貌十分粗糙，其投影轮廓线为不规则图形，且具有任意小比例的细节。如果这种不规则图形具有某种程度的自相似性，则颗粒的形状可以用分数维值来表征其不规则的程度。颗粒在平面上的投影轮廓线图形，其分数维值的范围为 $1<D<2$，分数维值越高，表示颗粒形状越不规则。

在颗粒形状的分数维计算中，有以下三种方法，如图 2-10 所示。

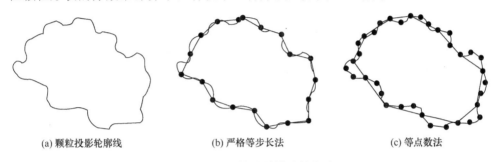

(a) 颗粒投影轮廓线　　　　(b) 严格等步长法　　　　(c) 等点数法

图 2-10　颗粒分数维计算方法

a. 严格等步长法。在颗粒的投影轮廓线上给定起点、步长和计算方向，以等步长沿颗粒轮廓线行走，直至全部轮廓线走完。

b. 等点数法。在颗粒的投影轮廓线上给定起点和计算方向，步长由每步中跨过的点数决定，每步跨过相同的点数，直至全部轮廓线走完。

c. 混合算法。结合前两者的优点，起点开始，多边形下一个顶点为最接近给定步长的那个点。

⑤ 严格等步长法的分数维计算法。设颗粒投影轮廓线的计算周长为 P，则

$$P=(N+a)\lambda \tag{2-17}$$

式中　λ ——步长；

　　　N ——整数步长的步数；

　　　a ——最后一步的分数步($0 \leqslant a<1$)。

当 λ 足够小，a 可忽略，则

$$P=N\lambda \tag{2-18}$$

可见分数维计算过程如下：

a. 设定一个步长 λ_i，以 λ_i 沿颗粒轮廓线行走完全部颗粒轮廓线，得到相应的颗粒周长 P_i；

b. 改变步长为 λ_{i+1}，得到相应的颗粒轮廓周长 P_{i+1}；

c. 逐步改变步长 λ，分别得到相应颗粒轮廓线周长 P；

d. 由此获得颗粒轮廓线步长和周长的数组(λ_i, P_i)；

e. 以 $\ln P$ 为纵坐标，$\ln \lambda$ 为横坐标，则在 $\ln\lambda$-$\ln P$ 的坐标下，确定($\ln\lambda_i$, $\ln P_i$)数组对应的点；

f. 若颗粒的投影轮廓线图形可用分形描述，则($\ln\lambda_i$, $\ln P_i$)在 $\ln\lambda$-$\ln P$ 坐标下具有线性

或近似线性关系。这种 $\ln\lambda$-$\ln P$ 坐标图称为 Richardson 图。

$D=1-\delta$（δ 为 $\ln\lambda$-$\ln P$ 坐标图的直线斜率），对于颗粒的投影轮廓线图形，其分数维为 $1<D<2$，分数维值越高，表示颗粒形状越不规则。

2.1.2　粒径与粒度分布

表征颗粒尺寸的主要参数有粒径和粒度分布。

2.1.2.1　粒径和粒度

粉体中，粒径是以单个颗粒为对象，表征单颗粒几何尺寸的大小。即颗粒的大小用其在空间范围所占据的线性尺寸表示。

粒度是以颗粒群为对象，表征所有颗粒在总体上几何尺寸大小的概念。

2.1.2.2　颗粒群的平均粒度

实际粉体是由不同粒径和相对数量组成的颗粒集合体，即颗粒群，为表征颗粒群所有颗粒在尺寸和相对数量上尺寸大小的总体平均值，通常采用平均粒度（或称平均粒径）来表征这种平均量值。

颗粒群的平均粒径计算，是根据数理统计的原理，通过对颗粒群中所有单颗粒的粒径及相对数量的加权平均计算而获得。根据不同的权重系数，有不同的颗粒群平均粒径计算式，如表 2-8 所示。

表 2-8　几种颗粒群的平均粒径

名称	符号	个数基准	质量基准
算术平均径	D_a	$\Sigma nd/\Sigma n$	$\Sigma\dfrac{w}{d^2}/\Sigma\dfrac{w}{d^3}$
几何平均径	D_g	$(d_1^n d_2^n\cdots d_n^n)^{\frac{1}{n}}$	$(d_1^w d_2^w\cdots d_n^w)^{\frac{1}{w}}$
调和平均径	D_h	$\Sigma n/\Sigma\dfrac{n}{d}$	$\Sigma\dfrac{w}{d^3}/\Sigma\dfrac{w}{d^4}$
长度平均径	D_{lm}	$\Sigma nd^2/\Sigma nd$	$\Sigma\dfrac{w}{d}/\Sigma\dfrac{w}{d^2}$
面积平均径	D_{sm}	$\Sigma nd^3/\Sigma nd^2$	$\Sigma w/\Sigma\dfrac{w}{d}$
体积平均径	D_{vm}	$\Sigma nd^4/\Sigma nd^3$	$\Sigma wd/\Sigma w$
平均表面积径	D_s	$\sqrt{\Sigma nd^2/\Sigma n}$	$\sqrt{\Sigma\dfrac{w}{d}/\Sigma\dfrac{w}{d^3}}$
平均体积径	D_v	$\sqrt[3]{\Sigma nd^3/\Sigma n}$	$\sqrt[3]{\Sigma w/\Sigma\dfrac{w}{d^3}}$
峰值粒径（最大频率径）	D_{mod}	频率分布曲线上最高频率点对应的粒径	
中值粒径（中位径）	D_{med}	累积分布曲线上累积分布为 50%的点对应的粒径	

2.1.2.3　粒度分布

（1）粒度分布的意义

对于任意一粉体，其颗粒大小都有一定的尺寸分布范围，且每一粒级的相对含量也不尽相同。平均粒径虽然表征了颗粒群所有颗粒在尺寸和相对数量上尺寸大小的总体平均量值，但其提供的颗粒群特征信息十分有限。况且，两个平均粒度相同的颗粒群，可以有完全不同的粒度分布和组成，因此，采用粒度分布的概念是十分必要的。

粒度分布表征的是颗粒群中各颗粒的大小及对应的数量比率，即粒度分布有颗粒的尺寸量值（粒径值）和与尺寸量值对应的相对数量值（比率值）两个量值。

（2）粒度分布的表示方法

表征粉体粒度分布的常用方法有列表法、作图法、矩值法和函数法。

① 列表法。将粒度分析得到的数据（粒径区间、各粒级质量或个数）和由此计算的数据列成表格。通常表格所包含的粒度信息为：

a. 粒级（粒径区间）及对应的相对百分含量（质量比率或个数比率）；

b. 小于（或大于）某一粒径的筛下（或筛上）累积百分含量；

c. 平均粒径（或某些特征粒径）。

例如，实测 1000 个颗粒，按几何级数划分成 12 个粒级（比值 $2^{1/2}$），粒度分析数据如表 2-9 所示。

表 2-9　列表法：粒度分析数据综合表

粒径范围 $D_i \sim D_{i+1}/\mu m$	间隔 $\Delta D/\mu m$	平均粒径 $D/\mu m$	颗粒数/个	相对频率 $\Delta \Phi/\%$	筛下积累 $U(D)/\%$	筛上积累 $R(D)/\%$
1.4～2.0	0.6	1.7	1	0.1	0.1	99.9
2.0～2.8	0.8	2.4	4	0.4	0.5	99.5
2.8～4.0	1.2	3.4	22	2.2	2.7	97.3
4.0～5.6	1.6	4.8	69	6.9	9.6	90.4
5.6～8.0	2.4	6.8	134	13.4	23.0	77.0
8.0～12.2	3.2	9.6	249	24.9	47.9	52.1
12.2～16.0	4.8	13.6	259	25.9	73.8	26.2
16.0～22.4	6.4	19.2	160	16.0	89.8	10.2
22.4～32.0	9.6	27.2	73	7.3	97.1	2.9
32.0～44.8	12.8	38.4	21	2.1	99.2	0.8
44.8～64.0	19.2	54.4	6	0.6	99.8	0.2
64.0～89.6	25.6	76.8	2	0.2	100	0
合计			n=1000	100	$D_a = \Sigma n D / \Sigma n = 13.6 \mu m$	

由于大多数粉体的粒度分布峰值偏向于小粒级方向，因此，在小粒级范围的分割区间

可密集一些，根据这一特点，表中按几何级数（比值 $2^{1/2}$）将粒度分布范围划分为 12 个粒级（除采用较密集的粒级划分外，通常在粒级的划分中，几何级数较算术级数优先）。

② 作图法。作图法中通常有三种图：频率矩形分布图（非连续）、频率连续分布图（连续）和累积分布图。

频率矩形分布图和频率连续分布图表征在粒度分布范围内，任意尺寸颗粒的相对分布频率，即可反映任意某一粒级颗粒的相对含量。

累积分布图分为筛上（或筛余）累积分布图和筛下累积分布图，它表征在粒度分布范围内，大于或小于某一粒级尺寸所有颗粒占总量的相对含量。

a. 频率矩形分布图（非连续）。在直角坐标系中，横坐标表示粒径（可等分或不等分划分，亦可取对数轴），纵坐标表示各粒级尺寸颗粒的相对分布频率（相对含量）。频率矩形分布图是一种简单的粒度分布图，反映各级粒径颗粒的相对含量变化及主导粒径。由于图形的非连续性，缺少粒级区间内的含量变化信息，如图 2-11 所示。

b. 频率连续分布图（连续）。

若将矩形分布图中的粒度间隔划分得足够小，并连接每个矩形顶边的中间点，得到一条光滑曲线，此曲线图为颗粒分布的频率连续分布图，如图 2-12 所示。

为进行后续的粒度分布数学分析，引入频度分布函数 $f(D)$ 的概念：

$$f(D) = \frac{\Phi_{i+1} - \Phi_i}{D_{i+1} - D_i} = \frac{\Delta\Phi}{\Delta D} \approx \frac{\mathrm{d}\Phi}{\mathrm{d}D} \qquad (2\text{-}19)$$

式中，$f(D)$ 为粒度分布中的频度分布函数，即频率连续分布曲线的斜率，反映某一粒级颗粒相对含量变化大小的趋势；ΔD 为某一粒级区间颗粒的粒径差值 $D_{i+1} - D_i$；$\Delta\Phi$ 为对应于某一粒级区间粒径差值 ΔD 的颗粒相对分布频率 Φ 的差值 $\Phi_{i+1} - \Phi_i$。

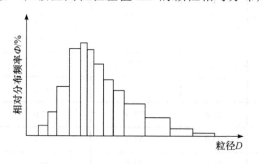

图 2-11　粒度频率矩形分布图

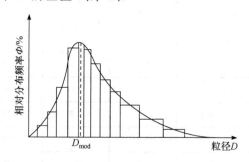

图 2-12　粒度频率连续分布图

c. 累积分布图（筛上累积分布图、筛下累积分布图）。根据频度分布函数 $f(D)$ 的概念，可求得任意粒级 $D_i \sim D_{i+1}$ 范围内颗粒的相对百分含量。

$$F(D) = \int_{D_i}^{D_{i+1}} f(D)\mathrm{d}D \qquad (2\text{-}20)$$

$F(D)$ 称为颗粒累积分布函数。

若从最小粒径 $D_{\min}$ 到某一粒径 $D(D > D_{\min})$ 范围内对 $f(D)$ 进行积分，可获得 $D_{\min} \sim D$ 粒径范围内的颗粒相对累积百分含量：

$$U(D) = \int_{D_{\min}}^{D} f(D)\mathrm{d}D \qquad (2\text{-}21)$$

$U(D)$称为颗粒筛下累积分布函数。

若以粒径 D 为横坐标，颗粒筛下累积百分数 $U(D)$ 为纵坐标，则在该直角坐标系中，粒径 D_i 所对应的筛下累积百分数 U_i 组成的各点(D_i, U_i)所构成的曲线，称为筛下累积分布曲线，即所谓筛下累积分布图。

同样，若从某一粒径 D 到最大粒径 $D_{\max}(D < D_{\max})$范围内对 $f(D)$ 进行积分，可获得该粒径范围内的颗粒相对累积百分含量：

$$R(D) = \int_{D}^{D_{\max}} f(D)\mathrm{d}D \qquad (2\text{-}22)$$

$R(D)$称为颗粒筛上（或筛余）累积分布函数。

同样，以粒径 D 为横坐标，颗粒筛上累积百分数 $R(D)$ 为纵坐标，则在该直角坐标系中，粒径 D_i 所对应的筛上累积百分数 R_i 组成的各点(D_i, R_i)所构成的曲线，称为筛上累积分布曲线，即所谓筛上累积分布图。

横坐标可为算术坐标，亦可取对数坐标来压缩坐标的线性长度，便于作图。

根据频度分布函数 $f(D)$ 的概念，有

$$\int_{D_{\min}}^{D_{\max}} f(D)\mathrm{d}D = 100\% \qquad (2\text{-}23)$$

$$R(D) = 100 - U(D)\% \qquad (2\text{-}24)$$

此外，根据分布函数 $F(D)$ 的概念可知，$F(D)$ 的导数即为频度分布函数 $f(D)$，即 $F'(D) = f(D)$。粒度累积分布图如图 2-13 所示。

③ 矩值法。矩值法是以数理统计原理计算颗粒群（即样本）粒度分布特征值——平均粒径和方差等。该方法主要用于粒度测试技术中的计算机处理分析。

④ 函数法。如果粉体的粒度分布符合某种数学规律，则可用一数学函数表达式来表示，该数学表达式即为粒度分布的数学模型。利用粒度分布的数学模型可方便地求出任一粒度区间的颗粒含量，从而大大减轻粒度测定的工作量。

函数法是用数学模型——粒度分布方程（粒度特性方程）描述粒度分布规律。

函数法使研究对象由有限、离散的形式转化为无限、连续的形式，便于定量分析。但是，若函数类型选择或拟合不当会引起较大的分析误差。

除利用函数形式表征粒度分布状况外，还可基于粒度分布方程推出颗粒群各种平均粒径、比表面积、单位质量颗粒数等参数。因此，在颗粒几何特性表征中，粒度分布方程是一种重要而实用的分析表征方法。

粒度分布方程通常是以实验分析为基础的经验式，具体形式甚多，常用的有几种：正态分布、对数正态分布、Rosin-Rammler 分布和 Gates-Gaudin-Schumann 分布。

a. 正态分布。正态分布图像是一条钟形对称曲线（高斯曲线），某些气溶胶和沉淀法制备的粉体，其个数分布近似符合这种分布，如图 2-14 所示。

若颗粒群符合正态分布，则其频度分布函数为：

$$f(D) = \frac{1}{\delta\sqrt{2\pi}} \exp\left[-\frac{(D - \bar{D})^2}{2\delta^2}\right] \qquad (2\text{-}25)$$

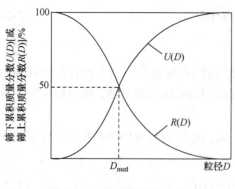

图 2-13 粒度累积分布图

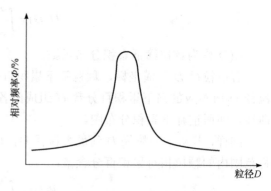

图 2-14 正态分布图

其筛下累积分布函数为：

$$U(D) = \int_{D_{\min}}^{D} \frac{1}{\sigma\sqrt{2\pi}} \exp\left[-\frac{(D-\overline{D})^2}{2\sigma^2}\right] dD \tag{2-26}$$

式中，$\overline{D}$ 为平均粒径。

$$\overline{D} = \frac{1}{n}\sum_{n=1}^{n} n_i D_i \quad 或 \quad \overline{D} = \frac{1}{w}\sum_{n=1}^{n} w_i D_i$$

式中，σ 为标准偏差。

$$\sigma = \sqrt{\frac{1}{n}\sum_{i=1}^{n} n_i (D_i - \overline{D})^2} \quad 或 \quad \sigma = \sqrt{\frac{1}{w}\sum_{i=1}^{n} w_i (D_i - \overline{D})^2}$$

式中，D_i 为某一粒级的粒径（或某一粒级的平均粒径）；n_i，w_i 为对应于 D_i 粒径的颗粒数量、质量；n，w 为颗粒群的总颗粒数量、总质量。

若令 $\dfrac{D-\overline{D}}{\sigma} = t$，则 $U(D)$ 可转化为标准正态分布，且

当 $t=1$ 时，$U(D)$ 积分值可由标准正态分布表查得，为 0.8413；

当 $t=-1$ 时，$U(D)$ 积分值可由标准正态分布表查得，为 0.1587；

当 $t=0$ 时，$U(D)$ 积分值可由标准正态分布表查得，为 0.5。

由此可推出：

$$\begin{cases} \overline{D} = D_{50} \\ \sigma = D_{84.13} - D_{50} \end{cases} \quad 或 \quad \sigma = D_{50} - D_{15.87} \tag{2-27}$$

D_{50} 为中位径，就是在粉体物料的样品中，把样品的个数（或质量）分成相等两部分的颗粒粒径。

若颗粒群符合正态分布，则在正态概率纸上，其筛下（或筛上）累积分布函数为线性关系，即在正态概率纸上，纵坐标为筛下累积百分数，横坐标为粒径，则粒度分布各点直接在坐标中对应取点，各分布点构成（或近似构成）一直线，线性相关度越高，越接近正态分布，如图 2-15 和图 2-16 所示。

b. 对数正态分布。大多数粉体，尤其是粉碎法制备的粉体较为近似符合对数正态分布，其频度曲线是不对称的，曲线峰值偏向小粒径一侧，如图 2-17 所示。

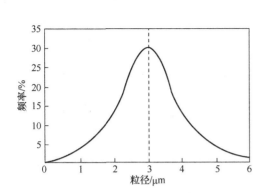

图 2-15 正态分布的频率分布曲线

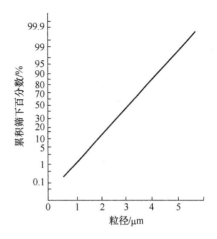

图 2-16 正态概率纸上的累积分布曲线

若将正态分布的密度分布函数

$$f(D) = \frac{1}{\delta\sqrt{2\pi}}\exp\left[-\frac{(D-\bar{D})^2}{2\delta^2}\right]$$ （2-28）

中的 D 和 σ，以相应的 $\ln D$ 和 $\ln\sigma_g$ 代替，则可得到对数正态分布的频度分布函数：

$$f(\ln D) = \frac{1}{\sqrt{2\pi}\ln\delta_g}\exp\left[-\frac{(\ln D - \ln D_g)^2}{2\ln^2\delta_g}\right]$$ （2-29）

其筛下累积分布函数为

$$U(\ln D) = \frac{1}{\sqrt{2\pi}\ln\sigma_g}\int_{D_{min}}^{D}\exp\left[-\frac{(\ln D - \ln D_g)^2}{2\ln^2\sigma_g}\right]d(\ln D)$$ （2-30）

式中，D_g 为几何平均径。

$$\ln D_g = \frac{1}{n}\sum_{i=1}^{n}n_i\ln D_i \quad \text{或} \quad \ln D_g = \frac{1}{w}\sum_{i=1}^{n}w_i\ln D_i$$

σ_g 为几何标准偏差。

$$\ln\sigma_g = \sqrt{\frac{1}{n}\sum_{i=1}^{n}n_i(\ln D - \ln D_g)^2} \quad \text{或} \quad \ln\sigma_g = \sqrt{\frac{1}{w}\sum_{i=1}^{n}w_i(\ln D - \ln D_g)^2}$$

同样令 $\frac{\ln D - \ln D_g}{\ln\delta_g} = t$，则 $U(D)$可转化为标准正态分布，且当 $t=1$，-1 和 0 时，由标准正态分布表查得 $U(D)$相应积分值后，可推算出：

$$\begin{cases}D_g = D_{50}\\ \sigma_g = D_{84.13}/D_{50}\end{cases} \quad \text{或} \quad \sigma_g = D_{50}/D_{15.87}$$ （2-31）

若颗粒群符合对数正态分布，同样在对数正态概率纸上，其筛下（或筛上）累积分布函数为线性关系，即在对数正态概率纸上，纵坐标为筛下累积百分数，横坐标为粒径，则粒度分布各点直接在坐标中对应取点，各分布点构成（或近似构成）一直线，线性相关度越高，越接近对数正态分布，如图 2-18 所示。

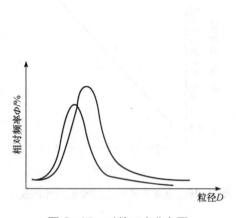

图 2-17　对数正态分布图

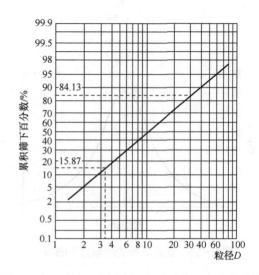

图 2-18　对数正态概率纸上的对数正态分布曲线

通常，颗粒群以颗粒个数为基准的分布形式符合某种分布规律时，则以质量为基准的分布就不符合该规律。但对数正态分布不同，个数基准和质量基准均符合对数正态分布规律。故当颗粒群符合对数正态分布时，个数基准分布与质量基准分布有以下换算关系：

质量基准中位径 D'_{50} =个数基准中位径 $D_{50}\exp(3\ln^2\sigma_g)$

质量基准几何标准偏差 σ'_g =个数基准几何标准偏差 σ_g。

c. Rosin-Rammler（罗辛-拉姆勒）分布。对于粉体产品或粉尘，特别在硅酸盐工业中，如煤粉、水泥等粉碎产品，较好地符合 Rosin-Rammler 分布。它是由 Rosin，Rammler，Sperling 和 Bennett 各自通过粉磨因素实验，以统计方法建立的，所以称 RRS 方程（RRSB 方程）。符合 Rosin-Rammler 分布的颗粒群筛下累积分布函数为：

$$R(D)=100\mathrm{e}^{-\left(\frac{D}{D_e}\right)^n}\ (\%)\tag{2-32}$$

若取 $b=D_e^{-n}$ ，则 RRS 方程也可表示为：

$$R(D)=\mathrm{e}^{-bD^n}\ (\%)\tag{2-33}$$

式中　$R(D)$ ——粒径为 D 的颗粒所对应的筛上（筛余）累积质量分数；

　　　D_e ——特征粒径；

　　　n ——均匀性系数。

D_e 是反映粉体颗粒尺寸大小的特征值，其值越大，表示粒群总体尺寸越偏大。当 $D=D_e$ 时，$R(D_e)=(100/\mathrm{e})\%=36.8\%$，表示筛上累积质量分数为 36.8%所对应的颗粒尺寸为该颗粒群的特征粒径 D_e。

n 表征粉体粒度分布范围的宽窄程度，数值越大，表示粒度分布范围越窄。

为了便于 RRS 方程的实际应用，可将该方程进行线性化处理，即对 $R(D)$ 取二次对数，整理后得

$$\lg\left[\lg\frac{100}{R(D)}\right]=n\lg D+C\tag{2-34}$$

式中，$C = \lg\lg e - n\lg D_e$。

若令 $Y = \lg\left[\lg\dfrac{100}{R(D)}\right]$，$X = \lg D$，则在 $X\text{-}Y$ 坐标系中，RRS 方程为一直线，直线斜率即为 n，截距为 C，其特征粒径 D_e 可由 $C = \lg\lg e - n\lg D_e$ 解出。

因此，若某一粉体粒度符合（或近似符合）Rosin-Rammler 分布，则粒径为 D 的颗粒及与 D 所对应颗粒筛上累积质量分数 $R(D)$，在经 $Y = \lg\left[\lg\dfrac{100}{R(D)}\right]$，$X = \lg D$ 转化后的各点，在 $X\text{-}Y$ 坐标中为线性（或近似线性）关系，线性相关度越高，与 RRS 分布偏离越小。

d. Gates-Gaudin-Schumann 分布。对于某些粉碎产品，如颚式破碎机、辊式破碎机和棒磨机等粉碎产品，其粒度能较好符合 Gates-Gaudin-Schumann 分布（GGS 分布），球磨机粉碎产品也近似符合这种分布。

符合 GGS 分布颗粒群筛下累积分布函数为：

$$U(D) = 100\left(\frac{D}{D_{\max}}\right)^m \ (\%) \qquad (2\text{-}35)$$

式中　$U(D)$ —— 粒径为 D 的颗粒所对应的筛下累积质量分数；

$D_{\max}$ —— 颗粒群中尺寸最大的颗粒粒径；

m —— 颗粒群粒度分布模数，数值越大，表示粒度分布范围越窄，m 与颗粒物料的性状和粉碎设备的性能有关。

同样，为便于方程的应用，可将 GGS 方程取对数进行线性化处理：

$$\lg\frac{U(D)}{100} = m\lg D - C \qquad (2\text{-}36)$$

式中，$C = -m\lg D_{\max}$。

令 $Y = \lg\dfrac{U(D)}{100}$，$X = \lg D$，则在 $X\text{-}Y$ 坐标系中，GGS 方程变为 $Y = mX - C$，为一直线，斜率为 m，截距为 C，最大粒径 $D_{\max}$ 可求出。如图 2-19 所示，线性度越高，与 GGS 分布偏离越小。

2.1.3　粉体比表面积

由于粉体尺寸微小，具有大的比表面积。

2.1.3.1　颗粒的表面形状

处于静止的液体，其表面是光滑的，而固体表面通常是表面粗糙、不规则的。这是由于液体抗剪切变形能力远小于固体抗剪切变形能力，其实质是由于液体分子间作用力远小于固体的分子间作用力。液体的表面张力易于克服其剪切强度而趋于表面能稳定状态，即形成光滑的液体表面。固体的表面张力则远小于其剪切强度，表面张力不能改变固体表面的既成状态，因此固体表面的形貌取决于其形成条件。

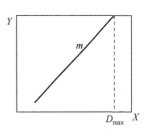

图 2-19　$X\text{-}Y$ 坐标中的 GGS 分布图

2.1.3.2　孔径与孔隙率

粉体的孔径和孔隙率与其堆积状态有关，也与颗粒的粒度分布有关。一般情况下，颗粒粒度分布较集中者，孔隙率相对较大；粒度分布范围较宽者，孔隙率相对较小。这是因为这种情形下粉体堆积时，其中的小颗粒可填充于大颗粒形成的孔隙中，形成较紧密的堆积状态。

如果组成粉体的所有颗粒的形状相同，则无论颗粒粒度为多大，其孔隙率是相等的，但孔径却不相同。颗粒粒度较大时，孔径较大；反之，较小颗粒间形成的孔径较小，但单位体积内的孔隙数量增多。

2.1.3.3　粉体比表面积

粉体的比表面积是指单位粉体的表面积，有体积比表面积和质量比表面积两种。即粉体比表面积是指单位体积（或单位质量）粉体所具有的颗粒总表面积。

$$体积比表面积 S_v = \frac{粉体颗粒的总表面积}{粉体颗粒的总体积} = \frac{S}{V} \tag{2-37}$$

$$质量比表面积 S_w = \frac{粉体颗粒的总表面积}{粉体颗粒的总质量} = \frac{S}{m} \tag{2-38}$$

$$S_v = \rho_p S_w \tag{2-39}$$

式中　　ρ_p——颗粒真密度。

粉体颗粒的总表面积是指颗粒轮廓所包络的表面积与呈开放状态的颗粒内部孔隙、裂缝表面积之和。

比表面积是反映粉体宏观细度的指标。颗粒尺寸越小，其比表面积越大；颗粒表面越粗糙（颗粒比表面积形状系数越大），其比表面积越大。

2.1.4　粉体几何特性的表征

粉体的几何特性显著影响粉体及其产品的性质和用途，因此，对粉体几何特性的表征日益受到人们的重视。粉体几何特性的表征主要是颗粒粒度的表征和颗粒形状的表征。表 2-10 列出了颗粒粒度和形状测量的主要方法，其中包括沉降法、激光法、筛分法等。

表 2-10　粒度测量的方法

测量方法		测量装置	测量结果
直接观察法		放大投影器、图像分析仪（与光学显微镜或电子显微镜相连）、能谱仪（与电子显微镜相连）	粒度分布、形状参数
筛分法		电磁振动式、音波振动式	粒度分布直方图
沉降法	重力	比重计、比重天平、沉降天平、光透过式、X 射线透过式	粒度分布
	离心力	光透过式、X 射线透过式	粒度分布
激光法	光衍射	激光粒度仪	粒度分布
	光子相干	光子相干粒度仪	粒度分布
小孔透过法		库尔特粒度仪	粒度分布、个数计量
流体透过法		气体透过粒度仪	比表面积、平均粒度
吸附法		BET 吸附仪	比表面积、平均粒度

2.1.4.1　沉降法

沉降法根据沉降力场的不同分为重力沉降和离心沉降两种方法，其基本原理是 Stokes 原理。在同一力场中，颗粒粒径不同时，其沉降速度也不同。颗粒粒径越大，沉降速度越快。根据此原理，只要测定出不同大小的颗粒沉降相同距离所需时间，通过数学处理即可得到颗粒的粒度分布。

（1）重力沉降法

重力沉降法又有移液法、比重计法、沉降天平法等。由于重力场中沉降加速度较小，所以单纯重力沉降测定微细颗粒时，测定时间较长。对于超细颗粒，因为布朗运动的影响，甚至难以测定。

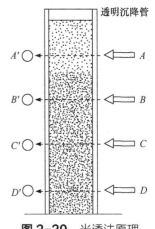

图 2-20　光透法原理

重力沉降光透法原理建立在 Stokes 和 Lambert-Beer 定律基础上，将均匀分散的颗粒悬浊液装入静置的透明容器里，颗粒在重力作用下产生沉降现象，这时会出现如图 2-20 所示的浓度分布。面对这种浓度变化，从侧向投射光线，由于颗粒对光的吸收散射等效应，光强减弱，其减弱的程度与颗粒的大小和浓度有关，所以，透过光强的变化能够反映悬浊液内粉体的粒度组成。

应用光电效应，可以把光强度的变化能转换为电参数的改变，根据这一原理，可以设计成各种形式的光透沉降分析仪。重力场光通过沉降法测量粒径范围为 $0.1 \sim 1000\mu m$。光源为可见光、激光和 X 光。颗粒的沉降速度与颗粒及与悬浮液的密度有关，当密度差大时沉降速度快。

重力沉降光透法测定粉体粒度需要获得合适的悬浮体系，为此，悬浮液液体即沉降介质应满足如下要求：

① 介质密度应小于所测量的固体的理论密度；
② 粉体颗粒不溶于介质，也不与介质发生反应；
③ 沉降介质对粉体颗粒要有良好的润湿性；
④ 沉降介质的黏度要求合适，使颗粒沉降不宜太快也不宜太慢。

（2）离心沉降法

颗粒在离心场中做圆周运动，由于离心力的作用，不同大小的颗粒以不同的径向速度做离心沉降，其沉降速度仍与粒径的平方成正比，但因离心加速度可达重力加速度的几百倍，颗粒的沉降速度明显提高。该方法适合测量 $0.007 \sim 30\mu m$ 的颗粒，若与重力场沉降相结合，则可将测量上限提高至 $1000\mu m$。

2.1.4.2　激光法

激光法是根据激光照射到颗粒后，颗粒能使激光产生衍射或散射的现象来测试粒度分布的。理论和实验都证明：大颗粒引发的散射光的角度小，颗粒越小，散射光与主轴之间的夹角就越大。这些不同角度的散射光通过透镜后在焦平面上将形成一系列有不同半径的光环，由这些光环组成的明暗交替的光斑称为 Airy 斑，其中包含丰富的粒度信息，简单地理解就是半径大的光环对应着较小的粒径；半径小的光环对应着较大的粒径；不同半径的光环光的强弱，包含粒径颗粒的数量信息。通过放置在焦平面上的一系列光电接收器，将由不同粒径颗粒散射的光信号转换成电信号，并传输到计算机中，通过基于米氏散射理论的数据处理软件对这些信号进行数学处理，就可以得到粒度分布。

激光法测量粒度分布的优点：无须用标准校准仪器；宽广的动态测量范围，最好的激光衍射仪的测量范围是 $0.12\sim2000\mu m$；可直接测量干粉；在重复循环的样品池中可对乳浊液进行测量，其重复性高，而且允许应用分散剂；可以让所有的样品都通过激光束，得到所有的颗粒产生的衍射，而不会对样品造成污染，可回收有价值的样品；可以直接产生体积分布；测试速度快，重复性好，分辨率高。

缺点：结果受分布模型的影响较大，仪器造价较高。

2.1.4.3　筛分法

筛分法是用不同筛孔大小的一组筛子，借助振动对粉体进行筛分，筛分结束后，计算出各级筛网上的物料质量占原始粉体质量的百分数即可获得该粉体的粒度分布情况。如果筛子的级数足够多，则可通过筛分数据绘制出粉体的累积筛上或累积筛下曲线，进而确定任一粒度区间的颗粒含量。

由于筛分法测量粉体的粒度分布操作简单，所以应用历史悠久。

筛孔大小可用筛孔尺寸直接表示，也有的用目数表示，还可用单位筛网面积上的筛孔数量来表示。$1cm^2$ 面积上的筛孔数 K 与筛目数 M 具有如下关系：

$$K = \left(\frac{M}{2.54}\right)^2 \qquad (2-40)$$

筛分机可分为电磁振动和声波振动两种类型。电磁振动筛分机用于较粗的颗粒（例如粒径大于 400 目的颗粒），声波振动式筛分机用于更细颗粒的筛分。

筛分法分为干筛法和湿筛法。干筛法要注意防止颗粒团聚，可使用手摇、机械或超声振动等方法加强样品的分散；湿筛法常用于液体中的颗粒物质或干筛时容易成团的细粉料，脆性粉料最好也使用湿筛法。

筛分法具有设备简单、成本低、操作简便、结果直观、样品量大、代表性强等优点。但是网孔尺寸的均匀性和筛网的磨损程度会影响筛分法的测试结果，网孔不均匀、尺寸大小不一，会导致测试结果精度不足；网布松弛、网眼变大，会导致测试结果偏细。此外，筛分法的测试结果也易受到环境温度、操作手法等因素的影响。目前，筛分法主要适用于粒径大于 $20\mu m$ 颗粒粉体粒度的测试。但较细颗粒粒度的测量目前只能在实验室进行。筛网制造技术不断提高，目前通过激光打孔法可制造筛孔尺寸为 $1\mu m$ 的筛网。

2.1.4.4　电阻法

电阻法也称电感技术法，其原理基于小孔电阻原理。根据颗粒在通过一个小微孔的瞬间，占据了小微孔中的部分空间而排开了小微孔中的导电液体，使小微孔两端电阻发生变化的原理来测试颗粒的粒度分布。小微孔两端电阻的大小与颗粒的体积成正比，当不同粒径的颗粒连续通过小微孔时，小微孔两端将连续产生不同大小的电阻信号，通过计算机对这些电阻信号进行处理，就可以得到粒度分布。

电阻法直接测试样品等积径的平均值和分布值，与颗粒体积有关，而对于样品颗粒的特性和化学成分并不敏感，它适合用于由不同材料组成的混合粉体的粒度测试，因此该仪器多用于生物医学上的血细胞技术以及磨料的质量检测等。但对于带孔颗粒的测试存在较大的误差，并且对于粒度分布较宽的样品，较难得出准确的测试结果，因为这种方法的测试原理是要求样品中所有的颗粒悬浮在电解液中，不能因颗粒大而造成沉降现象。所以，对于粒度分布较宽的颗粒样品和多孔材料难以实现准确的分析，因而该方法在矿物粒度识别方面应用较少。

2.1.4.5　显微图像法

显微图像法是利用显微镜观察颗粒的大小和形状，测量的是颗粒的表观粒度，即颗粒的投影尺寸。该方法不仅用来测试粒度，而且还用来校准其他测试方法所获得的数据。目前，显微镜分为光学显微镜和电子显微镜[包括扫描电子显微镜（SEM）和透射电子显微镜（TEM）等]。由于分辨率不同，前者主要用于微米颗粒粒度的测试，而后者主要用于亚微米和纳米颗粒粒度的测试。

随着计算机技术的发展，显微镜法的重要发展是出现了颗粒图像分析仪，它通过对图像光学投影尺寸的定量测量，来求知图像的原始性质，如图像的大小、分布及比表面积等。

图像分析法不仅可测定颗粒的粒径，而且可以测定颗粒的形状。测量颗粒形状的方法有图像分析仪和能谱仪两种方法。图像分析仪由光学显微镜、图像板、摄像机和计算机组成，其测量范围为 $1\sim100\mu m$，若采用体视显微镜，则可以对大颗粒进行测量。电子显微镜配图像分析仪，其测量范围为 $0.001\sim10\mu m$。能谱仪由电子显微镜与能谱仪、计算机组成，其测量范围为 $0.0001\sim100\mu m$。

由摄像机获得的颗粒图像为具有一定灰度值的图像，需按一定的阈值转换为二维图像。功能强的图像分析仪具有自动判断阈值的功能。颗粒的二维图像经处理将相互连接的颗粒分割为单颗粒，再逐一测量其面积、周长及各种形状系数，然后计算可得相应的粒径，进而获得粒度分布。可见，图像分析法既是测量粒度的方法，也是测量颗粒形状的方法。

图像分析法的优点是具有可视性，可信程度高。但由于测量的颗粒数目有限，特别是在粒度分布很宽的场合，其应用受到一定的限制。

2.1.4.6　孔径比与比表面积的测定方法

气体吸附法为孔径与比表面积的最常用测试方法，其基本原理是依据气体在固体表面的吸附特性，在一定的压力下，被测样品颗粒（吸附剂）表面在超低温下对气体分子（吸附质）具有可逆物理吸附作用，并对应一定压力下确定的平衡吸附量。通过测定出该平衡吸附量，利用理论模型来等效求出被测样品的比表面积。由于实际颗粒外表面的不规则性，严格来说，该方法测定的是吸附质分子所能到达的颗粒外表面和内部通孔总表面积之和。

气体吸附法孔径（孔隙度）分布测定利用的是毛细凝聚现象和体积等效代换的原理，即以被测孔中充满的液氮量等效为孔的体积。吸附理论假设孔的形状为圆柱形管状，从而建立毛细凝聚模型。由毛细凝聚理论可知，在不同的相对压力 P/P_0 下，能够发生毛细凝聚的孔径范围是不一样的。随着 P/P_0 值增大，能够发生凝聚的孔半径也随着增大。对应于一定的 P/P_0 值，存在一临界孔半径 R_k，半径小于 R_k 的所有孔皆发生毛细凝聚，液氮在其中填充；大于 R_k 的孔皆不会发生毛细凝聚，液氮不会在其中填充。临界半径可由凯尔文方程给出：

$R_k = -0.414/\lg\left(\dfrac{P}{P_0}\right)$，$R_k$ 称为凯尔文半径，它完全取决于相对压力 P/P_0，当 P/P_0 大于 0.4 时，毛细凝聚现象才发生，通过测定出样品在不同 P/P_0 下凝聚氮气量，可绘制出其等温吸脱附曲线，通过不同的理论方法可得出其孔容积和孔径分布曲线。

2.1.4.7 其他颗粒粒度测试方法

（1）电超声法

电超声法是最新出现的粒度分析方法。电超声法主要是利用超声脉冲穿透样品传播，通过测试这个宽频超声脉冲的衰减（声谱），可以从中计算出与衰减有函数关系的粒度分布，通过软件计算胶体颗粒超声作用的几种机制，包括散射、耗散和热力学耦合等。这些计算需要知道颗粒和液体的密度、液体的黏度以及颗粒的质量浓度；对于软性颗粒，如乳液或乳胶，还需要知道颗粒的热膨胀系数等。对于颗粒的质量浓度也可以从声速数据中求得。

超声技术的一个最大特点就是超声波能够穿透高浓度悬浮液进行传播，因而不用任何稀释即可表征原质量浓度体系。故超声法测试粉体粒度具有以下一些优点：不需要稀释，测试样品的真实状态；对于污染物敏感度低；不需要进行校准；可用于多分散相混合体系的分散；测试范围宽。

（2）光子相关法

该方法通过研究悬浮于介质中的散射体的布朗运动所引起的散射光强涨落现象，进而获得所测粒度信息，最初应用于高分子材料、生物大分子材料的动态特性和分子量测量，现已推广到超细粉颗粒的粒度测量。其测量范围为 0.02μm 到几微米。

（3）颗粒色谱法

这一方法的构想是使在管道中悬浮的颗粒，沿管壁按粒径大小分离，形成一条所谓的颗粒色谱，如图 2-21 所示。

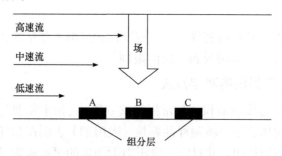

图 2-21 颗粒色谱法粒度仪原理图

场流动分级是获得颗粒色谱的有效的方法，它是借助于一个薄带状的流动通道（通常为 50cm×2cm×0.02mm），于管道横向外加一力场（重力场、离心场、流动场、磁场等）实现的。流动的悬浮液中的不同大小的颗粒，在场作用下向管的一个方向移动，不同大小的颗粒的漂移速度不同，从而使颗粒分离。离心场流动分级的测量下限可达 0.005μm。

（4）XRD 线宽法

XRD 测量纳米材料晶粒大小的原理是当材料晶粒的尺寸为纳米尺度时，其衍射峰型发生相应的宽化，通过对宽化的峰型进行测定并利用 Scherrer 公式计算得到不同晶面的晶粒尺寸。对于具体的晶粒而言，衍射 hkl 的面间距 d_{hkl} 和晶面层数 N 的乘积就是晶粒在垂直于此晶面方向上的粒度 D_{hkl}。试样中晶粒大小可采用 Scherrer 公式进行计算：

$$D_{hkl} = Nd_{hkl} = \frac{0.89\lambda}{\beta_{hkl}\cos\theta} \tag{2-41}$$

式中　λ ——X 射线波长；

　　　θ ——布拉格角（半衍射角）；

　　　β_{hkl} ——衍射 hkl 的半峰宽。

β_{hkl} 是指由于样品的晶粒过小而引起的衍射线形的宽化。衍射线形的宽化又分为晶粒细化导致的物理宽化和仪器聚焦不良、射线几何尺寸、狭缝等导致的仪器宽化（几何宽化）。仪器宽化通常使用标准物质进行校正。

使用 XRD 法的不足之处在于灵敏度较低，一般只能测定含量在 1% 以上的物相；且定量分析的准确度也不高；测得的晶粒大小不能判断晶粒之间是否发生紧密的团聚，并且在测试时，应注意样品中不能存在微观应力。

（5）X 射线小角散射法（SAXS 法）

当 X 射线照到材料上时，如果材料内部存在纳米尺寸的密度不均匀区域，则会在入射 X 射线束的周围 2°～5° 的小角度范围内出现散射 X 射线。当材料的晶粒尺寸越细时，中心散射就越漫散，且这种现象与材料的晶粒内部结构无关。SAXS 法通过测定中心的散射图谱就可以计算出材料的粒径分布。通常的粒径测定范围为 1～100nm。

SAXS 法的样品制备比较简单，对样品分散的要求也不像其他方法那样严格。由于 SAXS 法不能有效区分来自颗粒本身或来自颗粒缺陷的散射，且对于密集的散射体系会发生颗粒之间的散射干涉效应，会导致测量结果值偏低，因此 SAXS 法不适用于样品颗粒球形度太低的粉体、有微孔存在的粉末以及由不同材质的颗粒所组成的混合粉体。对于单一材质的球形粉体，该方法测量粒度有着很好的准确性。SAXS 法的优点在于操作简单，测量结果可以较为真实地反映材料的粒度分布。

2.2　粉体的堆积特性

颗粒堆积结构是指粉体内部，颗粒在空间上的排列状态及空隙结构。根据对颗粒集合状态的分类，只有在颗粒密集态时，才涉及对颗粒堆积结构的分析。

颗粒堆积结构对粉体性能的影响主要有：

a. 粉体的流变性（如料仓的流出）；

b. 颗粒固定床的透过流动（渗透流）；

c. 粉体的固相反应；

d. 造粒或成型坯体的密度、强度、透气性和导热性等。

影响颗粒堆积的主要因素可分为两类：

第一类涉及颗粒本身的几何特性，如颗粒大小、粒度分布及颗粒形状（形成致密堆积的必要条件）；

第二类涉及颗粒间作用力和颗粒堆积条件，如颗粒间接触点作用力形式、堆积空间的形状与大小、堆积速度和外力施加方式与强度等条件（形成密实堆积的必要条件）。

第一类和第二类共同构成能否实现致密堆积的充分条件。

（1）颗粒堆积结构的基本参数

根据空隙的大小与数量，密集态颗粒堆积可相对分为松散堆积、密实堆积和致密堆积。

颗粒的松散堆积是指颗粒在自身重力的作用下，通过自由流动形成的堆积。其堆积体内接触点数量相对较少，空隙体积较大，数量较多。

颗粒的密实堆积是指颗粒主要在外力的作用下，通过受迫流动形成的堆积。其堆积体内接触点数量相对较多，空隙体积较少，数量较少。

颗粒的致密堆积是指具有适宜的粒度、级配和形状的颗粒，通过受迫流动形成的堆积。其堆积体内接触点数量相对最多，空隙体积相对最小，数量也最少。

以下是颗粒堆积结构中涉及的一些基本参数。

（2）空隙率

空隙率（孔隙率）是指颗粒堆积体中空隙所占的容积率，也就是粉体中未被颗粒占据的空间体积与包含空间在内的整个粉体层表观体积之比，以 ε 表示：

$$\varepsilon = \frac{颗粒堆积体中空隙的体积}{颗粒堆积体表观体积} = \frac{颗粒堆积体表观体积 - 颗粒真实体积}{颗粒堆积体表观体积}$$

$$\varepsilon = 1 - \frac{V_p}{V} = 1 - \frac{\rho_a}{\rho_p} \tag{2-42}$$

式中　　ρ_p——颗粒真密度；

ρ_a——颗粒堆积体表观密度（容积密度）。

（3）填充率

在一定填充状态下，颗粒体积占粉体表观体积的比率称为填充率，用 λ 表示。堆积率与空隙率的关系为

$$\lambda = \frac{V_p}{V} = 1 - \varepsilon = \frac{\rho_a}{\rho_p} \tag{2-43}$$

式中，V，V_p 分别表示填充层表观体积、颗粒所占据的体积。

在计算粉体的空隙率时，一般不考虑颗粒的孔隙，只反映颗粒群的堆积情况。

（4）表观密度

单位颗粒堆积体的表观体积所具有的颗粒质量，也称容积密度或松装密度。指在一定填充状态下，包括颗粒间全部空隙在内的整个填充层单位体积中颗粒的质量。它与颗粒物料的密度 ρ_p 和空隙率 ε 有如下关系：

$$\rho_a = \frac{颗粒堆积体质量}{颗粒堆积体表观体积} = \frac{G}{V_a} = \frac{V_a(1-\varepsilon)\rho_p}{V_a} = (1-\varepsilon)\rho_p \tag{2-44}$$

除颗粒堆积体涉及表观密度外，描述颗粒自身的密度也涉及表观密度的概念，称为实密度或假密度。与此对应的是颗粒的真密度。真密度是指颗粒的质量除以不包括开孔、闭

孔在内的颗粒真体积。而颗粒密度（颗粒的表观密度、视密度、假密度）是指颗粒的质量除以包括闭孔在内的颗粒体积。粉体的几种密度概念和关系如图 2-22 所示。

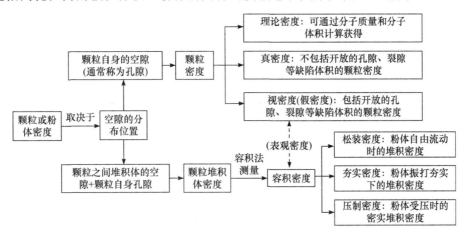

图 2-22　粉体的几种密度概念和关系

（5）配位数

配位数 N_c 是指某个颗粒与其周围的其他颗粒相接触的接触点数目。

2.2.1　等径球形颗粒的规则堆积

若把相互接触的球体作为基本单元，按它的排列进行研究是很方便的。它们可以组合成彼此平行的和相互接触的排列，并构成变化无限、不同的规则的二维球层。约束的形式有两种：正方形和等边三角形（菱形、六边形），图 2-23 中排列 1 所示 90°角和排列 4 所示 60°角是其特征。球层总是按水平面来排列，仅仅考虑重力作用时有三种稳定的构成方式。一层叠在另一层的上面，形成二层正方和二层三角形的球层。如图 2-24 所示为图 2-23 中各图对应的单元体。取相邻接的 8 个球并连接其球心得一六面体，称为单元体。

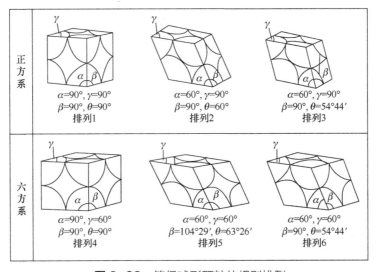

图 2-23　等径球形颗粒的规则排列

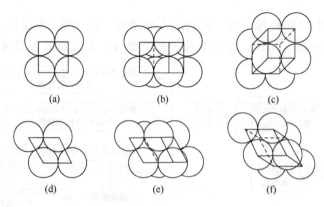

图 2-24 单元体示意图

表 2-11 列出了这种模型的参数，并给出了其相应的孔隙率。

表 2-11 等径球规则填充的结构特性

排列	名称	顺序	单元体		孔隙率	接触点数量	填充组
			体积	空隙体积			
（a）	立方体填充，立方最密填充	1	1	0.4764	0.4764	6	正方系
（b）	正斜方体填充	2	0.866	0.343	0.3954	8	
（c）	菱面体填充或面心立方体填充	3	0.707	0.1834	0.2594	12	
（d）	正斜方体填充	4	0.866	0.3424	0.3954	8	六方系
（e）	楔形四面体填充	5	0.750	0.2264	0.3019	10	
（f）	菱面体填充或六方最密填充	6	0.707	0.1834	0.2595	12	

2.2.2 等径球形颗粒的随机堆积

2.2.2.1 随机堆积的类型

等径球形颗粒的随机堆积主要分为随机密堆积、随机倾倒堆积、随机疏堆积和随机极疏堆积四种类型。

① 随机密堆积。把球倒入一个容器中，当容器振动时或强烈摇晃时可得到这类堆积类型。此时可得到 0.359～0.375 的平均孔隙率，该值大大超过了对应的六方密堆积时的平均值 0.26。

② 随机倾倒堆积。把球倒入一个容器内，相当于工业上常见的卸出粉料和散袋物料的操作，可得到 0.375～0.391 的平均孔隙率。

③ 随机疏堆积。把一堆松散的球放入一个容器内，或用手一个个地随机把球填充进去，或让这些球一个个地滚入如此填充的球的上方，这样可得到 0.4～0.41 的平均孔隙率。

④ 随机极疏堆积。最低流态化时流化床具有的平均孔隙率为 0.46～0.47。把流化床内流体的速度缓慢地降到零，或通过球的沉降就可得到 0.44 的平均孔隙率。

2.2.2.2　Smith 实验

将半径为 3.78mm 的小铅球随机填充到 5 种不同直径（80～130mm）的烧杯中，获得空隙率分别为 ε=0.36，0.37，0.44，0.45，0.49 的堆积结构。注入 20% 浓度醋酸水溶液，小心排掉溶液，干燥，统计每个铅球上的醋酸白色斑点，得出不同空隙率下铅球平均配位数关系，如图 2-25。

$$\varepsilon = \frac{0.414N_c - 6.527}{0.414N_c - 10.968} \tag{2-45}$$

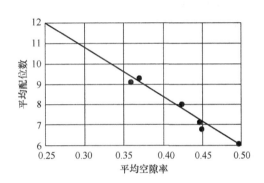

图 2-25　等径球随机堆积空隙率与配位数关系

2.2.2.3　Ridgway 关系式

Ridgway 通过实验，利用最小二乘法求得配位数与空隙率的关系，给出了 ε-N_c 关系式：

$$\varepsilon = 1.072 - 0.1193N_c + 0.00431N_c^2 \tag{2-46}$$

实验证明，球体堆积率随容器直径和球径之比的增大而增加，直到 10 以前都符合此规律，超过比值 10 时，ε 接近常数 0.62。

2.2.3　异径球形颗粒的堆积

在较大的球形颗粒中加入一定数量的较小球形颗粒，空隙率可降低；若进一步加入更小的球形颗粒，空隙率则进一步降低，其规律如下：

① 空隙率随着小颗粒的混入比增加而减小；

② 颗粒粒径越小，空隙率也越低。

表 2-12 为多粒级球形颗粒的堆积特性，由空隙率的减小幅度可以看出，在堆积体中，初步加入适量小颗粒，就可使空隙率迅速减小，并逐步趋于满足致密堆积的必要条件。

表 2-12 多粒级球形颗粒的堆积特性

球形颗粒按序号粒径递减组合	堆积率/%	空隙率/%	空隙率减小幅度/%
1	62.0	38.0	—
2	85.2	14.4	23.6
3	94.6	5.4	9.0
4	98.0	2.0	3.4
5	99.2	0.8	1.2

2.2.4 非连续尺寸粒径的颗粒堆积

研究 Wetman-Hugill 理论的代表有 Furnas，Westman，Hugill，Suzuki 等人，其中 Westman-Hugill 的理论及计算多尺寸颗粒最大堆积率的方法在国内常见。

1 单位实际体积颗粒的表观体积 V_a 和空隙分数 ε'、颗粒的体积分数 λ' 有以下关系：

$$V_a = \frac{1}{1-\varepsilon'} = \frac{1}{\lambda'} \tag{2-47}$$

该理论计算多尺寸颗粒满足致密堆积必要条件，对减少实际颗粒堆积体的空隙率具有较好的指导意义。

以二组元混合颗粒的堆积为例，当粗细颗粒组分的尺寸比足够大时，有两点重要结论：

① 当组分接近 100%为粗颗粒时，堆积体的表观体积由粗颗粒体积决定，细颗粒作为填充体进入粗颗粒的空隙中，细颗粒不占有堆积表观体积；

② 当组分接近 100%为细颗粒时，细颗粒形成空隙并堆积在粗颗粒周围，堆积体的表观体积为细颗粒的表观体积和粗颗粒的体积之和。

2.2.5 连续尺寸粒径的颗粒堆积

经典连续堆积理论的倡导者是 Andreason，他把实际的颗粒分布描述为具有相同形式的分布。表达这种尺寸关系的方程，就是著名的 Gaudin-Schuhmanm（高登-舒兹曼）粒度分布方程。

$$Y=100(D/D_L)^m \tag{2-48}$$

式中　Y——小于颗粒 D 的含量，%；

　　　D_L——颗粒体中的最大粒度；

　　　m——模型参数，或简称模数。

2.2.6 粉体致密堆积理论与经验

颗粒并不总是球形的，也不都是规则堆积或者完全随机堆积的。粉体致密堆积具有如下典型的理论和经验。

2.2.6.1　Horsfield 致密堆积理论

早期的研究者 Horsfield 以公路材料的六方最密堆积为基础，进行了理论研究。从理论上讲，当颗粒间空隙填入无穷小及无穷多的小球时，空隙完全能被填满。但实际上并非如此，因物料半径变得很小时，粒间的相互作用不可忽视，所以实际上不可能达到理论计算的最大堆积率。

Horsfield 致密堆积理论的基本依据是在均一球形颗粒产生的空隙中，连续填充适量比例和尺寸的小球形颗粒，以获得致密堆积。

等径球体的规则堆积有 6 种排列模型，其中的"菱面体堆积"排列，空隙率最小为25.95%。在菱面体堆积排列中，空隙的大小和形状有两种：6 个球围成的四角孔和 4 个球围成的三角孔，如图 2-26 所示。

图 2-26　菱面体堆积中的四角孔与三角孔

Horsfield 致密堆积：

① 设基本的均一球体为 1 次球体，半径 r_1；

填入四角孔的最大球体为 2 次球体，半径 r_2；

填入三角孔的最大球体为 3 次球体，半径 r_3；

再填入更小的 4、5、6……次球体，半径 r_4、r_5、r_6……；

最后以极微细的球形颗粒填入剩余的堆积空隙中得到 Horsfield 堆积。

② 各次球体半径的计算。

$$\begin{cases} r_2 = 0.414r_1 \\ r_3 = 0.225r_1 \\ r_4 = 0.177r_1 \\ r_5 = 0.116r_1 \\ \cdots\cdots \end{cases}$$

Horsfield 致密堆积理论结果见表 2-13。

表 2-13　Horsfield 致密堆积理论结果表

堆积状态	球体半径	球体相对个数	空隙率/%	堆积率/%
1 次球体	r_1	1	25.94	74.06
2 次球体	$0.414r_1$	1	20.70	79.30
3 次球体	$0.225r_1$	2	19.00	81.00
4 次球体	$0.177r_1$	8	15.80	84.20
5 次球体	$0.116r_1$	8	14.90	85.10
……	极小	极多	3.90	96.10

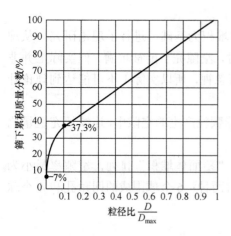

图 2-27 Fuller 曲线

从粒度和级配上可获得致密堆积，直至理论堆积率达到 96.10%。

但从实际情况来看，极小颗粒间的作用力会变得很强，流动性能变差。过多的微细颗粒堆积将形成空隙。

因此，理论上的致密堆积率是难以实现的。

2.2.6.2　Fuller 致密堆积曲线

Fuller 通过试验得到连续尺寸的颗粒致密堆积经验曲线，如图 2-27 所示。

曲线特点是：

① 较粗颗粒的累积曲线呈直线；

② 较细颗粒的累积曲线近似为椭圆一部分；

③ 曲线在筛下累积为 7% 时与纵坐标相切；

④ 曲线在筛下累积为 37.3% 时，在最大粒径 1/10 处，直线和椭圆相切。

符合 Fuller 曲线的颗粒堆积体，可在粒度和级配上满足形成致密堆积的条件。

2.2.6.3　Alfred 致密堆积方程

Alfred 方程是在 20 世纪 70 年代大力发展高浓度水煤浆时，由 Dinger 和 Funk 提出，并以其供职大学 Alfred 名字命名。他们选用改进后的高登粒度分布方程作数学模型，经过试验表明，当下列公式中 n=0.37 时，堆积率最高：

$$U(D) = \frac{D^n - D_{\min}^n}{D_{\max}^n - D_{\min}^n} \times 100\% \qquad (2\text{-}49)$$

式中　$U(D)$ ——筛下累积质量分数，%；

　　　$D_{\max}$ ——堆积体中颗粒的最大粒径；

　　　$D_{\min}$ ——堆积体中颗粒的最小粒径；

　　　n ——分布模数。

n=0.37 时，符合方程粒度分布的颗粒堆积体，可在粒度和级配上满足形成致密堆积的条件。

2.2.6.4　隔级致密堆积理论

隔级致密堆积理论提出，在连续分布颗粒堆积体中，若第 $i+2$ 粒级中的所有颗粒体积等于第 i 粒级颗粒所形成的空隙体积，按此粒度分布规律组成堆积体，可在粒度和级配上满足形成致密堆积的条件。

采用解析法，为 Gaudin 和 Alfred 方程模数 n 和空隙率 ε 建立如下关系式，即当粒度组成分布参数 n 满足该关系时，有最大的堆积率。

$$n = \frac{\ln \dfrac{1}{\varepsilon}}{2\ln B} \qquad (2\text{-}50)$$

式中　n ——粒度分布模数；

　　　ε ——空隙率；

　　　B ——筛比。

由此获得了与 Alfred 方程分布模数 $n = 0.37$ 一致的致密堆积结果。

2.2.6.5　致密堆积经验

实际颗粒的堆积比较复杂，不仅受颗粒大小与分布影响，而且与颗粒形状、颗粒间作用力、堆积空间的形状与大小、堆积速度和外力施加方式等条件有关；此外，堆积体颗粒级配的构成也很难通过分级装置实现诸如各种致密堆积理论所描述的粒度分布形式。因此，有必要借鉴经过长期实践所积累的致密堆积经验。

① 用单一粒径尺寸的颗粒，不能满足致密堆积对颗粒级配的要求。

② 采用多组分且组分粒径尺寸相差较大（一般相差 4～5 倍）的颗粒，可较好满足致密堆积对粒度与级配的要求。

③ 细颗粒数量应能足够填充堆积体的空隙。通常，两组分时，粗、细颗粒数量比例约为 7：3 时，三组分时，粗、中、细颗粒数量比例约为 7：1：2 时，相对而言，可更好满足致密堆积对粒度与级配的要求。

④ 在可能的条件下，适当增大临界颗粒（粗颗粒）尺寸，可较好满足致密堆积对颗粒级配的要求。

2.3　粉体的压缩特性

在外力的作用下，使粉体堆积体的体积减小，颗粒堆积结构趋于密实的过程称为粉体的压缩。压缩是粉体材料成型工艺的常用方法。

压缩方法大致分为两类：静压缩和冲击压缩。其中，静压缩包括以类似于活塞缓慢运动方式加压的模具压缩和以液体（油或水）等静压方式加压的液体压缩；冲击压缩包括振动、锤击和爆炸等方式的压缩。静压缩时分为单向单面静压缩和双向双面静压缩，如图 2-28 所示。

2.3.1　压缩机理

粉体的压缩机理主要表现为表 2-14 所示四个阶段。

表 2-14　粉体的压缩机理

阶段	现象	加压能量作用
1	颗粒间相互推挤、移动，颗粒重新排列	主要用于克服颗粒间摩擦
2	颗粒间架桥崩溃，小颗粒进入大颗粒间空隙中；部分颗粒开始出现变形趋势	主要用于克服颗粒间摩擦和与器壁的摩擦
3	颗粒表面凸凹部分被破坏，并产生紧密啮合，颗粒间形成具有一定强度的结合	主要用于产生颗粒变形和残余应力储存
4	少量颗粒产生破坏，堆积体的压缩硬化趋于极限。若进一步增大压力，颗粒破坏量增加	主要用于颗粒变形、硬化和破坏

粉体的压缩过程受到粉体的性状和加压的具体方式及条件等因素的影响，实际压缩过程可能不是按以上四个阶段的顺序连续发生的。

采用压缩方法对粉体进行压缩密实成型时，要注意对压缩应力的设计、控制：

① 压缩应力过低，成型体强度或密度可能达不到设计要求；

② 压缩应力过大，对成型体强度或密度的提高已不明显，但过多消耗了加压能量。

2.3.2　压缩应力分布

在一堆积量很大的粉体层上，置一圆柱体施加压力时，粉体层的压力分布为 Boussinesq 球头形，如图 2-29 所示。

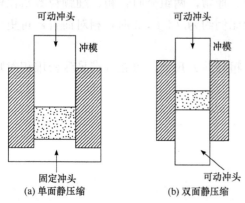

图 2-28　单面静压缩和双面静压缩

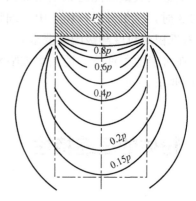

图 2-29　Boussinesq 球头形压力分布

但对于用冲头和冲模加压时，需考虑壁面的影响。为了减小壁面影响，在模具内壁涂以石墨润滑剂。若冲头直径为 D，粉体层厚度为 L，上、下冲头的压应力分别为 P_a 和 P_b，则有如下关系：

$$\ln \frac{P_a}{P_b} = \frac{4\mu_i K_a L}{D} \tag{2-51}$$

式中　D ——冲头直径；

　　　L ——粉体层的压缩厚度；

　　　P_a ——上冲头的压应力；

　　　P_b ——下冲头的压应力；

　　　μ_i ——粉体内摩擦角；

　　　K_a ——粉体主动侧压力系数。

图 2-30 所示为将电阻应变片埋入粉体层所测得的等压线和等填充率线。可以看出，粉体层的中部和下部压应力最大，而上部和底部边角区域受力较小，可确定堆积体最密实部位。

2.3.3　压缩度

设未加压力前粉体层的初始体积为 V_0，孔隙率为 0 时的体积为 V_m，压力为 P 时的体积为 V，则有

$$\varepsilon = \frac{V_0 - V_{\mathrm{m}}}{V} = \frac{V_0 - V_{\mathrm{m}}}{V_0}\exp(-b'P) \tag{2-52}$$

式中，b' 为常数。

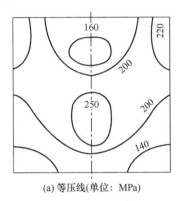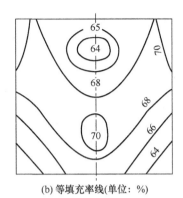

(a) 等压线（单位：MPa）　　　　(b) 等填充率线（单位：%）

图 2-30　压力分布及填充率分布

将压力达到一定时的体积变化与压缩至孔隙率为 0 时的体积变化之比称为体积压缩度，简称压缩度，用 r_{v} 表示。数学表达式为：

$$r_{\mathrm{v}} = \frac{V_0 - V}{V_0 - V_{\mathrm{m}}}\times 100\% \tag{2-53}$$

Cooper 提出了如下体积压缩度与压力之间的关系：

$$r_{\mathrm{v}} = a_1\exp\left(-\frac{k_1}{P}\right) + a_2\exp\left(-\frac{k_2}{P}\right) \tag{2-54}$$

式中，a_1、a_2、k_1、k_2 为常数。

2.3.4　粉体的压缩性

压缩性代表粉末在压制过程中被压紧的能力，在规定的模具和润滑条件下加以测定，用在一定单位压制压力（500MPa）下粉体所达到的压坯密度表示，通常也可以用压坯密度随压制压力变化的曲线表示。

2.3.5　粉体的成形性

成形性是指粉末压制后，压坯保持既定形状的能力，用粉体得以成形的最小单位压制压力表示，或者用压坯的强度来衡量。

粉体成形性测定也可采用类似的装置。对所得的圆柱体压坯进行轴向加压，记录压坯破裂载荷，以抗压强度表示粉末成形性。也可改变模腔形状，获得条状压坯，然后用三点弯曲法测定压坯抗弯强度，用于表示粉体的成形性。

2.3.6　粉体压制成型的影响

静压法是压制成型的主要方法之一。制品的性能取决于压制半成品的结构、密度和均质性，而这些特性又受塑压粉工艺性能的制约。影响压模结构、尺寸和压件质量的最主要的塑压粉性能是：工艺黏合剂含量、堆积密度、松散性、粒度组成、压缩系数、静止角、可压制性等。在用压机成形制品时，塑压粉的堆积密度、松散性和粒度组成起着特殊的作用。对压制成形质量影响较大的粉体的性能有以下几个方面。

（1）堆积重量

压制时，最好使用具有较大堆积重量的粉体。堆积重量较小时，粉体的流动性差，松散性不够，难以装模，难以压制，因为这样就需要具有较大工作部分的阴模，需要阳模大距离移动，从而增加塑压粉和工具间的摩擦力，进而使压件内构成应力。

为了增加堆积重量，一般都使塑压粉粒化，这样还可提高粉体的松散性和耐磨性。同时，烧成制品的性能也能得到改善：增加体积重量和机械强度，减小烧缩率。但是，应选择最佳压块压力。颗粒过密和过硬，难以形成致密均匀的半成品。构成的"粒状"结构影响成品的质量，尤其会降低它的绝缘强度。许多厂家经试验研究证实，粉体的压块压力应为制品单位压制压力的 50%～70%。

（2）松散性

塑压粉的松散性是待压材料的一项重要性能。较高的松散性有助于将需用量的粉体快速连续地供入压模内，尤其是在压制以及在填装成形复杂形状制品和薄胎制品用的压模时显得更为重要。

应该指出的是，由喷雾干燥器制得的塑压粉虽然具有较高的松散性，但在压制性能方面却逊于经压块法获取的塑压粉。

（3）粒度组成

塑压粉的粒度组成在压制工艺中起着重要的作用。在选择粒度组成时，应遵循获得最大颗粒堆积密度的原则。粒度组成决定达到给定密度所需的压制压力、成品的烧结收缩率和物理机械性能。塑压粉应具有良好的松散性，用其压成的制品应有稳定的尺寸。

两种或三种粒度组成的塑压粉可以达到最致密堆积。对于两种粒度的组成来说，当细粒度的颗粒含量为 28.3%、粗粒度的颗粒含量为 71.7% 时，可以达到理论上的最佳堆积。在批量生产过程中，一般采用两种粒度的塑压粉，其组成大致如下：粗粒度颗粒占 60%～70%，细粒度颗粒占 30%～40%。

应该指出的是，在制备塑压粉时，应特别注意检验粉状粒度的数量含量，采用液压机压制时其量不得超过 10%，最好为 5%～6%；采用液压机压制微型陶瓷制品时，其量不得超过 2%～4%。之所以限制粉状粒度的含量，是因为在构成压制压力时塑压粉的松散性、流动性和透气性会随其含量的增加而降低。此外，增加粉状粒度的数量还会加大在压模填料空间形成拱体的概率，从而使压件的缺陷量上升。

（4）改性粉体的压制成形性质

某些陶瓷粉体改性后，粉体表面由多羟基结构变为有机长键单分子吸附膜，极性改变，粉体间的作用力减小，硬团聚消除；有机膜的减摩润滑作用减小了粉体在压制过程中的摩擦作用和机械咬合作用，避免了拱桥效应，提高了粉体在成形时的流动性，大幅度提高了坯体和制品的均匀性及致密度，制品的强度显著提高。强度可超过冷静压成形制品甚至单晶。这种改性粉体利用传统的压制成形方法即可获得高质量、高可靠性、高性能的陶瓷产品，实现高性能陶瓷制品的低成本制造。

第3章 粉体的理化性能

内容提要

本章介绍了粉体表面物理化学性能、物理性能及粉体流体力学性能的一些基本概念，分析了粉体的吸附特性、润湿性、催化性，粉体的凝聚和分散，讨论了粉体的光学性质、热学性质、电学性质和磁学性质，阐述了颗粒在流体中的沉降、悬浮及流体在颗粒中的流动等情形。对这些性能的常用表征方法进行了简单介绍。

学习目标

○ 明确表面结构与表面活性、物理吸附与化学吸附、三相平衡接触角、粉体的润湿性、粉体的亲水性和亲油性、粉体的凝聚与分散、颗粒的自由沉降与离心沉降、阻力系数、颗粒雷诺数、固定床、流化床等概念。
○ 理解颗粒尺寸与能量的分布状态，颗粒熔点、溶解度及比热容与粒径的关系，粉体电导率和介电常数与堆积率的关系，颗粒散射光强与粒径、介质折射率的关系，粉体磁性与堆积率的关系。
○ 掌握润湿性的判别，聚集、凝结、絮凝和团聚，粉体在气体和液体中的凝聚力，空气中和液体中的粉体分散调控措施；掌握颗粒荷电方式与机理，磁畴、磁性颗粒的矫顽力与粒径的关系；掌握颗粒自由沉降和离心沉降速度，沉降速度的修正方法。
○ 了解颗粒对气体吸附的几种典型等温吸附类型、高分子表面活性剂吸附形式、粉体润湿性的测量；了解粉体的电、热、光、磁等物理特性。
运用一些基本概念和方法，解决粉体材料的应用和功能性粉体的研究、开发，同时能够初步解决粉体材料科学与过程中可能遇到的透过流动、流化床设计等工程实际问题或研究、开发问题。

3.1 粉体的表面物理化学特性

粉体的表面是指粉体中所有集合的固体颗粒的表面。由表面现象引起粉体颗粒表面发生的一切物理化学现象称为粉体的表面物理化学特性。

3.1.1 粉体的表面与界面效应

当纳米微粒的尺寸与光的波长、电子德布罗意波长、超导相干波长和透射深度等物理特征尺寸相当或更小时,其周期性边界条件将被破坏,它本身和由它构成的纳米固体的声、光、热、电、磁和热力学等物理性质,体现出传统固体所不具备的许多特殊性质。造成这一现象的一个重要因素是其表面和界面效应。

3.1.1.1 表面现象

粉体具有巨大的比表面积和表面能,且颗粒尺寸越小,比表面积和表面能越高。

巨大的表面能集中在颗粒表面仅几个分子厚度的表相区内,引发了粉体的一些特殊的表面现象。如颗粒对气体的吸附和在溶液中的吸附能力大大提高,粉体特殊的润湿与毛细管现象,颗粒的饱和蒸气压提高,颗粒的凝聚性增加等。

3.1.1.2 表面能

物质内部的原子因为有周围原子的吸引或排斥,总是保持在平衡状态。表面原子却处于只由内部原子向内吸引的状态。表面原子与内部原子相比处于较高的能量状态,这一额外的能量只是在表相区内原子(或质点)才有,所以叫表面能,又称表面自由能,即容易变为功的能。

对于液体,表面自由能在数值上等于液体的表面张力。

但固体的表面张力不一定等于其表面应力。因为固体是一种刚性物质,流动性很差,能承受剪应力作用来抵抗表面收缩的趋势。

对纯固体或液体,表面张力 σ 取决于分子间形成的化学键键能的大小,一般化学键越强,表面张力越大,即

$$\sigma(金属键) > \sigma(离子键) > \sigma(极性共价键) > \sigma(非极性共价键)$$

大多数颗粒是晶体结构,且为各向异性。通常,原子最紧密堆积的表面,是表面能最低且稳定性最好的表面。

影响表面能的因素很多,除了颗粒本身的晶体结构和化学键类型外,还有颗粒所在的介质(即空气的湿度和蒸气压所影响的表面吸附水)、颗粒表面吸附物的污染等因素。

3.1.1.3 固体表面能的测量

(1)直接测量法

晶体劈裂功法是直接测量晶体表面能的一种方法。如云母具有典型的层状解理面,通过解理技术可获得厚度仅为几微米的薄片。对此,Orowan 通过实验得到计算式:

$$2\sigma_S = \frac{T^2 x}{2E} \tag{3-1}$$

式中 x ——厚度;

T ——撕下厚度为 x 的云母薄片所需的拉力;

E ——云母的弹性模量;

σ_S ——所测的云母表面能。

通过此原理可测量多种解理性较强的晶体表面能,测得云母的表面能为 $2\sim4\mathrm{J/m^2}$。

（2）间接测量法

① 溶解热法。对可溶性固体颗粒,尺寸越小,比表面积越大,相应的溶解热就越高。利用精密量热计,测量相同质量不同尺寸的颗粒溶解热,进而计算出固体的表面能:

$$\sigma_S = \frac{不同粒径颗粒的溶解热差值}{相应比表面积差值} \tag{3-2}$$

② 接触角法。对于低能固体表面能,测量固体润湿三相平衡接触角和液体的表面张力,再求固体表面能:

$$\cos\theta = \sqrt{\sigma_S^d}\frac{2\sqrt{\sigma_L^d}}{\sigma_L} - 1 \tag{3-3}$$

式中 θ ——固体润湿的三相平衡接触角;

σ_S^d ——低能固体表面能;

σ_L ——液体表面张力（纯的非极性液体）;

σ_L^d ——液体表面张力的色散力部分。

令 $y=\cos\theta$, $x=\dfrac{2\sqrt{\sigma_S^d}}{\sigma_L}$,则 x-y 坐标下,上式呈线性,斜率为 $\sqrt{\sigma_L^d}$,截距为 -1。

所以只要测量出一系列纯的非极性液体与低能固体表面的三相平衡接触角及液体表面张力,作图,得出直线斜率,即可得低能固体表面能 σ_S^d。

对于高能固体的表面能,测量两种或两种以上极性不同的液体其表面张力和在固体表面上的润湿三相平衡接触角,可求出高能固体表面自由能:

$$E_S = \sigma_S^d + \sigma_S^p \tag{3-4}$$

其中: $\sigma_S^d = \dfrac{\left|\begin{matrix}\left(\dfrac{W_{SL}}{2}\right)_1 & \sqrt{\sigma_{L1}^p} \\ \left(\dfrac{W_{SL}}{2}\right)_2 & \sqrt{\sigma_{L2}^p}\end{matrix}\right|^2}{D^2}$ $\quad \sigma_S^p = \dfrac{\left|\begin{matrix}\left(\dfrac{W_{SL}}{2}\right)_1 & \sqrt{\sigma_{L1}^d} \\ \left(\dfrac{W_{SL}}{2}\right)_2 & \sqrt{\sigma_{L2}^d}\end{matrix}\right|^2}{D^2}$

$$D = \left|\begin{matrix}\sqrt{\sigma_{L1}^d} & \sqrt{\sigma_{L1}^p} \\ \sqrt{\sigma_{L2}^d} & \sqrt{\sigma_{L2}^p}\end{matrix}\right| \quad W_{SL} = \sigma_L(1+\cos\theta)$$

式中 θ ——固体润湿的三相平衡接触角;

σ_L^d ——液体表面张力的色散力部分;

σ_L^p ——液体表面张力的极性部分;

σ_L ——液体表面张力;

σ_S^d ——低能固体表面能（非极性部分的表面能）;

σ_S^p ——固体表面张力的极性部分（极性部分的表面能）。

3.1.1.4　颗粒表面活性

随着颗粒尺寸的减小，完整晶面在颗粒总表面上所占的比例减小，键力不饱和的质点（原子、分子）占全部质点数的比例增大，从而大大提高了颗粒的表面活性。

另外，质点的不饱和程度与质点所处位置有关，晶体结合能为：

$$G = \frac{F N_c k}{2} \tag{3-5}$$

式中　　F——相邻原子结合力；

N_c——质点配位数；

k——晶体原子数。

若晶体断裂，质点间键力被破坏，形成新表面，其表面能为：

$$\sigma_S = \frac{F}{2a^2} = \frac{G}{N_c k a^2} \tag{3-6}$$

式中　　a——相邻原子间距离。显然有：

$$\sigma_S(\text{角点}) > \sigma_S(\text{棱边}) > \sigma_S(\text{平面})$$

因此，在固体表面的尖角、弯折、棱边、台阶等几何突变处的表面能（表面活性）要高于平面处的表面能。

可以说，颗粒的表面活性取决于两个因素：比表面积的大小；断裂面的几何形状及质点所处的位置。

通常将表面能较高的尖角、棱边处，键力不饱和的质点称为活化位、活性中心或活性点。具有高表面活性的颗粒，可提高粉体的化学反应活性（如高效催化剂），增强粉体表面吸附能力（如储氢材料，气敏、湿敏和过滤材料）。但高表面活性也造成了粉体，尤其是超微粉体的凝聚问题。

3.1.2　粉体吸附特性

吸附是两相之间接触时，发生在两相界面上的物质的集聚作用。吸附现象是表面能过剩引起的一个自发过程。吸附剂指的是有吸附能力的固体，如活性炭；吸附质是指被吸附的气体或液体。根据吸附质与吸附剂表面分子间作用力的性质，可以将吸附分为物理吸附和化学吸附。两者的本质是吸附质和吸附剂之间有无电子转移。

对粉体来说，吸附是一种重要的现象，通过对粉体表面的吸附分析，可以获得颗粒表面性状的一些信息，如颗粒表面活性，表面基团、官能团的性质，比表面积（表面积）和孔隙结构，附着和凝聚性。粉体表面吸附也是对粉体表面改性的重要手段。

3.1.2.1　颗粒对气体的吸附

颗粒表面对气体的吸附（包括对水蒸气的吸附），可通过吸附等温线或吸附等压线来表征。

吸附等温线反映在温度一定的条件下，吸附量 V 与平衡蒸气压 p 之间的关系；吸附等压线反映在压力一定的条件下，吸附量 V 与温度 T 之间的关系，如图 3-1 所示。

（1）Henry 型

等温吸附方程：

$$V = k_H p \tag{3-7}$$

式中　k_H——吸附平衡常数；

　　　p——在温度 T 下吸附量为 V 时的平衡压力。

Henry 型见图 3-2，适用于小吸附量（低于饱和吸附量 V_m 的 1%）和其他吸附型的早期阶段。

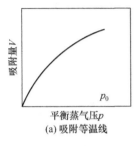

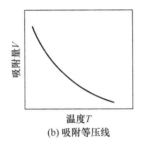

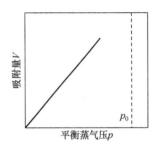

图 3-1　颗粒表面对气体吸附的等温线与等压线　　　　**图 3-2**　Henry 型

（2）Langmuir 型

Langmuir 型是一种重要的单层吸附模型，基本假设如下：

a. 单分子层吸附，固体表面不饱和力场作用范围为分子直径大小；

b. 固体表面均匀，各处的吸附能力相同，吸附热为常数；

c. 被吸附分子间无相互作用力；

d. 吸附平衡为动态平衡。

等温吸附方程：

$$V = \frac{a V_m p}{1 + ap} \tag{3-8}$$

式中　a——吸附平衡常数；

　　　V_m——饱和吸附量。

Langmuir 型见图 3-3，适用于无孔或孔径小于 2~5nm 时的颗粒表面吸附。

（3）Frendlich 型

等温吸附方程：

$$V = k p^n \tag{3-9}$$

式中，k，n 为经验参数，均是温度 T 的函数。通常 T 大，则 k 小；n 在 0~1 范围内，反映 p 对 V 的影响强弱。

式（3-9）是一种应用较广的吸附方程经验式，Frendlich 型如图 3-4 所示。

（4）BET 型

BET（Brunauer-Emmett-Teller）型是一种重要的多层吸附模型，基本假设如下：

a. 固体表面均匀，空白表面对所有分子吸附的概率相同；

b. 被吸附的同一层分子间无相互作用；

c. 固体表面的吸附是多分子层的，吸附作用力为范德华力；

d. 吸附平衡为动态平衡。

等温吸附方程：

$$V = \frac{V_m Cp}{(p_0 - p)\left[1 + (C-1)\dfrac{p}{p_0}\right]} \tag{3-10}$$

式中　V_m —— 低压时形成单层吸附的饱和吸附量；

　　　C —— 与吸附单层气体的吸附热及液化热有关的常数，$C = \exp\left(\dfrac{E_I - E_L}{RT}\right)$；

　　　E_I —— 吸附热；

　　　E_L —— 液化热；

　　　p_0 —— 被吸附气体在温度 T 时成为液体的饱和蒸气压。

　　BET 型吸附，在低压时形成单层吸附（单分子吸附），如图 3-5 所示，以 B 为界，随着压力 p 的升高，呈多层物理吸附。BET 型适用于孔径大于 20nm 或孔径不均匀的颗粒表面吸附。

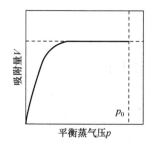

图 3-3　Langmuir 型

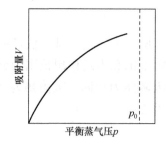

图 3-4　Frendlich 型

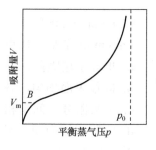

图 3-5　BET 型

　　利用 BET 型吸附在低压时（B 为界）的单层吸附现象，进行气体吸附法测量粉体比表面积，其方法如下：

由于 $V = \dfrac{V_m Cp}{(p_0 - p)\left[1 + (C-1)\dfrac{p}{p_0}\right]}$

因此 $\dfrac{p}{V(p_0 - p)} = \dfrac{C-1}{V_m C} \times \dfrac{p}{p_0} + \dfrac{1}{V_m C}$

设 $y = \dfrac{p}{V(p_0 - p)}$，　$x = \dfrac{p}{p_0}$

则在 x-y 坐标中，作直线，获得直线斜率和截距

斜率 $= \dfrac{C-1}{V_m C}$，截距 $= \dfrac{1}{V_m C}$

解得：

$$V_m = \frac{1}{斜率 + 截距} \tag{3-11}$$

　　可算出单位质量的颗粒表面铺满单分子层时所需的分子个数；若已知每个分子所占

的面积，可算出颗粒的质量表面。

（5）BDDT 型

BDDT（Brunauer-Deming-Dema-Teller）型有多种吸附形式。其中，BDDT Ⅰ 型相当于 Langmuir 型；BDDT Ⅱ 型相当于 BET 型。

BDDT Ⅲ 型：一开始就是多层吸附，大孔颗粒的吸附属此类型。

BDDT Ⅳ 型：低压时是单分子层吸附，随 p 的升高，颗粒表面孔隙内产生毛细管凝结，吸附量急剧增大，直至毛细管吸满达到饱和为止。该型的吸附和脱附等温线不重合。

BDDT Ⅴ 型：低压时就是多层吸附，其他特点与 BDDT Ⅳ 型相似，具有中等大小孔的颗粒表面吸附属此类型。该型的吸附和脱附等温线也不重合。

BDDT Ⅲ～Ⅴ型见图 3-6。

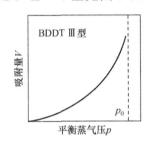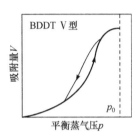

图 3-6　BDDT 型

3.1.2.2　颗粒在溶液中的吸附

颗粒在溶液中的吸附对粉体表面处理有重要意义，如改变颗粒表面的润湿性、颗粒的悬浮性，降低液-固体系的表观黏度和提高浆体的流动性，以及颗粒层液体净化等。固体在溶液中的吸附主要分为固体对非电解质溶液的吸附和对电解质溶液的吸附两大类。

（1）非电解质在颗粒表面的吸附

非电解质指的是不电离的中性分子，如醇、醚、氨基酸、脂肪酸、硬脂酸、烃类等，其吸附力主要是分子间作用力，如氢键力、范德华力等。其中，聚醚类表面活性剂分子主要靠分子间色散力吸附在非极性颗粒的表面，吸附等温线属 Langmuir 型，即单分子层吸附：

$$V = \frac{aV_mC}{1+aC} \tag{3-12}$$

式中　V——吸附量，mol/cm^2；

　　　V_m——单分子层饱和吸附量，mol/cm^2；

　　　a——吸附常数；

　　　C——非电解质的浓度，即表面活性剂的浓度，mol/L。

此外，吸附量还受到其他一些因素的影响。例如，即使溶质相同，溶剂不同，吸附量也会不同；水溶液吸附非电解质时，pH 对吸附量有影响，例如，pH 值较高时，SiO$_2$ 对脂肪酸的吸附量减小；温度也影响非电解质（非离子型表面活性剂）的吸附量，温度升高有利于提高吸附量。

（2）电解质在颗粒表面的吸附

电解质在溶液中以离子形式存在。其吸附力主要是库仑力，且与颗粒表面的化学组成、结构及表面双电层有密切关系。

① 无机离子吸附。分子或离子在固-液界面的吸附，是体系自由能过剩自发做功所导致的结果，通过吸附使体系自由能减少，以趋于稳定。

无机离子在颗粒表面的吸附自由能表达式：

$$\Delta G_{ads,i} = \Delta G_{ele,i} + \Delta G_{chem,i} + \Delta G_{H,i} + \Delta G_{solv,i} \tag{3-13}$$

式中　$\Delta G_{ele,i}$——静电作用吸附自由能（物理吸附）；

　　　$\Delta G_{chem,i}$——化学吸附自由能（特性吸附）；

　　　$\Delta G_{H,i}$——氢键吸附自由能（特性吸附）；

　　　$\Delta G_{solv,i}$——溶剂化作用自由能（特性吸附）。

颗粒对无机离子的吸附，包括物理吸附和特性吸附，具体的吸附自由能组成主要取决于离子的价数和溶液浓度。

a. 无机离子的物理吸附。无机离子的物理吸附发生在双电层外层的紧密层上，完全由库仑力（静电力）控制。只要是与颗粒表面电性呈异号的离子，就可在静电力的作用下，作为配衡离子吸附在颗粒的双电层外层的紧密层上，压缩双电层，直至成为电中性。该紧密层为斯特恩（Stern）面，如图 3-7 所示。

双电层指的是在溶液中，颗粒表面因表面基团的解离或自溶液中选择性吸附某种离子而带电。由于电中性的要求，带电表面附近的液体中必有与颗粒表面电荷数量相等、电性相反的多余反离子，颗粒的带电表面和反离子构成了双电层。

斯特恩面指的是紧密层中反离子的电性中心所连成的假想面，距固体表面的距离约为水化离子的半径。斯特恩面上的电势即斯特恩电势。

滑动面指的是固-液两相发生相对移动的界面，在斯特恩面稍外一些，是凹凸不平的曲面，滑动面至溶液本体间的电势差，即固液之间可以发生相对移动处（即固相连带束缚的溶剂化层和溶液之间）的电势称为 ζ 电位（Zeta 电位）。

斯特恩双电层模型认为，溶液一侧的带电层应分为紧密层和扩散层。紧密层为溶液中反离子及溶剂分子受到足够大的静电力、范德华力或特性吸附力，而紧密吸附在固体表面上。其余反离子则构成扩散层。

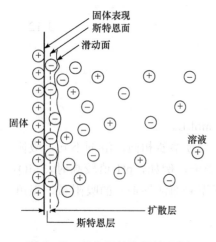

图 3-7　双电层外的斯特恩面

无机离子在颗粒的斯特恩面上，物理吸附密度 Γ_i 可由斯特恩-格雷厄姆（Stern-Graham）方程表示：

$$\Gamma_i = 2R_iC\exp\left(\frac{-\Delta G_{ele,i}}{RT}\right) = 2R_iC\exp\left(-\frac{NF\zeta}{RT}\right) \tag{3-14}$$

式中　Γ_i——无机离子在斯特恩面上的吸附密度；

　　　R_i——吸附离子半径；

　　　C——溶液中吸附离子的浓度；

　　　N——吸附离子的价数；

　　　F——法拉第常数；

　　　ζ——溶液中颗粒表面的 Zeta 电位；

　　　R——气体常数；

　　　T——温度。

　　b. 无机离子的特性吸附。无机离子的特性吸附常发生在高价金属离子、高价阴离子、一价的氢及氢氧根离子上。特性吸附密度表达式：

$$\Gamma_i = 2R_iC\exp\left(\frac{-\Delta G_{ads,i}}{RT}\right) = 2R_iC\exp\left(-\frac{NF\zeta+\phi}{RT}\right) \tag{3-15}$$

式中　ϕ——特性吸附能。

　　② 表面活性剂离子吸附。表面活性剂离子吸附包括物理吸附和特性吸附，与无机离子吸附相比，增加了表面活性剂碳氢键之间的疏水缔合作用能 ΔG_{CH_2}。

　　a. 物理吸附。当浓度很低时，烷基磺酸、烷基硫酸和胺离子在氧化物颗粒表面的吸附均属于静电物理吸附。这种吸附具有较好的可逆性，是较典型的静电物理吸附。

　　b. 特性吸附。表面活性剂离子的特性吸附等温方程为：

$$\Gamma_i = 2R_iC\exp\left(-\frac{NF\zeta+\phi+\Delta G_{CH_2}}{RT}\right) \tag{3-16}$$

（3）高分子表面活性剂在颗粒表面的吸附

　　高分子表面活性剂是一类品种繁多、应用广泛、存在普遍的天然或人工合成物质。这里仅对高分子表面活性剂的吸附特性进行介绍。

　　① 高分子吸附键类型。高分子表面活性剂主要通过其结构上的极性基团与颗粒表面活性点的作用来实现在颗粒表面的吸附。吸附作用主要有氢键、共价键、疏水键和静电作用 4 种。

　　a. 氢键。氢键键合是非离子型高分子表面活性剂在颗粒表面吸附的主要原因。例如，聚丙烯酰胺的酰胺基与颗粒表面的活性点生成氢键。

　　b. 共价键。高分子表面活性剂与颗粒表面生成配位键。

　　c. 疏水键。高分子表面活性剂的疏水基团与非极性表面发生疏水键合作用而产生吸附。

　　d. 静电作用。荷电表面与高分子表面活性剂离子，通过静电作用吸附在颗粒表面。

　　② 高分子吸附形式。一般情况下，高分子表面活性剂在颗粒表面的吸附层结构，由直接吸附在颗粒表面的链序和溶液中自由分布的链尾和链环组成，它们的比例是由高分子表面活性剂与颗粒表面之间的吸附能大小决定的。图 3-8 示出了不同高分子表面活性剂在颗粒表面的吸附形式。其中，（a）为柔性高分子表面活性剂分子的平躺吸附形式；（b）为高分子表面活性剂分子的多结点吸附形式；（c）为僵直高分子表面活性剂分子的

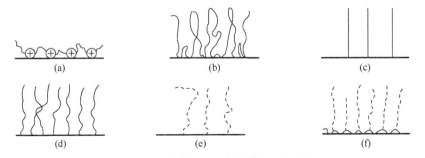

图 3-8　高分子表面活性剂吸附形式

垂直吸附形式；（d）为末端可变形高分子表面活性剂分子的直立吸附形式；（e）和（f）为与溶液以相容性的 AB 型共聚物多端吸附形式。

③ 高分子聚合物吸附层的空间位阻效应。当颗粒表面吸附有机或无机聚合物时，聚合物吸附层将在颗粒接近时产生一种附加的作用，称为空间位阻效应。

高分子表面活性剂吸附类型和吸附作用，主要取决于颗粒表面与高分子表面活性剂的性质和颗粒的表面状态及吸附环境，这些方面与小分子表面活性剂的吸附特性一致。

但是，高分子的分子量大，存在着空间位阻，使得高分子与小分子表面活性剂的吸附有明显的差异：

    a. 低浓度时吸附速度快，表明高分子表面活性剂与颗粒表面有强的亲和力；

    b. 吸附能大，吸附膜厚，致使颗粒间产生强烈的空间位阻效应；

    c. 高分子表面活性剂，一个分子上含有多个活性位，故在颗粒表面有多种吸附构型；

    d. 分散体系浓度较高时，添加高分子表面活性剂可有效改善分散体系的流变性能。

3.1.3　粉体表面润湿特性

润湿是粉体常见的一种表面现象，它不仅对粉体在液体中的分散、多孔结构的渗流、过滤、固液分离和粉体表面改性等起着重要作用，也是研究粉体表面物理化学性质的一种手段。

固体的润湿分为沾湿（附着润湿）、浸湿（浸渍润湿）和铺展（扩展润湿）三种形式。

3.1.3.1　颗粒的润湿性

颗粒的润湿过程实际上是液相与气相争夺颗粒表面的过程，即气-固表面的消失和液-固表面形成的过程。此过程主要取决于颗粒表面及液体的极性差异，若二者极性一致或接近，液-固表面易取代气-固表面；若二者极性不同，则液-固表面不易取代气-固表面，颗粒的润湿过程就不能自发进行。

（1）颗粒润湿性的判别

用三相平衡接触角 θ 来判定颗粒表面的润湿程度：

$90° < \theta < 180°$ ——颗粒表面完全不润湿；

$0 < \theta < 90°$ ——颗粒表面不同程度润湿；

$\theta = 0°$ ——颗粒表面完全润湿。

由 $W_s = \sigma_{GL}(\cos\theta - 1)$ 可以看出，只要接触角 $\theta \neq 0°$，颗粒表面就不能被液体完全润湿。

（2）粉体层表面表观接触角

粉体层的接触角不仅取决于液体与颗粒表面间的界面张力，还受到颗粒表面的粗糙不平的因素影响。在相同的体积下，密集态粉体聚集的颗粒真实表面积，要比平滑的块体表面积大，所以，对粉体层表面的润湿程度要依据表面状况进行修正。定义：

$$粉体层粗糙度 f = \frac{粉体层真实表面积}{粉体层表观表面积}(f > 1) \tag{3-17}$$

根据 Young 方程，有：

$$W_a = \sigma_{GL}(1 + f\cos\theta) = \sigma_{GL}(1 + \cos\theta') \tag{3-18}$$

即有：
$$\cos\theta' = f\cos\theta \qquad (3-19)$$

粉体层粗糙表面的表观接触角 θ' 与粉体相同材料的块体表面接触角 θ 之间的关系即 Wenzel 关系。根据著名的 Wenzel 方程：粗糙表面对浸润性具有放大作用，即使亲水的表面更加亲水，疏水的表面更加疏水。

（3）密集态粉体中的液体

① 密集态粉体中的液体分布状态。根据密集态粉体中液体存在的位置，可以将液体分为颗粒内液和颗粒外液两部分。颗粒内液指的是颗粒内部结构孔隙内的液体，是一种物理化学结合液。颗粒外液指的是颗粒表面吸附液和微孔毛细管液（半径小于 0.1μm）以及巨孔毛细管液（半径为 0.1～10μm）、空隙液（半径小于 10μm）和润湿液。吸附液和微孔毛细管液是物理化学结合液，巨孔毛细管液、空隙液和润湿液是机械结合液。

密集态粉体的润湿是指颗粒外液形成的润湿。根据液体含量从小至大将颗粒外液分为吸附液、楔形液和毛细管上升液，如图 3-9 所示。

② 密集态粉体中的液体含量的表示方法。

$$w = \frac{\varepsilon\rho S}{(1-\varepsilon)\rho_{\mathrm{p}} + \varepsilon\rho S}\times 100\% \qquad (3-20)$$

$$w' = \frac{\varepsilon\rho S}{(1-\varepsilon)\rho_{\mathrm{p}}}\times 100\% \qquad (3-21)$$

式中　w ——湿粉体为基准的质量分数；

　　　w' ——干燥粉体为基准的质量分数；

　　　S ——粉体液体含量饱和度（在粉体中空隙的单位体积内，液体所占的体积分数）；

　　　ε ——密集态粉体的空隙率；

　　　ρ ——液体的密度；

　　　ρ_{p} ——颗粒的密度。

上式表明，密集态粉体的液体含量与其聚集结构有关。

3.1.3.2　粉体表面的亲水性

粉体表面的亲水度定义为：

$$亲水度 = \frac{粉体亲水部分的表面积}{粉体总表面积}\times 100\% \qquad (3-22)$$

若采用实验测试方法得到：

$$亲水度 = \frac{粉体表面水占表面积}{粉体表面N_2占表面积}\times 100\% \qquad (3-23)$$

$$粉体表面亲油度 = 100 - 亲水度（\%） \qquad (3-24)$$

表面亲水度可采用氮气和水蒸气的等温吸附法测试。

吸附气体为氮气时，由于氮气分子的偶极子能量的作用，氮气可基本上覆盖粉体颗粒的全部表面；吸附水蒸气时，可认为在粉体表面极性较强的部分，即只有亲水的部分才发生吸附。

3.1.3.3 粉体润湿性的测量

三相平衡接触角是粉体表面对液体润湿性的主要判据，接触角的测量方法较多。

（1）压制成型测试法

用少量的黏结剂将粉体黏结压制成型，再利用常规的固体表面接触角测量方法直接测取。该方法简便，测量所得数据有些情况下比较准确。但对于颗粒尺寸较小的粉体，黏结剂的用量可能会对测量结果造成误差。同时，密集态粉体的堆积结构对润湿接触角有影响，因此，该方法也受到一定的限制。

（2）粉体浸透速度法

粉体浸透速度法是基于液体弯曲液面附加压力的毛细管现象为原理的测试方法，分垂直浸透法和水平浸透法两种方式，如图 3-10 所示。垂直浸透法应用较多，对于润湿后容易产生重力拉断或张力收缩脱落的粉体，则采用水平浸透法。

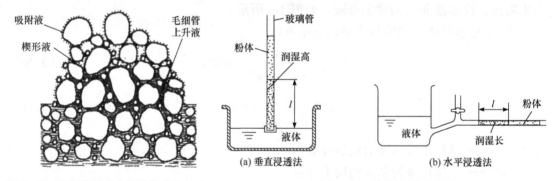

图 3-9　密集态粉体中的液体分布状态　　　图 3-10　粉体浸透速度法

粉体浸透速度法测量过程：

① 将 200 目被测粉体装入直径约为 8～10mm 的一端以滤纸封口的玻璃管中，通过振动或轻敲击获得一定的密实效果；

② 使玻璃管于铅垂或水平状态与润湿液体接触，并读取润湿时间；

③ 记录在不同润湿时间，对应的被液体润湿的粉体高度（长度），并按以下关系式获得粉体接触角 θ：

$$\frac{l^2}{t} = \frac{r\sigma_{GL}\cos\theta}{\eta} \tag{3-25}$$

式中　l ——被液体润湿的粉体高度（长度）；

t ——相应的粉体润湿时间；

σ_{GL}——液体的表面张力；

η ——液体的动力黏度；

θ ——润湿三相平衡接触角；

r ——颗粒间孔道视为毛细管时的平均毛细管半径。

可采用对粉体完全润湿($\theta = 0°$)的液体标定该测量方法，获得 r 值。

在 $x = l^2$，$y = t$ 的坐标下，$\dfrac{l^2}{t} = \dfrac{r\sigma_{GL}\cos\theta}{\eta}$ 呈线性关系，由直线斜率求出 θ。

（3）气体吸附法

根据吸附平衡前后吸附气体容积的变化来确定吸附量，实际上就是测定在已知容积内，气体压力的变化。当物质表面吸附氮气时，引起测量体系中的压力下降，直到吸附平衡为止。测量吸附前后的压力，计算在平衡压力下被吸附的气体体积（标准状态下）；根据 BET 等温吸附公式，计算试样单分子层吸附量，从而计算出试样的表面积，求出粉体单位面积对 N_2 的吸附量 Q_{N_2}；同理测出 Q_{H_2O}。

粉体润湿性判断：

$$\frac{Q_{H_2O}}{Q_{N_2}} > 1，亲水表面 \tag{3-26}$$

$$\frac{Q_{H_2O}}{Q_{N_2}} < 1，疏水表面 \tag{3-27}$$

（4）浸湿热法

浸湿热是指粉体被液体浸湿时放出的热量。

粉体浸湿热测量过程，如图 3-11 所示。

a. 将被测粉体置于安瓿瓶中，并固定于搅拌器上；

b. 安瓿瓶在恒定热量的液体容器中搅拌均匀加热；

c. 安瓿瓶与液体温度恒定后，将安瓿瓶松开，并撞击底部的撞针而破碎；

d. 撒落的粉体与液体接触并润湿；

e. 释放的浸湿热，由精密量热计测出。

该方法测量精度高，可获得粉体的微量浸湿热，并由此获得粉体其他的一些热力学信息，是研究粉体表面性质的重要手段。

（5）水渗透速度法

将粉体压制成试片，成型压力 20MPa，试片直径 20mm，厚度 10mm。在试片表面滴加 0.04mL 的蒸馏水，测定其渗透时间和平均渗透速度。

（6）吸水率

将粉体样品置于湿度和温度一定的环境中，测量样品的含水率变化。

将粉体试样先烘干后，再放于底部盛有水的干燥器上层，加盖存放一定时间后，测量样品的含水率。

3.1.4　粉体的凝聚与分散

在气相、液相或其他粉体介质中，粉体颗粒之间，或通过介质使颗粒之间相互作用而形成的不均匀聚集状态，称为粉体的凝聚。在气相、液相或其他粉体介质中，使粉体颗粒处于均匀、离散的分布状态，称为粉体的分散。凝聚和分散是粉体在介质中两个反向行为状态。通常，凝聚是由粉体的性状和与介质的相互作用引起的，而分散需要通过粉体性状和介质进行调控，才可能人为实现。

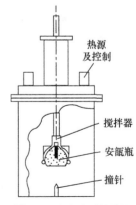

图 3-11 浸湿热测量

3.1.4.1 粉体凝聚的类型

根据作用机理的不同，粉体的凝聚有四种不同的类型，如图 3-12 所示。

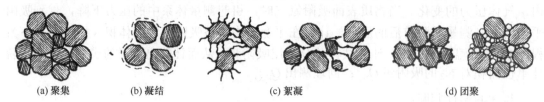

(a) 聚集   (b) 凝结   (c) 絮凝   (d) 团聚

图 3-12　粉体凝聚的 4 种类型

① 聚集。粉体颗粒在空气（其他气体）中，在范德华力、静电引力、液桥力或固桥力的作用下，聚集成团或附聚到器壁上。颗粒聚集称为颗粒的内聚，而把一种物质的颗粒与另一种物质的颗粒（或器壁）的聚集称为黏附。

② 凝结。当悬浮体中含有电解质时，颗粒表面双电层的扩散层受压缩，颗粒表面ζ电位降低而导致颗粒聚集。

③ 絮凝。大分子表面活性剂或水溶性高分子的架桥作用，使颗粒链接成结构松散、似絮状聚集体。

④ 团聚。非极性烃类油的桥连黏附作用或微小气泡的拱结，使颗粒聚集成团。

3.1.4.2 粉体在空气中的凝聚与分散

一般而言，粉体颗粒在空气中具有强烈的团聚倾向，颗粒团聚的基本原因是颗粒间存在着作用力等。

（1）粉体在空气中的凝聚力

颗粒的内聚力有分子间作用力（即范德华力）、静电力、液体桥联力（液桥力）和固体桥联力（固桥力）。它们也是造成粉体在空气中凝聚的主要作用力。其中，固体桥联力致使颗粒产生刚性聚集，因此，相对来说较容易处理。

在空气中，颗粒的范德华力、静电力和液桥力都是随着颗粒尺寸的增大而接近线性地增大；在一般的空气氛围中，颗粒的凝聚力主要是液桥力，液桥力可能会达到范德华力的十倍或数十倍；在非常干燥的空气中，颗粒的凝聚力主要是范德华力；静电力通常比液桥力和范德华力小，除非对荷电性很强的颗粒，静电力可能是主要的凝聚力。

范德华力、静电力和液桥力随颗粒与平面器壁之间距离的变化关系：

① 随着距离的增大，范德华力迅速减小，当距离超过 1μm 时，范德华力的作用已不存在；

② 距离在 2～3μm，液桥力的作用非常显著，但随着距离的增大，液桥力的作用会突然消失；

③ 在距离大于 2～3μm 时，静电力仍能促使颗粒的凝聚，而范德华力和液桥力已不再对颗粒凝聚起作用。

（2）粉体在空气中的分散

粉体在空气中的分散方法有多种，其中主要有干燥分散、机械分散和颗粒表面改性分散。

① 机械分散。机械分散是指用机械力把颗粒团聚体打散。机械力通常是冲击力和剪切力，机械分散是一种强制性分散方法，可有效实现对粉体的解聚。机械分散的必要

条件是机械力（通常是指流体的剪切力及压差力）应大于颗粒间的黏着力。

虽然机械分散易实现，但由于它是一种强制性分散方法，互相黏结的颗粒尽管可在分散器中被打散，可颗粒间的作用力仍存在，没有改变，从粉碎器排出后可能又迅速重新黏结团聚。脆性颗粒有可能被粉碎，机械设备磨损后分散效果下降等。

② 干燥分散。潮湿空气中颗粒间形成液桥是颗粒团聚的重要原因，而液桥力是分子间作用力的十倍或几十倍，因此，杜绝液桥的产生是保证颗粒分散的重要途径。

工程上一般采用加热烘干法，比如用红外线、微波、喷雾干燥等手段加热微细颗粒，降低粉体的水分含量可保证物料的松散。

冷冻干燥，即利用冷冻方法使水分冷冻后由固态直接升华为气态而除去水分，实现对粉体的干燥分散。

③ 颗粒表面改性分散。通过采用适当的表面改性剂对粉体表面进行改性处理，可实现对粉体的分散或减小粉体在空气中的吸潮作用。因此，改性可以是利用疏水剂对粉体表面进行疏水处理，以有效地抑制液桥力的产生；利用适当的改性剂对粉体表面进行改性处理，以调整 Hamaker 常数来减小范德华力，或通过颗粒表面的改性剂来增加颗粒间表面距离，以减小范德华力；通过改性剂对粉体表面进行改性处理，以屏蔽颗粒表面不饱和键力和其他活性点，减小颗粒间凝聚力。

3.1.4.3　粉体在液体中的凝聚与分散

粉体在液体中的分散就是使颗粒在悬浮液中均匀分离散开的过程，它主要包括：颗粒在液体中的浸润；颗粒团聚体在机械力作用下的解体和分散；将原生颗粒或较小的团聚体稳定，阻止再进一步发生团聚。

（1）粉体在液体中的凝聚力

粉体在液体中的凝聚力主要有范德华力、双电层静电作用力、空间位阻效应和溶剂化膜作用力。

① 范德华力。当微粒在液体中时，必须考虑液体分子与颗粒分子群的作用，以及这种作用对颗粒间分子作用力的影响。

在液体中，同质颗粒之间为吸引力，且吸引力值小于真空中的1/4。不同质颗粒之间，范德华力有可能为排斥力，这有利于分散。

在多数情况下，吸附层导致颗粒间范德华力作用减弱的原因：一是吸附层增大了颗粒间的表面距离；二是吸附层物质的 Hamaker 常数通常比固体颗粒小。吸附层可以是表面活性剂或纳米颗粒等。

② 双电层静电作用力。同质固体颗粒，双点层静电作用力恒表现为排斥力，因此它是防止颗粒相互团聚的主要手段。

不同质的颗粒，Zeta 电位为不同值，甚至不同号，对于电位异号的颗粒，静电作用力则表现为吸引力，即使电位同号，若两者绝对值相差很大，颗粒间仍可出现静电引力。

③ 空间位阻效应。当颗粒表面吸附有机或无机聚合物时，吸附层牢固且相当致密，有良好溶剂化性质时，它起对抗微粒接近及聚团的作用，此时高聚物吸附层表现出很强的空间排斥力。虽然这种力只是当颗粒间距达到双方吸附层接触时才出现。

另一种情况，当链状高分子在颗粒表面的吸附密度很低，比如小于50%或更小，它们可以同时在两个或多个颗粒表面吸附，此时颗粒通过高分子的桥联作用而聚团。这种聚团的结构疏松，密度低，强度也低，聚团中的颗粒相距较远。

高分子吸附层空间作用见图 3-13。

④ 溶剂化膜作用力。颗粒在液体中引起其周围液体分子结构的变化，称为结构化。对于极性表面的颗粒，极性液体分子受颗粒的很强作用，在颗粒周围形成一种有序排列并具有一定机械强度的溶剂化膜。而形成溶剂化膜的颗粒彼此接近时，将产生很强的排斥力或吸引力，这就是溶剂化膜作用力。对非极性表面的颗粒，极性液体分子将通过自身的结构调整而在颗粒周围形成具有排斥颗粒作用的另一种溶剂化膜。

极性表面颗粒和非极性表面颗粒在水中的溶剂化膜结构如图 3-14 所示。

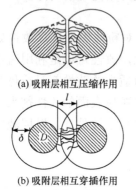

(a) 吸附层相互压缩作用

(b) 吸附层相互穿插作用

图 3-13　高分子吸附层空间作用

(a) 极性表面

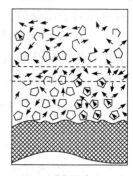

(b) 非极性表面

图 3-14　水的溶剂化膜结构

极性表面的界面水有三层结构，即靠近极性表面的水分子呈定向密集的有序排列层、水分子弱有序排列的过渡层、无序排列的自由水分子。

非极性表面的界面仅通过色散力相互作用，界面水为冰状笼架结构。

一般而言，颗粒表面的极性与溶剂介质的极性相同或相近时，其溶剂化膜较厚；当它们之间的极性相差较大或相反时其溶剂化膜一般较薄。

由于溶剂化膜的存在，当两颗粒相互接近时，除了分子吸附作用和静电排斥作用力外，当颗粒间距减小到溶剂化膜开始接触时，就会产生溶剂化作用力。

在水中，对于极性表面颗粒，溶剂化膜作用力为排斥力；对于非极性表面颗粒，溶剂化膜作用力为吸引力。

溶剂化膜作用力仅当颗粒相互接近到 $10\sim20nm$ 时才开始起作用，且较范德华力和双电层静电作用力约大 $1\sim2$ 个数量级。

（2）粉体在液体中的分散

根据颗粒在液体中的凝聚力性质，粉体在液体中的分散应同时符合两个基本原则。

① 分散的基本原则。

其一，润湿原则（极性相似原则）。颗粒必须被液体介质润湿，以使颗粒能很好地浸没在液体介质中。

其二，表面力原则。颗粒间的总表面力必须是一个较大的正值，以使颗粒间有足够的相互排斥作用，防止颗粒相互接触并产生凝聚。

② 分散调控措施。颗粒在液体中的主要分散调控措施有介质调控、分散剂调控、机械调控和超声调控等。

a. 介质调控。根据颗粒的表面性质选择适当的分散介质，可获得充分分散的悬浮液。选择分散介质的基本原则是同极性原则：极性表面颗粒易于在极性液体中分散；非极性表面颗粒易于在非极性液体中分散。

　　b. 分散剂调控。分散剂是一类能够促进颗粒分散稳定性，特别是悬浮液中颗粒分散稳定性的化学物质。分散剂主要借在颗粒表面或固液界面的吸附，通过以下三种作用增强颗粒间的排斥作用，从而达到稳定分散的目的。其作用原理是：

　　增大颗粒表面电位的绝对值，提高颗粒间的静电排斥力；

　　增强颗粒间的位阻效应（高分子分散剂），使颗粒间产生较强的位阻排斥；

　　调控颗粒表面极性，增强分散介质对它的润湿性，在满足润湿原则的同时，增强表面溶剂化膜，提高颗粒的表面结构化程度，使结构化排斥力显著增强。

　　常用的分散剂主要有三类：

　　第一类：无机电解质（基于双电层静电排斥力原理），如聚磷酸钠、硅酸钠、氢氧化钠及苏打等。

　　第二类：有机高聚物（基于高分子表面活性剂在颗粒表面吸附层的空间位阻效应原理），如聚丙烯酰胺系列、聚氧化乙烯系列以及单宁、本质素等天然高分子。

　　第三类：表面活性剂（基于改善颗粒的润湿性原理），包括各种低分子或高分子表面润湿剂等。

　　c. 机械调控。以强烈的机械搅拌方式，致使液体产生强湍流运动而使颗粒凝聚体破解分散。

　　d. 超声调控。当超声波能量足够高时，就会产生"超声空化"现象，空化气泡在急剧崩溃的瞬间产生局部高温高压。这种空化效应能够产生上千，甚至上万个大气压的冲击波，连续地冲击使混合液中各种成分分散均匀。

3.1.5　粉体的催化性能

　　超细粉体由于其粒径的减小，表面原子所占的比例很大，吸附力强，因而具有较高的化学反应活性。如具有表面吸附能力、离子交换与置换能力的矿物颗粒在超细粉碎过程中，产生大量的断裂面，并在断裂面上出现了不饱和键和带电结构单元，导致颗粒处于不稳定的高能状态，从而增加了颗粒反应活性，提高了颗粒表面的吸附能力。

　　在空气中，许多纳米金属粉体室温下就会被强烈氧化而燃烧。另外，通过对金属纳米材料的催化性能进行研究，发现在适当条件下可以催化断裂 H—H、C—C、C—H 和 C—O 键。如 TiO_2 超细粉体可以作为光催化剂，在处理有机废水和大气中的有机污染物方面有着重要的作用。

3.2　粉体的物理特性

　　由粉体是数量极多、尺寸微小、比表面积巨大的固体颗粒集合而成的概念可以得出：

尺寸微小，意味着与体积相关的颗粒能量状态与块体的偏离；比表面积巨大，意味着与表面相关的颗粒形状与块体的偏离；而数量极多，意味着每个颗粒作为大量分子聚集的独立体系之间，相互影响和协同效果的增强。

另外，集合状态有密集态和离散态的差异，所有这些决定了粉体的一些物理性质明显有别于块体，包括粉体的光学、热学、电学和磁学性质。

3.2.1　光学性能

光在粉体介质中的传播性质，需要考虑颗粒在介质中的分布状态，即颗粒的聚集态和离散态。前者反映的是光在介质中传播时与粉体层之间的相互作用，主要涉及粉体层表面光的反射和折射现象；后者反映的是光在分散体系中传播时与离散颗粒之间的相互作用，涉及颗粒一系列光散射现象。

3.2.1.1　颗粒分散体系中的光散射

光通过颗粒分散体系时，由于颗粒尺寸的不同会出现不同的散射现象。

（1）光散射现象

① 在光通过颗粒分散体系时的光散射现象中，当单个颗粒尺寸远大于入射光波长时，光的散射现象主要表现为反射和折射；

② 对颗粒团聚体，当颗粒间孔隙或缝隙尺寸可与入射光波长相比拟时，光的散射现象主要表现为衍射；

③ 对尺寸大于入射光波长的单个颗粒，因表面凹凸部分形成类似缝隙结构，光的散射现象也主要表现为衍射；

④ 当单个颗粒直径小于入射光波长时，光的散射表现为乳光现象，即光波环绕微小颗粒而向其四周散射光，使颗粒看似一个发光体，无数发光体的散射形成了光的通路（丁铎尔效应），如图 3-15 所示。

（2）光散射规律

光通过颗粒分散体系时，根据颗粒尺寸的不同，光的散射有三种不同的规律。

① 瑞利散射。当颗粒尺寸小于入射光波长时（$D_p < \lambda$），颗粒的光散射符合瑞利（Rayleigh）定律：特定方向上的散射光强度与波长 λ 的四次方成反比；一定波长的散射光强与 $(1 + \cos^2 \theta)$ 成正比，θ 为散射光与入射光的夹角，称散射角。凡遵守这一规律的散射称为瑞利散射。

$$I_\theta = \frac{\alpha^4 D_p^2}{8L^2} \times \frac{m^2 - 1}{m^2 + 2}(1 + \cos^2 \theta)I_0 \qquad (3\text{-}28)$$

或

$$I_\theta = \frac{9\pi^2 V_p^2}{8\lambda^4 L^2} \times \frac{n_1^2 + n_2^2}{n_1^2 + 2n_2^2}(1 + \cos^2 \theta)I_0 \qquad (3\text{-}29)$$

式中　θ ——散射光与入射光的夹角，称散射角；

$\quad\quad\quad I_\theta$ ——散射角为 θ 时的散射光强度；

$\quad\quad\quad I_0$ ——入射光强度；

图 3-15　丁铎尔效应

D_p —— 颗粒的直径；

V_p —— 颗粒的体积；

L —— 颗粒与观察散射光的位置点之间的距离；

α —— 颗粒直径与入射光波长比值，$\alpha = \dfrac{\pi D_p}{\lambda}$；

λ —— 入射光波长；

n_1，n_2 —— 颗粒和分散介质的折射率；

m —— 相对折射率，$m = \dfrac{n_1}{n_2}$。

颗粒在空间各个方向上产生的散射光强度的总和为全反射光强度：

$$S = 24\pi^3 \left(\frac{m^2 - 1}{m^2 + 2} \right)^2 \frac{V_p^2}{\lambda^4} I_0 \tag{3-30}$$

当颗粒直径小于入射光波长时，随着入射光波长的减小，颗粒的全反射光强度显著增大；随着颗粒尺寸的增加，颗粒的全反射光强明显增大；随着颗粒与分散介质的折射率差别增加，颗粒的全反射光强增大。利用这些原理，可以进行粉体粒度的测量。当颗粒与分散介质有明显的界面折射率差别时，散射光强度增加。

② 米氏散射。随着颗粒直径的增大，光散射强度逐渐偏离瑞利定律。米氏（Mie）对均匀、各向同性的球形颗粒，根据 Maxwell 电磁波方程严格推导出散射光场的强度分布，得到米氏散射理论。

$$I = I_0 \frac{\lambda^2}{8\pi^2 L^2} (z_1 + z_2) \tag{3-31}$$

式中　I_0 —— 入射光强度；

　　　λ —— 入射光波长；

　　　L —— 颗粒中心与观察散射光的位置点之间的距离；

z_1，z_2 —— 分别为垂直和水平偏光成分散射光强度分布函数，是 θ、λ、D_p 及 m 的函数。

米氏理论是描述散射光场的严格理论，适用于经典意义上的任意尺寸大小的颗粒，但是对大颗粒($D_p \gg \lambda$)，米氏散射理论表达式的数值计算十分复杂。

③ 夫琅禾费散射。当颗粒直径大于入射光波长($D_p > \lambda$)时，前向较小的角度范围内，衍射光占的比重很大，而反射和折射占的比重很小，可用夫琅禾费（Fraunhofer）散射理论来表征：

$$I(\omega) = \frac{1}{4} E \alpha^2 D_p^2 \left[\frac{J_1(\alpha\omega)}{\alpha\omega} \right]^2 \tag{3-32}$$

式中　$I(\omega)$ —— 衍射光强度；

　　　E —— 单位面积入射光强度；

　　　ω —— 衍射角的正弦值，$\omega = \sin\theta$；

　　　α —— 颗粒直径与入射光波长比值，$\alpha = \dfrac{\pi D_p}{\lambda}$；

　　　θ —— 衍射角；

J_1——一阶 Bessel 函数。

当颗粒直径远大于入射光波长时，有夫琅禾费的简单关系式：

$$D_p\theta \approx \lambda \qquad (3\text{-}33)$$

3.2.1.2　粉体层表面光的反射

光在介质中传播遇到粉体层时，会在粉体层表面产生光的反射和折射现象。

（1）粉体层表面的反射现象

光在粉体层表面产生光的反射和折射现象与在块体中的区别在于：

① 介质结构方面。块体内部为连续结构，粉体层存在着不同程度的空隙率，使粉体层内部存在着极多的颗粒与气体间的气-固界面。

② 光散射方式方面。光在传播时遇到粉体层表面时，光束被分成两部分，一部分光束在粉体层颗粒表面形成漫反射，回到原介质中继续传播；另一部分光束在颗粒表面产生折射，由原介质穿过颗粒表面分别进入单个颗粒介质内部传播。颗粒尺寸小，光在颗粒介质内传播的衰减过程中，反复在气-固界面形成反射和折射，使进入颗粒内部的光束有一部分因折射又返回到原介质中传播。此外，由颗粒内部折射出来的光，作为其他颗粒的入射光，而使其周围颗粒反射和折射光，并返回到原介质中传播。这种散射现象在粉体层内的颗粒间由表及里逐层进行，直至进入粉体内部的光束完全衰减为止。所以，粉体层表面的散射光是粉体层表面的漫反射光和所有单个颗粒反射及折射返回粉体层表面外光的叠加。

（2）粉体层表面光的反射规律

实际处理粉体层表面光的反射，可将粉体层分成若干个薄层，再将所有薄层的反射和吸收叠加起来，获得粉体表面的全反射率。

3.2.1.3　颗粒的光吸收

除了真空，光通过介质，都会出现一部分光被介质吸收的现象。

（1）吸收现象

介质对光的吸收指的是光的强度随着光在介质中的传播距离的增加而减小的现象。

介质对光的吸收现象分为真吸收和散射两种情况：真吸收是光能真正被介质吸收后转化为其他形式的能量；散射是光因介质的不均匀性散射到四面八方，对于沿原方向传播的光波来说强度减弱。这两种现象都能使光能减弱，起到消光作用。

普遍吸收指的是若介质对光的各种波长吸收程度几乎相等，即吸收系数与波长无关。而选择吸收指的是介质对某些波长的光吸收很强烈，即吸收系数和波长有关。

选择吸收是光和介质相互作用的普遍规律。若介质是颗粒物质，随着颗粒尺寸的减小，颗粒的光学性质的变化也表现在对光的吸收上。颗粒尺寸越小，吸光能力越强。

（2）颗粒的光吸收机理

光传播时交变电磁场与颗粒的分子相互作用，使颗粒分子中的电子出现受迫振动而维持电子振动所消耗的能量，变为其他形式的能量（如热能）而耗散。

颗粒对光的吸收与光的波长有关。一般情况下，介质中电子的固有频率不等于光波的频率。但当这两种频率恰好相等时，将发生共振辐射，使得介质中电子振动的振幅大增。于是，入射光频谱中频率与介质固有频率相同的那部分光的全部能量几乎都被电子所吸收，而其他各种频率的入射光仍能投射介质。

导电性良好的颗粒（金属颗粒）对光吸收的现象强烈。金属的价电子处于未满带，吸收光子后呈激发态，不必跃迁到导带就能发生碰撞而发热。在电磁波谱的可见光区，金属和半导体颗粒对光的吸收都很大。但绝缘性颗粒（玻璃、陶瓷等颗粒）对光的吸收很小，这是由于绝缘性材料的价电子所处的能带是满带，而光子的能量又不足以使价电子跃迁到导带，故在可见光波长范围内对光的吸收很小。而对紫外光波长，光子能量越来越大，直到光子能量达到禁带宽度时，绝缘性材料的电子就会吸收光子能量从满带跃迁到导带，导致吸收系数在紫外光区急剧增大。

3.2.1.4　光在颗粒分散体系中的衰减

光的衰减是指光束穿过颗粒分散体系时，透射光的强度较入射光强度减小的现象。其实质是由于颗粒分散体系中的每一个颗粒对光波的散射和吸收。表征入射光强度 I_0 和透射光强度 I 之间的关系式为：

$$\ln\frac{I_0}{I}=\frac{3C_nLK_e}{2D_p} \tag{3-34}$$

式中　C_n —— 单位体积悬浮体中的颗粒数，即颗粒个数浓度；

　　　L —— 光通过的路径长度或容器的厚度；

　　　D_p —— 颗粒直径；

　　　K_e —— 光的衰减系数。

$$K_e=\frac{\text{被颗粒散射和吸收的全部光能量}}{\text{照射颗粒的全部光能量}} \tag{3-35}$$

由入射光强度和透射光强度，可求出颗粒大小或浓度，即全散射粒度测试方法的原理。

3.2.1.5　光学性能

常用白度、黑度、光泽度和色度等参数来表征粉体和陶瓷的光学性能。

（1）白度

白度是指物体对可见光波所有波长的反射率所体现的明度值，反映物体对白光的反射和散射能力。其定义为光谱漫反射比恒等于 1 的理想完全反射漫射体（PRD）表面的白度为 100 度，光谱漫反射比恒等于 0 的黑体表面的白度为 0 度。任何白色物体的白度则表示对于 PRD 白色程度的相对值。表征物体白的程度，用 W 和 W_{10} 表示。白度值越大，则白色的程度越大。

白光是由各种可见光等混合而成的复色光，因此白度测量采用的也是可见光波，即在波长 400～700nm 范围内进行测量。如果物料中含有致色元素，则对不同颜色的光产生不均匀的选择性吸收，从而导致物体呈现不同的色调。白度是光吸收能 K 与光散能 S 的函数。粉体对白光的反射和散射程度将影响白度，较高的反射和散射强度，将导致物体具有较高的白度。等量的物体因粒度细而晶粒多，晶面总反射和总散射也强。因此，白度的控制依赖于较低的致色元素含量和较高的反射、散射强度，即白度的主控因素是粒度和色纯度。

（2）黑度

黑度，又称发射率（ϵ），是实际物体的辐射力 E 与同温度下绝对黑体的辐射力 E_0

之比，即 $\epsilon = \dfrac{E}{E_0}$。它表示物体接近黑体的程度。

辐射传热是指由本身温度引起的能量辐射，在一定波长范围内（400～4000nm）表现为热能，以电磁波的形式向外传播，不需要任何介质进行传递。热辐射和可见光一样，具有反射、散射和吸收的特性，服从光的反射和折射定律，能在均匀介质中作直线传播。如图 3-16 所示，如果投射到某一物体上的总辐射能为 Q，其中一部分能量 Q_a 被吸收，一部分能量 Q_r 被反射，余下的能量 Q_d 通过物体，则它们具有如下关系：

$$Q = Q_a + Q_r + Q_d \text{ 或 } Q_a/Q + Q_r/Q + Q_d/Q = 1$$

即 　　　　　　　　$A(吸收率) + R(反射率) + D(透过率) = 1$

$A = 1$ 的物体即能全部吸收辐射能的物体称为黑体；$R = 1$ 的物体即能全部反射辐射能的物体为白体；$D = 1$ 的物体即能全部透过辐射能的物体为透明体。

黑度表明物体辐射能力接近黑体辐射力的程度，同一物体的黑度随本身的温度和表面状态而不同。

自然界一切物体的辐射能力均小于同温度下黑体的辐射力，其比值小于 1。黑度与物体表面的材质、粗糙度及温度有关。常温下非金属材料的黑度较高，不取决于表面颜色，如混凝土、红砖与浅色砖的黑度为 0.85～0.95，一般随温度升高而减小，至 500℃降为 0.75～0.9。金属材料比非金属材料的黑度低，受表面光洁度的影响较大。如常温下表面磨光的铜与铝的黑度为 0.02～0.05，表面无光泽的铜和铝为 0.2～0.3，相差数倍，并随温度的升高而增大，如 500℃时无光泽铜与铝的黑度为 0.3～0.5。

当金属材料的粒径减小到纳米级时，其颜色大都是黑色，且粒径越小，颜色越深，这表明纳米颗粒的吸光能力很强。例如，黄金微粒被细化成小于光波波长的尺寸（几百纳米）时，会失去原有的颜色而呈黑色。这表明金属超微粉粒对光的反射率很低，一般低于 1%。利用此特性可制作高效光热、光电转换材料。

（3）光泽度

光泽度 G 是指物体受光照射时表面反射光的能力，通常以试样在镜面（正反射）方向的反射率与标准表面的反射率之比来表示：

$$G = 100R/R_0 \qquad\qquad (3-36)$$

式中 　R —— 试样表面的反射率，%；

　　　R_0 —— 标准板的反射率。

目前，国际标准规定统一采用折射率为 1.567、表面抛光良好的黑玻璃板作为标准板，并将各种测量角条件下的镜面光泽度值定义为 100（光泽度单位）。

光泽度计的测量原理如图 3-17 所示。仪器的测量头由发射器和接收器组成。发射器由白炽光源和一组透镜组成，它产生一定要求的入射光束。接收器由透镜和光敏元件组成，用于接收从样品表面反射回来的锥体光束。

（4）色度

物体颜色的定量度量是涉及观察者的视觉、照明条件、观察条件等许多因素的复杂问题。为了准确描述并得到一致的度量效果，国际照明委员会（CIE）基于每一种颜色都能用三个选定的原色按适当比例混合而成的基本事实，使用规定的符号，按一系列规

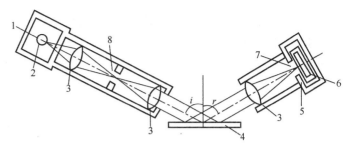

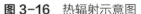

图 3-16 热辐射示意图	图 3-17 光泽度计的测量原理图

图 3-16 热辐射示意图

图 3-17 光泽度计的测量原理图
1—光轴；2—光源；3—透镜；4—试样；5—光圈；
6—受光器光圈；7—受光器；8—光源影像

定和定义制定了一套标准色度系统，称为 CIE 标准色度系统，构成了近代色度学的基础。

色度学是研究人的颜色视觉规律、颜色测量的理论及技术的科学。物体的颜色一般用色调、色彩和明度这三种尺度来表示。色度表示红、黄、蓝、绿等颜色特性；色彩度是用等明度无彩点的视知觉特性来表示物体表面颜色的浓度；明度表示物体表面相对明暗的特性，是在相同的照明条件下，以白板为基准，对物体表面的视知觉特性给予的分度。此外，还用色差来表示物体颜色视知觉的定量差异。

用色调和色彩度来表示颜色的特性，称为色品（度），用色品坐标来规定。在色度系统中，坐标按下式计算：

$$\begin{cases} x_{10} = \dfrac{X_{10}}{X_{10} + Y_{10} + Z_{10}} \\[2mm] y_{10} = \dfrac{Y_{10}}{X_{10} + Y_{10} + Z_{10}} \\[2mm] z_{10} = \dfrac{Z_{10}}{X_{10} + Y_{10} + Z_{10}} \end{cases} \tag{3-37}$$

式中，X_{10}、Y_{10}、Z_{10} 是仪器测得试样的三刺激值。如果两种颜色完全一致，则限定这两种颜色的三刺激值必须相同。其中，Y_{10} 还表示颜色的明亮程度。

表示色品坐标的平面图称为色品图。在 X_{10}、Y_{10}、Z_{10} 色度系统中，以色品坐标 x_{10} 为横坐标，y_{10} 为纵坐标。图中有波长分度的曲线，是把各单色光刺激点连接起来形成的光谱轨迹，把光谱轨迹两端连接的直线是紫轨迹，如图 3-18 所示。从色品图中可见，可

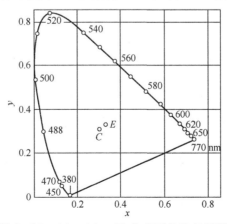

图 3-18 X_{10}、Y_{10}、Z_{10} 色度系统的色品图

见光颜色分布在一个色品三角形中，物体的色品值可以在色品三角形中用唯一的点来确定。但要精确地表示一个物品的颜色，必须用一个色品坐标和一个明度因子来确定。

在 X_{10}、Y_{10}、Z_{10} 色度系统中，两种样品之间的色差可由下式进行计算：

$$\begin{cases} \Delta Y_{10} = (Y_{10})_2 - (Y_{10})_1 \\ \Delta x = (x_{10})_2 - (x_{10})_1 \\ \Delta y = (y_{10})_2 - (y_{10})_1 \end{cases} \quad (3\text{-}38)$$

式中，$(Y_{10})_1$、$(x_{10})_1$、$(y_{10})_1$ 是样品 1 测得的值；$(Y_{10})_2$、$(x_{10})_2$、$(y_{10})_2$ 是样品 2 测得的值。

3.2.2 热学性能

由于粉体在一定的温度环境下使用，不同的温度下表现出不同的热物理性能，这些热物理性能称为粉体的热学性能。

3.2.2.1 颗粒的能量及热力学关系

（1）颗粒尺寸与能量的分布状态

与块体相比，固体颗粒的能量分布状态有很大的不同。

表 3-1 1mol 球形铜颗粒尺寸与能量分布状态的变化关系

粒径	颗粒质量/g	颗粒数/mol^{-1}	总表面积/cm^2	总表面能/J	表面能结合能	总动能/J	总热能/J	动能热能
	$4.68\times$	$1.36\times$	$4.27\times$	$6.41\times$	$1.89\times$	$3.18\times$	$2.56\times$	$1.24\times$
1mm	10^{-3}	10^4	10^2	10^{-2}	10^{-7}	10^{-8}	10^{-17}	10^9
100μm	10^{-6}	10^7	10^3	10^{-1}	10^{-6}	10^{-8}	10^{-14}	10^6
10μm	10^{-9}	10^{10}	10^4	1	10^{-5}	10^{-8}	10^{-11}	10^3
1μm	10^{-12}	10^{13}	10^5	10^1	10^{-4}	10^{-8}	10^{-8}	1
100nm	10^{-15}	10^{16}	10^6	10^2	10^{-3}	10^{-8}	10^{-5}	10^{-3}
10nm	10^{-18}	10^{19}	10^7	10^3	10^{-2}	10^{-8}	10^{-2}	10^{-6}
1nm	10^{-21}	10^{22}	10^8	10^4	10^{-1}	10^{-8}	10^1	10^{-9}

注：$\dfrac{Nmv^2}{2}$ 以 1mm/s 速度计。

由表 3-1 的能量分布状态与固体颗粒尺寸之间的变化关系可以看出：

① 从热力学的角度看，随着颗粒尺寸的减小，高度分散的颗粒体系，其热力学能由于表面能的增加而提高，由此可能会引发固体颗粒表相区域（或表相局部区域）的物理化学性质的变化，即出现超微颗粒的表面效应。但结合能比表面能要高，使得固体颗粒的体相物理化学性质不会发生改变。

② 从热运动的角度看，随着颗粒尺寸的减小，高度分散的颗粒体系，其热能快速增加，使得热能可能超过动能成为支配颗粒运动状态的主要能量，或者说颗粒进入分子热运动范畴，由此引发固体颗粒的某些量子尺寸效应，即出现超微颗粒的小体积效应。

由此可见，随着颗粒尺寸的减小，超微粉体的热学性质较块体产生了显著的偏离。

（2）颗粒的热力学基本方程

粉体颗粒有着巨大的比表面积和表面能，会产生显著的表面效应，因此需考虑表面能的增加对体系状态函数的贡献。

$$dU = TdS - pdV + \sigma dA \tag{3-39}$$

$$dH = TdS + Vdp + \sigma dA \tag{3-40}$$

$$dF = -SdT - pdV + \sigma dA \tag{3-41}$$

$$dG = -SdT + Vdp + \sigma dA \tag{3-42}$$

式中　　σ——表面能；

$\quad\quad dA$——新增加的表面积。

Hill 给出了超微颗粒体系的 Gibbs 自由能的一种关系式：

$$G = Nf(p,T) + N^{\frac{2}{3}}\sigma(p,T) + B(T) + C(p,T) \tag{3-43}$$

式中，N 为超微颗粒的分子数；等号右侧第一项为宏观意义的自由能；等号右侧第二项为超微颗粒的表面能；等号右侧第三、第四项为超微颗粒带电粒子自旋运动随温度和压力变化的能量。

3.2.2.2　导热机理

热量从高温物体传到低温物体，或者从物体的高温部分传到低温部分的过程称为热传递。依靠分子、原子、离子、自由电子等微观颗粒的热运动而实现的热量传递称为热传导，简称导热。导热可发生在固体中，也可发生在液体和气体中，但它们的导热机理各不相同。气体热传导是由作不规则热运动的气体分子相互碰撞的结果。液体热传导的机理与气体类似，但由于液体分子间距较小，分子力场对分子碰撞过程中的能量交换影响很大，故变得更加复杂些。固体以自由电子的迁移和晶格振动两种方式传导热能。

3.2.2.3　颗粒的热容

（1）热容与比热容

热容是单位质量物体的温度升高 1K 所需的能量，单位为 J/K。它是表征分子热运动的能量随温度而变化的物理量。比热容是 1g 物质温度升高 1K 时所需的能量，单位为 J/(K·g)。

（2）德拜比热容理论

描述固态晶体热容的理论模型很多，其中被普遍接受的是德拜比热容模型。

晶体吸热是通过激发晶格振动（声子振动）和激发电子，以及生成热缺陷等来完成的。前二者分别形成晶格比热容和电子比热容；而后者是在温度接近晶体熔点时产生的。且温度较高时，晶体比热容基本趋于常数。因此，通常所指的晶体比热容，是晶格比热容和电子比热容。

对晶格比热容，声子振动的频率 ω 在 $0 \sim \omega_{max}$ 范围内，高于 ω_{max} 属于光波范畴，对晶格比热容的贡献很小，可忽略。

德拜比热容表达式：

$$C_v = 3k_B N_A f_D \left(\frac{\Theta_D}{T}\right) \qquad (3\text{-}44)$$

式中 C_v——比热容，J/(mol·K)；

k_B——玻尔兹曼常量；

N_A——阿伏伽德罗常量；

T——晶体温度，K；

Θ_D——德拜温度，$\Theta_D = \dfrac{h\omega}{R} \approx 0.76 \times 10^{-6}\omega$，与声子振动频率成正比；

h——普朗克常量；

R——气体常数；

$f_D\left(\dfrac{\Theta_D}{T}\right)$——德拜比热容函数。

德拜比热容理论认为，当温度较高时，晶体比热容基本不随温度而变化，当温度低于德拜温度 Θ_D 时，晶格比热容与温度和德拜温度的比值的关系：

$$C_v = \frac{12}{5}\pi^4 R \left(\frac{T}{\Theta_D}\right)^3 \qquad (3\text{-}45)$$

（3）颗粒尺寸对德拜温度和比热容的影响

颗粒尺寸减小意味着颗粒表面原子相对数量的增加，即化学键被截断的表面质点数量的相对增加。表面原子在一侧失去最近邻原子的成键力，而引起表面原子的扰动，使得表面原子和次表面原子距离被拉开到大于体内原子的距离，造成表面质点的振幅大于体内质点的振幅，产生振动弛豫，即表面质点振动频率的降低。振动频率降低，使德拜温度降低，而晶格比热容与德拜温度的三次方成反比。因此，可以得出：颗粒尺寸越小，德拜温度越低，晶格比热容越大。

而电子比热容与颗粒尺寸变化的关系则不同，对于具有稳定能带结构的块状晶体电子比热容 C_e，在低温时的表达式为：

$$C_e = \frac{2}{3}\pi^2 K^2 T \left(\frac{dZ}{dE}\right)_{L_0} \qquad (3\text{-}46)$$

式中 $\left(\dfrac{dZ}{dE}\right)_{L_0}$——费米能级附近的电子分布函数。

但是，当颗粒尺寸减小到某一值时，费米能级附近的电子由准连续变为离散状态（超微颗粒的量子尺寸效应），能带结构很难稳定形成，电子比热容不服从上式。研究表明，超微颗粒的电子比热容较块体晶体减小很多。

总体来说，颗粒尺寸越小，比热容越大。

3.2.2.4 热导率

热导率（旧称导热系数）是物质导热能力的量度，符号为 λ 或 K。其定义为在物体内部垂直于导热方向取两个相距 1m、面积为 $1m^2$ 的平行平面，若两个平面的温度相差1K，则在 1s 内从一个平面传导至另一个平面的热量就规定为该物质的热导率。其单位为 W/(m·K)。如没有热能损失，对于一个对边平行的块形材料，则有：

$$E/t=\lambda A(T_2-T_1)/L \tag{3-47}$$

式中　E ——在时间 t 内所传递的能量；

　　　A ——截面积，m^2；

　　　L ——长度，m；

　T_1，T_2 ——两个截面的温度，K。

在一般情况下有：

$$dE/dt=-\lambda AdT/dL \tag{3-48}$$

热导率 λ 很大的物体是优良的热导体，而热导率小的物体是热的不良导体或热绝缘体。λ 值受温度影响，随温度升高而稍有增加。若物质各部分之间温度差不很大时，对整个物质可视 λ 为一常数。晶体冷却时，热导率增加极快。

3.2.3　电学性能

本节主要讨论粉体颗粒的荷电现象以及电性表征。

3.2.3.1　颗粒的荷电现象与荷电量

颗粒的荷电（带电）现象普遍存在于自然界和工业生产中。

（1）颗粒的荷电现象

在粉体的电学性质中，颗粒的荷电（带电）特性，是粉体最重要的电学性质。此外，粉体的介电性能和电导（电阻）性能，也会影响粉体的制备与处理及应用。

对于尺寸极小的超微颗粒，荷电困难（需很大的静电能）。即使荷了电，由于布朗运动剧烈，在空气中也难以控制。因此，以下介绍的颗粒荷电问题是针对粒径大于 $1\mu m$ 的颗粒。

（2）颗粒荷电机理

颗粒荷电的主要方式有接触荷电、碰撞荷电、电场荷电和粉碎荷电。

① 接触荷电。两个不带电且功率函数不同的导体颗粒，相互接触，而后分离，使两个颗粒分别荷上极性相反的等量电荷。

功函数为从导体中迁移一个电子到导体外自由空间所需的最低功，对金属来说，就是费米电子跨过界面势垒所需的功。

导体颗粒的荷电机理（图 3-19）：

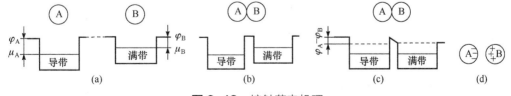

图 3-19 接触荷电机理

两个互不接触且不带电的导体颗粒 A 和 B，各自的功函数和化学电势分别为 φ_A、μ_A 和 φ_B、μ_B。其中，A 颗粒功函数高于 B 颗粒。

A、B 两颗粒相接触时，由于隧道效应作用，功函数较低的 B 颗粒易失电子，B 颗粒充满带的电子进入功函数较高的 A 颗粒导带，A 得电子；

经一定时间，A 颗粒和 B 颗粒的电位达到平衡，B 颗粒失去电子带正电，A 颗粒得电子带负电，但由于 A 和 B 颗粒处于接触状态，相当于一个整体，对外不呈现电性；

如果再将 A、B 颗粒分离，A 颗粒和 B 颗粒成为独立体，A 带负电荷，B 带正电荷。

② 碰撞荷电。颗粒与随机运动的离子发生碰撞时，可以接收电荷；在粉体装置内，颗粒与器壁的碰撞荷电；在气力输送过程中，颗粒最终也可荷电。

③ 电场荷电。电场荷电是指在常压下，当两个大小差别很大的电极上有足够大的电位差时，会引起空气电离，产生大量的空间电荷，形成电晕电流。其中，阳离子和电子在向异性电极的有序运动中与电场内的颗粒碰撞失速，而吸附在颗粒表面，使颗粒荷电。

在相同的电场下，粒径大的颗粒比粒径小的颗粒荷电量要大；介电常数大的颗粒比介电常数小的颗粒荷电量要大。

利用这一原理，可以进行静电除尘（分级）和静电分选。

④ 粉碎荷电。粉碎荷电是指颗粒粉碎时，连接质点的键被截断，且正、负电荷相对于碎裂面呈现电量不等的分布，使颗粒荷电。粗颗粒易带正电，细颗粒易带负电，且颗粒尺寸越小，比电荷就越大。此外，粉碎过程中还存在颗粒间、颗粒与设备壁面间的相互摩擦引起的摩擦带电。

颗粒粉碎荷电，是以零电荷为中心的正、负对称分布，且单位颗粒表面积的电荷数分布近似为正态分布。

3.2.3.2   电性表征

粉体是集合体，单独测定单个颗粒的电量没有多大意义，因此主要从粉体颗粒荷电量、电导性、分散体的电导率、介电常数等方面来表征粉体的电性。

（1）颗粒荷电量的测量

粉体的荷电量可以用法拉第箱（Faraday cage）进行简单测量。其主要原理是：将被测粉体通过抽滤，在法拉第箱内测试网上堆积。当给定电压 V 后，测试法拉第箱的电容 C，并由 $q=CV$ 获得被测粉体的荷电量。

另一种测量粉体颗粒荷电量的方法：通过摄像装置测取颗粒在极板间重力降落过程中的轨迹，计算颗粒带电量。其原理是颗粒在极板间所加载的交流电场作用下，下落轨迹呈一正弦波形，并根据式（3-49）计算颗粒荷电量：

$$q = \pi^2 m A \omega^2 \frac{300L}{\sqrt{2V}} \sqrt{1 + \left(\frac{g}{2\pi\lambda\omega^2}\right)^2} \tag{3-49}$$

式中　m ——颗粒的质量，g；

　　　A ——正弦波的振幅，cm；

　　　ω ——交流电频率，Hz；

　　　L ——极板间的距离，cm；

　　　V ——有效交流电压，V；

　　　λ ——正弦波波长，cm；

　　　g ——重力加速度，cm/s²。

（2）粉体的电导性

粉体的电导性可用电阻率和电导率表示，两者互为倒数关系。

粉体的电阻率取决于环境温度和湿度，通常在 100～200℃时有最大值，并随热力学温度的升高而降低。电阻率还与颗粒的化学成分等因素有关。

对于一般工业粉体，当固有电阻率小于 $10^4\Omega\cdot cm$ 时，称为导电性粉体；当固有电阻率大于 $10^5\Omega\cdot cm$ 时称为绝缘性粉体。

粉体电阻率 ρ_d 的测试方法主要包括平行板电极法、圆筒形电极法和针-板电极法等，如图 3-20 所示。其主要原理是将被测粉体填充在电极之间，测量通过粉体层的电压 V 和电流 I，求出电阻率。

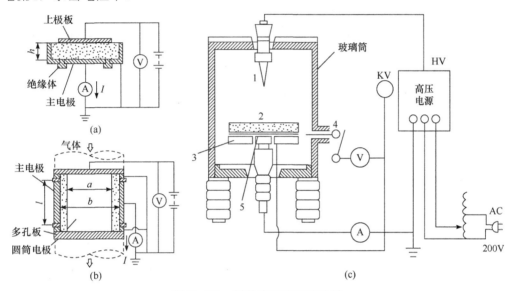

图 3-20　粉体电阻率测定方法

1—针状放电电极；2—粉体层；3—板状电极；4—探针；5—主电极

① 平行板电极法[图 3-20（a）]。

$$\rho_d = \frac{A}{h}\times\frac{V}{I}$$　　　　　　　　　　（3-50）

② 圆筒形电极法[图 3-20（b）]。

$$\rho_d = \frac{2\pi l}{\ln\dfrac{b}{a}}\times\frac{V}{I}$$　　　　　　　　　　（3-51）

③ 针-板电极法[图 3-20（c）]。

$$\rho_d = \frac{A}{L}\times\frac{V}{I}$$　　　　　　　　　　（3-52）

式中　A ——主电极面积，m^2；

　　　h ——电极距离，m；

　　　V ——电极电压，V；

　　　I ——电流强度，A；

　　　l ——圆筒形电极长度，m；

a ——圆筒电极的外径，m；

b ——外圆筒电极内径，m；

L ——探针与电极间距离，m。

（3）粉体分散体的电导率

① 对低浓度粉体分散体，设分散介质的电导率为 σ_0，导体颗粒的电导率为 σ_c，因 σ_c 远大于 σ_0，故可认为 $\dfrac{\sigma_c}{\sigma_0} \to \infty$。当粉体分散体的颗粒体积浓度 $C_v \ll 1$ 时，粉体分散体的电导率 σ 的表达式为：

$$\sigma = \frac{\sigma_0}{1 - C_v} \tag{3-53}$$

② 当粉体分散体中的颗粒体积浓度提高，使颗粒浓度关系 $\dfrac{\pi}{6} - C_v \ll 1$ 时，粉体分散体的电导率 σ 的表达式为：

$$\sigma = \frac{\pi \sigma_0}{2} \lg\left(\frac{\pi}{6} - C_v\right) \tag{3-54}$$

③ 当粉体分散体中的颗粒体积浓度继续提高，使颗粒浓度关系 $\dfrac{\pi}{4} - C_v \ll 1$ 时，粉体分散体的电导率 σ 的表达式为：

$$\sigma = \frac{2\sigma_0}{\pi^{\frac{3}{2}}} \left(\frac{\pi}{4} - C_v\right)^{\frac{1}{2}} \tag{3-55}$$

（4）粉体的介电常数

介电常数是两块金属板之间以绝缘材料为介质时的电容量与同样的两块板之间以空气为介质或真空时的电容量之比，用于衡量绝缘体储存电能的性能。粉体的介电性质主要反映的是颗粒晶体在电极化过程中对电子的束缚能力。介电常数越大，对电荷的束缚能力越强。因此，粉体的介电性质直接影响颗粒在电场中的荷电能力和荷电颗粒间的作用力。

电极化过程和物质结构密切相关，其三个基本过程是：原子核外电子云的畸变极化；分子中正、负离子的相对位移极化；分子固有电矩的转向极化。而介电常数 ε 是综合反映这三种微观过程的宏观物理量，它是频率 ω 的函数 $\varepsilon(\omega)$。只有当频率为 0 或频率很低时，这三种微观过程都参与作用，这时的介电常数 $\varepsilon(0)$ 对于一定的电介质而言是常数。

随着频率的增加，分子固有电矩的转向极化逐渐落后于外场的变化，此时，介电常数取复数形式：

$$\varepsilon(\omega) = \varepsilon'(\omega) - i\varepsilon''(\omega) \tag{3-56}$$

式中　$\varepsilon''(\omega)$ ——损耗因子；

$\varepsilon'(\omega)$ ——介电常数，介电常数随频率的增加而减小。

通常情况下，介电常数 ε 以相对介电常数 ε_r 来表示：

$$\varepsilon_r = \frac{\varepsilon}{\varepsilon_0} \tag{3-57}$$

式中，ε_0 为真空介电常数，$\varepsilon_0 = 8.859 \times 10^{-12}$F/m。对粉体而言，粉体颗粒的介电常数 ε_p 与相对介电常数 ε_{rp} 的关系为：

$$\varepsilon_{rp} = \frac{\varepsilon_p}{\varepsilon_0} \tag{3-58}$$

颗粒聚集态粉体（粉体层）的介电常数也称为表观介电常数 ε_a。对于等径球形颗粒的立方堆积粉体的相对表观介电常数 $\dfrac{\varepsilon_a}{\varepsilon_0}$，可由 Rayleigh 理论方程表示：

$$\frac{\varepsilon_a}{\varepsilon_0} = 1 + \frac{3\lambda}{\dfrac{\varepsilon_p + 2}{\varepsilon_p - 1} - \lambda - 1.65 \dfrac{\varepsilon_p - 1}{\varepsilon_p + \dfrac{4}{3}} \lambda^{\frac{10}{13}}} \tag{3-59}$$

式中，λ 为颗粒堆积率。

若颗粒堆积率 λ 足够小，即为粉体分散体，称 λ 为颗粒的体积浓度 C_v，当 $C_v \ll 1$ 且颗粒的介电常数 ε_p 足够大时，式（3-59）简化为：

$$\frac{\varepsilon_a}{\varepsilon_0} \approx 1 + 3C_v \tag{3-60}$$

颗粒聚集体粉体的表观介电常数 ε_a，可以利用平行板电极法或圆筒形电极法通过测量电容获得。

$$\varepsilon_a = \varepsilon_0 \frac{C_1}{C_0} \tag{3-61}$$

式中　C_0——未堆积粉体时测量装置的电容；

　　　　C_1——堆积体时测量装置的电容。

粉体的表观介电常数，不仅取决于颗粒本身的介电性质和堆积率，而且也受颗粒及介质的温度和湿度的影响。

其中，颗粒堆积率受颗粒尺寸与分布、颗粒形状及堆积条件的影响。同时，颗粒尺寸的减小也使颗粒的极化能力增强，导致粉体的表观介电常数增大。

3.2.4　磁学性能

粉体颗粒在外磁场作用下，从不表现磁性变为具有一定磁性的现象，称为颗粒磁化。其实质是颗粒内部的原子磁矩朝外磁场方向排列。颗粒在不均匀磁场中的磁化是磁选过程中的基本物理现象。本节主要从颗粒的磁化系数及磁性分类、颗粒尺寸与磁性的一般规律、超顺磁性和居里温度等方面介绍粉体磁学性能。

3.2.4.1　颗粒的磁化系数及磁性分类

（1）体积磁化系数

颗粒的体积磁化系数 K 是指体积为 1cm^3 的颗粒，在 80A/m（即 1Oe）的磁场中磁化所获得的磁矩。表示颗粒磁化的难易程度，K 越大，越易磁化。

逆磁性颗粒：$K < 0$；

顺磁性颗粒：$K > 1$；

强磁性颗粒：$K \gg 1$。

$$K = \frac{J}{H} = \frac{M}{V_\mathrm{p} H} \tag{3-62}$$

式中 V_p——颗粒的体积，m^3；

M——颗粒的物质磁矩，$\mathrm{A \cdot m}^2$；

H——磁化颗粒的外磁场强度，$\mathrm{A/m}$；

J——颗粒的物质磁化强度，$\mathrm{A/m}$。

上式中虽然颗粒尺寸减小，V_p 也减小，但颗粒磁矩减小的幅度更大，所以比磁化系数随着颗粒尺寸的减小而减小。

（2）比磁化系数

颗粒的比磁化系数（质量磁化系数）χ 是指颗粒的体积磁化系数与颗粒密度的比值，即表示质量为 1g 的粉体颗粒，在 80A/m 的磁场中磁化所获得的磁矩：

$$\chi = \frac{K}{\rho_\mathrm{p}} = \frac{M}{\rho_\mathrm{p} V_\mathrm{p} H} = \frac{M}{m_\mathrm{p} H} \tag{3-63}$$

式中 χ——颗粒比磁化系数，m^3/kg；

ρ_p——颗粒的密度 $\mathrm{kg/m}^3$；

m_p——颗粒的质量 kg；

M——颗粒的物质磁矩，$\mathrm{A \cdot m}^2$；

H——磁化颗粒的外磁场强度，$\mathrm{A/m}$。

按比磁化系数 χ 的大小，将颗粒划分为强磁性、弱磁性和非磁性三类。

① 强磁性颗粒。$\chi > 38 \times 10^{-6}\,\mathrm{m}^3/\mathrm{kg}$，在磁场强度 $H = 80 \sim 120\mathrm{A/m}$ 的弱磁场中可实现磁选，属于易选颗粒。这类颗粒矿物很少。

② 弱磁性颗粒。$\chi > 12.6 \times 10^{-8}\,\mathrm{m}^3/\mathrm{kg}$，在磁场强度 $H = 480 \sim 1440\mathrm{A/m}$ 的强磁场中可实现磁选，属于易选颗粒。这类颗粒矿物较多，如一些顺磁质和少数反铁磁质矿物。

③ 非磁性颗粒。$\chi < 12.6 \times 10^{-8}\,\mathrm{m}^3/\mathrm{kg}$，这类颗粒矿物在目前的技术条件下，尚不能磁选。如一些顺磁质和逆磁质矿物。

3.2.4.2   颗粒尺寸与磁性的一般规律

比磁化系数随着颗粒尺寸的减小而减小，但矫顽力随着颗粒尺寸的减小而增大，尤其是当粒度小于 40μm 以后，比磁化系数急剧减小，矫顽力急剧增大。

磁畴理论认为尺寸大的颗粒是由磁畴壁移动和磁畴转动产生的，其中以磁畴壁移动为主。随着粒径的减小，每个颗粒包含的磁畴和磁畴壁数量减小，磁化时，磁畴壁移动也相应减小。颗粒尺寸减至单磁畴体大小时就没有磁畴壁了，完全靠磁畴转动才能显示磁性，而磁畴转动所需的能量比磁畴壁移动大得多。

因此，随着颗粒尺寸的减小，虽然磁化系数减小，但是，一旦磁化后，退磁也需要较大的能量，故小颗粒随着尺寸的减小矫顽力增大。

3.2.4.3　超顺磁性

当粉体颗粒的尺寸达到一定临界值时，物质的磁化率随着温度的变化不会发生突变，即进入一种超顺磁状态。其特点是纳米颗粒的磁化率 χ 不再遵循居里-外斯定律，χ 在居里点附近没有明显的突变值。

纳米颗粒产生超顺磁性的原因是在小尺寸下，当各向异性减小到热运动能可以比拟时，磁化方向就不再固定在一个易磁化方向，而作无规律的变化，结果导致超顺磁性的出现。

3.2.4.4　居里温度

随着粒径的下降，纳米颗粒的居里温度有所下降。

3.3　粉体的流体力学特性

粉体流体力学研究的是粉体颗粒与流体二相之间，因存在相互作用而形成的流动问题。在粉体流体力学中，只考虑流体与粉体颗粒之间因相对运动所产生的相互作用，而不考虑颗粒间的相互作用。

气-固和液-固系统在生产过程中被广泛应用，如气固预热、干燥和反应装置，沉降、浓缩和分离装置，分级、分选和除尘装置，气流粉碎和气力输送装置等。因此，研究粉体的流体力学特性对粉体过程工程的科研、设计和生产具有十分重要的意义。

3.3.1　颗粒在流体中的沉降

颗粒在流体中受到力的作用时，将沿受力方向产生运动。当受重力作用时，颗粒自上而下运动，形成重力沉降运动；当受离心力作用时，颗粒沿离心力方向运动，形成离心沉降运动。

颗粒与流体之间的运动是一种相对运动，因此，颗粒的沉降速度也是指颗粒与流体之间的相对运动速度，或称滑动速度。

3.3.1.1　颗粒在流体中的运动方程

（1）颗粒的自由沉降现象

颗粒的自由沉降指的是在无限大静止的液体中，颗粒不受干扰的重力沉降。在自由沉降中，颗粒所受的力为重力 G、浮力 F 和阻力 R，如图 3-21 所示。

令颗粒在任一瞬间的沉降速度为 u，此时颗粒在铅垂方向上的运动方程可写为：

$$m\mathrm{d}u/\mathrm{d}t=G-F-R$$

$$\frac{\pi}{6}D_{\mathrm{p}}^{3}\rho_{\mathrm{p}}\frac{\mathrm{d}u}{\mathrm{d}t}=\frac{\pi}{6}D_{\mathrm{p}}^{3}\rho_{\mathrm{p}}g-\frac{\pi}{6}D_{\mathrm{p}}^{3}\rho g-CA\frac{\rho u^{2}}{2}=\frac{\pi}{6}D_{\mathrm{p}}^{3}(\rho_{\mathrm{p}}-\rho)g-CA\frac{\rho u^{2}}{2} \qquad (3\text{-}64)$$

颗粒的剩余重力：
$$G_{\mathrm{r}}=G-F=\frac{\pi}{6}D_{\mathrm{p}}^{3}(\rho_{\mathrm{p}}-\rho)g \qquad (3\text{-}65)$$

颗粒的自由沉降加速度 $\dfrac{\mathrm{d}u}{\mathrm{d}t}$ 取决于颗粒的剩余重力 G_r 和流体运动阻力 R。剩余重力 G_r 不变，而 R 随颗粒的沉降速度 u 变化。

颗粒从静止状态开始沉降时，运动状态可分为两个阶段：

第一阶段：剩余重力 $G_r>$流体运动阻力 R 时，$\dfrac{\mathrm{d}u}{\mathrm{d}t}\neq0$，颗粒处于加速沉降状态，沉降速度 u 逐渐增加，同时，流体对颗粒的运动阻力 R 则快速增加。

第二阶段：剩余重力 $G_r=$流体运动阻力 R 时，$\dfrac{\mathrm{d}u}{\mathrm{d}t}=0$，颗粒处于匀速沉降状态，即当沉降速度增加到一定值时，三个力平衡，$\mathrm{d}u/\mathrm{d}t=0$，颗粒以一个平衡速度下降，所对应的颗粒沉降速度 u_c 为临界沉降速度或终端沉降速度。

在颗粒流体力学中，颗粒粒度较小，加速时间很短（数十毫秒），可达 99%的临界沉降速度值，故第一阶段在整个过程中可以忽略。颗粒在稳态沉降过程中相应的临界沉降速度 u_c 可简称为颗粒沉降速度 u。

由 $\mathrm{d}u/\mathrm{d}t=0$，$A=\dfrac{\pi D_p^2}{4}$ 得到：

$$u=\sqrt{\frac{4D_p(\rho_p-\rho)g}{3\rho C}} \tag{3-66}$$

可见，当运动阻力系数 C 确定时，颗粒自由沉降速度 u 取决于：

① 颗粒直径 D_p；

② 颗粒真密度 ρ_p；

③ 流体的密度 ρ；

④ 流体的动力黏度 μ。

因此，对于粉体工程的两类常见操作：

其一，不同粒径的颗粒，根据沉降速度的差异，可将同种粉体按其颗粒尺寸大小进行分级或分离处理；

其二，不同密度的颗粒，根据沉降速度的差异，可将不同粉体按其颗粒密度大小进行分选处理。

（2）颗粒的离心沉降运动

颗粒的离心沉降指的是在无限大作圆周运动的液体中，颗粒不受干扰的离心沉降，即颗粒沿圆周运动半径方向的沉降运动。在离心沉降中，颗粒在径向方向上的作用力为离心力 F_L，运动阻力为 R，如图 3-22 所示。

图 3-21　颗粒在自由沉降中的受力状态

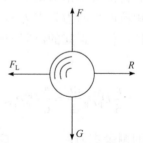

图 3-22　颗粒在离心沉降中的受力状态

颗粒在径向上的运动方程为：

$$\frac{\pi}{6}D_p^3\rho_p\frac{\mathrm{d}u_r}{\mathrm{d}t}=\frac{\pi}{6}D_p^3(\rho_p-\rho)\frac{u_\tau^2}{r}-CA\frac{\rho u^2}{2} \tag{3-67}$$

由 $\mathrm{d}u/\mathrm{d}t=0$，$A=\dfrac{\pi D_p^2}{4}$ 得到：

$$u_r=\sqrt{\frac{4D_p(\rho_p-\rho)}{3\rho C}\times\frac{u_\tau^2}{r}} \tag{3-68}$$

式中　r ——颗粒作圆周运动的旋转半径；

　　　u_τ ——颗粒作圆周运动的切向速度。

因此，颗粒的离心沉降速度取决于：

① 颗粒直径 D_p；

② 颗粒真密度 ρ_p；

③ 流体的密度 ρ；

④ 流体的动力黏度 μ；

⑤ 颗粒作圆周运动的旋转半径 r；

⑥ 颗粒作圆周运动的切向速度 u_τ。

3.3.1.2　颗粒的运动阻力系数

颗粒的运动阻力系数 C 是颗粒沉降速度计算的一个关键参数。

实验表明，流体对颗粒的运动阻力由两部分组成：流体相对颗粒作层流绕流时的黏性阻力和流体相对颗粒作湍流绕流时产生的涡流惯性阻力。

在层流状态下，运动阻力主要是黏性阻力；在湍流状态下，运动阻力主要是惯性阻力。因此，颗粒的运动阻力与流体相对于颗粒作绕流时的流态有关。

在 Newton 阻力定律 $R=CA\dfrac{\rho u^2}{2}$ 的基础上，通过大量实验研究得出球形颗粒的颗粒雷诺数 Re_p 与运动阻力系数 C 间的实验关系式，如图 3-23 所示。

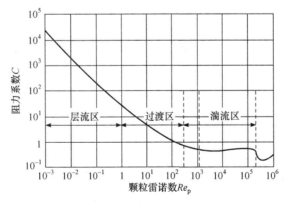

图 3-23　球形颗粒的阻力系数与颗粒雷诺数的实际关系

对实验曲线进行拟合，得到表 3-2 结果：

表 3-2　曲线拟合分析结果

分段	Re_p	流态	Re_p-C 关系	C
A	$Re_p<1$	层流区（Stokes 区）	大体呈线性关系	$C=\dfrac{24}{Re_p}$
B	$1<Re_p<1000$	过度流区（Allen 区）	曲线	$C=30Re_p^{-0.625}$；$C=18.5Re_p^{-0.6}$
C	$10^3<Re_p<10^5$	湍流区（Newton 区）	曲线较平坦	$C=0.44$
D	$Re_p>1\times10^5$	高速湍流区	曲线陡降再略增	最后维持在 $C=0.1$ 左右

3.3.1.3　颗粒沉降速度计算

（1）球形颗粒的自由沉降速度

将三种液体下的相应运动阻力系数 C 代入 $u=\sqrt{\dfrac{4D_p(\rho_p-\rho)g}{3\rho C}}$ 中可得球形颗粒在铅垂方向上的自由沉降速度。

① 层流区（Stokes 区），$Re_p<1$，$C=\dfrac{24}{Re_p}$，代入 $u=\sqrt{\dfrac{4D_p(\rho_p-\rho)g}{3\rho C}}$，整理得到：

$$u=\frac{D_p^2(\rho_p-\rho)g}{18\mu}\quad\text{（Stokes 沉降速度公式）}\tag{3-69}$$

② 过度流区（Allen 区），$1<Re_p<1000$，当 $C=30Re_p^{-0.625}$ 时，代入 u 中整理得到：

$$u=0.104\left[\frac{(\rho_p-\rho)g}{\rho}\right]^{0.727}\frac{D_p^{1.182}}{\left(\dfrac{\mu}{\rho}\right)^{0.455}}\quad\text{（Allen 沉降速度公式）}\tag{3-70}$$

当 $C=18.5Re_p^{-0.6}$ 时，得到：

$$u=0.153\left[\frac{(\rho_p-\rho)g}{\rho}\right]^{0.714}\frac{D_p^{1.143}}{\left(\dfrac{\mu}{\rho}\right)^{0.429}}\tag{3-71}$$

或有 $2<Re_p<500$ 时，$C=\dfrac{10}{\sqrt{Re_p}}=\dfrac{10}{\sqrt{\dfrac{D_p u\rho}{\mu}}}$，得到：

$$u=\left[\frac{2^2(\rho_p-\rho)^2 g^2}{15^2\mu\rho}\right]^{\frac{1}{3}}D_p\tag{3-72}$$

③ 湍流区（Newton 区），$10^3<Re_p<10^5$，$C=0.44$

$$u=\sqrt{\frac{4D_p(\rho_p-\rho)g}{3\rho\times0.44}}=1.732\left[\frac{(\rho_p-\rho)g}{\rho}\right]^{0.5}D_p^{0.5}\quad\text{（Newton 沉降速度公式）}\tag{3-73}$$

实际计算中，由于 Re_p 中含 u，故可采用尝试法或区间判断法计算 u。

　　a. 尝试法。先尝试用某一流区的沉降速度计算式，计算出 u，再以 u 验算 Re_p 是否在该区。

　　b. 区间判断法。将 $Re_\mathrm{p}=\dfrac{D_\mathrm{p}u\rho}{\mu}=1$ 和 $Re_\mathrm{p}=\dfrac{D_\mathrm{p}u\rho}{\mu}=1000$ 分别代入层流式 $u=\dfrac{D_\mathrm{p}^2(\rho_\mathrm{p}-\rho)g}{18\mu}$ 和湍流式 $1.732\left[\dfrac{(\rho_\mathrm{p}-\rho)g}{\rho}\right]^{0.5}D_\mathrm{p}^{0.5}$ 中，解出不含 u 的粒径 D_p' 和 D_p''：

$$D_\mathrm{p}'=2.62\left[\frac{\mu^2}{\rho(\rho_\mathrm{p}-\rho)g}\right]^{\frac{1}{3}} \tag{3-74}$$

$$D_\mathrm{p}''=69\left[\frac{\mu^2}{\rho(\rho_\mathrm{p}-\rho)g}\right]^{\frac{1}{3}} \tag{3-75}$$

　　若 $D_\mathrm{p}<D_\mathrm{p}'$，则流动在层流区，$u$ 按层流区算式计算；

　　若 $D_\mathrm{p}>D_\mathrm{p}''$，则流动在湍流区，$u$ 按湍流区算式计算。

（2）球形颗粒的离心沉降速度

　　将三种流态下的相应运动阻力系数 C 代入 $u_\mathrm{r}=\sqrt{\dfrac{4D_\mathrm{p}(\rho_\mathrm{p}-\rho)}{3\rho C}\times\dfrac{u_\tau^2}{r}}$ 中，可求出球形颗粒在径向方向上的离心速度。

　　① 层流区（Stokes 区），$Re_\mathrm{p}<1$，$C=\dfrac{24}{Re_\mathrm{p}}$

$$u_\mathrm{r}=\frac{D_\mathrm{p}^2(\rho_\mathrm{p}-\rho)}{18\mu}\times\frac{u_\tau^2}{r} \tag{3-76}$$

　　② 过度流区（Allen 区），$1<Re_\mathrm{p}<1000$

当 $C=30Re_\mathrm{p}^{-0.625}$ 时

$$u_\mathrm{r}=0.104\left[\frac{(\rho_\mathrm{p}-\rho)}{\rho}\times\frac{u_\tau^2}{r}\right]^{0.727}\frac{D_\mathrm{p}^{1.182}}{\left(\dfrac{\mu}{\rho}\right)^{0.455}} \tag{3-77}$$

当 $C=18.5Re_\mathrm{p}^{-0.6}$ 时

$$u_\mathrm{r}=0.153\left[\frac{(\rho_\mathrm{p}-\rho)}{\rho}\times\frac{u_\tau^2}{r}\right]^{0.714}\frac{D_\mathrm{p}^{1.143}}{\left(\dfrac{\mu}{\rho}\right)^{0.429}} \tag{3-78}$$

或有 $2<Re_\mathrm{p}<500$ 时，$C=\dfrac{10}{\sqrt{Re_\mathrm{p}}}=\dfrac{10}{\sqrt{\dfrac{D_\mathrm{p}u_\mathrm{r}\rho}{\mu}}}$

$$u_\mathrm{r}=\left[\frac{2^2(\rho_\mathrm{p}-\rho)^2}{15^2\mu\rho}\left(\frac{u_\tau^2}{r}\right)^2\right]^{\frac{1}{3}}D_\mathrm{p} \tag{3-79}$$

③ 湍流区（Newton 区），$10^3 < Re_p < 10^5$，$C=0.44$

$$u_r = \sqrt{\frac{4D_p(\rho_p - \rho)}{3\rho \times 0.44} \times \frac{u_\tau^2}{r}} = \sqrt{\frac{D_p(\rho_p - \rho)}{0.33\rho} \times \frac{u_\tau^2}{r}} = 1.732 \left[\frac{(\rho_p - \rho)}{\rho} \times \frac{u_\tau^2}{r} \right]^{0.5} D_p^{0.5} \quad （3-80）$$

3.3.1.4　颗粒沉降速度的修正

以上自由沉降、离心沉降都是理想的沉降状态，实际颗粒受许多因素的影响：尺寸、形状、器壁、浓度等。因此，沉降速度可能与理想状态产生偏离，需要进行相应的修正。

（1）颗粒尺寸的影响

颗粒尺寸非常小时，颗粒在流体中的沉降距离接近分子平均自由程，因此颗粒的实际沉降速度 u_c 要比 Stokes 沉降速度公式计算值 u_S 大。Cunningham 提出的修正式：

$$\frac{u_c}{u_S} = 1 + \frac{\beta\lambda}{\dfrac{D_p}{2}} \quad （3-81）$$

式中　u_c——颗粒的实际沉降速度；

u_S——Stokes 沉降速度；

λ——分子平均自由程；

β——与流体性质有关的常数，在液体中取 2～63，在气体中取 0.9；

D_p——颗粒直径。

（2）颗粒形状修正

Wadell 对有关形状问题所作的许多研究进行了详细的分析总结，用球形度 ϕ 作参数，整理得出 Re_p 与 C 的关系，如图 3-24 所示。

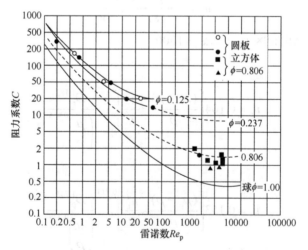

图 3-24　以 ϕ 为参数的 Re_p-C 的关系

在计算时，用等体积球当量径 D_{pv} 进行计算。

Pettyjohn 对 Wadell 之后所作的研究进行了归纳并进行了补充实验，提出了对一些形状规整的颗粒，如立方体和正八面体等颗粒，实际沉降速度 u_c 可通过球形度 ϕ_s 修正获得。$Re_p < 0.05$（层流区）

$$\frac{u_c}{u_S} = 0.843 \lg \frac{\phi_s}{0.065} \qquad (3\text{-}82)$$

$2 \times 10^3 < Re_p < 2 \times 10^5$（湍流区）

$$u_c = \sqrt{\frac{4D_p(\rho_p - \rho)g}{3\rho(5.31 \sim 4.88\phi_s)}} \qquad (3\text{-}83)$$

（3）壁效应修正

与容器直径 D_c 相比，粒径 D_p 较大时，颗粒沉降速度因受壁效应的影响变慢，当 $\frac{D_p}{D_c} > 0.2$ 时，实际沉降速度 u_c：

$$\frac{u_c}{u_S} = \left(1 - \frac{D_p}{D_c}\right)^{2.25} \qquad (3\text{-}84)$$

$$\frac{u_c}{u_S} = 1 - \left(\frac{D_p}{D_c}\right)^{1.5} \qquad (3\text{-}85)$$

（4）浓度修正

如果悬浮液浓度较低时，相邻颗粒间的距离比颗粒直径大得多，可认为颗粒在沉降过程中无任何相互影响，这种沉降视为自由沉降。

当悬浮液中的颗粒浓度增大，逐渐转为浓相时，即使仍处于分散悬浮状态，沉降时，各个颗粒不但会受到其他颗粒直接摩擦、碰撞的影响，器壁对颗粒运动的影响增加，还受到其他颗粒通过流体而产生的间接影响，这种沉降称为干扰沉降。当大颗粒和小颗粒同时沉降时，小颗粒将随同大颗粒一起沉降，这种沉降也称干扰沉降。

在干扰沉降情况下，颗粒是在有效密度与有效黏度都比纯流体大的悬浮体系中沉降，所受浮力与阻力都比较大；颗粒群向下沉降时，流体被置换向上，产生垂直向上的涡流，使得颗粒不是在真正静止的流体中沉降。干扰沉降增加了颗粒的沉降阻力，使沉降末速降低。显然，这种影响随着系统中颗粒浓度的增大而增大。

3.3.2　颗粒在流体中的悬浮

颗粒在流体中的悬浮运动指的是颗粒在与其沉降方向作相反运动的流体中的运动，即颗粒与流体共同作相向运动。

3.3.2.1　流化床基本性质

（1）颗粒流化态

颗粒与运动的液体介质接触时，在运动流体介质的黏性力和惯性力作用下，克服颗粒剩余重力而表现出流体的特性，即颗粒像流体一样流动，这种状态称为颗粒流态化。

（2）流化床

流化床是一种利用流态化原理使颗粒似流体化的装置，如图 3-25 所示（气-固流化床）。其主要结构包括床体容器、固体颗粒、布风板、空气室和测压器。

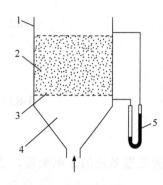

图 3-25　流化床结构

1—床体容器；2—固体颗粒；
3—布风板；4—空气室；5—测压室

① 床体容器。通常为一筒形垂直容器，将颗粒与流体的运动限制在一定的空间内，其结构尺寸对流态化有直接影响。

② 固体颗粒。被流态化的固体颗粒物料，其粒度、形状及密度直接影响流态化均匀性、稳定性及流化床的操作参数。

③ 布风板。由不同的孔结构和分布形式的多孔板组成，承载颗粒，使气流均匀进入颗粒床层内，其结构影响流态化均匀性和稳定性。

④ 空气室。锥筒形，使气流得到缓冲，并均匀稳定地通过布风板，其结构对气流的均匀性有影响。

⑤ 测压器。测量床层的压降，对流态化操作参数的监测与控制是必须的。

（3）流化床的似流体性质

在流化床中，当颗粒流态化时，颗粒床层呈现类似流体的性质：

① 流化床表面在重力作用下保持水平[图 3-26（a）]；

② 流化床具有连通器效应，两个连通的流化床表面其水平面等高[图 3-26（b）]；

③ 流化床具有开孔喷射作用[图 3-26（c）]；

④ 流化床中任意一点符合静压原理：$\rho = p_m h$[图 3-26（d）]；

⑤ 流化床中的物体受浮力作用：$F = V \rho_m g$。

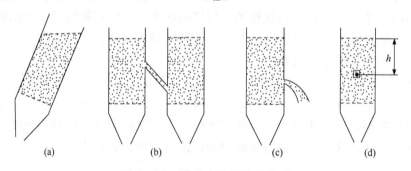

(a)　　　　　(b)　　　　　(c)　　　　　(d)

图 3-26　流化床的似流体性质

3.3.2.2　流态化过程及特性

① 当流体以低速通过流化床时，床层内颗粒固定不动，即为颗粒固定床。

② 流体以足够的速度通过流化床，颗粒处于悬浮状态，在床内一定范围上下浮动，形成流态化。

① 当流化床净空速度较低，且 $u_f < u_{mf}$ 时，床层处于静止状态，为颗粒固定床。

特性：床层孔道内的流体速度 u_f' 和床层压降 Δp 随流化床净空速度 u_f 的增加而增加，空隙率 ε 不变。

② 净空速度提高到 $u_f = u_{mf}$，床层压降=床层内颗粒的剩余重量，固定床开始转变为流化床，u_{mf} 为临界流化速度（最小流化速度）。

特性：$u_{mf} \leqslant u_f < u_t$ 范围内，随着净空速度 u_f 的增大，床层松动膨胀加大，空隙率 ε

增加，但床层孔道内的流体速度 u_f' 和床层压降 Δp 不变。床层颗粒处于流态化中，床层有一个清晰的表面。

③ $u_f = u_t$ 时，床层内颗粒的沉降速度=床层净空速度，流化床开始转变为连续输送床，床层呈现连续流态化，u_t 为极限流化速度（最大流化速度）。

特点：$u_f \geqslant u_t$ 后，床层颗粒浓度迅速下降，床层压降 Δp 明显减小，床层上表面消失，空隙率 $\varepsilon \to 1$，$u_f' \to u_f$。

显然，流化床的速度操作范围应在 $u_{mf} \sim u_t$ 之间，流态化过程及特性如图 3-27 所示。

3.3.3　流体在颗粒中的流动

流体在颗粒中的流动，最典型的就是透过流动。透过流动指的是流体在固定颗粒床层空隙中的流动，即颗粒静止，流体绕颗粒流动。

透过流动与颗粒沉降的联系和区别：

联系：两者的运动本质是一样的，即颗粒与流体之间的相对运动。

区别：透过流动是流体在颗粒堆积体的固定空隙中的流动，而颗粒沉降将流体视为静止，颗粒在流体中运动。因此，透过流动与固定床堆积结构密切相关。

3.3.3.1　固定床基本特性

① 流体在颗粒固定床中的空隙中流动，类似流体在许多不规则、相互交错、连通的孔道内的流动，如图 3-28 所示。

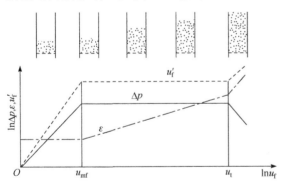

图 3-27　流态化过程及其特性

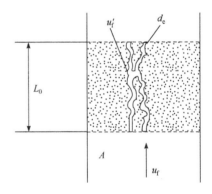

图 3-28　固定床透过流动

② 孔道的结构与颗粒尺寸及分布、颗粒形状和颗粒床层孔隙率有关；

③ 流体通过固定床的压降，由流体与颗粒表面之间的摩擦所产生。

3.3.3.2　固定床基本概念

① 床层空隙率 ε 定义：

$$\varepsilon = \frac{床层的空隙体积}{床层表观体积} \tag{3-86}$$

② 床层平均自由截面积率 α 为床层任意截面上空隙所占的面积比率。若固定床层是均匀的，则 $\alpha = \varepsilon$。

③ 床层体积比表面积 S'_v 定义：

$$S'_v = \frac{床层颗粒的总表面积}{床层表观体积} = \frac{\dfrac{n\pi D_p^2}{\phi_C}}{\dfrac{n\pi D_p^3}{6(1-\varepsilon)}} = \frac{6(1-\varepsilon)}{\phi_C D_p} \tag{3-87}$$

单颗粒的体积比表面积 $S_v = \dfrac{6}{\phi_C D_p}$，则有：

$$S'_v = (1-\varepsilon)S_v \tag{3-88}$$

式中　ϕ_C——Carman 形状系数；

　　　D_p——颗粒等体积球当量径。

④ 流体通过截面积为 A 的颗粒床层时，其净空（颗粒床层外）速度 u_f 与流体在床层内孔道中的流速 u'_f 之间关系为：

$$u'_f = \frac{u_f}{\varepsilon} \tag{3-89}$$

⑤ 由 Kozeny 处理方法，床层孔道的当量径为：

$$d_e = \frac{床层孔道的总体积}{床层颗粒的总表面积} = \frac{床层的空隙率}{床层的比表面积} = \frac{\varepsilon}{S'_v} = \frac{\varepsilon}{(1-\varepsilon)S_v} = \frac{\phi_C \varepsilon D_p}{6(1-\varepsilon)} \tag{3-90}$$

⑥ 设床层孔道长度 L' 与床层高度 L_0 的关系为：

$$L' = CL_0 \tag{3-91}$$

⑦ 引入流体力学管道压降计算式（全流态），并以床层相应参数表达：

$$\Delta p = \lambda \frac{L'}{d_e} \times \frac{\rho u_f'^2}{2} \tag{3-92}$$

式中，λ 为孔道的摩擦系数。

第4章 粉体的制备方法

内容提要

本章介绍粉体的制备方法，包括固相法、液相法和气相法三大类。讨论制备工艺对粉体的微观结构和宏观性能的影响。介绍了各种制备方法在合成粉体过程中所涉及的物理、化学变化。

学习目标

○ 明确固相法制备粉体的工艺原理，了解固相法的几种类型，掌握固相反应中涉及的吸附、解吸、扩散、迁移、成核等反应过程。
○ 了解液相法的几种常见类型和工艺原理，掌握各种液相法制备粉体的反应机理，了解不同种类液相法制备粉体的优缺点。
○ 了解气相法的工艺原理，掌握化学气相沉积法的特点及使用条件。
○ 了解各种方法制备粉体的结构与性能的关系。

随着粉体工业的发展，对粉体材料的精细化及组分的均匀性要求越来越高。传统的机械法制备的粉体，难以使颗粒达到微观尺度上的均匀混合，而化学法可以解决这个问题。化学法是由离子、原子、分子通过化学反应（电化学反应），形成新物质的晶核，晶核进一步长大，形成超细粉体。化学制粉方法的突出特点是超细粉体纯度高、粒度可控、均匀性好，并可实现颗粒在分子级水平上的复合、均化。化学制粉的方法很多，按照合成反应所用原始物质所处的物理状态，可划分为固相法、液相法和气相法。

4.1 固相法

固体原料混合物以固态形式直接反应是制备多晶形固体最为广泛应用的方法。有些情况下，在室温下经历一段合理的时间，固体并不相互反应。为使反应以显著速度发生，必须将它们加热至很高温度（通常 1000～1500℃）。这表明热力学与动力学两种因素在固态反应中都极为重要：热力学通过考查一个特定反应的自由焓变化来判定该反应能否发生；动力学因素决定反应发生的速率。例如，从热力学考虑 MgO 与 Al_2O_3 反应能生成 $MgAl_2O_4$，实际上在常温下反应极慢。当温度超过 1200℃ 时，开始有明显反应，但必须在 1500℃ 下将粉体混合物加热数天，反应才能完全，由此可见动力学因素对反应速率的影响。

对于液相或气相反应来说，其反应速率与反应物浓度的变化存在一定的函数关系，但对有固体物质参与的固相反应来说，固态反应物的浓度是没有多大意义的。因为参与反应的组分的原子或离子不是自由地运动，而是受晶体内聚力的限制，它们参加反应的机会是不能用简单的统计规律来描述的。对于固相反应来说，决定反应的因素是固态反应物质的晶体结构、内部的缺陷、形貌（粒度、孔隙度、表面状况）以及组分的能量状态等。另外，一些外部因素也影响固相反应的进行，例如反应温度、参与反应的气相物质的分压、电化学反应中电极上的外加电压、射线的辐照、机械处理等。需要注意的一点是，有时外部因素也可能影响甚至改变内在的因素。例如，对固体进行某些预处理时，如辐照、掺杂、机械粉碎、压团、加热，在真空或某种气氛中反应等，均能改变固态物质内部的结构和缺陷状况，从而改变其能量状态。

与气相或液相反应相比较，固相反应的机理是比较复杂的。固相反应过程中，通常包括下列几个基本的过程。

① 吸着现象，包括吸附和解吸；
② 在界面上或均相区内原子进行反应；
③ 在固体界面上或内部形成新相的核，即成核反应；
④ 物质通过界面和相区的输运，包括扩散和迁移。

4.1.1　热分解反应法

固体热分解反应法是典型的局部化学反应法，固体原料发生分解、经化学反应形成新物相的晶核，从而生长成新的晶相颗粒。新的晶相颗粒大小因成核数量的不同而异，同时核的生长速度受到分解温度与分解气体压力的极大影响。通常在较低温度下，随温度升高，成核速率增大，但随温度继续升高，核的生长速度增大，而成核速率却减小。因此，为了获得粒径细小的粉体，必须在最大成核速率的温度下进行热分解。不同盐类的热分解温度不同，其热分解温度通常由阴离子的种类决定。例如，用热分解稀土柠檬酸或酒石酸配合物，可获得一系列稀土氧化物纳米颗粒。制备工艺如下：称取一定量的稀土氧化物，用盐酸溶解，调节溶液的酸度后，加入计算量的柠檬酸或酒石酸，加热溶解、过滤、蒸干，取出研细后放入瓷坩埚内，于一定温度下煅烧一段时间，即可得到所需的稀土纳米颗粒。化学反应式为：

$$2Ln(COO)_3C_3H_4OH(s) + 9O_2 \longrightarrow Ln_2O_3(s) + 5H_2O + 12CO_2 \qquad （4-1）$$

用柠檬酸盐热分解制得的稀土氧化物纳米颗粒均为多晶，对比实验观察到，重稀土氧化物的纳米颗粒的粒径较轻稀土氧化物小。另外，加热分解氢氧化物、草酸盐、硫酸盐而获得氧化物固体粉料，通常按如下方程式进行：

$$A(s) \longrightarrow B(s) + C(g) \qquad （4-2）$$

热分解分两步进行，先在固相 A 中生成新相 B 的核，然后新相 B 核开始成长。通常，热分解率与时间的关系呈现 S 形曲线。例如，$Mg(OH)_2$ 的脱水反应，按如下反应方程式生成 MgO 粉体，是吸热型的分解反应：

$$Mg(OH)_2(s) \longrightarrow MgO(s) + H_2O(g) \tag{4-3}$$

热分解的温度和时间，对粉体的晶粒生长和烧结性有很大影响，气氛和杂质的影响也是很大的。为获得超细粉体，希望在低温和短时间内进行热分解，方法之一是采用金属化合物的溶液或悬浮液喷雾热分解。为防止热分解过程中晶核生成和长大时晶粒的团聚，需使用各种方法予以克服。例如在制备针状 $\gamma\text{-}Fe_2O_3$ 超细粉体时，为防止针状粉体间的团聚而添加 SiO_2。

盐类的热分解方法对制备一些高纯度的单组分氧化物粉体比较适用。在热分解过程中最重要的是分解温度的选择，在热分解进行完全的基础上温度应尽量低。还应注意，一些有机盐热分解时常伴有氧化，故尚需控制氧分压。另外一点，要注意对有害成分的控制。例如，用硫酸铝铵制备高纯度 Al_2O_3 粉体，其分解过程为：

$$(NH_4)_2Al(SO_4)_2 \cdot 18H_2O(s) \longrightarrow Al_2O_3(s) + 4SO_3(g) + 19H_2O + 2NH_3(1000℃) \tag{4-4}$$

在这个反应过程中会产生大量 SO_3 有害气体，造成环境污染。为此，近来有人提出了用碳酸铝铵 $[NH_4AlO(OH)HCO_3]$ 热分解来制备 Al_2O_3 粉体，其分解过程为：

$$2NH_4AlO(OH)HCO_3(s) \longrightarrow Al_2O_3(s) + CO_2(g) + 3H_2O + 2NH_3(1100℃) \tag{4-5}$$

4.1.2　固相化学反应法

固相化学反应法一般是按以下两个通式进行化学反应的：

$$A(s) + B(s) \longrightarrow C(s) \tag{4-6}$$

$$A(s) + B(s) \longrightarrow C(s) + D(g) \tag{4-7}$$

它可表示为两种或两种以上的固体粉体经混合后，在一定的热力学条件和气氛下反应而成为复合物粉体。制备由多种成分组成的陶瓷粉体时，通常将含有多种成分元素的氧化物或碳酸盐粉体配制混合后，在高温下使其反应。需要注意的是，通过固相反应制备粉体，最好是让反应在尽可能低的温度和尽可能短的时间内完成，这是因为高温下长时间加热会使反应物或生成物的颗粒长大并逐渐烧结，从而使固体间的反应活性降低。

按此观点，为了使反应尽快完成，我们希望颗粒越小越好。颗粒越细小，扩散距离越短，并且每单位体积的异种离子接触点数增加，从而使反应开始点变多。对于粒度的分布，特别要注意那些大颗粒，由于反应以扩散形式进行，所以为了让大颗粒全部反应，需要相当长的时间。在许多反应中，去除原料中大颗粒或尽可能使其变细是必要的。通过成型加压，粉体致密填充，会增加颗粒间的接触程度，所以需要提高填充性，以使内部不形成大的气孔。特别是加压填充时，不同填充部位的填充密度不同，必须加以注意。另外，不同材料颗粒间的混合状态对固相反应也起着重要作用。例如，碳化硅及钛酸钡粉体的合成就是典型的固相化学反应，如下所示：

$$SiO_2(s) + 2C(s) \longrightarrow SiC(s) + CO_2(g) \qquad (4-8)$$

$$BaCO_3(s) + TiO_2(s) \longrightarrow BaTiO_3(s) + CO_2(g) \qquad (4-9)$$

固相化学反应法制备陶瓷粉体早在 19 世纪末就已用于 SiC 粉的制备。其中有一种方法叫碳热还原法，这是制备非氧化物超细粉体的一种廉价工艺过程。例如，20 世纪 80 年代有人曾用 SiO_2、Al_2O_3 在 N_2 或 Ar 下同碳直接反应制备了高纯超细 Si_3N_4、AlN 和 SiC 粉体。以 Si_3N_4 的碳热还原为例，反应方程式为：

$$3SiO_2(s) + 2N_2(g) + 6C(s) \longrightarrow Si_3N_4(s) + 6CO(g) \qquad (4-10)$$

此反应实际是分四步完成的。首先二氧化硅与碳反应生成一氧化硅和一氧化碳；生成的一氧化碳与二氧化硅反应，生成一氧化硅和二氧化碳；二氧化碳与碳反应生成一氧化碳，进一步促进了第二步反应；一氧化碳和一氧化硅进一步与氮反应生成 Si_3N_4。具体反应如下：

$$SiO_2(s) + C(g) \longrightarrow SiO(g) + CO(g) \qquad (4-11)$$

$$SiO_2(s) + CO(g) \longrightarrow SiO(g) + CO_2(g) \qquad (4-12)$$

$$CO_2(g) + C(s) \longrightarrow 2CO(g) \qquad (4-13)$$

$$3SiO(g) + 2N_2(g) + 3C(s) \longrightarrow Si_3N_4(s) + 3CO(g) \qquad (4-14)$$

$$3SiO(g) + 2N_2(g) + 3CO(g) \longrightarrow Si_3N_4(s) + 3CO_2(g) \qquad (4-15)$$

4.1.3 自蔓延高温燃烧合成法

自蔓延高温燃烧合成法又称为 SHS 法。它是利用物质反应热的自传导作用，使不同的物质之间发生化学反应，在极短的瞬间形成化合物的一种高温合成方法。反应物一旦引燃，反应则以燃烧波的方式向尚未反应的区域迅速推进，放出大量热（可达到 1500～4000℃的高温），直至反应物耗尽。根据燃烧波的蔓延方式，可分为稳态和不稳态燃烧两种。一般认为反应绝热温度低于 1527℃的不能自行维持。1967 年，苏联科学院物理化学研究所 Borovingskaya 等开始用过渡金属与 B、C、N_2 等反应，至今已合成了几百种化合物，其中包括各种氮化物、碳化物、硼化物、硅化物等。不仅可利用改进的 SHS 法合成超细粉体乃至纳米粉体，而且可使传统陶瓷制备过程简化，可以说是对传统工艺的突破与挑战。SHS 法可以精简工艺、缩短过程，成为制备先进陶瓷材料，尤其是多相复合材料如梯度功能材料的一种崭新的方法。

相比于常规生产方法，这种合成方法具有许多优点。

① 节能省时。反应物一旦引燃就不需外界再提供能量，因此耗能较少，而且反应速率快，一般持续几秒或几分钟，设备也比较简单。

② 反应过程中燃烧波前沿的温度极高，可蒸发掉挥发性的杂质，因而产物通常是高纯度的。

③ 升温和冷却速度很快，易于形成高浓度缺陷和非平衡结构，生成高活性的亚稳态产物。

这些优点是十分显著的，因而这种方法近年来在国际上日益受到重视，迅速发展起来。

4.1.4　固态置换方法

1994 年美国加利福尼亚大学一些人提出用固态置换法制备陶瓷粉体，反应式如下：

$$MX(s) + AN(s) \longrightarrow MN(s) + AX(s)$$

式中，MX 代表金属卤化物；AN 代表碱性金属氮化物。反应通常在氮气气氛下进行，反应生成物通过洗涤方法而与碱的卤化物副产品分离，通过添加像盐一类的惰性添加物来控制产物结晶。如反应的活化能低的话，则可局部加热使反应开始，按自燃烧方式进行直至生成产物。文献指出，通过选择合适的前驱体，可以在几秒以内很容易生成结晶的 BN、AlN 以及 TiB_2-TiN-BN 超细粉体，从而证实这是一条合成非氧化物粉体的有效途径。

4.2　液相法

由于固相法制备粉体是以固态物质为起始原料，原料本身可能存在不均匀性，而原料颗粒大小及分布、颗粒的形状、颗粒的聚集状态等对最后生成的粉体的特性有很大影响。一般而言，固相法制备的粉体存在微观上的不均匀性，颗粒形状难以控制，粉体有团聚现象，特别是对制备超细粉体，固相法难以完成。经过几十年的研究，目前液相法制粉的多种技术日趋成熟，成本大大降低，在实际研究和工业生产中被广泛采用。

液相法的主要技术特征：可以精确控制化学组成；可添加微量有效成分，制备多种成分均一的超细粉体；易进行表面改性或处理，制备表面活性好的超细粉体；易控制颗粒的形状和粒度；工业化生产成本相对较低。

4.2.1　沉淀法

沉淀法多用于金属氧化物超细粉的制备，它是利用各种在水中溶解的物质经反应生成不溶性的氢氧化物、碳酸盐、硫酸盐、醋酸盐等，再将沉淀物加热分解，得到最终化合物产品。根据最终产物的性质，也可不进行热分解工序，但沉淀过程必不可少。沉淀法广泛用来合成单一或复合氧化物超细粉体。该方法的突出优点是反应过程简单，成本低，便于推广到工业化生产。

众所周知，向含某种金属盐的溶液中加入适当的沉淀剂，当沉淀离子浓度的乘积超过该条件下该沉淀物的溶度积时，就会有沉淀析出。这时，生成的沉淀物可作为制备粉体材料的前驱体。将此沉淀物前驱体进行煅烧就可形成微粉，这就是利用沉淀法制备粉体的一般过程。沉淀的形成一般要经过晶核形成和晶核长大两个阶段。当沉淀剂加入含有金属盐的溶液中，离子通过相互碰撞聚集成微小的晶核。晶核形成后，溶液中的结晶离子向晶核表面扩散，并沉积在晶核上，晶核就逐渐长大形成沉淀微粒，从过饱和溶液中生成沉淀。根据沉淀方式不同，可分为如下三种方法。

4.2.1.1 直接沉淀法

在溶液中加入沉淀剂，反应后所得的沉淀物经洗涤、干燥、热分解而获得所需的氧化物微粉，也可仅通过沉淀操作就直接获得所需的氧化物。沉淀操作包括加入沉淀剂或水解。沉淀剂通常使用氨水等，来源方便，经济合算，不引入杂质。如 ZnO 粉体的制备：

$$ZnCl_2 \cdot 2H_2O + (NH_4)_2CO_3 \longrightarrow Zn_5(OH)_6(CO_3)_2 \downarrow \longrightarrow 煅烧(300℃，2\ h) \longrightarrow ZnO\ 粉体$$

4.2.1.2 均匀沉淀法

直接沉淀法存在不均匀沉淀的倾向，而均匀沉淀法则是改变沉淀剂的加入方式，可以消除直接沉淀法的这一缺点。这是因为均匀沉淀法使用的沉淀剂不是从外部加入，而是在溶液内部缓慢均匀地生成，从而使沉淀反应平稳地发生。所用的沉淀剂多为尿素 $CO(NH_2)_2$。它在水溶液中加热至 70℃发生水解反应生成 NH_4OH，即

$$CO(NH_2)_2 + 3H_2O \longrightarrow 2NH_4OH + CO_2 \tag{4-16}$$

NH_4OH 在溶液内部均匀生成，一经生成立即被消耗，尿素继续水解，从而使 NH_4OH 一直处于平衡的低浓度状态。用该方法制备的沉淀物纯度高，体积小，过滤洗涤操作容易。尿素水解法能得到 Fe、Al、Sn、Ga、Th、Zr 等氢氧化物或碱式盐沉淀，也可形成磷酸盐、草酸盐、硫酸盐、碳酸盐的均匀沉淀。在不饱和溶液中，均匀沉淀的方法有以下两种。

① 溶液中的沉淀剂发生缓慢的化学反应，导致氢离子浓度变化和溶液 pH 值的升高，使产物溶解度逐渐下降而析出沉淀。

② 沉淀剂在溶液中反应释放出沉淀离子，使沉淀离子的浓度升高而析出沉淀。

采用该方法制备粉体颗粒时，溶液的酸度、浓度，沉淀剂的选择及释放过程、速度，沉淀的过滤、洗涤、干燥方式及热处理等均影响微粒的尺寸大小。现以尿素法制备铁黄（FeOOH 作为颜料用）为例加以说明。基本原理是在含 Fe^{3+} 的溶液中加入尿素，并加热至 90～100℃，尿素发生分解反应，随着反应的进行，溶液 pH 值的升高，Fe^{3+} 与 OH^- 反应形成铁黄颗粒，尿素的分解速率将直接影响铁黄颗粒的粒度。另外，溶液中负离子对沉淀物的性质也有显著的影响。对于上述反应，共沉淀负离子为 Cl^- 时，可得到容易过滤、洗涤的 γ-FeOOH；当负离子为 SO_4^{2-} 时，可得到 α-FeOOH；当负离子为 NO_3^- 时，则得到无定形沉淀物。后面讲的共沉淀法制备 Al_2O_3 时，也存在类似的情况。例如 Y_2O_3 粉体的制备：

$$Y_2O_3 + HNO_3 \longrightarrow Y^{3+} \tag{4-17}$$

$$CO(NH_2)_2 + 3H_2O \longrightarrow 2NH_4OH + CO_2 \tag{4-18}$$

$$Y^{3+} + OH^- + CO_2 \longrightarrow Y(OH)CO_3 \cdot H_2O \downarrow \longrightarrow 煅烧 \longrightarrow Y_2O_3\ 粉体 \tag{4-19}$$

4.2.1.3 共沉淀法

在制备复合氧化物粉体时，须使两者或两者以上的金属离子同时沉淀下来。该方法可以制备高纯度、超细、组成均匀、烧结性能好的粉体，又因制备工艺简单实用，价格低廉，所以在工业生产中应用很广。如电子陶瓷用的 $BaTiO_3$ 粉体，结构陶瓷用的 Y-TZP/Al_2O_3、ZTM 等粉体均可用共沉淀法来制备。其基本过程为：混合金属盐溶液 → 沉淀剂 → 均匀的混合沉淀 → 洗涤、干燥 → 煅烧 → 复合氧化物粉体。

由于各种金属离子的沉淀条件不尽相同，用一般的共沉淀法要保证各种离子共沉淀下来并非易事。通常沉淀的生成受溶液的酸度、浓度、化学配比、沉淀物的物理性质等

因素的影响。金属离子与沉淀剂的反应，通常是受沉淀物的溶度积控制。

　　一般来说，不同的氢氧化物的溶度积相差很大，沉淀物形成前后过饱和溶液的稳定性各不相同。所以，溶液中的金属离子很容易发生分步沉淀，导致合成的超细粉体材料的组成不均匀。因此要保证获得组成均匀的共沉淀粉体，首先其前驱体溶液必须符合一定的化学计量比，并且还要通过选择适宜的沉淀剂，使两种金属一起沉淀下来。例如 $SrAl_2O_4$ 粉体的制备：

$NH_4Al(SO_4)_2 + Sr(NO_3)_2 + NH_4HCO_3 \rightarrow Al(OH)_3\downarrow + SrCO_3\downarrow \rightarrow$ 洗涤 $\rightarrow$ 干燥(80℃，10~12h) $\rightarrow$ 焙烧(1100~1200℃，2h) $\rightarrow$ 球形 $SrAl_2O_4$ 粉体

4.2.2　络合沉淀法

　　严格地讲，络合沉淀法应属于沉淀法中的一种，这里之所以把它单独列出来，是因为其反应原理与以上三种沉淀法的稍有不同。在络合沉淀法中，金属盐不是直接和沉淀剂反应，而是先与络合剂反应生成络合物，然后络合物再与沉淀剂反应生成沉淀。络合物转化成沉淀是整个反应的控制步骤，因而不会造成溶液中反应物浓度的局部过高。形成晶核的离子均匀地分布在溶液的各个部分，因此，能够确保在整个溶液中均匀地生成沉淀。对同一种金属离子而言，络合剂与其形成的络合物越稳定，最后形成的金属氧化物粉体的粒径越大。这是因为络合物越稳定，则络离子转化为沉淀的速率越慢，这时沉淀物的晶核的成长速率占优势，最后形成的晶粒就越大。例如，在制备 CuO 粉体时，可以选用氨水、柠檬酸、乙二胺三种络合剂分别与 $Cu(NO_3)_2$ 反应生成 $Cu(NH_3)_4^{2+}$、$CuCit^-$、$Cu(En)^{2+}$络离子，它们的稳定常数 $lgK_{稳}$分别为 12.86、18.0、21.0。实验结果表明，最后所得的纳米氧化铜粉体的粒径随着络合物的稳定性增加而增大。例如 CeO_2 粉体的制备：$Ce(NO_3)_3 \cdot 6H_2O+$酒石酸铵 $\rightarrow$ 酒石酸铈络合物沉淀 $\rightarrow$ 超声波分散 $\rightarrow$ 抽滤洗涤 $\rightarrow$ 无水乙醇脱水 $\rightarrow$ 烘干 $\rightarrow$ 前驱物 $\rightarrow$ 马弗炉煅烧 $\rightarrow$ 浅黄色 CeO_2 纳米粉体。

4.2.3　水热法

　　水热法是指在密闭体系中，以水为溶剂，在一定温度和水的自身压力下，原始混合物进行反应制备微粉的方法。由于在高温、高压水热条件下，特别是当温度超过水的临界温度（647.2K）和临界压力（22.06MPa）时，水处于超临界状态，物质在水中的物性与化学反应性能均发生很大变化，因此水热化学反应大于常态。一些热力学分析可能发生的、在常温常压下受动力学的影响进行缓慢的反应，在水热条件下变得可行。这是由于在水热条件下，可加速水溶液中的离子反应和促进水解反应、氧化还原反应、晶化反应等的进行。例如，金属铁在潮湿空气中的氧化非常慢，但是，把这个氧化反应置于水热条件下就非常快。在 98MPa、400℃的水热条件下，用 1h 就可以完成氧化反应，得到粒度从几十到 100nm 左右的四氧化三铁粉体。

　　一系列中温、高温高压水热反应的开拓及在此基础上开发出来的水热合成方法，已成为目前众多无机功能材料、特种组成与结构的无机化合物以及特种凝聚态材料（如超

细颗粒、溶胶与凝胶、无机膜和单晶等）愈来愈广泛且重要的合成途径，因而水热法目前在国际上已得到迅速发展。日本、美国和我国一些研究单位正致力于开发全湿法冶金技术、水热加工技术制备各种结构和功能的陶瓷粉体。

相比于其他制粉方法，水热法制备的粉体具有良好的性能，粉体晶粒发育完整，晶粒小且分布均匀，无团聚或低团聚倾向，易得到合适的化学计量物和晶体形态，可以使用较便宜的原料，不必高温煅烧和球磨，从而避免了杂质和结构缺陷等。水热法制备的粉体在烧结过程中表现出很强的活性，采用水热法制备的粉体不仅质量好，产量也高。该方法可以制备单一的氧化物粉体，如 ZrO_2、Al_2O_3、SiO_2、Cr_2O_3、Fe_2O_3、MnO_2、TiO_2 等，也可以制备多种氧化物混合体，如 $ZrO_2 \cdot SiO_2$、$ZrO_2 \cdot HfO_2$ 等，以及复合氧化物 $BaZrO_3 \cdot PbTiO_3 \cdot CaSiO_3$、羟基化合物，还可制备复合材料粉体 ZrO_2-C、ZrO_2-CaSiO_3、TiO_2-C、ZrO_2-Al_2O_3 等。

TiO_2 纳米粉体的制备：钛的过氧化物在不同的介质中进行水热处理，可制备出不同晶型的 TiO_2 纳米粉体。

$$Ti + 3H_2O_2 + 2OH^- \longrightarrow TiO_4^{2-} + 4H_2O \tag{4-20}$$

SnO_2 粉体的制备：$Sn + 2HNO_3 \longrightarrow \alpha\text{-}H_2SnO_3 + NO + NO_2$，对溶胶 $\alpha\text{-}H_2SnO_3$ 进行水热处理可制得 5 nm 的 SnO_2 粉体。

Fe_3O_4 粉体的制备：在高压釜内放入 $FeSO_4$、$Na_2S_2O_3$、蒸馏水，缓慢滴加 NaOH 溶液，不断搅拌，反应温度为140℃，12h 后冷却至室温，得到黑灰色沉淀，经过滤、热水和无水乙醇洗涤，在 70℃下真空干燥 4h，可得到粒径为 50nm 的准球形多面体 Fe_3O_4 纳米粉体。

4.2.4 水解法

水解法是利用金属盐（醇盐）水解产生均匀分散的颗粒。一般常用的有金属盐水解法和醇盐水解法。

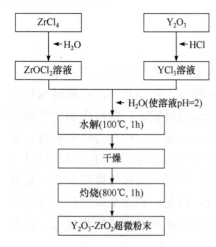

图 4-1 Y_2O_3-ZrO_2 微粉的制备工艺

4.2.4.1 金属盐水解法

金属盐水解法是将金属的明矾盐溶液、硫酸盐溶液、氯化物溶液、硝酸盐溶液等，在高温下进行较长时间的水解，可以得到氧化物超细粉。使用该方法必须严格控制条件，条件的微小变化会导致颗粒的形态和大小产生很大的改变。这些条件主要包括：金属离子、酸的浓度，温度，陈化时间，阴离子。用水解法制备 Y_2O_3-ZrO_2 微粉的工艺（见图 4-1），只需水解 YCl_3-$ZrCl_4$ 溶液，并控制溶液的 pH 值，能得到粒度小、均匀、易分散的超细颗粒，且产量高。该方法较方便易行，利于工业化生产。

TiO_2 粉体的制备：$TiCl_4$ 在 95℃下通过水解反应可生成 TiO_2 粉体颗粒。相关的反应方程式为：

$$TiCl_4 + H_2O \longrightarrow TiOH^{3+} + H^+ + 4Cl^- \tag{4-21}$$

$$TiOH^{3+} \longrightarrow TiO^{2+} + H^+ \tag{4-22}$$

$$TiO^{2+} + H_2O \longrightarrow TiO_2(s) + 2H^+ \tag{4-23}$$

4.2.4.2　醇盐水解法

醇盐水解法是合成超细粉体材料的一种新的方法，其水解过程不需要添加碱，因此不存在有害的负离子和碱金属离子。醇盐水解法的特点是反应条件温和、操作简单，可以获得高纯度、组分单一、均匀、粒度细而分布范围窄的粉体。但其缺点是成本高。

醇盐是用金属元素置换醇羟基中的氢的一类金属有机化合物，其通式为 M(OR)，其中 M 是金属，R 是烷基或丙烯基等。严格地说，金属醇盐与常说的有机金属化合物是不同的概念。醇盐是金属与氧的结合，生成 M—O—C 键；而有机金属化合物是指烷基直接与金属结合，生成具有—C—M 键的化合物（如作催化剂的丁基锂）。金属醇盐的合成与金属的电负性有关，碱金属、碱土金属或稀土元素可以与乙醇直接反应，生成金属醇盐。反应通式如下：

$$M + nROH \longrightarrow M(OR)_n + n/2H_2 \tag{4-24}$$

金属醇盐容易水解，产生构成醇盐的金属氧化物、氢氧化物或水合物沉淀。沉淀经过滤、氧化物经干燥、氢氧化物或水合物经脱水均可制成超细粉体。其中，稀土醇盐是一种活泼的金属有机化合物，当有水存在时不易得到，因此需要无水氯化物作为原料。用无水稀土氯化物与醇钠发生置换反应可得到稀土醇盐。反应如下：

$$ReCl_3 + 3NaOC_2H_5 \longrightarrow Re(OC_2H_5)_3 + 3NaCl \tag{4-25}$$

稀土醇盐经水解析出氢氧化物：

$$Re(OC_2H_5)_3 + 3H_2O \longrightarrow Re(OH)_3(s) + 3C_2H_5OH \tag{4-26}$$

再经过滤、洗涤、烘干，即成 Re(OH)$_3$ 微粉。进一步灼烧脱水，可得到 Re$_2$O$_3$ 微粉。反应式如下：

$$2Re(OH)_3(s) \longrightarrow Re_2O_3(s) + 3H_2O \tag{4-27}$$

醇盐水解法制备的超细粉体不但具有较高的活性，而且颗粒通常呈单分散状态，在成型体中表现出良好的填充性，因此具有良好的低温烧结性能。例如 LiAlO$_2$ 粉体的制备是将铝、锂复合醇盐水解后的凝胶真空干燥 12h，在 550℃下把粉体放入马弗炉中煅烧 2h，自然冷却至室温得到相应的 LiAlO$_2$ 粉体。

4.2.5　溶剂热法

该方法就是将有机溶液替代水作溶剂，采用类似水热合成的原理制备粉体。非水溶剂在该过程中，既是传递压力的介质，也起到矿化剂的作用。以非水溶剂代替水，不仅扩大了水热技术的应用范围，而且由于溶剂处于近临界状态，能够实现通常条件下无法实现的反应，并能生成具有亚稳态结构的材料。以 Ti 和 H$_2$O$_2$ 生成的 TiO$_2$·xH$_2$O 干凝胶，再以 CCl$_4$ 作溶剂在 90℃的温度下制备超细 TiO$_2$ 的结果证明，使用非水溶剂热合成技术能减少或消除硬团聚。

中国科技大学的钱逸泰院士领导的研究小组先后利用非水溶剂热合成了一系列的

Ⅲ～Ⅴ主族纳米颗粒，在这一领域做出了突出贡献。他们先合成了 InP 纳米颗粒，并测定了其量子效应。随后，他们采用苯热合成技术，即用苯作溶剂，在 280℃下合成了 30 nm 的 GaN 纳米颗粒，具体的反应是：

$$GaCl_3 + Li_3N \longrightarrow GaN(s) + 3LiCl \tag{4-28}$$

由于苯具有稳定的共轭结构，对 $GaCl_3$ 的溶解能力较强，是最佳溶剂。这一研究成果在国际最著名的 Science 杂志上发表，审稿人对此给予了高度评价。后来，他们又合成出了砷化铟、磷化镓纳米材料。钱逸泰院士另一个重大的研究成果是用金属钠还原四氯化碳，700℃下在高压釜中合成了金刚石纳米颗粒，被美国化学与工程新闻评价为"稻草变黄金"。

4.2.6　溶胶-凝胶法

溶胶-凝胶法（Sol-Gel）是 20 世纪 60 年代中期发展起来的制备玻璃、陶瓷材料的一种工艺，现已被广泛地用来制备超细粉体。Sol-Gel 所用的前驱物为无机盐或金属醇盐，主要反应步骤是前驱物溶于溶剂（水或有机溶剂）中形成均匀的溶液，溶质与溶剂产生水解或醇解反应生成溶胶，后者经蒸发干燥转变为凝胶。

4.2.6.1　水解反应

Sol-Gel 所用前驱物既有无机化合物又有有机化合物，它们的水解反应有所不同，下面分别介绍。

（1）无机盐的水解

金属盐的阳离子在水溶液中与水分子形成水合阳离子 $M(H_2O)_x$，这种溶剂化的离子强烈地倾向于放出质子而起酸的作用。

水解产物下一步发生聚合反应而得到多金属产物，例如羟基锆络合物的聚合：

$$M(H_2O)_x^{n+} \longrightarrow M(H_2O)_{x-1}(OH)^{(n-1)+} + H^+ \tag{4-29}$$

$$M + nROH \longrightarrow M(OR)_n + \frac{n}{2}H_2\uparrow \tag{4-30}$$

多金属聚合物的形成除了与溶液的 pH 值有关外，还与温度、金属阳离子的总浓度、阴离子的特性有关。多金属阳离子的稳定性通常用下述平衡常数 K 来表述：

$$qM^{n+} + pH_2O \longrightarrow M_q(OH)_p^{(nq-p)+} + pH^+ \tag{4-31}$$

$$K = \frac{[M_q(OH)_p^{(nq-p)+}][H^+]^p}{[M^{n+}]^q[H_2O]^p} \tag{4-32}$$

（2）金属醇盐的水解

① 金属醇盐的性质。金属醇盐具有的 M—O—C 键是氧原子与金属离子电负性的差异，导致 M—O 键发生很强的极化而形成。醇盐分子的这种极化程度与金属元素 M 的电负性有关。像硫、磷、锗这类电负性强的元素所构成的醇盐，共价性很强，其挥发特性表明了它们几乎全是以单体存在。另外，像碱金属、碱土金属元素、镧系元素这类正电性强的物质，所构成的醇盐因离子特性强而易于结合，显示出缩聚物性质，醇盐挥发性增加。金属醇盐的挥发性有利于自身的提纯及其在化学气相沉积法、溶胶-凝胶法中的应用。金属

醇盐具有很强的反应活性，能与众多溶剂发生化学反应，尤其是含有羟基的试剂。在溶胶-凝胶法中，通常是将金属醇盐原料溶解在醇溶剂中，它会与醇发生作用而改变其原有性质。

② 金属醇盐的合成。一般来说，正电性很强的碱金属、碱土金属、镧系元素，较容易与醇直接反应生成醇盐。但也有例外，如对于 Mg、Ba、Al 及镧系金属中正电性相对较弱的金属，要使反应进行，必须加入催化剂 I_2、Hg 或 $HgCl_2$ 才能使反应顺利进行。

例如醇钇盐的制备：

$$2Y + 6C_3H_7OH \xrightarrow{HgCl_2} 2Y(OC_3H_7)_3 + 3H_2 \qquad (4-33)$$

此外，电化学合成法也是制备醇盐的一种方法。该方法是以惰性元素电极——铂电极或石墨电极为阴极，以欲制备的金属醇盐的金属为牺牲阳极，在醇溶液中添加少量电解质载体，通电使阴极和阳极间发生电解反应以制备金属元素的醇盐。现已能用该方法工业生产 Ti、Zr 醇盐和实验室制备 Y、Sc、Ge、Ga、Nb、Ta 等元素的醇盐。

金属醇盐（除铀醇盐外）均极容易水解。因此，在醇盐的合成、保存和使用过程中要绝对避免潮湿。

③ 醇盐的水解。金属醇盐的水解再经缩聚得到氢氧化合物或氧化合物的过程，其化学反应可表示为（M 代表四价金属）：

$$\equiv M(OR) + H_2O \longrightarrow \equiv M(OH) + ROH \qquad (4-34)$$

$$\equiv MOH + \equiv MOR \longrightarrow \equiv M\text{—}O\text{—}M \equiv + ROH \qquad (4-35)$$

$$2 \equiv MOH \longrightarrow \equiv M\text{—}O\text{—}M \equiv + H_2O \qquad (4-36)$$

$$MR_n + \frac{n}{2}O_2 \longrightarrow M(OR)_n \qquad (4-37)$$

可见，金属醇盐水解法是利用无水醇溶液加水后 OH 取代 OR 基进一步脱水而形成 $\equiv M\text{—}O\text{—}M \equiv$ 键，使金属氧化物发生聚合，按均相反应机理最后生成凝胶。

在 Sol-Gel 中，最终产品的结构在溶液中已初步形成，而且后续工艺与溶胶的性质直接相关，所以制备的溶胶质量是十分重要的，要求溶胶中的聚合物分子或胶体颗粒具有能满足产品性能要求或加工工艺要求的结构和尺寸。因此制备的溶胶分布要均匀，外观澄清透明，无浑浊或沉淀，能稳定存放足够长的时间，并且具有适宜的流变性能等。醇盐的水解反应和缩聚反应是均相溶液转变为溶胶的根本原因，故控制醇盐水解缩聚的条件是制备高质量溶胶的前提。

由金属醇盐水解而产生的溶胶颗粒的形状以及由此形成的凝胶结构，还受体系酸度的影响。另外，水解温度还影响水解产物的相变化，从而影响溶胶的稳定性。一个典型的例子是 Al_2O_3 溶胶的制备。由于低于 80℃ 的水解产物与高于 80℃ 的产物不同，在水解温度低于 80℃ 时，难以用 $Al(OR)_3$ 制取稳定的 Al_2O_3 溶胶。两种情况下的反应如下：

$$Al(OR)_3 + 2H_2O \longrightarrow AlOOH(晶态) + 3ROH \qquad (4-38)$$

$$Al(OR)_3 + 2H_2O \longrightarrow AlOOH(无定形) + 3ROH \qquad (4-39)$$

晶态的勃姆石在陈化过程中不会发生相变化，但无定形的 AlOOH 在低于 80℃ 的水溶液中却向拜尔石转变：

$$AlOOH(无定形) + H_2O \longrightarrow Al(OH)_3(晶态) \qquad (4-40)$$

大颗粒拜尔石不能被胶溶剂胶溶，因而难以形成稳定的溶胶。实验表明，提高温度对醇的水解速率总是有利的。对水解活性低的醇盐（如硅醇盐），为了缩短工艺时间，在加温下操作，此时制备溶胶的时间和胶凝时间会明显缩短。

4.2.6.2　Sol-Gel 工艺

由于溶胶-凝胶法操作容易、设备简单，并能在较低的温度下制备各种功能材料或前驱体，故受到人们的广泛重视。下面简单介绍几类有关的重要工艺。

（1）传统型 Sol-Gel 工艺（有机工艺）

以纳米 $\alpha\text{-}Fe_2O_3$ 的制备工艺为例，来说明传统型 Sol-Gel 工艺制备粉体的过程。用适量的 $FeCl_3 \cdot 6H_2O$ 和无水乙醇配制成三氯化铁醇溶液，往溶液中缓慢通入氨气，则发生如下的反应：

$$FeCl_3 + 3C_2H_5OH \longrightarrow Fe(OC_2H_5)_3 + 3HCl \qquad (4\text{-}41)$$

$$NH_3 + HCl \longrightarrow NH_4Cl\downarrow \qquad (4\text{-}42)$$

滤掉 NH_4Cl 沉淀物，即得金属醇盐 $Fe(OC_2H_5)_3$ 的乙醇溶液。然后用渗析法以除去溶液中未反应的 Fe^{3+} 以及残余的 NH_4^+ 和 Cl^-。在渗析的同时，水分子通过半透膜进入溶液，使 $Fe(OC_2H_5)_3$ 发生水解反应：

$$Fe(CO_2H_5)_mOH_n + mH_2O \longrightarrow Fe(CO_2H_5)_{m-1}OH_{n+1} + C_2H_5OH + (m-1)H_2O \quad (4\text{-}43)$$

式中，$m \geqslant 0$，$n \geqslant 0$，且 $m+n=3$。该水解反应的同时，出现如下的缩聚反应：

$$\rangle FeOC_2H_5 + HO\text{—}Fe\langle \longrightarrow Fe\text{—}O\text{—}Fe\langle + C_2H_5OH \qquad (4\text{-}44)$$

$$\rangle Fe\text{—}OH + HO\text{—}Fe\langle \longrightarrow Fe\text{—}O\text{—}Fe\langle + H_2O \qquad (4\text{-}45)$$

$$\rangle FeOC_2H_5 + C_2H_5OFe\langle \longrightarrow Fe\text{—}O\text{—}Fe\langle + (C_2H_5)_2O \qquad (4\text{-}46)$$

通过水解-缩聚过程产生了相应的溶胶，将溶胶在 100℃ 干燥 48 h，溶胶中的有机溶剂和水的蒸发导致胶体进一步缩聚，形成交联度更高的凝胶，凝胶进一步干燥成为干凝胶。这时的干凝胶为非晶相的 $Fe(OH)_3$，$Fe(OH)_3$ 干凝胶再经研磨及在 360℃ 的温度热处理 2h，即转化为 $\alpha\text{-}Fe_2O_3$ 晶相的纳米粉体。

（2）配合物型 Sol-Gel 工艺

这也是一种较为常用的工艺。在溶液中加入有机配体（络合剂），使有机配体（络合剂）与金属离子形成金属-有机配合（络合）物，从而得到溶胶和凝胶，然后经高温处理，便可得到理想粉体。所用的络合剂常为柠檬酸、酒石酸等，因为这些有机物含有羧基与羟基，极易和金属离子配位形成络合物前驱体。例如，王宝兰用该方法制备超细粉体 $SmFeO_3$ 的工艺是将 Sm_2O_3 用硝酸溶解，将 $Fe(NO_3)_3 \cdot 9H_2O$ 用去离子水溶解，将两种溶液混合后加入柠檬酸，在 80℃ 左右搅拌成溶胶，蒸发成为凝胶，再真空干燥使之成为干凝胶，然后高温煅烧 6h，取出产品，冷却至室温后研磨即得超细 $SmFeO_3$ 粉体。又如，靳建华等以酒石酸作为络合剂，类似于以上 $SmFeO_3$ 的制备方法，合成出了 $LaFeO_3$ 纳米晶。

（3）无机工艺

溶胶-凝胶工艺以金属醇盐为原料的称为有机工艺；若以无机金属盐溶液为原料，则称为无机工艺。在无机工艺中主要包括四个步骤：溶胶制备、溶胶-凝胶转化、干燥、凝胶-粉体转化。无机工艺中的溶胶制备和溶胶-凝胶转化与有机工艺中的不同点如下：在无机工艺中制备溶胶是先生成沉淀，再使之胶溶，就是粉碎松散的沉淀，并让颗粒表面的双电层产生排斥作用而分散；使溶胶向凝胶转化，就是胶体分散体系解稳。为了提高溶胶的稳定性，可增加溶液的 pH 值（加碱胶凝）。由于增加了 OH^- 的浓度，降低了颗粒表面的正电荷，降低了颗粒之间的静电排斥力，溶胶自然发生凝结，形成凝胶。除了加碱胶凝外，脱水胶凝也能使溶胶转变为凝胶。

　　例如，无机溶胶-凝胶工艺合成 TiO-PbO 干凝胶。以高纯 $TiCl_4$ 和 $Pb(NO_3)_2$ 为原料，将 NH_4OH 加入 $TiCl_4$ 中使之生成 $TiO(OH)_2$ 沉淀。再用 HNO_3 溶解沉淀，并与 $Pb(NO_3)_2$ 溶液混合。在所得到的混合盐溶液中加入 NH_4OH，得到 $TiO(OH)_2$ 和 $Pb_2(CO_3)(OH)_2$ 的共沉淀。将沉淀过滤分离出来后再分散到 pH 值为 7.0～9.0 的溶液中，借助机械搅拌形成稳定的水溶胶。水溶胶经 60～70℃ 蒸发脱水得到含水量 90% 的新鲜凝胶，将新鲜凝胶在 50℃ 下陈化，得到 TiO_2-PbO 干凝胶。

　　溶胶-凝胶法与其他化学合成法相比具有许多独特的优点：

　　① 高度的化学均匀性。这是因为溶胶是由溶液制得，胶体颗粒间以及胶体颗粒内部化学成分完全一致。

　　② 由于在溶液中经过反应步骤，很容易均匀定量地掺入一些微量元素，实现分子水平上的均匀掺杂。

　　③ 与固相反应相比，化学反应将容易进行，而且仅需要较低的合成温度。一般认为，溶胶-凝胶体系中组分的扩散是在纳米范围内，而固相反应时组分扩散是在微米范围内，因此反应容易进行，温度较低。

　　④ 选择合适的条件可以制备各种新型材料。

　　⑤ 不仅可制得复杂组分的氧化物陶瓷粉体，而且可以制备多组分的非氧化物陶瓷粉体。

　　但溶胶-凝胶法也存在某些问题：a. 目前所使用的原料价格比较昂贵，有些为有机物，对健康有害；b. 整个溶胶-凝胶过程所需的时间较长，通常需要几天或几周；c. 凝胶中存在大量微孔，在干燥过程中将会逸出许多气体及有机物，并产生收缩。

4.2.7　微乳液法

　　微乳液是由油（通常为烃类化合物）、水、表面活性剂（有时存在助表面活性剂）组成的透明、各向同性、低黏度的热力学稳定体系。微乳液法是利用在微乳液的液滴中的化学反应生成固体来得到所需粉体的。可以通过微乳液液滴中水体积及各种反应物浓度来控制成核、生长，以获得各种粒径的单分散纳米颗粒。制备过程是取一定量的金属盐溶液，在表面活性剂如十二烷基苯磺酸钠或硬脂酸钠（$C_{17}H_{35}COONa$）的存在下加入有机溶剂，形成微乳液。再通过加入沉淀剂或其他反应试剂生成微粒相，分散于有机相中。除去其中的水分即得化合物微粒的有机溶胶，再加热一定温度以除去表面活性剂，则可制得超细颗粒。使用该方法制备粉体时，影响超细颗粒制备的因素主要有以下几点。

4.2.7.1　微乳液组成的影响

　　对一个确定的化学反应来说，要选择一个能够增溶有关试剂的微乳体系，显然，该体系对有关试剂的增溶能力越大越好，这样有望获得较高收率。另外，构成微乳体系的组分，如油相、表面活性剂和助表面活性剂，应不和试剂发生反应，也不应该抑制所选定的化学反应。例如，为了得到 α-Fe_2O_3 超细微粒，当用 $FeCl_3$ 水溶液作为试剂时就不宜选择 AOT 等阴离子表面活性剂，因为它们能和 Fe^{3+} 反应产生不需要的沉淀物。为了选定微乳体系，必须在选定组分后研究体系的相图，以求出微乳区。胶束组成的变化将导致水核的增大或减小，水核的大小直接决定了超细颗粒的尺寸。一般来说，超细颗粒的直径比水核直径稍大，这可能是由胶束间快速的物质交换导致不同水核内沉淀物的聚集所致。

4.2.7.2　反应物浓度的影响

适当调节反应物的浓度，可使制备颗粒的大小受到控制。Pileni 等在 AOT/异辛烷/HRO 反胶束体系中制备 CdS 胶体颗粒时，发现超细颗粒的直径受 Cd^{2+}/S^{2-} 浓度比的影响，当反应物之一过量时，生成较小的 CdS 颗粒。这是由于当反应物之一过剩时，成核过程较快，生成的超细颗粒粒径也就偏小。

4.2.7.3　微乳液滴界面膜的影响

选择合适的表面活性剂是进行超细颗粒合成的第一步。为了保证形成的反胶束或微乳液颗粒在反应过程中不发生进一步聚集，选择的表面活性剂成膜性能要合适，否则在反胶束或微乳液颗粒碰撞时表面活性剂所形成的界面膜易被打开，导致不同水核内的固体核或超细颗粒之间的物质交换，这样就难以控制超细颗粒的最终粒径了。合适的表面活性剂应在超细颗粒一旦形成就吸附在颗粒的表面，对生成的颗粒起稳定和保护作用，防止颗粒的进一步生长。

例如，微乳液化法制备 Y_2O_3-ZrO_2 微粉将含有 3%（摩尔分数）Y_2O_3 的 $ZrO(NO_3)_2$ 溶液逐渐加入含有 3%（体积分数）乳化剂的二甲苯溶剂中，不断搅拌并经超声处理形成乳液。在这种乳液中，盐溶液以尺寸为 $10 \sim 30\mu m$ 的小液滴凝胶化。然后将凝胶放入蒸馏瓶中进行非均相的共沸蒸馏处理。将经过蒸馏处理的凝胶进行过滤，同时加入乙醇清洗，目的是尽可能洗去剩余的二甲苯和乳化剂。滤干凝胶放在红外灯下烘干，最后在 700℃条件煅烧 1h 即得到 Y_2O_3-ZrO_2 粉体。其工艺流程如图 4-2 所示。

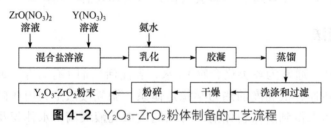

图 4-2　Y_2O_3-ZrO_2 粉体制备的工艺流程

这种方法能制备出平均晶粒尺寸为 $13 \sim 14nm$ 的四方相 Y_2O_3-ZrO_2 粉体。生成的纳米级尺寸的晶粒可以团聚成形状较为规则，甚至是球形的二次颗粒；采用非均相共沸蒸馏法排除了凝胶中残留的水分，避免了粉体中硬团聚体的形成，所制备的粉体中的团聚属于软团聚现象。

4.2.8　喷雾热分解法

喷雾热分解法是制备超细粉体的一种较为新颖的方法，最早出现于 20 世纪 60 年代初。先以水-乙醇或其他溶剂将原料配制成溶液，通过喷雾装置将反应液雾化并导入反应器内，在其中溶液迅速挥发，反应物发生热分解，或者同时发生燃烧和其他化学反应，生成与初始反应物完全不同的具有新化学组成的无机纳米颗粒。此方法起源于喷雾干燥法，也派生出火焰喷雾法，即把金属硝酸盐的乙醇溶液通过压缩空气进行喷雾的同时，点火使雾化液燃烧并发生分解，制得超细粉体（如 NiO 和 $CoFeO_3$），这样可以省去加温区。当前驱体溶液通过超声雾化器雾化，由载气送入反应管中，则称为超声喷雾法。通过等离子体引发反应发展成等离子喷雾热解工艺，雾状反应物送入等离子体尾焰中，使其发生热分解反应而生成纳米粉体。热等离子体的超高温、高电离度大大促进了反应室中的各种物理化学反应。等离子体喷雾热解法制得的粉体粒径可分为两级：其一是平均粒径为 $20\sim50nm$ 的颗粒，其二是平均尺寸为 $1\mu m$ 的颗粒，颗粒形状一般为球状。

喷雾热分解法制备纳米颗粒时，溶液浓度、反应温度、喷雾液流量、雾化条件、雾滴的粒径等都影响到粉体的性能。例如，以 $Al(NO_3)_3 \cdot 9H_2O$ 为原料配成硝酸盐水溶液，反应温度在 $700\sim1000℃$ 得到活性大的非晶态氧化铝微粉，经 $1250℃$、$1.5h$ 即可转化为 α-Al_2O_3，颗粒小于 $70nm$。

喷雾热分解法的优点如下：

① 干燥所需的时间极短，每一个多组分细微液滴在反应过程中来不及发生偏析，从而可以获得组分均匀的纳米颗粒。

② 由于原料是在溶液状态下均匀混合，所以可以精确地控制所合成化合物的组成。

③ 易于通过控制不同的工艺条件来制得各种具有不同形态和性能的超细粉体。此方法制得的纳米颗粒表观密度小，比表面积大，粉体烧结性能好。

④ 操作过程简单，反应一次完成，并且可以连续进行，有利于生产。该方法的缺点是生成的超细颗粒中有许多空心颗粒，而且分布不均匀。

4.2.9　还原法

还原法包括化学还原法和电解还原法。早期的化学还原法用于从贵金属的盐溶液中制备超细 Ag、Au、Pt。最近报道用此方法制备 Fe-Ni-B 非晶超细粉体，直径为 $3\sim4nm$。其具体操作如下：将 $FeSO_4$ 和 $NiCl_2$ 按不同比例配制成总浓度为 $0.1mol/L$ 的溶液，然后将 $0.5\sim1mol/L$ 的 KBH_4 或 $NaBH_4$ 滴入上述溶液中，同时激烈搅拌，制备过程中要注意控制溶液的 pH 值和温度。反应结束后立即将溶液过滤，并迅速将滤纸中的黑色粉体清洗并干燥后保存。

例如，银粉的制备：取 $2.4g$ $AgNO_3$ 溶解在 $15mL$ 蒸馏水中，得 $1mol/L$ 的 $AgNO_3$ 溶液，再取 $4.25mL$ $NH_3 \cdot H_2O$ 使之和 $15mL$ $AgNO_3$ 溶液混合，形成$[Ag(NH_3)_2]^+$溶液；取 $15mL$ H_2O_2 注入锥形瓶中，把锥形瓶放入大烧杯中进行冰浴，将$[Ag(NH_3)_2]^+$溶液缓慢滴加到锥形瓶中，然后放到电磁搅拌器上，在搅拌条件下反应，直至无气体放出；静置 $2h$ 后有灰黑色沉淀生成，用离心沉淀器分离出固相物，并用去离子水和无水乙醇洗涤数遍，然后在烘箱中（$80℃$）低真空干燥，即可得到黑色的纳米银粉体样品。

电解还原法是一种较为常见的电化学制粉法，主要包括水溶液电解法、熔盐电解法、有机电解质电解法和液体金属电解法，其中以水溶液电解法为主。水溶液电解法既可以生产 Cu、Fe、Co、Ni、Ag、Cr 等金属粉体，还可以制备许多种类的合金粉体。电解粉

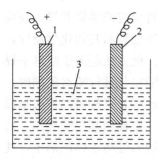

图4-3 电解过程示意图
1—阳极；2—阴极；3—电解液

体的特点是纯度较高、形状为树枝状、压制性较好。在水电解制粉中生产量最大的是铜粉，因此下面就以电解铜粉的制备过程为例来讨论水溶液中电解制粉的基本内容。

（1）电解法生产铜粉原理

电化学体系包括阳极：纯 Cu 板；电解液：$CuSO_4$、H_2O；阴极：Cu 粉。发生的电化学反应有阳极反应：金属失去电子变成离子而进入溶液 $Cu-2e \longrightarrow Cu^{2+}$；阴极反应：金属离子放电而析出金属 $Cu^{2+}+2e \longrightarrow Cu$（粉体）。电解法生产铜粉如图4-3所示。

（2）影响电解过程和粉体粒度的因素

电解时，粉体形成是电化学沉积过程，驱动这一过程的动力就是外加直流电流，因此电流密度是电解制粉最重要的影响因素。同时，电解液温度、电解液浓度等条件也会影响电解过程的进行。这些影响因素可概括如下。

① 电流密度。电解制粉的电流密度比致密金属电解精炼时的电流密度高得多。在能够析出粉体的电流密度范围内，电流密度越高，粉体越细。因为电流密度愈大，在阴极上单位时间内放电的离子数愈多，形成的晶核愈多，所以粉体愈细。

② 金属离子浓度。电解制粉的金属离子浓度比电解精炼时的金属离子浓度低得多。金属离子浓度越低，向阴极扩散的金属离子数量越小，粉体颗粒长大趋势越小，而形成松散粉体。

③ 氢离子浓度。氢离子浓度愈高，氢愈易于析出，愈有利于松散粉体的形成。

④ 电解液温度。温度升高时，电解粉体变粗。

生产中可以根据以上原理，选择工艺参数，或者调整工艺参数以保证粉体粒度。

4.3　气相法

气相法是指物质在气态下通过化学反应来合成粉体颗粒的方法，常见的方法有下列几种。

4.3.1　等离子体法

1879 年英国物理学家克鲁斯在研究了放电管中"电离气体"的性质之后，首先指出物质存在第四态。这一新的物质存在形式是经气体电离产生的由大量带电颗粒（离子、电子）和中性颗粒（原子、分子）所组成的体系，因总的正、负电荷数相等，故称为等离子体。将其继固、液、气三态之后列为物质的第四态——等离子态。把等离子体视为物质的又一种基本存在的形态，是因为它与固、液、气三态相比无论在组成还是在性质上均有本质的区别，与气体之间也有明显的差异。第一，气体通常是不导电的，等离子体则是一种导电流体，又在整体上保持电中性。第二，组成颗粒间的作用力不同，气体分子间不存在净电磁力，而等离子体中的带电颗粒间存在库仑力，并由此导致带电颗粒群的种种特有的集体运动。第三，作为一个带电颗粒系，等离子体的运动行为明显地会受到电磁场的影响和约束。需要说明的是，并非任何电离气体都是等离子体，只有当电离度大到一定程度，使带电颗粒密度达到所产生的空间电荷足以限制其自身运动时，体系的性质才会从量变到质变，这样的"电离气体"才算转变成为离子体。

这里所说的等离子体法制备粉体就是将物质注入超高温等离子体中，此时多数反应物和生成物成为离子或原子状态，然后使其急剧冷却，获得很高的过饱和度，这时晶核颗粒就会析出，这样就有可能制得与通常条件下形状完全不同的粉体颗粒。

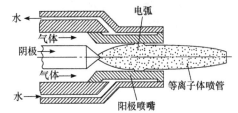

等离子体按其产生方式一般可分为直流等离子体和高频等离子体（感应耦合等离子体）。典型的等离子体喷射结构如图 4-4 所示。

喷管内阴极和阳极间放电形成电弧，借助于气体（惰性）的作用从喷嘴中吹出，形成高速高能电磁流体（惰性气体被电离形成等离子体）。

图 4-4　直流等离子喷管的典型电极结构

以等离子体作为连续反应器制备纳米颗粒时，大致分为三种方法。

（1）等离子体蒸发法

此方法即把一种或多种固体颗粒注入惰性气体的等离子体中，使之通过等离子体之间时完全蒸发，通过火焰边界或骤冷装置使蒸气凝聚制得超细粉体。常用于制备含有高熔点金属或金属合金的超细粉体，如 Nb-Si、V-Si、W-C 等。

（2）反应性等离子体蒸发法

这是一种在等离子体蒸发所得到的超高温蒸气的冷却过程中，引入化学反应的方法。通常在火焰后部导入反应性气体，如制造氮化物超细粉体时引入 NH_3。常用于制造 ZrC、TaC、WC、SiC、TiN、ZrN 等。

（3）等离子体气相合成法（PCVD）

通常是将引入的气体在等离子体中完全分解，所得分解产物之一与另一气体反应来制得超细粉体。例如，将 SiC 注入等离子体中，在还原气体中进行热分解，在通过反应器尾部时与 NH_3 反应并同时冷却制得超细粉体。为了不使副产品 NH_4Cl 混入，故在 $250\sim300℃$ 时捕集，这样可得到高纯度的 Si_3N_4。常用于制备 TiC、SiC、TiN、AlN、Al_2O_3-SiO_2 等。

等离子体制粉法是一种很有发展前途的超细粉体制备新工艺。该方法原材料广泛，可以是气体、液体，还可以是固体；产品十分丰富，包括金属氧化物、金属氮化物、碳化物等各种重要的粉体材料。其规模生产前景广阔，已引起工业界的极大重视。

例如，等离子体法制备镍粉，生产工艺如下：金属镍原料 → 等离子体（电弧枪）加热蒸发 → 冷凝成粒 → 收集 → 钝化处理 → 密封包装。其方法是将镍置于坩埚内，在等离子枪喷射出的等离子体的加热下镍原料蒸发，镍蒸气在制粉室内遇冷后凝聚成微粉。由于镍微粉表面活性很高，遇空气后极易氧化成氧化镍，因此需在处理室内对裸粉进行钝化处理（见图 4-5）。

又如，等离子体法制备 AlN 粉体，反应式为 $Al+1/2N_2 \longrightarrow AlN$。其装置如图 4-6 所

示，主要有直流电弧等离子体发生器、等离子火焰炬、等离子反应室、反应气体瓶、反应冷凝装置、送料装置、旋风分离装置、真空尾气通道等。制备过程如下：

图4-5 等离子体法制得的纳米镍粉图

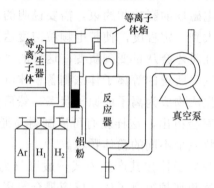

图4-6 等离子体法制备氮化铝粉体装置图

首先由氧气引弧，然后通过调节等离子体发生器的电压、电流，在保持火焰稳定条件下加入一定量的氮气、氢气，在直流电弧氮等离子气氛条件下，通过高纯氮气将液态的金属铝粉加入等离子火焰中心区，金属铝被高温蒸发和在氢气保护下与氮等离子反应，经成核长大形成氮化铝团聚体，经较高的温度梯度骤冷后，旋风分离，可得氮化铝粉体。

4.3.2 化学气相沉积法

气相沉积法是利用气态物质在一固体表面上进行化学反应，生成固态沉积物的过程。化学气相沉积（CVD）是一种常见的化学制粉方法，在粉体材料的科学研究中经常使用。制粉过程是通过某种形式的能量输入使气体原料发生化学反应，生成固态金属或陶瓷粉体。

4.3.2.1 化学气相沉积制粉原理

化学气相沉积的反应类型有分解反应：

$$a\text{A(g)} \longrightarrow b\text{B(s)} + c\text{C(g)} \tag{4-47}$$

化合反应：

$$a\text{A(g)} + b\text{B(g)} \longrightarrow c\text{C(s)} + d\text{D(g)} \tag{4-48}$$

这两种类型的制粉过程均包括四个步骤：化学反应、均匀成核、晶粒生长、团聚。

（1）化学反应

对于以上的化学反应体系，判断其能否进行的热力学根据如下。

分解反应：

$$\Delta G = \Delta G^0 + RT \ln \frac{p_\text{D}^d}{p_\text{A}^a p_\text{B}^b} \leqslant 0 \tag{4-49}$$

化合反应：

$$\Delta G = \Delta G^0 + RT \ln \frac{p_\text{C}^c}{p_\text{A}^a} \leqslant 0 \tag{4-50}$$

由以上两式可以看出，化学气相沉积反应的控制因素包括反应温度、气相反应物浓度和气相生成物浓度。

（2）均匀成核

气相反应发生后的瞬间，在反应区内形成产物蒸气，当反应进行到一定程度时，产物蒸气浓度达到过饱和状态，这时产物晶核就会形成。由于体系中无晶种或晶核生成基底，因此反应产物晶核的形成是个均匀成核的过程。假设晶核为球形，半径为 r^*，则形成一个晶核体系自由能的变化可表示为

$$\Delta G = 4/3\pi r^3 \Delta G_r + 4\pi r^2 \sigma \tag{4-51}$$

式中，ΔG_r 为固气相的体积自由能差；σ 为晶核的表面能。根据上式可以得出晶核半径与体系自由能的变化规律，如图 4-7 所示。ΔG-r 曲线上有一个最大值，对应的晶核半径为 r^*。当 $r < r^*$ 时，晶核生长将导致体系的自由能增加，晶核处于一个非稳定状态，能自发缩小或消失；当 $r > r^*$ 时，晶核生长则体系的自由能降低，此时晶核才能稳定保持并自发生长。r^* 被称为临界成核半径，对应 r^* 大小的晶核被称为临界晶核。如果将气相产物的成核过程认为是蒸发气相的冷凝过程，就可以得出以下关系式：

$$r = \frac{2\sigma V}{RT\ln\left(\dfrac{p}{p^0}\right)} \tag{4-52}$$

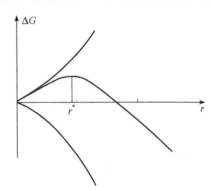

图 4-7　晶核半径与自由能的关系

式中　p——产物的气相分压；

　　　p^0——产物的饱和蒸气压；

　　p/p^0——过饱和度。

由上式可以看出，温度越高，过饱和度越大，则生成的晶核越小。晶核越小，晶核形成的自由能越低，对晶核生长越有利。

（3）晶粒生长

均相晶核形成以后，稳定存在的晶核便开始晶粒生长过程。小晶粒通过对气相产物分子的吸附或重构，使自身不断长大。理论和实践都表明，晶粒生长过程主要受产物分子从反应体系中向晶粒表面的扩散迁移速率所控制。

（4）团聚

由于存在着较弱的吸附力作用，主要包括范德华力、静电吸力等，颗粒之间会发生聚集，颗粒越小，则聚集效果越明显，这一现象被称为团聚。对于超细粉体，团聚是一个普遍存在且不容忽视的问题，在实际使用超细粉体时，如果不能有效地解决团聚问题，则粉体就可能失去或降低其特有的性质。因此，研究粉体的团聚问题，一直是粉体科研工作者面临的重要课题。

4.3.2.2　化学气相沉积类型

按化学反应，化学气相沉积分为三种方法。

① 热分解法。如 $CH_4(g) \longrightarrow C(s) + 2H_2(g)$ 就是一个热分解反应。热分解法制备粉体中，最为典型的反应就是羰基物的热分解反应，它是一种由金属羰基化合物加热分解制取粉体的方法。如羰基镍的热分解：

$$Ni(CO)_4(g) \longrightarrow Ni(s) + 4CO(g) \qquad (4-53)$$

另外，该方法还可以用于制备氧化物粉体，如醇盐的热分解可制取氧化物粉体。

② 气相还原法。该方法分为气相氢还原法和气相金属热还原法。还原剂是氢气或具有低熔点、低沸点的金属，如 Mg、Ca、Na 等；反应物则选用低沸点的金属卤化物且以氯化物为主。两类方法相比，气相氢还原法应用更普遍些。气相氢还原法的反应通式可表示为：

$$2MCl + H_2 \longrightarrow 2M + 2HCl \qquad (4-54)$$

③ 复合反应法。该方法是一种重要的制取无机化合物，包括碳化物、氮化物、硼化物和硅化物的方法。这种方法可以制备各种陶瓷粉体，也可以进行陶瓷薄膜的沉积。所用的原料是金属卤化物（以氯化物为主），在一定温度下，以气态参与化学反应。例如：

$$3TiCl_4(g) + C_3H_8(g) + 2H_2(g) \longrightarrow 3TiC(s) + 12HCl(g) \qquad (4-55)$$

$$2MoCl_5(g) + 4SiCl_4(g) + 13H_2(g) \longrightarrow 2MoSi_2(s) + 26HCl(g) \qquad (4-56)$$

4.3.2.3 化学气相沉积法的特点

原料金属化合物因具有挥发性、容易精制，而且生成物不需要粉碎、纯化，因此所得超细粉体纯度高；生成微颗粒的分散性好；控制反应条件易获得粒径分布狭窄的纳米颗粒；有利于合成高熔点的无机化合物超细粉体；除能制备氧化物外，只要改变介质气体的种类，还可以用于合成直接制备有困难的金属、氮化物、碳化物和硼化物等非氧化物。

4.3.2.4 应用举例

气相沉积法制备钨粉，其实验工艺如图 4-8 所示。

将反应室中的模具加热到沉积温度，并将 WF_6 经加热器加热到沸点以上汽化后通入反应室，同时按比例通入 H_2 进行化学气相沉积。化学反应式为

$$WF_6 + 3H_2 \longrightarrow W + 6HF \qquad (4-57)$$

H_2、WF_6 流量由针阀及气体流量计来控制。以热电偶测量和调控反应室温度。沉积温度范围为 $400\sim900℃$，WF_6 与 H_2 比例范围为（1:1）～（1:4）。反应产物 HF 用 CaO 加以吸收，沉积过程结束后将基体在真空炉中熔化即可获得沉积钨粉体。

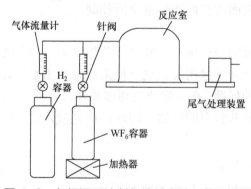

图 4-8 气相沉积法制备钨粉实验工艺示意图

第5章 氧化物陶瓷粉体的制备

内容提要

本章主要介绍了氧化物陶瓷粉体的性质、制备方法及用途，具体包括氧化铝、氧化锆、氧化钛、氧化硅、氧化铍、氧化镁、氧化锡、碳酸钙和硅酸锆。重点介绍了氧化铝和氧化锆粉体的制备方法，以及各种制备方法对粉体结构、形貌和性能的影响。

学习目标

○ 掌握氧化铝粉体的各种性状，学习拜耳法、烧结法和拜耳-烧结联合法制备氧化铝粉体的工艺流程及原理，了解各种方法制备氧化铝粉体的优缺点。

○ 掌握氧化锆粉体的基本性质，学习氢氧化钠烧结法、氧氯化锆煅烧法、碳酸钙和氧化钙烧结法、氟硅酸钾烧结法等方法制备氧化锆的工艺原理与方法，学习纳米氧化锆粉体的制备技术原理。了解氧化锆粉体的用途及其发展进展。

○ 了解氧化钛、氧化镁、二氧化硅、氧化锡、氧化铀、氧化铍等氧化物粉体以及碳酸钙、硅酸锆等化合物粉体的性质、制备工艺和用途。

陶瓷材料的性能取决于粉体性能和烧结技术，烧结技术目前已比较成熟，因此，重点是如何改善和提高粉体的特性而获得性能各异的新材料。随着粉体制备技术的发展，已逐步进入"超微粉体时代"，从很大程度上讲，陶瓷材料的发展取决于粉体制备技术的发展，今后的竞争也将体现在粉体制备技术的竞争上。粉体的制备技术目前已得到世界各国家高度重视，我国也已把它列为重点发展项目，无论是国际还是国内陶瓷学术会议，粉体的制备技术均是一个重要的内容。因此，加深和提高对粉体概念的认识，系统了解粉体制备技术，对于提高我国新型陶瓷粉体的研究和生产水平有着重要的作用。

5.1 氧化铝粉体的制备

铝工业通常按物理性质将氧化铝分为砂状与面粉状两种类型（有时还将介于其间的划分为"中间状氧化铝"）。二者的物理性质相差很大，但没有将其严格区分的统一标准。总的来说，砂状氧化铝的特点是：呈球形，平均粒度较粗，粒度组成比较均匀，细粒子和过粗颗粒都少，比表面积大，强度高，流动性好。面粉状氧化铝的特点是：呈片状和羽毛状，细粒子含量多，平均粒径小，比表面积小，强度低，流动性不好，焙烧程度高于砂状氧化铝，α-Al_2O_3 含量多达 80%～90%。

巴利隆（E. Barrillon）对三种类型氧化铝的物理性质作了划分，见表 5-1。

表 5-1　不同类型氧化铝的物理性质

物理性质	氧化铝类型		
	面粉状	砂状	中间状
不大于 44μm 的粒级含量/%	20～50	10	10～20
平均粒径/μm	50	80～100	50～80
安息角/(°)	>45	30～35	30～40
比表面积/(m²/g)	<5	>35	>35
真密度/(g/cm³)	3.90	<3.70	<3.76
堆积密度/(g/cm)	0.95	>0.85	>0.85

氧化铝物理性质的差异，是铝酸钠溶液分解和氢氧化铝焙烧过程的工艺特点不同所致。20 世纪 70 年代初期以前，美洲国家用三水铝石矿为原料以低浓度碱溶液溶出，生产砂状氧化铝，欧洲国家则用一水硬铝石和高浓度碱溶液溶出，生产面粉状氧化铝，两种产品同时存在。到 20 世纪 70 年代中期，欧洲和日本的一些氧化铝厂都将其产品从面粉状改为砂状。目前，西方国家砂状氧化铝的生产已占压倒性优势，这是因为砂状氧化铝的物理性质能较好地满足大型中间自动下料和干法净化烟气的预焙槽要求。其氧化铝物理性质的常用指标如下：

首先是氧化铝的粒度要均匀，小于 44μm、特别是小于 20μm 的细粒级含量少，否则会使电解作业中粉尘量增加，并且影响定时定点准确下料。磨损系数是表征氧化铝强度和控制氧化铝粒度的一个重要指标。它是指氧化铝在磨损系数测定仪中被一定风压和风量的气流吹动循环 15min 后，小于 47μm 粒级含量增加的百分数。磨损系数 $I=(x-y)/x \times 100\%$。式中，x 和 y 分别代表磨损试验前、后氧化铝中大于 47μm 粒级的百分数。磨损系数越小表明氧化铝强度越大，在运输、装卸以及在电解槽烟气净化系统中，由于撞击、磨损而增加的细粒级含量较少。美国铝业公司规定的磨损系数标准为不大于 10%。氧化铝的比表面积是一个表示焙烧程度的重要指标。焙烧程度越高，氧化铝的结晶度越高，比表面积越小，对 HF 的吸附能力越差，也使氧化铝在电解质中的溶解速度降低，产生槽底沉淀，这对中间下料电解槽尤其不利。目前，国外砂状氧化铝要求的比表面积多数为 50～60m²/g。砂状氧化铝的堆积密度一般为 0.95～1.05g/cm³。铝电解槽的定时定容积加料或用料斗向槽中加料，都要求氧化铝的堆积密度基本稳定，不然下料量无法控制。灼减属于氧化铝的化学成分，它与氧化铝的物理性质关系密切，砂状氧化铝的灼减一般要求为1%左右。安息角（取决于它的一部分颗粒在另一部分颗粒上滑动或滚动的阻力）、α-Al_2O_3含量、密度等都能符合对砂状氧化铝的一般要求。砂状氧化铝指标见表 5-2。

表 5-2　砂状氧化铝指标

企业名称	比表面积 /（m²/g）	安息角 /（°）	堆积密度 /（kg/cm³）	真密度 /（kg/cm³）	小于 45μm 粒度含量/%
VAW（德国）	49	35	957		21
ALCOA（美国）	45	31	900	3400	8
MITUH（日本）	40～50	34～36			14
ALCAN（牙买加）	60	32			7.7

面粉状氧化铝在电解槽结壳上可以堆得厚，而且它的堆积密度较小，热导率低，保温能力强，可以防止阳极氧化，同时灼减低，不具吸湿性。有的专家主张上插槽以采用面粉状氧化铝为宜。采用湿法净化烟气的自焙槽，对于氧化铝的物理性质未提出要求。

我国铝土矿资源主要是一水硬铝石型，生产工艺技术的原因，长期以来生产的氧化铝大多粒度介于面粉状和砂状之间，属于中间状，小于 45μm 粒度的氧化铝含量较高且其强度差。20 世纪 80 年代以来，我国对砂状氧化铝生产工艺进行了大量的研究工作，已经有了很大进展，初步解决了以一水硬铝石矿为原料生产砂状氧化铝的技术难题，"砂状氧化铝生产技术"已通过技术鉴定和国家验收，这就为氧化铝厂选择生产砂状氧化铝方案提供了可能性。

氧化铝生产方法分为碱法、酸法、酸碱联合法和热法四类，但目前用于工业生产的只有碱法。碱法生产氧化铝，是用碱来处理矿石，使矿石中的氧化铝转变成铝酸钠溶液。矿石中的铁、钛等杂质和绝大部分硅则成为不溶解的化合物，将不溶解的残渣（赤泥）与溶液分离，经洗涤后弃去或综合利用，以回收其中的有用部分。纯净的铝酸钠溶液分解析出氢氧化铝，经与母液分离、洗涤后进行焙烧，得到氧化铝产品。分解母液可循环利用，处理另一批矿石。

碱法生产氧化铝又分为拜耳法、烧结法和拜耳-烧结联合法等。

5.1.1　拜耳法制备氧化铝粉体

拜耳法是由奥地利化学家拜耳（K. J. Bayer）于 1889～1892 年提出的，故称为拜耳法，它适于处理低硅铝土矿，尤其是在处理三水铝石型铝土矿时，具有其他方法无可比拟的优点。目前，全世界生产的氧化铝和氢氧化铝，有 90%以上是采用拜耳法生产的。拜耳法生产氧化铝的工艺流程如图 5-1 所示。

拜耳法主要包括两大过程，即分解和溶出。其基本原理在于拜耳的两大技术发明专利：

① 铝酸钠溶液的晶种分解过程。较低摩尔比（约 1.6 左右）的铝酸钠溶液在常温下，添加 Al(OH)₃ 作为晶种，不断搅拌，溶液中的氧化铝便以 Al(OH)₃ 形态逐渐析出，同时溶液的摩尔比不断增大。

② 铝土矿的溶出。析出大部分氢氧化铝后的铝酸钠溶液（分解母液），在加热时，又可以溶出铝土矿中的氧化铝水合物，这就是利用种分母液溶出铝土矿的过程。

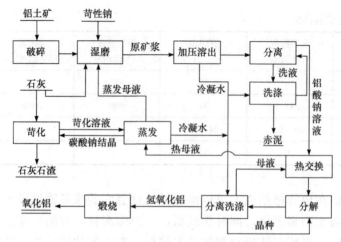

图 5-1 拜耳法生产氧化铝的基本流程

交替使用以上两个过程就可以一批批地处理铝土矿，得到纯的氢氧化铝产品，构成所谓拜耳法循环。其实质是如下反应在不同条件下的交替进行：

$$Al_2O_3 \cdot (1或3)H_2O+2NaOH + aq \underset{种分}{\overset{溶出}{\rightleftharpoons}} 2NaAl(OH)_4 + aq \qquad (5-1)$$

拜耳法生产氧化铝包括四个主要过程：

① 用高摩尔比（即铝酸钠溶液中的 Na_2O 与 Al_2O_3 摩尔比为 3.4 左右）的分解母液溶出铝土矿中的氧化铝，使溶出液的摩尔比达到 1.5～1.6；

② 稀释溶出矿浆，分离出精制铝酸钠溶液（精液）；

③ 精液加晶种分解（种分）；

④ 分解母液蒸发至苛性碱的浓度达到溶出要求（Na_2O 浓度为 230～280g/L）。

在这四个过程中，铝土矿的溶出是拜耳法的关键工序。铝土矿中不同的含铝矿物在苛性碱液中要求不同的溶出温度：三水铝石为 140℃，一水软铝石为 180℃，而一水硬铝石需在 240℃ 以上，刚玉则不溶于碱液。为了使苛性碱液温度达到溶出所需温度，都采用高压釜（溶出器）将苛性碱液加热，这使溶出后的矿浆温度和压力都很高，需要采用自蒸发法使其降至常压和较低温度，并且利用溶出矿浆自蒸发产生的二次蒸汽，在双程预热器中预热原矿浆，以回收利用热量。现代化生产都是将一系列预热器、高压釜和自蒸发器串联为溶出器组进行连续作业，矿浆靠高压泵打入高压釜。

拜耳法溶出时，为了减少设备结疤，通常要将原矿浆脱硅，使溶液的硅量指数（铝酸钠溶液中的 Al_2O_3 与 SiO_2 含量的比）增高。在每一次拜耳法循环作业中，铝酸钠溶液中 Al_2O_3 与 SiO_2 的浓度变化如图 5-2 所示。

拜耳法的特点：

① 适合处理高铝硅比（A/S）矿石，一般要求 A/S 大于 9，且需消耗价格昂贵的苛性碱；

② 流程简单，能耗低，产品成本低；

③ 产品质量好，纯度高。

由于处理的铝土矿类型不同，目前在世界上已经形成了两种不同的拜耳法方案：

① 美国拜耳法。美国拜耳法以三水铝石型铝土矿为原料，由于三水铝石型铝土矿中

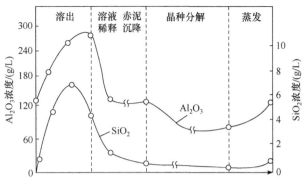

图 5-2 拜耳法生产氧化铝时溶液中 Al_2O_3 与 SiO_2 的浓度变化

的 Al_2O_3 溶出性能较好，因而采用低温、低碱浓度溶液溶出，一般溶出温度为 140～145℃，苛性碱液浓度 110g/L，停留时间在 1h 之内，分解初温高（60～70℃），种子添加量较小（50～120g/L），分解时间 30～40h，产品为粗粒 $Al(OH)_3$，但产出率低，仅为 40～45g/L。这种 $Al(OH)_3$ 焙烧后得到砂状氧化铝。

② 欧洲拜耳法。欧洲拜耳法以一水软铝石型铝土矿为原料。由于原料中的 Al_2O_3 较难溶出，故采用高温、高碱浓度溶出，一般溶出温度达 170℃，苛性碱浓度在 200g/L 以上，停留时间约 2～4h，分解初温低（55～60℃），种子添加量较大（200～250g/L），分解时间 50～70h，产出率高达 80g/L，但得到的 $Al(OH)_3$ 颗粒细，焙烧时飞扬损失大，得到面粉状氧化铝。目前采用低温、高固含量、高产出率的分解条件可以生产出砂状氧化铝。

5.1.2 烧结法制备氧化铝粉体

法国人勒·萨特里早在 1858 年就提出了碳酸钠烧结法，经后人改进，形成了碱石灰烧结法。碱石灰烧结法的基本原理是将铝土矿与一定量的苏打、石灰（或石灰石）配成炉料进行高温烧结，使其中的氧化铝和氧化铁与苏打反应转变为铝酸钠（$Na_2O \cdot Al_2O_3$）和铁酸钠（$Na_2O \cdot Fe_2O_3$），而氧化硅和氧化钛与石灰反应生成原硅酸钙（$2CaO \cdot SiO_2$）和钛酸钙（$CaO \cdot TiO_2$），用水或稀碱溶液溶出时，铝酸钠溶解进入溶液，铁酸钠水解成为 NaOH 和 $Fe_2O_3 \cdot H_2O$ 沉淀，而原硅酸钙和钛酸钙不溶成为泥渣，分离除去泥渣后，得到铝酸钠溶液，再通入 CO_2 进行碳酸化分解，便析出 $Al(OH)_3$，而碳分母液经蒸发浓缩后返回配料烧结，循环使用。$Al(OH)_3$ 经过焙烧即为产品氧化铝。

碱石灰烧结法生产氧化铝基本工艺流程如图 5-3 所示。其主要工序有：生料配制和烧结、熟料溶出、粗液脱硅、碳酸化分解、氢氧化铝焙烧和碳分母液蒸发。

碱石灰烧结法的特点：

① 适合于低铝硅比矿（$A/S = 3～6$），并可同时生产氧化铝和水泥等，有利于原料的综合利用，且利用较便宜的碳酸钠；

② 流程复杂，能耗高，成本高；

③ 产品质量较拜耳法低。

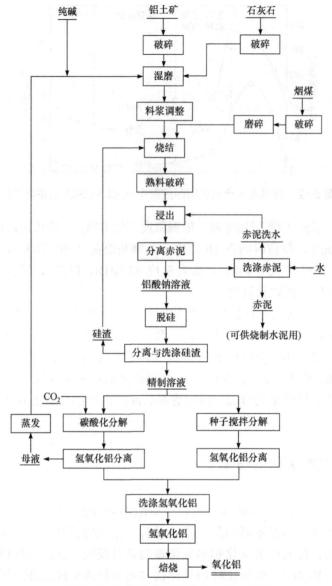

图 5-3 烧结法生产氧化铝的基本流程

5.1.3 联合法制备氧化铝粉体

拜耳法和碱石灰烧结法是目前工业上生产氧化铝的主要方法，它们各有其优缺点和适用范围。在某些情况下，如处理中等品位或同时处理高、低两种品位的铝土矿，特别是生产规模较大时，采用拜耳法和烧结法的联合流程，可以利用两种方法的优点，而消除其缺点，获得比单一方法更好的经济效果，同时使铝矿资源得到更充分的利用。联合法又分为并联、串联和混联三种基本流程，其主要适用于 $A/S > 4.5$ 的中低品位铝土矿。但其存在工艺流程复杂、能耗高、设备投资大的缺点。

5.1.3.1　串联法

串联法是先以较简单的拜耳法处理铝矿石，提取其中大部分氧化铝，然后用烧结法处理拜耳法赤泥，进一步提取其中的氧化铝和碱，所得的铝酸钠溶液并入拜耳法。对于中等品位的铝土矿（$A/S = 4 \sim 7$）或品位较低但易溶的三水铝石型铝土矿，采用串联法往往比烧结法有利。串联法工艺流程如图 5-4 所示。

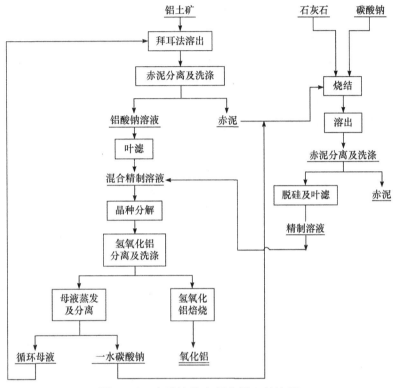

图 5-4　串联法生产氧化铝工艺流程

串联法的主要优点：

① 可以克服矿石中碳酸盐及有机物含量高带来的困难；

② 由于矿石经过拜耳法和烧结法两次处理，因而氧化铝总回收率高；

③ 矿石中大部分氧化铝由加工费和投资费都较低的拜耳法提取出来，故使熟料窑的投资及单位产品的加工费减少，产品成本降低。

串联法的主要缺点：

① 拜耳法赤泥炉料的烧结比较困难，而烧结过程能否顺利进行及熟料质量的好坏又是串联法的关键。此外，当矿石中 Fe_2O_3 含量低时，还存在烧结法系统供碱不足的问题。

② 较难维持拜耳法和烧结法的平衡和整个生产的均衡稳定。与并联法相比，串联法中拜耳法系统的生产在更大程度上受烧结法系统的影响和制约。而在拜耳法系统中，如果矿石品位和溶出条件等发生波动时，会使 Al_2O_3 溶出率和所产赤泥的成分与数量随之波动，又直接影响烧结法的生产。所以，两个系统互相影响，给生产调控带来一定的困难。

5.1.3.2 并联法

并联法包括拜耳法和烧结法两个平行的生产系统，以拜耳法处理低硅铝土矿，以烧结法处理高硅铝土矿或霞石等低品位铝矿。但也有的工厂烧结法系统采用低硅铝土矿，此时烧结法炉料中不配石灰石，即采用所谓两组分炉料（铝土矿与碳酸钠）。烧结法系统的溶液并入拜耳法系统，以补偿拜耳法系统的苛性碱损失。并联法工艺流程如图5-5所示。

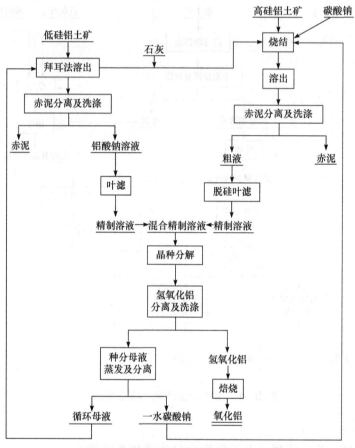

图 5-5 并联法生产氧化铝工艺流程

并联法的主要优点：

① 可以在处理优质铝土矿的同时，处理一些低品位铝土矿。

② 种分母液蒸发得到的一水碳酸钠直接送往烧结法系统配料，因而取消了拜耳法的碳酸钠苛化工序，从而也就免除了苛化所得稀碱液的蒸发过程。同时，一水碳酸钠吸附的大量有机物可在烧结过程中烧掉，避免有机物对拜耳法某些工序的不良影响。

③ 生产过程中的全部碱损失都用价格较低的碳酸钠补充，这比用苛性碱要经济，产品成本低。

并联法的主要缺点：

① 用铝酸钠溶液代替纯苛性碱补偿拜耳法系统的苛性碱损失，使得拜耳法各工序的循环量增加，从而对各工序的技术经济指标有影响。

② 工艺流程比较复杂。拜耳法系统的生产受烧结法系统的影响和制约，必须有

足够的循环母液储量，以免因不能供应拜耳法系统足够的铝酸钠溶液而使拜耳法系统减产。

5.1.3.3 混联法

当铝土矿中铁含量低，使串联法中的烧结法系统供碱不足时，补碱的方法之一就是在拜耳法赤泥中添加一部分低品位矿石进行烧结。添加矿石使熟料铝硅比提高，也使炉料熔点提高，烧成温度范围变宽，从而改善了烧结过程，这种将拜耳法和同时处理拜耳法赤泥与低品位铝土矿的烧结法结合在一起的方法，叫混联法。目前只有我国郑州铝厂采用混联法，混联法工艺流程如图 5-6 所示。

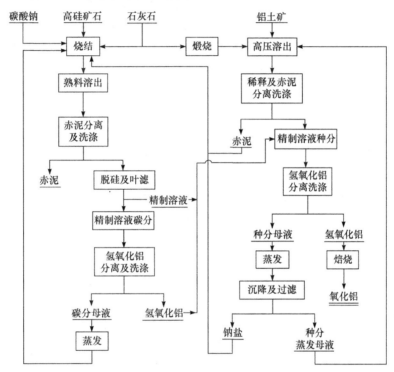

图 5-6 混联法生产氧化铝工艺流程

混联法的主要优缺点：混联法除了具有串联法和并联法的一些优点外，它还解决了用纯串联法处理低铁铝土矿时补碱不足的问题，提高了熟料铝硅比，既改善了烧结过程，又合理地利用了低品位矿石，由于增加了碳酸化分解过程，作为调节过剩苛性碱溶液的平衡措施，而有利于整个生产流程的协调配合。但是混联法存在流程长、设备繁多、投资大、能耗高的严重缺点。所以，有人提出"实现混联法向串联法转变可以说是我国氧化铝工业发展的一个方向"。因为串联法与混联法相比，流程简单，烧结法比例减少，能耗和碱耗低，是处理低品位矿石最经济的方法，而且对矿石条件的适应性较强。

5.1.4 氧化铝粉体的用途

多品种氧化铝是由工业生产的粗氧化铝或氧化铝经过特殊的生产工艺处理，包括在某一精确控制条件下进行的焙烧或烧结，经过水力分选等使大颗粒和小颗粒分离，研磨以及联合使用以上几种工艺过程，使其具有不同的特殊性质（化学成分、粒度、晶型、比表面积和烧结度等不同所致）的氧化铝，以适应其他工业的需求。多品种氧化铝用途十分广泛，已在电子、石油、化工、耐火材料、精密陶瓷、军工、医药和环保等许多高新科技领域得到广泛应用。当今世界，使用和生产多品种氧化铝的数量和种类的多少，已成为衡量一个国家科学技术及工业发展水平的标志之一。多品种氧化铝的品种多、用途广、产值高、利润大，因此，在扩大传统氧化铝生产规模、降低成本的基础上，世界各国都在致力于发展多品种氧化铝，进行产品结构调整，也成为世界氧化铝工业发展的一个趋势。目前多品种氧化铝达 300 多种，其主要有以下种类：

① 氢氧化铝。由湿 $Al(OH)_3$ 经干燥后，通过粉碎、筛分或风力分选而得到 1μm 以下的白色粉末，其硬度大、耐热耐磨、化学稳定性好、不挥发，在加热至 260℃ 以上时脱水吸热，具有良好的消烟阻燃性能，为酸碱两性化合物。主要用作塑料和聚合物的无烟阻燃填料，合成橡胶制品的催化剂和防燃填料，人造地毯的填料，造纸的增白剂和增光剂，生产硫酸铝、明矾、氟化铝、水合氯化铝、铝酸钠等化工产品，合成分子筛，生产牙膏的填充料，抗胃酸药片，玻璃的配料，合成莫来石的原料等。

② 低钠氧化铝。一般用工业 $Al(OH)_3$ 经热水充分洗涤，或添加氧化铝、硼酸、萤石等焙烧，使 Na_2O 洗出或挥发出去，或将拜耳法生产的 Al_2O_3 用无机酸（盐酸、硼酸）浸润，压制成块，在 1000℃ 下烧结后，再粉碎而制得 Na_2O 含量低于 0.2% 的 $\alpha-Al_2O_3$。其机械强度和抗震性好；绝缘强度高，在高频下能承受高电压；烧成收率小，用作高级电绝缘体、内燃机用的火花塞、耐热或耐磨性陶瓷器件的材料。

③ β-氧化铝。β-氧化铝是氧化铝的一种变体，是由 5%Na_2O 和 95%Al_2O_3 组成的化合物（$Na_2O \cdot 11Al_2O_3$），实际应称其为铝酸钠。最早是用 Al_2O_3 或 $Al(OH)_3$ 与 Na_2CO_3、$NaNO_3$ 或 $NaOH$，经磨细并按比例混合后，在 800～1400℃ 下焙烧制得。如在含醇溶液（如乙醇、甲醇或醇的水溶液）中混合固体氧化铝水合物和 0.1～1mol/L 的 $NaOH$ 得到碱性铝胶或 $Al(OH)_3$ 后，在 100～600℃ 下脱水、600～1000℃ 下焙烧，则较容易制得 β-Al_2O_3。由于其密度大、气孔率低（烧结度大于 97%）、机械强度高、耐热冲击性能好、离子电导率高、粒度分布均匀且细、晶界阻力小，主要用作钠硫蓄电池中的固体电解质薄膜陶瓷板，既作为离子导电体，又具有隔离钠阴极和多硫钠阳极的双重作用。Na/S 蓄电池是一种在高温（300～400℃）下输出电能的高浓度的蓄电池，其能量密度为铅蓄电池的 5 倍。实际上它是一种典型的碱金属能量转换装置，可以进行大电流放电，用于电瓶车。此外，β-Al_2O_3 还用来制造玻璃、耐火材料和陶瓷等。

④ 焙烧氧化铝。工业 $Al(OH)_3$ 经高温（1200～1700℃）焙烧 1h 制得粒度小于 200μm 的 $\alpha-Al_2O_3$。这种焙烧氧化铝的化学纯度高、硬度大（莫氏硬度为 9.0）、熔点高（约为 2050℃）、耐高温和耐腐蚀、化学稳定性高、导热性和抗急冷急热性能好、电阻高、吸水率低（不大于 2.5%），广泛用于耐火材料、精细陶瓷、磨料、电绝缘体和焊条涂料等的制备。

⑤ 片状氧化铝。它是一种经过充分洗涤的工业 $Al(OH)_3$ 在 1800℃ 以上焙烧，通过再结晶制得的大粒板状的 $\alpha-Al_2O_3$。片状氧化铝比焙烧氧化铝的晶粒大，可达几百微米。其主要特性是热容量大、热导率高、密度大（3.65～3.90g/cm³）、抗热震性和抗腐蚀性好、化学热稳定性好、纯度高，可作催化剂基体或载体、环氧树脂和聚酯树脂的填料、耐火

涂料、燃烧器嘴、密封炉内衬、电绝缘体和陶瓷制品等。

⑥ 熔融氧化铝。熔融氧化铝又称为电刚玉，通常用成分合格的工业氧化铝在电炉内焙烧而制得，其具有高硬度、较大韧性及耐高温的特性，被广泛用作研磨砂轮、抛光剂、擦光和磨光材料、砂纸和砂布表面的涂层磨料、建筑行业用的喷砂等。

⑦ 活性氧化铝。由拜耳法生产的 $Al(OH)_3$ 或磨碎的分解槽结垢，经过活化处理，或用氧化铝生产中的铝酸钠溶液，经过特殊工艺可以生产各种形状和粒度的活性氧化铝（γ-Al_2O_3，白色或微红色棒状物，相对密度为 3.5～3.9）。因为它是一种多孔性、高分散度的固体物料，具有比表面积（200～400 m^2/g）大、吸附性能好、表面酸性、热稳定性优良等特性，所以对于许多化学反应，特别是要求有一定硬度和极高纯度的反应，活性氧化铝都是很好的催化剂或催化剂载体。例如，用于香料、石油炼制和石油化工的烃类化合物裂化、合成、脱水、氧化、脱氢、加氢、重整、脱硫等部分催化反应。活性 Al_2O_3 还用作液体和气体的干燥剂、吸湿剂，用于制冷、储存器、空调系统、工业流程中微量污染物的选择吸附及热处理、控制炉中气体流量等。

⑧ 无定形铝胶。由氯化铝（$AlCl_3 \cdot 6H_2O$）或硫酸铝[$Al_2(SO_4)_3 \cdot 18H_2O$]溶解后的溶液与 NaOH 反应，在 15～20℃ 下搅拌混匀，经过滤得到铝胶，再经洗涤、低温下干燥即可制得无定形铝胶。但在工业生产上很难控制得到纯的无定形铝胶，而往往是 $Al_2O_3 \cdot nH_2O$ 和 $Al(OH)_3$ 共存的产品，即所谓的"轻质"铝胶。

无定形铝胶是一种白色透明的无定形氧化铝水合物胶体（$Al_2O_3 \cdot nH_2O$）。其具有很好的胶结性、成形性、耐高温性、热容量大、热导率小、抗腐蚀性和抗氧化性好、强度高、硬度大、表面光洁等特性。无定形铝胶可用作玻璃、石棉、陶瓷纤维和地毯纤维表面处理剂和黏合剂，使纤维有良好的防静电、防尘污染性能，并大大改善表面质量；制造高级陶瓷器具、电子陶瓷、耐火材料的黏结剂和涂料；医疗工业制作抗胃酸药物；作催化剂和黏结剂、耐高温纤维（炉衬材料）等。

⑨ 高纯超细氧化铝。国外已成功开发碳酸铝铵[$NH_4AlO(OH)HCO_3$]分解法、铵明矾[$NH_4Al(SO_4)_2 \cdot 12H_2O$]热分解法、有机铝化物（烷基铝或烷氧基铝）水解法、改进的拜耳法等方法生产高纯超细 Al_2O_3，其纯度达 99.9%～99.99%，粒度为 0.1～1μm。由于高纯 Al_2O_3 具有精细的结构、均匀的组织、特定的晶界结构或可控制的相变、高温的稳定性和良好的加工性能等特性，国外已大量用于电子工业、结构陶瓷、功能陶瓷、生物陶瓷和机械领域。例如，电子工业，用来制造绝缘体、开关、电容器、垫板、集成电路等；结构陶瓷，制作切削工具、轴密封材料和滚动轴承材料；功能陶瓷，制作热敏元件、生物传感器、温度传感器、红外传感器等材料；生物陶瓷（包括单晶和多晶 Al_2O_3），用作人造牙齿和人造骨骼。此外，用于制造人造宝石、透光性 Al_2O_3 烧结体、高密度切削工具用陶瓷；还用作催化剂载体、阻燃剂（防火涂料的填充料），制作高压钠灯发光管等。

⑩ 纳米氧化铝。纳米氧化铝是一种尺寸为 1～100nm 的超微氧化铝粉。自 20 世纪 80 年代中期格莱特（Gleler）等制得纳米氧化铝粉末以来，其在结构、光电和化学等方面的诱人特征引起科学家们的浓厚兴趣，使工业发达国家的一些科学工作者都以极大的热情投入到纳米氧化铝的制备和生产研究工作中，并取得了进展。人们对纳米氧化铝的特性和特殊用途的认识不断向深度扩展。我国对纳米氧化铝的研究是从 20 世纪 90 年代开始的，也取得了一定的进展。

5.1.5　超细氧化铝粉体制备技术进展

纳米氧化铝具有常规材料不具备的表面效应、量子尺寸效应、体积效应和宏观量子隧道效应等特性，具有良好的热学、光学、电学、磁学以及化学性能，被广泛应用于传统产业（轻工、化工、建材等）以及新材料、微电子、宇航工业等高科技领域，应用前景十分广阔。比如，纳米氧化铝比常规氧化铝的扩散速度高，可使烧结温度降低，而致密度可达 99.0%；加入纳米氧化铝粒子，可提高橡胶的介电性和耐磨性，使金属或合金晶粒细化，大大改善力学性质；纳米氧化铝弥散到透明的玻璃中，既不影响透明度又可提高耐高温冲击韧性；纳米氧化铝对 250nm 光有很强的吸收能力，可用来提高日光灯的使用寿命；纳米氧化铝因其表面积大，表面活性中心多，具有高活性和催化作用，能加快反应速度，提高化学反应的选择性；纳米氧化铝粉末具有超塑性，可解决陶瓷由于低温脆性使应用范围受限制的缺点；陶瓷基体中加入少量纳米氧化铝，可使其抗弯强度、断裂韧性等力学性质得到成倍提高；由纳米氧化铝粒子陶瓷组成的新材料是一种极薄的透明涂料，喷涂在玻璃、塑料、金属、漆器甚至磨光的大理石上，具有防污、防尘、耐磨、防火等功能，涂有这种陶瓷的塑料镜片既轻又耐磨还不易破碎；纳米氧化铝粉末具有超细、成分均匀、单一分散的特点，能满足微电子陶瓷元件的要求。

目前，纳米氧化铝的制备还处在试验研究阶段，也进行了一些探索性的工业化水平的生产，但大多数制备方法得到的纳米氧化铝粒径分布较宽，并且制备过程重复性差，还有很多基础性的工作需要完成。

国内外有关纳米氧化铝的制备方法较多，大致可分为以下几种类型。

（1）固相法。固相法流程简单，但是成本较高，粒度难以控制。固相法主要有：

① 硫酸铝铵热解法。使硫酸铝铵$[Al_2(NH_4)_2(SO_4)_4 \cdot 24H_2O]$在空气中进行热分解，即获得纳米氧化铝。

② 氯乙醇法。使铝酸钠溶液与氯乙醇溶液反应，得到薄水铝石沉淀，再进行热分解得纳米氧化铝。

③ 改良拜耳法。铝酸钠溶液中和、老化形成氢氧化铝，再进行脱钠热分解得到纳米氧化铝。

（2）液相法。液相法是目前实验室和工业上广泛采用的合成纳米粉体的方法，其具有诸多优点，如可以精确控制化学组成、容易添加微量有效成分，可制成多种成分的均一微粉，粉体的表面活性较好、容易控制颗粒的形状和粒径、工业生产成本较低等。液相法主要有：

① 液相沉淀法。通过化学反应使溶液中的有效成分产生沉淀，再经过滤、洗涤、冷冻或共沸及超临界干燥、喷雾热分解制备纳米氧化铝。

② 溶胶-凝胶法。先用有机溶液将醇盐溶解，再加入蒸馏水使醇盐水解生成溶胶，经胶凝化处理后得到凝胶，最后经干燥和焙烧，即得到纳米氧化铝。

③ 相转移分离法。利用阴离子表面活性剂将铝盐（如 $AlCl_3 \cdot 6H_2O$）与 NaOH 作用生成的氢氧化铝胶体转移到油相中，然后脱水，再将溶剂减压除去，溶质经煅烧得纳米氧化铝。

（3）气相法。气相法是直接利用气体或通过等离子体、激光蒸发、电子束加热、电弧加热等方式将氯化铝和铝等变成气体，并在气态下发生物理或化学反应，生成氧化铝晶核，最后在冷却过程中凝聚长大形成超细粉。气相法的反应条件容易控制，颗粒分散性好、粒径小、分布窄，但是产出率低、粉体的收集较难。气相法主要有：

① 化学气相沉积法。使 $AlCl_3$ 溶液在远离热力学计算的临界反应温度条件下，形成很高的过饱和蒸气压，与氧气反应形成 Al_2O_3，并使其自动凝聚形成大量的晶核；这些晶核在加热区不断长大，聚集成颗粒；随着气流进入低温区，颗粒长大、聚集、晶化停止，最终在收集室内收集到纳米氧化铝。

② 激光诱导气相沉积法。利用充满氖气、氩气和 HCl 的激光激发器提供能量，产生一定频率的激光，聚集到旋转的铝靶上，快速熔化铝靶并冷却，可制备粒度 5～12nm 的球形氧化铝粉。

③ 等离子气相合成法。利用等离子体产生的高温，使反应气体等离子化的同时，电极熔化或蒸发，其产物即为纳米氧化铝粉体，平均粒径一般为 20～40nm。

（4）微波加热低温燃烧合成法。此法是利用微波（频率 300MHz～300GHz）加热介质，改变化学键，改变化学反应的活化能，以加快化学反应速度或使一些新的化学反应得以发生，而获得独特性质的产物。微波加热是体加热，它能深入样品内部，而使整个样品几乎均匀地被加热。根据合成所用原料不同，微波加热低温燃烧合成法分为两类：一类是以有机物（如尿素）为燃料，金属硝酸盐（如硝酸铝）为氧化剂的氧化还原混合物；另一类是以金属羧酸肼盐为前驱体（氧化还原化合物），微波加热引发燃烧合成反应，以灰烬的形式获得纳米氧化铝。前者的点火温度为 150～500℃，后者为 120～300℃。微波加热低温燃烧合成法具有工艺简单、流程短、反应速度快、生产效率高、能耗低、产品纯度高等优点。几种常见三氧化二铝制备方法对比见表 5-3。

表 5-3　几种常见三氧化二铝制备方法对比

方法	种类	发展程度	优缺点
铝铵矾热解法	固相法	工业化生产	周期长、成本高、有残余硫
碳酸铝铵热解法	固相法	工业化生产	周期长、成本高
异丙醇盐水解法	液相法	工业化生产	周期长、成本高
高纯铝活化水解法	液相法	技术开发后期	周期短、无污染、成本低
改良拜耳法	液相法	技术开发后期	成本低、粒度粗、纯度低
溶胶-凝胶法	液相法	研发阶段	周期长、成本高
共沉淀法	液相法	研发阶段	周期长、成本高
水热法	液相法	国外部分公司采用	反应条件苛刻、成本高

5.2　氧化锆粉体的制备

5.2.1　氧化锆的性质

二氧化锆（ZrO_2；zirconium dioxide，zirconia），分子量为 123.22，理论密度是

$5.89g/cm^3$，熔点为2715℃。纯净的氧化锆呈白色，含有杂质时会显现灰色或淡黄色，添加显色剂还可显示各种其他颜色。通常含有少量的氧化铪（HfO_2），难以分离，但是对氧化锆的性能没有明显的影响。ZrO_2不溶于水，溶于硫酸及氢氟酸，微溶于盐酸和硝酸。能与碱共熔生成锆酸盐。具有良好的热化学稳定性、高温导电性及较好的高温强度和韧性。

ZrO_2有三种晶体形态：单斜（monoclinic）氧化锆（$m-ZrO_2$，密度$5.65g/cm^3$）、四方（tetragonal）氧化锆（$t-ZrO_2$，密度$6.10g/cm^3$）和立方（cubic）氧化锆（$c-ZrO_2$，密度$6.27g/cm^3$）。常温下氧化锆只以单斜相出现，加热到1170℃左右转变为四方相，加热到2370℃会转化为立方相。

$$单斜ZrO_2 \overset{1170℃}{\Longleftrightarrow} 四方ZrO_2 \overset{2370℃}{\Longleftrightarrow} 立方ZrO_2 \overset{2715℃}{\Longleftrightarrow} 液相$$

由于在单斜相向四方相转变的时候会有7%左右的体积变化，加热时由单斜相转变为四方相发生体积收缩；相反，冷却时由四方相转变为单斜相会产生体积膨胀。这种收缩和膨胀并不发生在同一温度，前者约1200℃，后者约1000℃，如图5-7和图5-8所示。这种转化迅速而可逆，属于马氏体相变，常导致材料的开裂。当温度高于2370℃时，ZrO_2形成稳定的立方晶型（CaF_2萤石结构），由于ZrO_2材料从单斜向四方相转变时存在着体积变化，所以未经稳定处理的ZrO_2粉料无法制成制品。为了获得稳定的ZrO_2材料，在ZrO_2中掺杂稳定剂，经过高温处理，形成稳定的立方晶格固溶体。在稳定化处理中，氧化物稳定剂中的阳离子，如Mg^{2+}、Ca^{2+}、Y^{3+}、Sc^{3+}、Ce^{4+}等，它们的离子半径与Zr^{4+}半径相差小于12%，可以和ZrO_2形成置换固溶体，用这些置换固溶体来阻止ZrO_2的晶型转变。

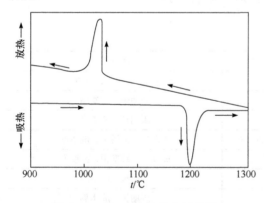

图5-7 ZrO_2的差热分析曲线

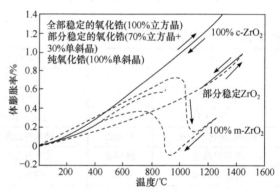

图5-8 各种ZrO_2的晶型转变和典型热膨胀曲线

由于掺杂稳定剂的量不同，ZrO_2可形成不同的稳定状态。从显微结构类型上分为部分稳定的ZrO_2（PSZ）、全稳定的ZrO_2（FSZ）和四方ZrO_2（TZP）。这三种稳定状态的ZrO_2材料除具备共同的特点，如导电性、抗氧化性、耐腐蚀性外，也具备各自的特性。PSZ材料强度高，脆性低，具有较高的断裂韧性，可作为金属熔体定氧、脱氧以及其他材料的增韧剂等；FSZ材料除具备导电特性外，还具备化学稳定性和抗氧化性，可用于气体定氧、燃料电池、电炉的发热元件以及高温耐火材料等。TZP是ZrO_2增韧陶瓷中室温力学性能最高的一种材料，它的硬度、耐磨性也较好，常被用在环境苛刻的负载条件下，如拉丝模具、轴承、密封件和发动机活塞顶等。

5.2.2　氢氧化钠烧结法制备氧化锆粉体

5.2.2.1　用氢氧化钠分解锆英石的基本理论

（1）主要工艺流程。用氢氧化钠分解锆英石制备 ZrO_2 的工艺流程见图 5-9。主要工序依次为：高温烧结，水浸、除钠、酸分解、冷却结晶、溶解、结晶和煅烧。

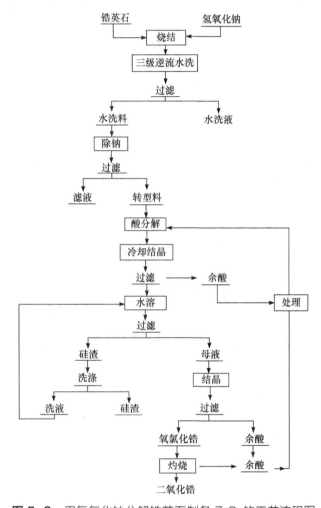

图 5-9　用氢氧化钠分解锆英石制备 ZrO_2 的工艺流程图

（2）锆英石与氢氧化钠相互作用的主要反应和副反应。NaOH 烧结法是现在工业上将锆英砂分解制备 ZrO_2 粉体的常用的方法，以 NaOH 为分解剂，750℃条件下，在烧结锅中与锆英砂反应，使锆英砂中的 ZrO_2 和 SiO_2 转化为易于后处理的 Na_2ZrO_3 和 Na_2SiO_3 或 Na_4SiO_4 烧结料，使锆硅得到分离。现在工业应用的主要工艺是"一酸一碱法"，反应过程中涉及的主要反应有：

$$ZrSiO_4 + 2NaOH \Longrightarrow Na_2ZrSiO_5 + H_2O \qquad (5\text{-}2)$$

$$ZrSiO_4 + 4NaOH \Longrightarrow Na_2ZrO_3 + Na_2SiO_3 + 2H_2O \qquad (5\text{-}3)$$

$$ZrSiO_4 + 6NaOH \Longrightarrow Na_2ZrO_3 + Na_4SiO_4 + 3H_2O \qquad (5\text{-}4)$$

反应过程和最终产物组成随反应条件变化而变化。从理论上分析，反应仅与 NaOH 的配量有关，如果控制好 NaOH 用量就可控制反应的过程。根据热力学条件，上述反应是一个多相的复杂反应过程，反应受多种因素影响。

在固相反应初始阶段，由于过量 NaOH 的作用，首先进行式（5-4）的反应，生成产物为 Na_4SiO_4，包裹着锆英石颗粒的表面层，反应的第一高峰过后，反应速度减慢。当温度升高时，反应条件改变，物料反应的接触面更新，导致产生下列副反应：

$$ZrSiO_4 + Na_4SiO_4 = Na_2ZrSiO_5 + Na_2SiO_3 \tag{5-5}$$

$$Na_2ZrSiO_5 + 2NaOH = Na_2ZrO_3 + Na_2SiO_3 + 2H_2O \tag{5-6}$$

高温下随着反应的深入，NaOH 大量消耗，锆英石相对过量，而缺少氢氧化钠，则可产生副反应：

$$ZrSiO_3 + Na_2ZrO_3 = Na_2ZrSiO_5 + ZrO_2 \tag{5-7}$$

$$ZrSiO_4 + 2Na_2ZrSiO_3 = Na_4Zr_2Si_3O_{12} + ZrO_2 \tag{5-8}$$

$$ZrSiO_4 + Na_4Zr_2Si_3O_{12} = 2Na_2ZrSi_2O_7 + ZrO_2 \tag{5-9}$$

$$2ZrSiO_4 + 3Na_2SiO_3 = Na_4Zr_2Si_3O_{12} + Na_2Si_2O_7 \tag{5-10}$$

由热力学分析，上述 4 个反应中的反应物和生成物都较稳定，反应相对较难进行，产物结构也较复杂，但不排除反应的存在。从工艺方面考虑，不希望有上述反应产生，否则不利于进一步除硅。

当 $Na_2O : ZrSiO_4 = 1 : 1$ 时，可发生如下反应：

$$Na_4SiO_4 + Na_2ZrSi_2O_7 = Na_2ZrSiO_5 + 2 Na_2SiO_3 \tag{5-11}$$

$$Na_2ZrO_3 + Na_2Si_2O_5 = Na_2ZrSiO_5 + Na_2SiO_3 \tag{5-12}$$

若在还原性气氛下（即含 CO、CO_2、C），则将产生下列反应：

$$2NaOH + CO_2 = Na_2CO_3 + H_2O \tag{5-13}$$

$$ZrSiO_4 + Na_2CO_3 = Na_2ZrSiO_5 + CO_2 \tag{5-14}$$

$$ZrSiO_4 + 2Na_2CO_3 = Na_2ZrO_3 + Na_2SiO_3 \tag{5-15}$$

$$ZrSiO_4 + 3Na_2CO_3 = Na_4SiO_4 + Na_2ZrO_3 + 3CO_2 \tag{5-16}$$

$$ZrSiO_4 + Na_2CO_3 = Na_2ZrO_3 + SiO_2 + CO_2 \tag{5-17}$$

$$ZrSiO_4 + Na_2CO_3 = Na_2SiO_3 + ZrO_2 + CO_2 \tag{5-18}$$

$$ZrSiO_4 + Na_2CO_3 = 1/3Na_4Zr_2Si_3O_{12} + 1/3Na_2ZrO_3 + CO_2 \tag{5-19}$$

$$ZrSiO_4 + Na_2CO_3 = 1/2Na_2ZrSi_2O_7 + 1/2Na_2ZrO_3 + CO_2 \tag{5-20}$$

$$ZrSiO_4 + 1.75Na_2CO_3 = 1/2Na_2ZrSiO_5 + 1/2Na_2ZrO_3 + 1/4Na_6Si_2O_7 + 1.75CO_2 \tag{5-21}$$

$$ZrSiO_4 + 2Na_2CO_3 = 1/2Na_2ZrSiO_5 + 1/2Na_2ZrO_3 + 1/2Na_4SiO_4 + 2CO_2 \tag{5-22}$$

$$ZrSiO_4 + 2.5Na_2CO_3 = Na_2ZrO_3 + 1/2Na_6Si_2O_7 + 2.5CO_2 \tag{5-23}$$

由以上分析，锆英石和氢氧化钠反应是一个复杂的过程，产物组成也很复杂，可用下列通式表示主要产物：$xNa_2O \cdot yZrO_2 \cdot zSiO_2$。

（3）锆英石分解过程的条件和影响分解的因素。从以上反应过程的热力学和动力学分析得知，用氢氧化钠分解锆英石的影响因素很复杂。主要影响因素有氢氧化钠的用量、精矿的组成和粒度、反应温度、反应时间、烧结气氛、氢氧化钠中碳酸钠含量、采用设备、物料接触方式、加热方式、氧化剂配比等。

根据对分解过程条件的控制、分解产物组成的研究分析和生产实践的数据统计，可确定生产的工艺条件。

① 氢氧化钠配比对锆英石分解率的影响。锆英石和氢氧化钠配比是反应的关键因素。NaOH 用量较低时，发生式（5-2）反应，产物是 Na_2ZrSiO_5。NaOH 用量适当，发生式（5-3）反应。当锆英石和氢氧化钠配比为 1：1.4（质量比）时，在 550℃时出现一个反应高峰，证实了在该温度下进行的反应主要是式（5-4），同时生成少量的斜方晶型 ZrO_2。因此，NaOH 配比不当，将产生副反应和复分解反应。

锆英石和氢氧化钠相互作用主要是反应式（5-2）～式（5-4）。依据反应式计算氢氧化钠理论消耗量，见表 5-4。

表 5-4　氢氧化钠理论消耗量

反应式	摩尔比	质量比
	$ZrSiO_4$：NaOH	$ZrSiO_4$：NaOH
（5-2）	1：2	1：0.4
（5-3）	1：4	1：0.87
（5-4）	1：6	1：1.31

由反应产物物料组成看出，Na_2ZrSiO_5 和 Na_2ZrO_3 不溶于水，而 Na_2SiO_3 和 Na_4SiO_4 易溶于水。通过水溶解可使硅除去，但 Na_2ZrSiO_5 仍保留在沉淀物中，此组分容易被酸分解，因而使硅混合在氧氯化锆溶液中。在固相接触反应中，由于 NaOH 过量，促进反应式（5-4）进行，形成的 Na_4SiO_4 成分与未反应的部分 $ZrSiO_4$ 发生式（5-5）反应，形成 Na_2ZrSiO_5 的组分，不利于工艺上除杂，理想的反应以选择式（5-3）的工艺配比为佳，即 $ZrSiO_4$：NaOH＝1：0.87（质量比）。从动力学观点看，固-固接触反应比固-液或液-液反应难，在固-固反应中，提高反应剂的浓度是保持动力学条件控制的重要因素。一般固-固反应的试剂用量都超过理论量的 50%，表 5-5 证实了这一个条件，即控制 $ZrSiO_4$：NaOH 在 0.87～1.3 之间（质量比）。

表 5-5　氢氧化钠用量对锆英石分解率的影响

$ZrSiO_4$：NaOH（质量比）	1：1	1：1.1	1：1.2	1：1.3	1：1.4
烧结料含可溶 ZrO_2 量/%	31.71	31.2	30.14	30.14	30.46
锆的分解率 η_{Zr}/%	89.9	93.4	95.6	98	98.3

注：试验条件为烧结温度 700℃，烧结时间 1.5h，锆英石中含 ZrO_2 63.59%。

结果表明，随着氢氧化钠用量增大，锆的分解率也随之增大，但氢氧化钠增加到一定量时，锆的分解率增加不多。经 X 射线衍射分析其产物组成，当配比在 1：1.3 下时，产物成分中没有发现 Na_2ZrSiO_5 存在，只有 Na_2ZrO_3 成分；而当配比为 1：1.4 时，发现

有少量的 Na_2ZrSiO_5 存在。

由此确定锆英石与氢氧化钠配比控制在 1∶1.3 较合适, 既不使之形成 Na_2ZrSiO_5, 又可使锆的分解率达 98% 以上, 而硅的转化率也可达 98% 以上。

② 烧结温度对分解率的影响。任何物质相互作用时, 首先是温度促进反应进行。温度不仅影响热力学条件, 也是动力学的关键。一般化学反应都遵循阿伦乌斯方程式, 其中反应速度常数为:

$$K = Ae^{-\frac{E}{RT}} \tag{5-24}$$

式中 A——反应特性常数;

E——反应活化能。

升高温度可以提高反应活化分子的能量, 增加活化分子碰撞的次数, 进而提高反应的速度。表 5-6 是烧结温度对锆硅分解率影响的试验结果。

表 5-6   烧结温度对锆硅分解率的影响

烧结温度/℃	500	550	600	650	700	750	800
锆的分解率/%	63.1	75.0	86.2	84.4	93.6	99.7	100.0
硅的转化率/%	72.0	83.5	92.5	88.2	99.8	99.8	100.0

注: 试验条件为 $ZrSiO_4$∶NaOH = 1∶1.3 (质量比), 保温时间 1.5h。

结果表明: 锆英石分解在 550~600℃ 之间出现第一个反应高峰, 这与反应机理相符合。在此温度下, 反应具有显著的热高峰的特征, 因为反应开始, 在锆英石颗粒周围的 NaOH 浓度最高。

反应首先在两相接触界面处进行, 由于 NaOH 过量, 主要生成物为 Na_2ZrO_3 和 Na_4SiO_4, 同时在锆英石颗粒的界面上发生反应形成 Na_2ZrSiO_5:

$$ZrSiO_4 + Na_4SiO_4 == Na_2ZrSiO_5 + Na_2SiO_3 \tag{5-25}$$

随着反应进行, 两相接触的固体表面上被一层生成物的薄膜所阻滞, 影响了扩散速度, 阻碍了反应继续进行, 对锆英石继续分解不利, 反应速度减慢或停止。当温度继续升高时, 扩散速度加快, 反应按式 (5-3) 继续进行, 温度升至 750℃ 时, 反应进行得相当稳定和完全, 分解率可达 99%, 继续升高温度时, 由于 Na_2ZrSiO_5 熔点低, 将导致熔合和发生复分解反应, 会使反应速度下降, 对锆硅转化不利。因此控制烧结温度在 750℃ 为佳, 避免反应的生成物成为熔融状态, 保持分散状态。

③ 保温时间对分解率的影响。保持一定时间的恒温, 使多相反应进行完全是必要的。图 5-10 是保温时间对锆分解率的影响。

试验条件: $ZrSiO_4$∶NaOH = 1∶1.3 (质量比), 烧结温度 750℃。延长烧结时间, 虽然能提高锆的回

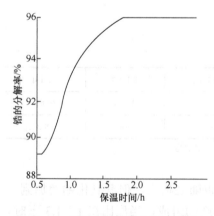

图 5-10   保温时间对锆分解率的影响

收率，但也容易发生副反应，生成锆硅酸钠（Na_2ZrSiO_5）。有研究认为进行快速烧结，可避免副反应产生，并可降低 NaOH 的消耗量。

④ 加热方式对分解反应的影响。烧结气氛不同，将影响反应的过程和产物组成，与能源、设备类型和加热方式的选择有关。表 5-7 为不同气氛下进行烧结试验的结果。

表 5-7　烧结气氛对分解过程锆硅转化率的影响

加热方式（气氛）	间接加热	煤气直接加热	混合气体（CO_2 + CO）加热
锆的分解率/%	98.2	91.5	84.8
硅的转化率/%	96.5	95.2	95.2
锆英石中酸解渣的比例/%	4.4	20	79.4

注：试验条件为 $ZrSiO_4$: NaOH = 1 : 1.3（质量比），烧结温度 750℃，保温时间 1.5h。

从表 5-7 中数据看出，在还原气氛下烧结，发生类似于碳酸钠的烧结反应，不仅分解率低，且渣量多，表明烧结料的主要组成是 Na_2ZrSiO_5。

⑤ 精矿粒度对分解过程的影响。从固-固反应的原理得知，两相接触面越大，反应的效果越好。颗粒越细，比表面积越大，则两相接触的机会越多，越有利于反应。但 NaOH 在高温下是熔融状态，具有很大的黏度。由于锆英石加入，以锆英石的颗粒为中心，突然冷却，被熔融的 NaOH 包围，形成结晶的固体，进行固-固反应。如果精矿颗粒过细，粉末之间的孔隙率很低，具有大粒度的熔融 NaOH 不可能渗透到锆英石的内部颗粒的表面，两相接触不好，很难进行反应。选用粒度为 0.0487mm（320 目）、0.087mm（180 目）、0.124mm（120 目）、0.187mm（80 目）、0.251mm（60 目）的精矿与 NaOH 在高温下进行混合，发现 0.0487mm（320 目）和 0.087mm（180 目）的精矿与 NaOH 混合不均匀，分解率很低，而 0.187mm（80 目）、0.251mm（60 目）的精矿分解率很高，0.124mm（120 目）的精矿分解率居中，但必须延长烧结时间。

5.2.2.2　氢氧化钠分解锆英石的工艺操作

按锆英石：氢氧化钠=1：1.3（质量比），将计算好的固体氢氧化钠（或液体氢氧化钠），置于烧结锅中，加热至 300～400℃，使存在于氢氧化钠中的水（结合水或游离水）蒸馏除净，可观察到氢氧化钠液面清澈。继续升高温度达 700℃以上，在短时间内加入 80 目的锆英石（每批约为 300～400kg），待熔融的物料固化后，在（750±10）℃下，保温 0.5h 即完成操作过程，物料冷却后，形成烧结料。

（1）烧结过程的环保及处理要点。锆英石碱烧结是在高温下进行，先要把含水的固碱熔化、蒸发除水（液碱还需蒸馏、浓缩），然后在熔融状态下加入锆英石，混料和烧结是放热反应，过程造成的挥发碱雾污染严重，影响操作环境。所以，必须设置碱雾处理系统，以消除碱雾对环境的污染。

碱雾处理系统是由一个铁制的填料淋洗塔（图 5-11）、一个水池、一个水泵和一个排风机组成，通过管道连接碱烧锅的顶部，处理效果很好。淋洗塔的高度和直径视碱烧锅的处理量设计，淋洗液可循环利用，达一定浓度之后，与水洗液一起处理。

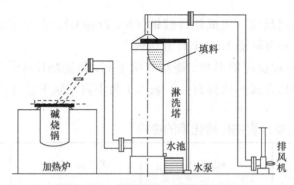

图 5-11 碱烧炉的碱雾处理系统

（2）碱分解产物的处理。锆英石经氢氧化钠熔融转化为锆酸钠和硅酸钠，仅转变它的组分，而不能使主体物质和杂质分离。锆英石中主要杂质是硅，经碱分解后，硅主要是以 Na_2SiO_3 和 Na_4SiO_4 形态存在。两者都易溶于水，而 Na_2ZrO_3 不溶于水，少量 Na_2ZrSiO_5 也不溶于水，因此可以通过水浸使锆与杂质硅分离。

① 烧结料水洗过程物质的转化行为和分离。水溶解是一个物理过程。烧结料的主要组分有 5 类，其中能溶于水的有 Na_2SiO_3，Na_4SiO_4，Na_3PO_4 和过量的 NaOH。部分 $NaAlO_2$ 也能溶于水。其他组分都难溶于水。但一些物质经水浸后会产生转化和水解作用，这种转化或水解是随着溶液中碱度变化而发生的：

$$2NaFeO_2 + H_2O \rightleftharpoons Fe_2O_3 + 2NaOH（化合物性质决定）\tag{5-26}$$

$$Na_2ZrO_3 + 2H_2O \rightleftharpoons ZrO(OH)_2\downarrow + 2NaOH（水解倾向大）\tag{5-27}$$

$$Na_2SiO_3 + 2H_2O \rightleftharpoons H_2SiO_3\downarrow + 2NaOH（水解倾向小）\tag{5-28}$$

产生水解是由于溶液中碱度下降，亚铁酸钠水解是由其在水溶液中的不稳定性决定的，水解之后形成的颗粒很细，带有胶状粒子的 $ZrO(OH)_2$ 是一种悬浮物，难于沉淀，也难过滤。H_2SiO_3 也是胶状聚合体，会给工艺操作带来很大困难，也不利于锆和硅的分离。为了防止水解，在水洗过程中应保持溶液有一定碱度。

② 烧结料水洗过程的工艺研究。水洗目的是使已转化为可溶性的硅酸钠最大限度地溶解于水中而使锆硅分离，同时除去部分可溶性杂质和过量的氢氧化钠。

a. 水浸过程水洗液碱度对除硅的影响。烧结料经一次水洗后的洗出液碱度达 4.5g/L，除硅率达 90%以上。第二次水洗后的洗出液的碱度为 0.4g/L，除硅率为 2%。第三次水洗，洗出液的碱度为 0.1g/L，除硅率只有 1%。由于碱度降低，第三次洗涤观察到溶液中出现白色浑浊，有细微粒胶状物产生，导致过滤困难。随着洗涤次数增加、碱度下降，这种现象越来越严重，对除硅不利。在溶液中控制 1%～3%的碱度是合适的。

b. 水浸过程固液比对除硅的影响。要最大限度除去物料中的可溶性硅，必须保持最佳的洗涤条件，而影响水浸效果的关键因素是溶剂的量，即水的量，用固液比（烧结料与水的质量比）表征其技术条件。表 5-8 是一组试验结果。试验选择了在不同的温度下洗涤，如常压热水（80℃）和热压水（$2.04\times10^{-5}\sim4.08\times10^{-5}Pa$）浸出，结果表明，用固：液=1：5 经过三次洗涤就可使烧结料中的可溶性硅除去 99%以上。常压热水洗涤效果最佳，冷水和热压洗涤都不理想。因为在冷水中，硅酸钠的溶解度低，而热压不利于硅酸钠的溶解。

从表 5-8 中数据看出，常压热水浸出的效果比热压洗涤好。随着固液比增大，除硅效果随之增大，但溶液中硅的含量和碱度相应降低。当固液比大于 1∶5 时，第一次水洗除硅率可达 90% 以上（指可溶性硅的含量）。

表 5-8　不同固液比和浸出条件对除硅率的影响

浸出条件	常压热水（80℃）浸出 20min				热压（$2.04 \times 10^{-5} \sim 4.08 \times 10^{-5}$ Pa）浸出		
烧结料∶水（质量比）	1∶2	1∶3	1∶4	1∶5	1∶3	1∶4	1∶5
洗出液中含 Si/（g/L）	23.0	17.0	14.4	11.8	11.5	8.4	5.6
除 Si 效率/%	66.6	75.3	87.8	90.8	48.0	56.1	45.1
洗出液碱度/（g/L）	4.4	3.3	2.4	2.2	2.0	2.3	1.6

c. 洗涤次数对除硅的影响。洗涤次数决定了除硅的最终效果，一般要求将水洗料中的可溶性硅完全除去，以免硅对酸化液的影响和最终产生大量硅渣。硅酸钠易溶于水，但浓度很高，通过一次水洗之后，洗出液中硅的含量高达 14～15g/L，碱度达 4.5～4.8g/L，烧结料中 90% 以上的硅转入溶液中。而保留在烧结料中的残余硅若转移到下一工序，将产生大量难以处理的废渣。所以，必须进一步除去残留在烧结料中的硅，继续用水洗涤可达到目的，经三次洗涤之后，可除去烧结料中 98% 以上的硅，水洗料中含硅量可降至 1% 以下。但水洗过程中不能把 Na_2ZrSiO_5 组分洗去。

在试验的工艺操作中，还发现水洗液的碱度降至 0.1～0.2g/L 时，由于碱度的下降，锆酸钠发生水解，过滤困难，部分胶状细粒从滤布渗透出来，造成锆的损失。因此，保持水洗液的碱度是必要的。

d. 逆流水洗的工艺研究。从顺流水洗得知，经三次洗涤基本上可除去烧结料中的硅。但是产生的废水量很大，处理 1t 烧结料将耗用 15t 水，并产出将近 10t 废水，第一次废水含碱量较高，且含有一定量放射性物质，所以不能直接排放，但又无利用价值，要处理这些废水是困难的。

以上述试验条件为基础，选择了三段三级逆流水洗工艺操作。结果表明，采用逆流工艺水洗是可行的，除硅率达 98% 以上，水洗料中硅含量降至 1% 以下。最终洗出液含 12%～13% NaOH，可以作为副产品利用。逆流水洗操作流程见图 5-12。

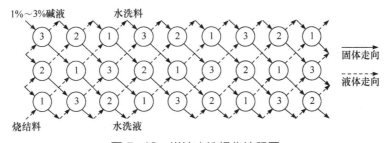

图 5-12　逆流水洗操作流程图

③ 水洗料组成成分及含量。

a. 水洗料的组成形态。水洗料的组成物为 Na_2ZrO_3，Na_2HfO_3，Na_2ZrSiO_5，Na_2SiO_3，Na_2TiO_3，Na_2UO_4，$Th(OH)_4$，ThO_2，Fe_2O_3 等。各组分都含有一定的结合水、结晶水或

游离水。

b. 水洗料中主要成分的质量分数。水洗料中主要成分及其质量分数为：ZrO_2 40%～45%；SiO_2 <1%；TiO_2 0.39%～0.45%；U 0.05%～0.09%；Th 0.014%～0.03%。

④ 水洗过程的操作条件。水洗过程的操作条件如下：

a. 烧结料：水=1：5；三段三级逆流水洗；

b. 洗涤温度：80℃；

c. 洗涤时间：15min；

d. 洗涤液最终碱度：12%～13%。

⑤ 工业生产水洗工艺的设备和操作条件。

a. 水洗设备：3000～5000 L 直接蒸汽加热的铁质反应锅，ϕ1200～1500mm，带有机械搅拌；

b. 过滤设备：板框压滤机，80～120m²；

c. 洗涤：采用逆流循环水，加热打入板框压滤机内直接洗涤。

操作的工艺流程见图 5-12。

⑥ 主要技术经济指标。主要技术经济指标为：

a. 除硅率大于 98%，水洗料中含可溶性 SiO_2 小于 1%；

b. 回收率大于 98%；

c. 最终洗出液体积为 3.5L/kg，碱度为 3.6～3.8g/L，含硅量为 19～20g/L，放射性比活度 α = 3.7～37Bq/kg；

d. 产出率：1kg 锆英石产出 1.40 kg 水洗料，若按烧结料计，1kg 烧结料产出 0.7kg 水洗料。

⑦ 水洗过程的环保及处理要点。水洗过程除硅的产出液是生产的主要废水，含硅酸钠和过量的氢氧化钠溶液，其洗涤液最终含碱度为 12%～13% NaOH（3.6～3.8g/L），含硅量 19～20g/L，不能直接排放。

处理的办法：废水澄清后的溶液可供造纸厂作为浸出纸浆用；溶液浓缩后，可作为水玻璃的原料。

（3）水洗料的处理。水洗料主要成分是 Na_2ZrO_3，还有少量的 Na_2ZrSiO_5，杂质元素有钠、硅、钛、铁、铝、稀土、铀和钍等。为获得纯的 ZrO_2 必须在后续工艺中除去这些杂质。锆化合物中含有铪，由于锆和铪的性质相似，不影响 ZrO_2 在陶瓷中的应用。水洗料一般可以用硫酸或盐酸分解转化，然后控制好过程的条件，分步除去这些杂质。本书着重阐述用盐酸分解水洗料，制备氧氯化锆和二氧化锆。

① 主要反应。Na_2ZrO_3 和 Na_2ZrSiO_5 在盐酸作用下都会发生分解反应，随着酸的用量和浓度不同，将产出不同形态组分的产物，基本反应为：

$$Na_2ZrO_3 + 2HCl = ZrO(OH)_2 + 2NaCl \qquad (5-29)$$

锆酸钠的盐酸分解和转型包括酸分解、水解和沉淀的多相反应过程：

$$酸分解：Na_2ZrO_3 + 4HCl = ZrOCl_2 + 2NaCl + 2H_2O \qquad (5-30)$$

$$水解：ZrOCl_2 + 2H_2O = ZrO(OH)_2\downarrow + 2HCl \qquad (5-31)$$

$$沉淀：ZrOCl_2 + 2NaOH = ZrO(OH)_2\downarrow + 2NaCl \qquad (5-32)$$

Na_2ZrSiO_5 转化要在更高的酸量和酸浓度下进行：

$$Na_2ZrSiO_5 + 4HCl == ZrOCl_2 + 2NaCl + H_2SiO_3 + H_2O \qquad (5\text{-}33)$$

形成的 $ZrO(OH)_2$ 在过量的 HCl 中进一步反应：

$$ZrO(OH)_2 + 2HCl == ZrOCl_2 + 2H_2O \qquad (5\text{-}34)$$

上述各反应取决于溶液的酸度、沉淀剂、pH 值和锆离子浓度，这些条件变化，将产出不同物理性能的 $ZrO(OH)_2$ 和 $ZrOCl_2$。

当 pH 值为 2 时，$ZrO(OH)_2$ 开始沉淀析出，随着 pH 值提高，$ZrO(OH)_2$ 沉淀量增大。当 pH 值为 3.75 时，就能完全沉淀析出，溶液中残留的锆离子小于 $5\sim10$ mol/L。当 pH 值为 6 时，溶液中没有锆离子，表明沉淀完全。

从上述反应中看出，随着条件变化，最终产物的形态不同，其中 $ZrO(OH)_2$ 为沉淀物，$ZrOCl_2$ 和 NaCl 是溶解物。如最终产品为 $ZrO(OH)_2$ 和 NaCl 时，则可达到锆和钠的分离，但 Na_2ZrSiO_5 不会被 HCl 分解。

② 盐酸用量的计算。如按反应式（5-29）进行，其中 $m(ZrO_2):m(HCl)=1:2$，一般水洗料中含 ZrO_2 为 $43\%\sim45\%$，按 1kg 水洗料计，则所需盐酸为：

$$\frac{43\%\times1000}{123}\times2 = 6.99(\text{mol})$$

③ 工艺操作条件和影响因素。依据以上反应原理，在操作过程中应严格控制盐酸加入量，使之分步达到锆和钠的分离，但局部过酸将造成锆的损失。

在操作过程中，要严格控制沉淀的 pH 值。为保证反应进行完全，必须有足够的反应时间和相应的反应温度。一般操作是在 80℃下反应 1h。

④ 主体设备。主体设备包括：

a. $2000\sim3000$L 带有搅拌机的反应锅。

b. $80\sim120m^2$ 板框压滤机。

c. $600\sim800$mL 高位槽。

⑤ 主要技术指标。主要技术指标有：

a. 1t 水洗料产出 $1.32\sim1.36$kg 转型料，其中水洗料 ZrO_2 含量为 $43\%\sim45\%$，转型料 ZrO_2 含量为 $30\%\sim35\%$；

b. 1t 水洗料耗水 $2m^3$；

c. 1kg 水洗料消耗 0.35L 盐酸；

d. 转型效率 99%以上；

e. 废水主要含 NaCl，pH 值为 7，符合排放标准。

（4）盐酸分解和结晶。

① 盐酸分解的基本原理。转型料主要组成是 $ZrO(OH)_2$，同时还有少量未分解的 Na_2ZrSiO_5，在高浓度盐酸下将发生反应：

$$Na_2ZrSiO_5 + 4HCl == H_2SiO_3 + ZrOCl_2 + 2NaCl + H_2O \qquad (5\text{-}35)$$

$$ZrO(OH)_2 + 2HCl == ZrOCl_2 + 2H_2O \qquad (5\text{-}36)$$

从热力学分析得知，上述两个反应容易进行且反应完全，反应过程取决于反应物料的性质、用量、温度和反应时间，同时还与转型料的粒度和湿度有关。

②锆化合物在盐酸介质中存在的形态和结晶

酸分解反应形成的是溶解于溶液的 $ZrOCl_2$，但受溶液中酸浓度、锆离子浓度、温度等因素影响，会发生性能变化。在单一锆基氯化物水溶液中，锆以锆酰盐络合物形式存在。低酸和低锆浓度时，锆是以四聚化合物形式 $[Zr_4(OH)_4(H_2O)_{16}]^{8+}$ 存在，在每一个四聚化合物中 4 个锆原子被排列在正方形中，每个锆原子与 4 个桥基 OH^- 离子和 4 个水分子连接。这种溶液是不可逆聚合，特别是当受热时，四聚化合物聚合必然产生含水原料，表明含有四聚化合物成分是通过氢氧基或氧桥连接的，而四聚化合物通过脱质子化作用从配位水中释放出 H^+ 离子。

$$[Zr(OH)_2 \cdot 4H_2O]_4^{8+} \Longrightarrow [Zr(OH)_{2+x} \cdot (5-x)H_2O]_4^{(8-4x)+} + 4xH^+ \qquad (5-37)$$

加热 $ZrOCl_2$ 溶液引起平衡从左向右移动，H^+ 离子浓度和 $[Zr(OH)_{2+x} \cdot (5-x)H_2O]_4^{(8-4x)+}$ 升高。通过水解聚合 $[Zr(OH)_{2+x} \cdot (5-x)H_2O]_4^{(8-4x)+}$ 形成聚合物，它是由脱质子化作用产生的。当聚合物的浓度达到临界过饱和时，水合 ZrO_2 的晶核形成，并由晶核形成水合的原始颗粒。此外，水合 ZrO_2 的二次颗粒是在原始颗粒之间剧烈地聚合形成的。

在水解过程中，水合 ZrO_2 的原始颗粒尺寸随 H^+ 离子浓度增加而减小。原始颗粒长大的机理如下：通过 $[Zr(OH)_{2+x} \cdot (5-x)H_2O]_4^{(8-4x)+}$ 水解聚合产生水合 ZrO_2 的晶核，在从水溶液中吸附到晶核的羟基簇表面的 H^+ 离子和吸引到晶核表面的 Cl^- 离子之间形成双电层。正如吸附的 H^+ 是随盐酸浓度升高而升高，吸引到晶核表面的 Cl^- 离子也阻碍晶核和 $[Zr(OH)_{2+x} \cdot (5-x)H_2O]_4^{(8-4x)+}$ 之间的水合聚合，所以原始颗粒的晶体长大是受吸引 Cl^- 离子的数量影响的。因此可推断，由于 Cl^- 离子吸引到晶核表面是受 H^+ 离子浓度控制，通过双电层，水合 ZrO_2 的原始颗粒最初受在水解期间产生的 H^+ 离子浓度的控制。

如果把酸性溶液转化为中性或弱碱性溶液，这时锆将以 $[Zr_4O_{8-x}(OH)_{2x} \cdot yH_2O]_n$ 聚合物沉淀析出。所以，锆的结晶状态参数和结构依赖于溶液酸度、锆的浓度和温度。结晶物的组成与温度的关系见图 5-13。中酸浓度下是以 $ZrOCl_2 \cdot 8H_2O$ 结晶析出，高酸浓度和高 Zr^{4+} 离子溶液则是以 $ZrOCl_2 \cdot 3H_2O$ 和 $ZrOCl_2 \cdot 2HCl \cdot 10H_2O$ 形式结晶析出。高温蒸发后可直接结晶析出后两种结晶物。

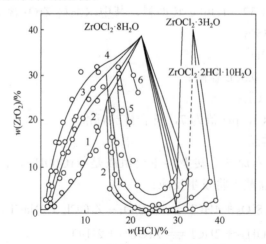

图 5-13 ZrO_2-HCl-H_2O 系中结晶物的组成与温度的关系
1—0℃；2—30℃；3—50℃；5—75℃；5—80℃；6—90℃

表 5-9 给出了 $ZrOCl_2 \cdot 8H_2O$ 在盐酸溶液中的溶解度，$ZrOCl_2 \cdot 8H_2O$ 的溶解度随盐酸浓度的增大或温度降低而显著减小。在浓盐酸中，70℃时的溶解度为 20℃ 的 5 倍。$ZrOCl_2$ 随温度变化的溶解度见表 5-10。

表 5-9　20℃时盐酸溶液中 $ZrOCl_2 \cdot 8H_2O$ 的溶解度

$\rho(HCl)/$（kg/m^3）	7.2	53.6	135.6	211.9	231.8	318.0	369.8	399	432
$\rho(ZrOCl_2 \cdot 8H_2O)/$（$kg/m^3$）	567.5	423.9	164.9	31.5	20.52	10.8	17.83	40.75	66.17

表 5-10　$ZrOCl_2 \cdot 8H_2O$ 在 HCl 溶液中不同温度下的溶解度

温度/℃	0	10	20	30	40	50	60	68
溶解度/（g/kg）	27.2	31.5	45.1	64.2	96.7	141.9	204.5	238.5

氧氯化锆在高酸浓度和冷态下，添加稀释晶种可迅速结晶析出含 $ZrOCl_2 \cdot 8H_2O$ 的针状结晶物。当氧氯化锆溶液蒸发时，发生水解反应，产生白色非针状的结晶物——碱式氧氯化锆：

$$ZrOCl_2 + H_2O \Longrightarrow ZrO(OH)Cl + HCl \qquad (5\text{-}38)$$

在 $ZrOCl_2$-HCl 溶液中，沸腾状态下加热 5～17h，形成水合 ZrO_2 的相结构与 HCl 浓度的关系见表 5-11。

表 5-11　$ZrOCl_2$-HCl 溶液中水解产物与 HCl 浓度的关系

$ZrOCl_2$ 浓度/（mol/L）	HCl 浓度/（mol/L）	水解产物（$ZrO_2 \cdot xH_2O$）
0.01	0.02	单斜和四方水氧化锆
0.01	0.2	单斜水合氧化锆
0.1～0.3	0.2～0.6	单斜水合氧化锆
0.8～1.4	1～3	含氯 5%（质量分数）化合物
0.3	1.2～1.6	含氯 5%（质量分数）化合物

注：水合氧化锆颗粒在 400℃ 空气中加热脱水时，颗粒形态、大小和晶体结构不发生变化；而含氯化合物在 400℃ 空气中加热时分解为单斜晶体结构的 ZrO_2。

利用 $ZrOCl_2$ 的结晶-溶解性能变化重复进行，可使锆与其他杂质分离，在生产中具有重要意义。

③ 锆化合物中硅的行为和转化。硅是锆中主要杂质，是从原料中带入的，当水洗料用酸分解时产生如下反应：

$$Na_2SiO_3 + 2HCl \Longrightarrow H_2SiO_3 + 2NaCl \qquad (5\text{-}39)$$

$$Na_4SiO_4 + 4HCl \Longrightarrow H_4SiO_4 + 4NaCl \qquad (5\text{-}40)$$

$$Na_2ZrSiO_5 + 4HCl \Longrightarrow H_2SiO_3 + ZrOCl_2 + 2NaCl + H_2O \qquad (5\text{-}41)$$

反应生成偏硅酸（H_2SiO_3）和正硅酸（H_4SiO_4）。除此之外，还会生成二偏硅酸（H_2SiO_5）、三正硅酸[$H_8Si_3O_{10}$（$3SiO_2 \cdot 4H_2O$）]等。

硅酸是一种弱酸，它的溶解度很小。研究表明，硅酸沉淀之初，是一种胶状的悬浮液（或称假溶胶），聚沉后成为胶体，经 X 衍射分析，确定硅酸胶体中 Si 和 O 原子是以四面体方式结合，但结构比 SiO_2 疏松，沉淀的直径大小为 $200\mu m$ 左右。硅酸溶胶与一般溶胶比较在性质上有些特殊，即加入电解质并不立即聚沉。但随着条件变化，溶胶可以转变为凝胶体，体积将发生膨胀。这是由硅酸聚沉时，产生纤维状团粒中结合水被排出所致，因此凝胶化时发生反应使之体积变大。

$$[HO \cdot SiO_2]H + [HO \cdot SiO_2] \Longrightarrow [HO \cdot SiO_2 \cdot SiO_2]H + H_2O \qquad (5-42)$$

上述反应是经过长时间作用产生凝胶聚合的结果，取决于溶液中酸度。提高溶液中盐酸浓度，可促进凝聚反应进行，最初形成单分子的可溶性正硅酸和偏硅酸，随着时间推移和温度的下降，由单分子向多分子聚合，形成各种硅酸（$mSiO_2 \cdot nH_2O$，$m>n$）：

$$H_4SiO_4 + H_4SiO_4 \Longrightarrow H_6Si_2O_7 + H_2O \qquad (5-43)$$

$$H_6Si_2O_7 + H_4SiO_4 \Longrightarrow H_8Si_3O_{10} + H_2O \qquad (5-44)$$

当聚沉到一定程度时，胶状硅酸就从溶液中析出。生成的 $H_8Si_3O_{10}$。会继续凝聚，由原来的胶状细微颗粒聚合形成大颗粒杂多硅酸沉淀物，不水解也不溶解。

胶状的硅酸在溶液中带负电荷，如果在溶液中加入带相反电荷的电解质，将促进凝聚作用，这种电解质称为凝聚剂，工业上采用的凝聚剂有明胶、聚乙二醇、聚丙烯酰胺等。

5.2.3　氧氯化锆煅烧制备二氧化锆

5.2.3.1　反应原理

在高温下 $ZrOCl_2 \cdot 8H_2O$ 的分解反应：

$$ZrOCl_2 \cdot 8H_2O \Longrightarrow ZrO_2 + 2HCl + 7H_2O \qquad (5-45)$$

当温度大于 900℃时，可完全脱去 H_2O 和 HCl 混合气体，通过冷凝回收盐酸。

5.2.3.2　$ZrOCl_2 \cdot 8H_2O$ 脱水机理

用减重法研究在不同温度下失重率，推断氧氯化锆的脱水机理：

$$ZrOCl_2 \cdot 8H_2O \xrightarrow[\leqslant 60℃]{-3H_2O} ZrOCl_2 \cdot 5H_2O \xrightarrow[\leqslant 102℃]{-H_2O} ZrOCl_2 \cdot 4H_2O \xrightarrow[\leqslant 118℃]{-H_2O}$$

$$ZrOCl_2 \cdot 3H_2O \xrightarrow[212℃]{-HCl} ZrO_2 \cdot 2H_2O(非晶) \xrightarrow[350\sim600℃]{-2H_2O} ZrO_2(四方)$$

$$\xrightarrow[800\sim900℃]{} ZrO_2(单斜)$$

在不同的温度下，首先脱去吸附水和结晶水。随着温度的升高，脱去 HCl 和结合水，转变为非晶的水合 ZrO_2。进一步提高温度，除去结合水，转变为四方相 ZrO_2，但不稳定。在 800～900℃温度下，转变为稳定的单斜 ZrO_2。$ZrOCl_2$ 在脱水时与结晶物中含 Cl^- 含量有关，只有最终除去 Cl^-，才能变成晶质的 ZrO_2。$ZrOCl_2$ 盐酸溶液中水解产物与盐酸浓度和相结构的关系见表 5-12。$ZrOCl_2 \cdot 8H_2O$ 脱水曲线如图 5-14 所示。

表 5-12 ZrOCl₂ 和盐酸浓度与水解产物相结构关系

$c(ZrOCl_2)$/（mol/L）	$c(HCl)$/（mol/L）	水解产物相结构
0.01	0.02	m + t 水合 ZrO_2
0.01	0.2	m 水合 ZrO_2
0.1~0.3	0.2~0.6	m 水合 ZrO_2
0.8~1.4	1~3	5%Cl 化合物
0.3	1.2~1.6	5%Cl 化合物

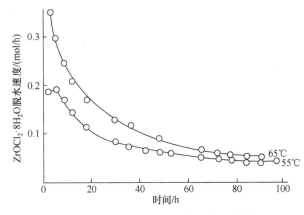

图 5-14 $ZrOCl_2 \cdot 8H_2O$ 脱水曲线

5.2.3.3 煅烧设备的选型

煅烧一般采用推板窑（长度 16~20m），间接加热。加热源有电、天然气、液化气、煤气、燃油、煤等。

5.2.3.4 煅烧过程的工艺条件和操作

把 $ZrOCl_2 \cdot 8H_2O$ 盛于石英坩埚中，连续推入窑炉中，在 700~950℃下煅烧 10~12h。煅烧过程所产生的 HCl 气体，由窑炉中央的两个排气口通过负压系统富集回收盐酸。产品 ZrO_2 经检验合格后分级处理，然后包装出厂。

HCl 气体处理的负压系统包括耐酸陶瓷泵、喷射泵、冷却器、水池、收集缸等，如图 5-15 所示。回收的盐酸浓度为 21%~23%，可以返回酸分解工序用作分解转型料或作为副产品。

5.2.3.5 煅烧过程的主要技术经济指标

主要技术经济指标如下：

煅烧温度：950℃；

煅烧时间：8~12 h；

日炉产量：1~1.2 t；

回收：21%~23% HCl，1.5~1.6 t（按 1t ZrO_2 计）；

回收率：大于 99%。

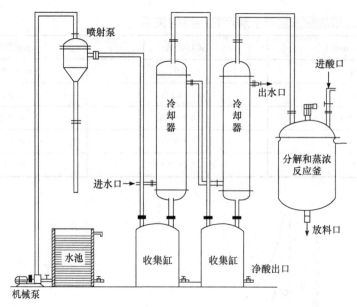

图 5-15 HCl 气体处理系统

5.2.4 碳酸钙或氧化钙烧结法制备氧化锆

5.2.4.1 工艺流程

用碳酸钙或石灰烧结法分解锆英石的工艺流程如图 5-16。它主要分成烧结、冷浸、盐酸转化、溶解、结晶、溶解、沉淀、煅烧等工序。

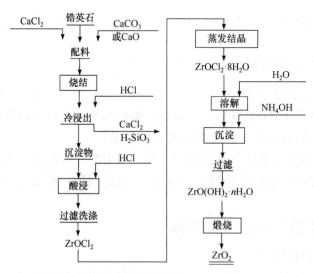

图 5-16 碳酸钙或氧化钙烧结法分解锆英石制备二氧化锆工艺流程

5.2.4.2 碳酸钙烧结主要反应

$CaCO_3$ 烧结法在分解锆英砂时，$CaCO_3$ 作为分解剂，$1300\sim1500℃$ 条件下，当 $ZrSiO_4:CaCO_3=（1:3.3）\sim（1:3.6）$（摩尔比）时，反应产物为锆酸钙和正硅酸钙：

$$ZrSiO_4 + 3CaCO_3 = CaZrO_3 + Ca_2SiO_4 + 3CO_2 \tag{5-46}$$

当 $ZrSiO_4 : CaCO_3 < 1 : 3$ 时，会生成 ZrO_2、$CaSiO_3$ 和 $Ca_3ZrSi_2O_9$；

$$2ZrSiO_4 + 4CaCO_3 = CaZrO_3 + Ca_3Si_2O_9 + 4CO_2 \tag{5-47}$$

$$ZrSiO_4 + CaCO_3 = ZrO_2 + CaSiO_3 + CO_2 \tag{5-48}$$

由于条件的变化，在烧结过程还会出现一系列的副反应：

$$ZrSiO_4 + 2CaCO_3 = CaZrO_3 + CaSiO_3 + 2CO_2\uparrow \tag{5-49}$$

$$ZrSiO_4 + 2Ca_2SiO_4 = Ca_3Si_2O_9 + CaSiO_3 \tag{5-50}$$

$$ZrSiO_4 + CaZrO_3 = CaSiO_3 + 2ZrO_2 \tag{5-51}$$

$$ZrSiO_4 + Ca_3Si_2O_9 = 3CaSiO_3 + 2ZrO_2 \tag{5-52}$$

$$CaZrO_3 + CaSiO_3 = Ca_2SiO_4 + ZrO_2 \tag{5-53}$$

$$Ca_2SiO_4 + CaSiO_3 = Ca_3Si_2O_7 \tag{5-54}$$

$$ZrO_2 + Ca_3Si_2O_7 = Ca_3Si_2O_9 \tag{5-55}$$

$$CaZrO_3 + Ca_3Si_2O_9 = 2Ca_2SiO_4 + 2ZrO_2 \tag{5-56}$$

$$ZrSiO_4 + 2CaCl_2 = ZrCl_4 + Ca_2SiO_4 \tag{5-57}$$

$$ZrCl_4 + 3CaCO_3 = CaZrO_3 + 2CaCl_2 + 3CO_2\uparrow \tag{5-58}$$

5.2.4.3　氧化钙烧结的主要反应

CaO 烧结法分解锆英砂，使用 CaO 作为分解剂，和 $CaCO_3$ 烧结法相比，反应温度较低，工艺流程相似，烧结产物相似，可能发生的反应有：

$$ZrSiO_4 + CaO = ZrO_2 + CaSiO_3 \tag{5-59}$$

$$ZrSiO_4 + 2CaO = CaZrO_3 + CaSiO_3 \tag{5-60}$$

$$ZrSiO_4 + 3CaO = CaZrO_3 + Ca_2SiO_4 \tag{5-61}$$

$$ZrSiO_4 + 4CaO = CaZrO_3 + Ca_3ZrSi_3O_9 \tag{5-62}$$

$$ZrSiO_4 + 2CaO = ZrCl_4 + Ca_2SiO_4 \tag{5-63}$$

$$ZrCl_4 + 3CaO = CaZrO_3 + 2CaCl_2 \tag{5-64}$$

5.2.4.4　工艺操作

在工业中，分解试剂用石灰石，用量依据生成 Ca_2SiO_4 和 $CaZrO_3$ 反应计算的理论量过量 20%～25%。若用氧化钙作分解试剂，用量大约为生成 $CaZrO_3$ 和 Ca_2SiO_4 的产物反应计算的理论量过量 5%～8%。经磨细的锆英石和分解试剂混合拌料之后，在 1100～1200℃下回转窑中烧结 4～5h。烧结料的组分比氢氧化钠烧结法的产物要复杂。烧结是在固相中进行，反应的速度是受扩散因素控制的，在混合料中，加入适当的矿化剂，可以使烧结的温度下降。加入适当的氯化钙，可使炉料的 $ZrSiO_4$ 产生缺陷，起着催化作用，也可以降低烧结的温度。

$$2CaCl_2 + ZrSiO_4 = ZrCl_4 + Ca_2SiO_4 \tag{5-65}$$

$$ZrCl_4 + 3CaO = CaZrO_3 + 2CaCl_2 \tag{5-66}$$

烧结中主要是控制碳酸钙和石灰石的配比，其次是烧结的温度。精矿和分解试剂的粒度对烧结过程的反应有着重要影响，影响固相颗粒的接触面和反应的过程。

产物的主要组分是 Ca_2SiO_4 和 $CaZrO_3$，在冷的稀盐酸中，Ca_2SiO_4 能被盐酸分解生成可溶性的 $CaCl_2$ 和胶状的 $SiO_2 \cdot 2H_2O$。

$$Ca_2SiO_4(s) + 4HCl == 2CaCl_2(l) + SiO_2 \cdot 2H_2O \tag{5-67}$$

$$CaSiO_3(s) + 2HCl == CaCl_2(l) + SiO_2 \cdot H_2O \tag{5-68}$$

$$CaO(s) + CaCl_2(s) + 2HCl == 2CaCl_2(l) + H_2O \tag{5-69}$$

而 $CaZrO_3$ 不被稀盐酸分解，可通过过滤除去 $CaCl_2$ 和胶状的 $SiO_2 \cdot 2H_2O$。过滤后的沉淀物的主要组成成分是 $CaZrO_3$。用 25%～30%的盐酸在 80℃的温度下分解产生如下反应：

$$CaZrO_3 + 4HCl == ZrOCl_2 + CaCl_2 + 2H_2O \tag{5-70}$$

未分解的 Ca_2SiO_4 和 $CaSiO_3$ 进一步被盐酸分解：

$$Ca_2SiO_4 + 4HCl == 2CaCl_2 + SiO_2 \cdot 2H_2O \tag{5-71}$$

$$CaSiO_3 + 2HCl == CaCl_2 + SiO_2 \cdot H_2O \tag{5-72}$$

反应生成水溶性的 $ZrOCl_2$、$CaCl_2$ 和胶状的 $SiO_2 \cdot 2H_2O$。胶状的 $SiO_2 \cdot 2H_2O$ 在高酸浓度下，会产生聚合作用。随着时间的推移，由溶胶体逐渐聚合成硅凝胶体。为了加速凝聚的作用，一般在溶液里面添加动物胶、聚丙烯酰胺等作凝聚剂。澄清之后，过滤，使沉淀和溶液分离。沉淀的组分是硅胶体。而溶液的组分是 $ZrOCl_2$ 和 $CaCl_2$。溶液通过浓缩结晶使 $ZrOCl_2 \cdot 8H_2O$ 析出，与可溶性的 $CaCl_2$ 分离。$ZrOCl_2 \cdot 8H_2O$ 在 800～900℃下煅烧即可获得 ZrO_2。

$$ZrOCl_2 \cdot 8H_2O == ZrO_2 + 2HCl + 7H_2O \tag{5-73}$$

若要进一步提纯，溶液用 NH_4OH 沉淀，使锆转化为氢氧化锆酰沉淀物和 NH_4Cl 溶液：

$$ZrOCl_2 + 2NH_4OH + nH_2O == ZrO(OH)_2 \cdot nH_2O + 2NH_4Cl$$

过滤分离，将 $ZrO(OH)_2 \cdot nH_2O$ 煅烧成 ZrO_2。

$$ZrO(OH)_2 \cdot nH_2O == ZrO_2 + (n+1)H_2O \tag{5-74}$$

工艺过程若用 CaO 替代 $CaCO_3$ 作分解试剂，烧结的温度较碳酸钙烧结的温度低，但时间较长，分解率较低。此后工艺是一样的。

5.2.4.5 主要工艺条件

锆英石碳酸钙或氧化钙分解工艺条件见表 5-13。

表 5-13 锆英石碳酸钙或氧化钙分解工艺条件

工艺步骤	条件	分解率/%
烧结	$ZrSiO_4$: CaO =（1 : 3.3）～（1 : 3.6）（摩尔比）；$CaCl_2$: $ZrSiO_4$ = 1 : 20；1100～1200℃；4～5h	97～98
	$ZrSiO_4$: CaO =（1 : 3.9）～（1 : 4.5）（摩尔比）；$CaCl_2$: CaO = 1 : 5；1000～1100℃；8～10h	90～94
冷浸出	盐酸 5%～10%	
酸浸	盐酸 25%～30%；70～80℃	
	盐酸 20%～30%；80～90℃	

碳酸钙或氧化钙烧结法工艺采用的分解试剂便宜，烧结气氛较好，不造成环境污染。流程似乎简单，但辅助工序复杂。产品中含钙量较高。若要获得纯度比较高的 ZrO_2 必须经过多次提纯，总回收率也比较低。

5.2.5 氟硅酸钾烧结法制备工业级二氧化锆

5.2.5.1 工艺流程

氟硅酸钾烧结法可以用来制取工业级 ZrO_2，也可用于制取核级 ZrO_2，本节简要介绍工业级 ZrO_2 的制备方法。工艺流程见图 5-17。

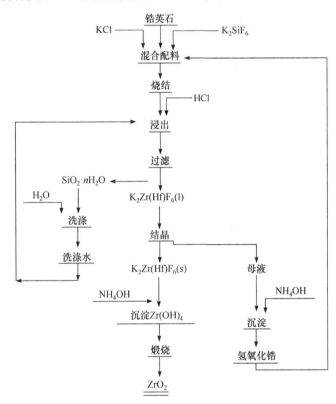

图 5-17 氟硅酸钾烧结法制备二氧化锆流程图

5.2.5.2 主要反应

$$ZrSiO_4 + K_2SiF_6 == K_2ZrF_6 + 3SiO_2 \qquad (5\text{-}75)$$

$$ZrSiO_4 + K_2SiF_6 + KCl == K_3ZrF_6Cl + 2SiO_2 \qquad (5\text{-}76)$$

$$ZrO(OH)_2 \cdot nH_2O + K_2SiF_6 == K_2ZrF_6 + SiO_2 + (n+1)H_2O \qquad (5\text{-}77)$$

$$K_2ZrF_6 + 4NH_4OH + (n-1)H_2O == ZrO(OH)_2 \cdot nH_2O + 2KF + 4NH_4F \qquad (5\text{-}78)$$

5.2.5.3 主要工艺条件和操作

锆英石氟硅酸钾烧结工艺条件见表 5-14。

表 5-14   氟硅酸钾烧结分解工艺条件

工艺步骤	条件	说明
烧结	ZrSiO₄：K₂SiF₆ = 1：1.5（摩尔比）；ZrSiO₄：KCl =（1：0.1）～（1：0.4）；650～700℃ ZrSiO₄：K₂SiF₆：KCl = 1：1.25：1（摩尔比）；700℃；4h	锆英石粒度 0.074mm，回转窑烧结分解率为 97%～98%
浸出	盐酸 1%；85℃；固液比 1：7 盐酸 1%；85℃；1.5～2h；固液比 1：7	烧结物粒度 0.15mm

按 K₂SiF₆ 用量为理论量的 115%，KCl 为锆英石量的 10%～40%，将锆英石磨细至 0.074mm，与 K₂SiF₆ 和 KCl 混合，送入回转窑中，在 650～700℃ 温度下烧结 4～5h。烧结块粉碎到大小为 0.15mm。于固液比为 1：7 的 1% 的盐酸溶液中，在 85℃ 温度下浸出，时间为 1.5～2h。

澄清后 80℃ 的热溶液送往结晶槽冷却结晶，可使溶液中含锆量的 75%～90% 结晶析出，溶液中锆的含量取决于最初浓度。结晶的废液用 NH₄OH 沉淀析出 ZrO(OH)₂ 返回烧结工序。获得的 K₂SiF₆ 结晶的组分见表 5-15。

表 5-15   氟硅酸钾结晶成分组成

组成	Zr + Hf	K	F	Fe	Ti	Si	Cl
含量/%	31.9～32	27.2～27.6	39.9～40.05	0.044～0.045	0.041～0.042	0.06～0.07	0.006～0.008

由于氟硅酸钾比氟硅酸钠更不易升华，不会生成 SiF₄，工艺中不选择氟硅酸钠而选择氟硅酸钾。

5.2.6   纳米氧化锆粉体的制备

纳米氧化锆粉体制备的方法有沉淀法、电化学气相沉积法、水解法、醇盐水解法、水热法、共沸蒸馏法等。

5.2.6.1   沉淀法

液相沉淀法是在水溶液中仅存在一种金属阳离子时，制备纳米 ZrO₂ 粉体的均相化学反应形成沉淀物的方法。工艺流程如图 5-18 所示。

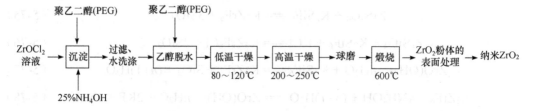

图 5-18   液相沉淀法制备纳米 ZrO₂

气相沉淀法流程主要包括下列过程：沉淀、水洗、乙醇脱水、干燥、球磨、煅烧、粉体的表面处理等。

（1）沉淀。结晶的 $ZrOCl_2 \cdot 8H_2O$ 溶解在水中，其浓度控制在 $0.3\sim0.5ml/L$，再将 $25\%\sim28\% NH_3 \cdot H_2O$ 在不断搅拌下，缓慢加入溶液中，在 pH 值为 $9\sim9.5$ 时，缓慢而均匀地沉淀析出 $Zr(OH)_4$（水合 ZrO_2）。

如果需要制造稳定氧化锆，可以根据需要制造的氧化锆品种确定 YCl_3 的数量（不同 YCl_3 加入量可制造出 3Y、5Y、8Y 等不同稳定性的氧化锆）。

氯化钇选用分析纯试剂，YCl_3 溶解于温水中，将 $ZrOCl_2 \cdot 8H_2O$ 和 YCl_3 的混合溶液置于反应器中，用搅拌机匀速搅拌，直至两种液体充分融合，再用雾化器将 $NH_3 \cdot H_2O$ 雾化并喷入反应器中，使 $ZrOCl_2 \cdot 8H_2O$ 和 YCl_3 混合液在反应器中迅速反应，形成沉淀 $Zr(OH)_4$ 和 $Y(OH)_3$。通过搅拌机匀速搅拌，使 $Zr(OH)_4$ 和 $Y(OH)_3$ 混合均匀。

液相中生成固相微粒要经过成核、生长、凝结和团聚等过程。为了在液相中析出大小均匀的固相颗粒，必须把成核和长大两个过程分开，以便使形成的晶核同步长大，在生长过程不再有新核形成。但在成核和生长过程中还有聚结过程发生。在液相中生成固相微粒后，布朗运动使微粒互相接近，若微粒具有足够的动能克服阻碍，微粒发生碰撞克服形成团聚体的势垒，则微粒聚在一起成为团聚体。在液相中团聚是一个可逆过程，团聚和离散是处在一个动态平衡状态，环境条件可改变其平衡状态。

为使沉淀处于平衡反应状态，避免浓度的不均匀性，控制颗粒的生长速度，使沉淀在整个溶液中均匀出现，控制溶液中的沉淀剂浓度和加入速度非常重要。在氢氧化锆沉淀期间，由于粒子之间的范德华力大于其双电层斥力，当它们接近到一定程度时，就发生初次聚集。聚集粒子通过氧桥和羟基配位体，进一步连成三维网状聚集体，即二次聚集过程。当晶粒聚集形成胶粒的初始聚集过程成为控制过程时，粉体中的团聚体形成于沉淀反应过程；当胶粒聚集形成三维网状聚集体的二次聚集过程成为控制过程时，粉体中的团聚体于干燥和煅烧过程中形成。

为减少或消除团聚，可在沉淀产生之前，向溶液中加入分散剂（表面活性剂），使沉淀粒子分散。分散剂是非离子型高分子聚合物，有羟基等亲水基，其大分子在水中呈舒展状态，可在反应的沉淀粒子表面形成一层有机高分子膜，阻止了粒子间的缔合和聚集，从而消除和减少了粉体的硬团聚。高分子聚合物吸附在氧化锆粒子表面，形成保护层，在空间上阻止粒子间的聚集和成键，同时静电斥力增大，明显提高了粒子间的排斥力。粒子之间的静电斥力的大小对颗粒间的排斥力的大小起决定性的作用。因此，在反应初期形成沉淀粒子后，有机添加剂的空间位阻作用明显降低了颗粒的形成速率，使反应过程较均匀进行，因此有效地防止或减少了粉体中的团聚体的形成，最终得到近球形、粒度大小均匀和分散性较好的纳米氧化锆球体。

表面活性剂多选用与颗粒表面异种电荷、与欲去除杂质粒子同种电荷的表面活性剂。当粉体颗粒吸附了离子型表面活性剂后，带同种电荷而互相排斥。高分子表面活性剂一端紧密地吸附于颗粒表面，另一端尽可能地伸向溶液中，形成空间位阻，减少团聚。常用的分散剂有聚乙烯醇（PVA）、聚丙烯醇铵、聚乙二醇（PEG）、DGA-40 铵型、聚丙烯酸（PAA）、聚丙烯酸铵（PAANH₄）、乙醇、丙醇、异丙醇、异戊醇、聚甲基丙烯酸铵等。

本方法的优点：一是由于沉淀剂离子缓慢而均匀地产生，从而可避免沉淀剂局部过浓，并防止杂质共沉淀；二是由于沉淀剂在整个溶液中均匀分布，所得沉淀物的颗粒比较均匀、致密，便于洗涤、过滤。缺点是过程需加热，沉淀速度较慢。

（2）过滤、洗涤。沉淀物中含有大量的 NH_4Cl，必须用水洗去。在工艺中沉淀物过滤用水洗涤至无氯离子（用 $AgNO_3$ 检验），再用乙醇洗涤三次，使吸附于沉淀物表面的水基本除去。研究发现，用水洗涤凝胶容易产生硬团聚，对后处理产生不利的影响。一般经水洗后，再用乙醇洗涤，用乙醇处理的凝胶产生软团聚或无团聚，可防止 ZrO_2 颗粒在煅烧过程中凝聚。洗涤的介质对团聚结构有很大影响。水洗会产生以下不利因素：①水的表面张力是乙醇的三倍，水的毛细管力是乙醇的三倍，导致水洗的凝胶中形成硬团聚；②氢氧化物在水中的溶解度大于在乙醇中的溶解度，随着悬浮液的干燥，溶质可能黏着粒子，形成硬团聚；③水洗时，相邻沉淀通过水中氢键的搭接很容易形成"液"桥，在干燥和煅烧的过程中造成严重团聚。

醇洗的作用是用有机基团取代 $ZrO(OH)_2$ 胶粒表面的非架桥羟基，减少干燥和煅烧中粉体的团聚。在较高的温度下陈化时，乙醇和胶粒的布朗运动加快，有利于取代过程充分进行。

在漂洗脱水过程中加入有机大分子的表面活性剂，通过大分子的位阻效应可以减少团聚现象，改善粉体的性能。

（3）干燥

沉淀物虽经乙醇洗涤除去大部分水，但并不能完全除去附着在颗粒表面的吸附水，更不能除去产物的结合水。水的表面张力很大，在凝胶的干燥过程，粉体中的毛细孔内存在着气-液接口，毛细管的表面张力作用而使粒子之间产生较强的结合力，颗粒与颗粒之间相互拉近形成"液桥"，便产生硬团聚。用乙醇洗涤后，在颗粒的中间和表面存在和吸附有高分子的有机物（羟基和烃类化合物），它们在不同的温度下蒸发，但必须控制好蒸发的速度，以利于有机相和水共沸除去。这样，可防止由于过快蒸发而产生硬团聚。为提高干燥蒸发的效果，在沉淀物干燥之前，加入一定量的二甲苯或丁醇共沸蒸发对除去水蒸气和有机物是有效的。

干燥的目的是使附着在颗粒表面的吸附水、有机物和化学结合水，在不同的温度下逐步变成气相，从颗粒中间通过自扩散穿过毛细孔蒸发到表面溢出，从而除去游离水和部分结合水，减少存在于粒子之间的表面张力较高的水分子，减弱粒子之间的结合力。但在干燥的粉末中仍保持有一定的 H^+、Cl^-、H_2O 和挥发物（主要是未洗干净的高温挥发物中的 NH_4Cl）。为使挥发物分段去除，获得分散性好和多孔的粉末，在工艺上要进行分段干燥。

在 80～120℃下低温干燥 8～12h，然后在比较高的温度（150～200℃）下干燥 15～20h。添加 PEG 分散剂，从 $ZrOCl_2$ 溶液中用 NH_4OH 沉淀水合氧化锆的方法，研究干燥过程对粉末团聚的影响，结果分别见图 5-19～图 5-22。

比较说明，水合 ZrO_2 未经干燥而直接煅烧的粉末，粒子分布是多峰曲线（图 5-19，粉体颗粒粗大，分散性差；SEM 图显示出严重团聚（图 5-20）。而经干燥之后，粉体的粒度分布是单峰曲线（图 5-21），粒子分布狭窄，细小；SEM 图显示出分散和多孔性，虽有聚合，但是属于软团聚（图 5-22）。机械力的作用，将容易得到纳米级的 ZrO_2 粉体。

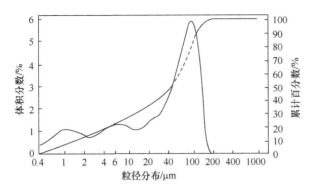

图 5-19　700℃直接煅烧的水合 ZrO_2 的粒度分布曲线

图 5-20　700℃直接煅烧的水合 ZrO_2 粉体的 SEM 图像

（4）干燥粉体的球磨

在沉淀和干燥过程中，形成非晶的 ZrO_2 聚合体，团聚过程是颗粒表面能减小的自发过程。单颗粒越细，表面能越大，团聚越易发生。单颗粒之间由短程表面力如静电引力、范德华力或毛细管力作用而形成的团聚称为软团聚。在沉淀或水洗涤过程由于相邻颗粒之间通过水中氢键的搭接形成"液桥"，在干燥过程由于水蒸气和有机物从毛细管内排除，形成"固体桥"，由固体桥的化学键连接形成二次颗粒称为硬团聚。虽按最佳条件操作，以避免产生硬团聚，但是软团聚是不可避免的。硬团聚内的单颗粒之间以牢固的化学键连接，因而难以分散、难以粉碎。而软团聚易被外力破碎，因而粉末易于重新分散。干燥的粉末经球磨，可使软团聚的二次颗粒重新分散。

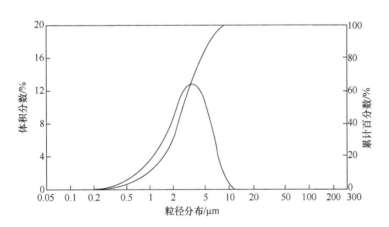

图 5-21　水合 ZrO_2 干燥后的粉体粒度分布曲线

图 5-22　低温干燥粉体的 SEM 图像

（5）非晶干燥粉体的煅烧

凝胶体在干燥期间除去吸附水和部分有机物。但在低温下不能分解水合 ZrO_2 以除去留在凝胶体颗粒中的有机物和高温的无机挥发物。非晶干燥的水合 ZrO_2 粉末在 600～800℃的温度下煅烧 2h，分解反应为：

$$ZrO(OH)_2 \cdot xH_2O = (1+x)H_2O + ZrO_2 \tag{5-79}$$

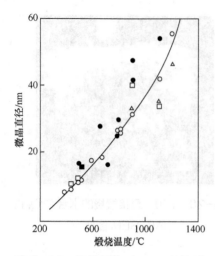

图 5-23 煅烧温度对 ZrO_2 平均微
晶尺寸的影响

在煅烧阶段发生 ZrO_2 粉团聚是由于高温煅烧使
已形成的团聚体发生局部烧结而进一步牢固。煅烧
温度是颗粒团聚和长大的关键条件，煅烧温度对
ZrO_2 平均微晶尺寸的影响见图 5-23。表明 ZrO_2 的晶
粒尺寸是随煅烧温度的升高而急剧增大的。

5.2.6.2　水解法

水解法是通过水解反应，沉淀氢氧化锆或水合
氧化锆凝胶体，然后经过滤、洗涤、干燥、煅烧而获
得纳米 ZrO_2 粉体的方法。水解法有无机盐水解法和
醇盐水解法。

（1）工艺流程

$ZrOCl_2$ 溶液水解法制备纳米 ZrO_2 粉体的工艺流
程（方法 1）见图 5-24。图 5-25 为水解聚合法制备
ZrO_2 纳米粉体的工艺流程（方法 2）。

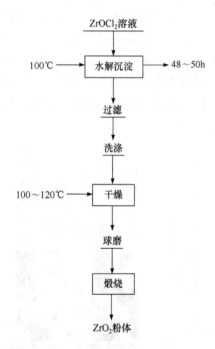

图 5-24 $ZrOCl_2$ 溶液水解法制备纳米
ZrO_2 粉体的工艺流程（方法 1）

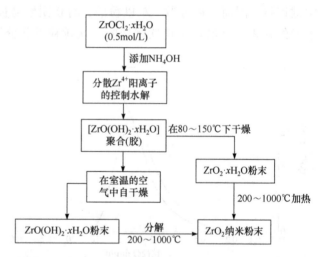

图 5-25 水解聚合法制备 ZrO_2 纳米粉体的工艺流程
（方法 2）

（2）水解反应

$$ZrOCl_2 + (n+1)H_2O \longrightarrow ZrO_2 \cdot nH_2O + 2H^+ + 2Cl^- \qquad (5-80)$$

$$ZrOCl_2 + 2H_2O \longrightarrow ZrO(OH)_2 + 2HCl \qquad (5-81)$$

$$nZrO(OH)_2 \xrightarrow{xH_2O} [ZrO(OH)_2]_n \cdot xH_2O \qquad (5-82)$$

$$nZrOCl_2 + (n+3)H_2O \longrightarrow Zr(OH)_4 \cdot nH_2O + 2HCl \qquad (5-83)$$

（3）水解沉淀

以 $ZrOCl_2 \cdot 8H_2O$ 为原料，用水溶解制备浓度为 0.1mol/L 的 $ZrOCl_2$ 溶液，在约 100～120℃温度、高酸浓度下水解 48～50h 可获得水合氧化锆凝胶体。

有人认为水解过程分为水解和缩聚两个反应步骤。$ZrOCl_2$ 在水溶液中的分散微粒是自然离子，与水起反应产生水解：

$$ZrOCl_2 + 2H_2O \longrightarrow ZrO(OH)_2 + 2HCl \qquad (5-84)$$

添加 NH_4OH 之后与 HCl 起反应：

$$NH_4OH + HCl \Longrightarrow NH_4Cl + H_2O \qquad (5-85)$$

在添加 NH_4OH 时，促进在 $ZrOCl_2$ 中 Zr^{4+} 阳离子自发水解形成 $ZrO(OH)_2 \cdot xH_2O$。在一定的离子浓度下，在反应期间锆离子的浓度不会增加，因而初生的 $ZrO(OH)_2$ 分子与 H_2O 分子出现重组，被称为"聚合或缩聚"，形成非晶的凝胶体：

$$nZrO(OH)_2 \xrightarrow{xH_2O} [ZrO(OH)_2]_n \cdot xH_2O$$

（4）水解 $ZrOCl_2$ 溶液制备水合氧化锆颗粒形成机理

水解反应按下式进行：

$$ZrOCl_2 + (n+1)H_2O \longrightarrow ZrO_2 \cdot nH_2O + 2H^+ + 2Cl^-$$

由 0.1mol/L 的 $ZrOCl_2$ 水溶液水解制备的 H^+ 和 Cl^- 的浓度是 0.2mol/L，在 100℃下蒸煮水溶液 75～165h，合成水合 ZrO_2 溶胶。研究了 H^+ 和 Cl^- 的浓度对水合 ZrO_2 原始颗粒的成核和晶体长大的影响，结果表明水解制备的水合氧化锆的原始颗粒和速度常数是随着 H^+ 和 Cl^- 离子的浓度升高而降低的。每单位浓度的 $ZrOCl_2$ 的成核速度和水合氧化锆的原始颗粒的晶体长大速度是通过速度常数和原始颗粒尺寸之间关系来确定的。单位 $ZrOCl_2$ 浓度的成核速度显示出 H^+ 和 Cl^- 离子浓度几乎不变和保持常数，除在 $ZrOCl_2$ 溶液中添加少量的 HCl 之外，随着 H^+ 和 Cl^- 离子浓度升高，晶体长大速度下降。动力学分析表明，随着 H^+ 和 Cl^- 离子浓度升高，速度常数减小，导致晶体长大的速度下降。晶体长大速度减小的趋势是由于颗粒表面形成双电子层。

影响因素为：

① $ZrOCl_2$ 浓度的影响。水合 ZrO_2 颗粒的原始颗粒尺寸和形成速度是随 $ZrOCl_2$ 浓度升高而降低，是由 $ZrOCl_2$ 水解产生 H^+ 离子浓度升高引起的。水合 ZrO_2 颗粒的表观晶粒尺寸是随着 $ZrOCl_2$ 浓度升高而降低的。

② 添加 HCl 的影响。结果显示，水合 ZrO_2 颗粒形成速度和原始颗粒尺寸在不变的 $ZrOCl_2$ 浓度（0.1mol/L）下随着添加 HCl（即 H^+ 和 Cl^- 离子浓度升高）升高而降低。

③ 添加 NH_4OH 的影响。添加 NH_4OH 目的是调节溶液中 H^+ 和 Cl^- 离子浓度，溶液中的 pH 值随着添加 NH_4OH 而降低，表明水合 ZrO_2 颗粒的形成速度和原始颗粒尺寸，在 $ZrOCl_2$ 浓度不变和 Cl^- 离子的浓度分别为 0.4mol/L 和 0.8mol/L 时，随水解产生的 H^+ 离子浓度的升高而增加。

晶体长大速度随 H^+ 和 Cl^- 离子浓度升高而降低。晶体长大速度降低趋势是由于 Cl^- 吸附在颗粒表面形成双电子层阻止晶体长大。动力学分析的结果可确定水合 ZrO_2 颗粒的速度常数降低，是受 H^+ 和 Cl^- 离子浓度影响的。

在水合 ZrO_2 中原始颗粒的成核和晶体长大的机理：当 $ZrOCl_2 \cdot 8H_2O$ 溶解在水溶液中，主要是以四络合物 $[Zr(OH)_2 \cdot 4H_2O]_4^{8+}$ 形式形成。在每个四络合物中四个锆原子是按正方形排列的，每个锆原子是通过 4 个 OH 桥基团和四个水分子成同等配位的。通过脱质子化作用从相等的水中四络离子释放 H^+ 离子，反应如下：

$$[Zr(OH)_2 \cdot 4H_2O]_4^{8+} \longrightarrow [Zr(OH)_{2+x} \cdot (5-x)H_2O]_4^{(8-4x)+} \qquad (5-86)$$

加热 $ZrOCl_2$ 水溶液，平衡朝着右边移动并使 $[Zr(OH)_{2+x} \cdot (5-x)H_2O]_4^{(8-4x)+}$ 浓度升高。

Clearfiel 认为聚合是通过脱质子化作用产生的 $[Zr(OH)_{2+x} \cdot (5-x)H_2O]_4^{(8-4x)+}$ 水解聚合形成的。当聚合试样的浓度达到临界饱和时，水合 ZrO_2 的晶核产生；通过晶核的生长形成水合 ZrO_2；此外，由密实的聚合物沿着原始颗粒形成水合 ZrO_2 的第二次颗粒。水合 ZrO_2 颗粒的形成速度很明显地受原始颗粒成核和晶体长大的过程控制。水合 ZrO_2 形成过程如图 5-26 所示。

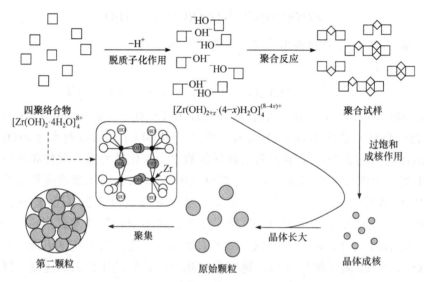

图 5-26　$ZrOCl_4$ 溶液水解制备水合 ZrO_2 颗粒形成机理的图解
□表示四聚络合物 $[Zr(OH)_{2+x} \cdot (4-x)H_2O]_4^{8+}$；弯曲线连接两个正方醇桥

通过 $[Zr(OH)_{2+x} \cdot (4-x)H_2O]_4^{(8-4x)+}$ 水解聚合产生水合 ZrO_2 的晶核吸附在晶核的羟基表面的 H^+ 和从水溶液中晶核表面产生的 Cl^- 离子之间形成一个双电子层。由于晶核表面产生这些 Cl^- 离子阻碍晶核和 $[Zr(OH)_{2+x} \cdot (4-x)H_2O]_4^{(8-4x)+}$ 之间水解聚合，表明原始颗粒的晶体长大与产生的 Cl^- 离子数量有关。

双电子层模型晶体长大的干扰机制，如图 5-27 所示。在水解产生的 H^+ 离子浓度不变过程中，水溶液中 Cl^- 离子浓度升高时，Cl^- 离子的数量对晶体长大的干扰也增加，因为在晶核表面 Cl^- 离子数量增大。当水溶液中 H^+ 和 Cl^- 离子浓度都增加时，Cl^- 离子干扰晶体长大并被吸引到晶核表面，通过双电子层形成的影响比上述提到的仅有 Cl^- 大。这是由于 H^+ 离子被吸在晶核羟基表面上是随着 H^+ 和 Cl^- 离子浓度的升高而增大的。考虑这些 Cl^- 离子数量干扰晶体长大，通过 H^+ 和 Cl^- 离子浓度中升高获得的水合 ZrO_2 的原始颗粒

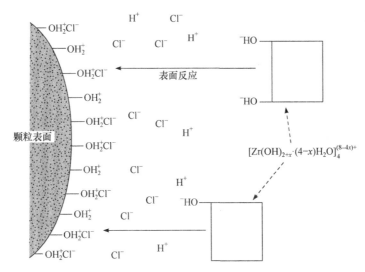

图 5-27　以双电子层为模型的水合 ZrO_2 原始颗粒晶体长大机理图解

比由仅 Cl^- 离子浓度升高获得的水合 ZrO_2 要小。因此，由于吸附晶核表面的 Cl^- 离子量在水溶液中是受 H^+ 和 Cl^- 离子浓度控制的，所以，通过双电子层的形成，水合 ZrO_2 原始颗粒尺寸应该主要是受水解过程产生的 H^+ 和 Cl^- 离子浓度控制的。

（5）过滤、洗涤、干燥和煅烧工艺和影响

过滤、洗涤、干燥和煅烧条件对 ZrO_2 粉体的影响，类似于沉淀法的操作。

5.2.6.3　醇盐水解法

醇盐水解法利用了金属有机醇盐能溶于有机溶剂中。醇具有挥发性，锆醇盐对水不稳定，加水后很容易分解成醇和氧化物或其他共水化合物等沉淀，与水反应生成沉淀很快。但是，这和一般的加水分解不同，同时发生缩合反应（图 5-28），如果选择适当的水分解条件，缩合反应可反复进行，渐渐变为高分子量。另外，热稳定小的烷基会变大的倾向。这些沉淀经过过滤、干燥及锻烧成纳米粒子。

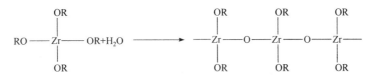

图 5-28　锆醇盐的水分解综合反应

（1）工艺流程

醇盐水解法制备纳米 ZrO_2 粉体的工艺流程见图 5-29。

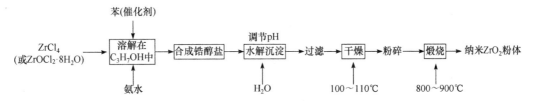

图 5-29　醇盐水解法制备纳米 ZrO_2 粉体的工艺流程

（2）基本反应

合成反应：

$$ZrCl_4 + 4C_3H_7OH + 4NH_3 == Zr(OC_3H_7)_4 + 4NH_4Cl（苯作催化剂）\qquad（5-87）$$

水解反应：

$$Zr(OC_3H_7)_4 + 2H_2O == ZrO_2 + 4C_3H_7OH（苯作催化剂）\qquad（5-88）$$

水解包括水解和聚合过程

$$Zr(OR)_4 + mH_2O \longrightarrow Zr(OR)_x(OH)_y + yROH\qquad（5-89）$$

式中，$R = C_3H_7$。

$$Zr(OR)_x(OH)_y \longrightarrow ZrO_z(OR)_{x-1}(OH)_{y-1} + (x-x_1)ROH\qquad（5-90）$$

式中，$z = [4-(x_1+y_1)]/2$；R 为丙烯基或者烷基。

（3）操作

本方法一般分为两个过程进行，第一步制备金属醇盐，第二步金属醇盐加水水解。锆醇盐制备可以用 $ZrCl_4$，也可用 $ZrOCl_2 \cdot 8H_2O$ 溶解在乙二醇中。合成的醇盐采用氨水或尿素中和，调节 pH 值大于 8.5，以苯作催化剂。结晶锆醇盐析出，过滤除去 NH_4Cl，获得结晶的醇盐溶解在有机乙醇中，加水水解沉淀，过滤。沉淀物在 100～110℃下干燥；干燥的粉末经粉碎（或磨碎）之后，在 800～850℃下煅烧 1h，获得纳米 ZrO_2。最佳的工艺条件可获得小于 100nm、比表面积大于 $100m^2/g$ 的 ZrO_2 粉末。研究表明，醇盐溶液的时效时间、温度、浓度等对粉体的形貌有较大影响。

醇盐分解法的优点有：反应的速度很快，反应后几乎全为一次粒子，团聚很少；粒子的大小和形状均一；化学纯度和相结构的单一性好。缺点是原料制备工艺较为复杂，需要大量昂贵的有机金属化合物；耗资大，成本较高；有一些有毒物质，易造成污染。

5.2.6.4　水热法

水热法制备 ZrO_2 的基本原理是通过 $ZrOCl_2$ 溶液用氨水沉淀制备氢氧化锆，然后在高温和高压下水解、反应，进而成核、生长，最终形成具有一定粒度和结晶形态的晶粒过程。水热法可分为水热沉淀法、水热结晶法、水热氧化法。在高温和高压下锆盐的前驱体可以以水或有机溶剂为反应介质；氢氧化锆在水或有机溶剂中的溶解度比常温和常压下溶解度大。在高温和高压的水热条件下离子反应和水解反应得到加速或促进，使在常温常压下反应速度很慢的热学反应，在高温高压下可实现快速反应。水热法最好的前驱体是 $ZrOCl_2$。

$ZrOCl_2$ 经水解沉淀制得 $ZrO(OH)_2$，然后与水或有机溶剂一同加入高压釜中，在 300～350℃，约 15MPa 下反应达到饱和状态。在这种特殊的物理和化学环境下，经历溶解、水解沉淀、结晶过程制得 ZrO_2 超细颗粒，粒径约为 15nm，经干燥之后即为成品。

反应过程为：

$$ZrOCl_2 + 2H_2O == ZrO(OH)_2 + 2HCl（水解反应）\qquad（5-91）$$

$$ZrO(OH)_2 == ZrO_2 + H_2O（水热反应）\qquad（5-92）$$

水热法的优点：①直接从溶液中得到 ZrO_2 粉体，不需要高温煅烧和球磨工艺，避免了过程产生硬团聚；②工艺简单，在一个反应釜中进行全过程，防止外来杂质混入，可保持产品高的纯度；③通过控制一系列复杂的反应，可控制颗粒的尺寸、形状、成分，粉末中晶粒发育完整，团聚程度很低，所以，粉末的分散性好、粒径小、分布范围狭窄。但设备复杂昂贵、反应条件苛刻、生产周期长、耗能大。

5.2.6.5　共沸蒸馏法

共沸蒸馏法是将已制备好的锆的胶体，通过共沸物使包裹在胶体中的水分以共沸的形式脱除，使相邻颗粒间表面的 OH 基团被 Zr—O—Zr 化学键取代，从而防止在随后的干燥和煅烧过程中形成硬团聚。

共沸的第一步是必须选择一种合适的有机溶剂，使它与水形成二元共沸体系，共沸物组成中水的含量最大，这样能有效地将胶体中的水脱取出来。被选择作为共沸物应用的有正丁醇、二甲苯等。

文献中介绍了一种共沸蒸馏的操作方法：在聚乙二醇（分子量 20000）水溶液中缓慢滴加一定浓度的 $ZrOCl_2$ 和氨水溶液，使其反应，当溶液 pH 值大于 9 时，反应到达终点，然后在冰箱中老化 24h，过滤后胶体用水洗涤后溶于十几倍的正丁醇中，搅拌混合后进行共沸蒸馏；当温度达到水-正丁醇的共沸温度（93℃）时，胶体内的水分子以共沸物的形式被带出而脱除，随着蒸馏进行，体系的温度逐渐升高到正丁醇的沸点 117℃，氢氧化物凝胶内的水分被完全脱除，继续在该温度下回流 0.5h 后停止加热、蒸干，得到很疏松的粉体，避免了硬团聚的形成。共沸蒸馏法是近几年提出并正在研究的一种方法，有一定的应用前景。

5.2.6.6　低温气相水解法

低温气相水解法是以 $ZrCl_4$ 为原料，在 270～300℃下蒸发，用 N_2 作载体，水蒸气用干燥的空气作介质，两种气体迅速地在反应器中混合、反应，在一定压力下形成纳米结晶 ZrO_2，生成的气溶胶在反应器出口滤出。反应是在气相中进行的，包括水解和氧化过程：

$$ZrCl_4 + 2H_2O \Longrightarrow ZrO_2 + 4HCl \tag{5-93}$$

$$ZrCl_4 + O_2 \Longrightarrow ZrO_2 + 2Cl_2 \tag{5-94}$$

在蒸气相制备期间，高的反应平衡常数（$\lg K > 2\sim3$）有利于小颗粒的生成。$ZrCl_4$ 蒸气的水解和氧化的 $\lg K_p$-T 曲线表示于图 5-30 中。

研究结果表明，粉末颗粒的大小主要是取决于制备的温度。温度升高，颗粒粒径迅速增大；当颗粒大小降到纳米级时，颗粒很可能团聚，团聚将随颗粒尺寸减小而增大。$ZrCl_4$ 蒸气相水解放出 HCl 气体，容易被吸收在颗粒的表面，引起氯的污染。但 HCl 是易挥发化学物质，所以可以通过热处理除去。在 500℃下真空热处理 2h，即可把氯除去。

低温气相水解法可制得高比表面积、低团聚粉体，反应过程可连续进行。此方法可合成 10nm 的 ZrO_2 粉体。

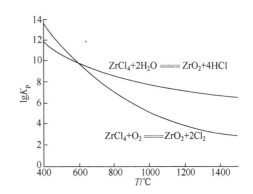

图 5-30　$ZrCl_4$ 水解和氧化反应的 $\lg K_p$-T 曲线

5.2.6.7　微乳液法

微乳液法（反向胶团法）是近年来发展起来的一种制备纳米粉体的有效方法。微乳液是指热力学上稳定分散的两种互不相溶的液体组成的宏观上均一而微观上不均匀的液体混合物。其中，分散相以液滴的形式存在于连续相中，分散相被相界面的表面活性剂分子所稳定。

微乳液法是以乳化液的分散相为微型反应器，通过液滴内反应物的化学沉淀来制备纳米粉体。其原理是利用水、油、表面活性剂和助表面活性剂组成的热力学稳定体系，其中水被表面活性剂单层包裹形成微水池，分散于油相中（即油包水型微乳液），微水核被一层表面活性剂分子形成的膜所包围。当共沉淀反应发生在反胶团内部并形成颗粒时，颗粒的尺寸和形状将受到微水核的容盐量和反胶团本身的尺寸和形状的控制，同时表面活性剂膜也将阻止颗粒之间形成团聚体。

具体操作：将锆盐溶液（如 $ZrOCl_2$）和氨水分别加入由一种非离子表面活性剂、助表面活性剂正己醇和油相环己烷组成的混合液中，该混合液中各组分的体积比为：水：非离子表面活性剂：正己醇：环己烷=1：x：y：z；其中 x 在 2～8 之间，y 在 0～4 之间，z 在 10～20 之间。连续搅拌至澄清，分别获得含锆盐的稳定的微乳液和含氨水的稳定的微乳液。将以上的两种微乳液等体积直接混合，根据预先设定的浓度和反应温度，进行乳化沉淀反应。得到的是半透明状混合液，静置一段时间后，分层，上层为清液，下层为细小颗粒堆积而成的氢氧化锆白色沉淀。

沉淀通过固液分离（蒸发干燥、离心分离或回流加热），用甲醇、水、丙酮等有机试剂和去离子水洗涤。获得的固体沉淀物在 90～120℃ 下氮气气氛中干燥除去大部分的水分和挥发性有机物；接着，在 200～250℃ 下氧气气氛中保温 1～3h，进一步除去残余的有机物；最后，在 400～600℃ 下氧气气氛中，除去有机物炭化形成的炭颗粒，从而得到纳米 ZrO_2 粉体。

采用试剂和工艺条件：选择的非离子表面活性剂为 TritonX-100，Tween-20，Span-80；锆盐为 $ZrOCl_2$ 溶液，浓度为 0.1～2.0mol/L；控制微乳反应温度为 25～40℃；氨水浓度 5～15mol/L；过滤最好采用离心过滤或真空抽滤。按以上的控制条件，可获得小于 30nm 和比表面积 10～300m^2/g 的 ZrO_2 粉体。

5.2.6.8　溶胶-凝胶法

溶胶-凝胶法（Sol-Gel 法）的基本原理是使用金属盐或烷氧金属等先驱体和有机聚合物的混合溶液，在聚合物能够存在的条件下，混合溶液中前驱物进行水解和缩合，在控制相应条件的情况下，凝胶的形成与干燥环节聚合物不会发生相分离，便可获得纳米粒子。一种改进的溶胶-凝胶法制备纳米 ZrO_2 粉体是用 $ZrOCl_2$ 为先驱体，反应中生成的氯离子用环氧乙烷除去，可得 $ZrO(OH)_2$ 溶胶-凝胶。主要反应如下：

$$ZrOCl_2 + 2H_2O \Longrightarrow ZrO(OH)_2 + 2HCl \quad （水解反应） \qquad （5-95）$$

$$C_2H_4O + HCl \longrightarrow ClC_2H_4OH \quad （除氯离子） \qquad （5-96）$$

溶胶-凝胶法制备的纳米粉体粒度小，分布窄，纯度高。但是处理过程时间长，对健康有害且形成胶粒及凝胶过滤、洗涤过程不易控制。

5.2.6.9　高温喷雾热解法

高温喷雾热解法是以水、无水乙醇或其他溶剂将氯氧化锆（$ZrOCl_2 \cdot 8H_2O$）等原料配成一定浓度溶液，再通过喷雾装置将反应液雾化并导入反应器内，使溶液迅速挥发，反应物发生热分解，或者同时发生燃烧和其他化学反应，生成氧化锆纳米粒子。高温喷雾热解法制备的氧化锆纳米粉体，粒子多为球状，流动性好，且形状均匀，一步完成，产量较大，可连续生产，成本低廉。

5.2.6.10　物理法

物理法主要有两种：

① 机械粉碎法。机械粉碎法是指通过机械力的作用将大颗粒氧化锆粉体细化，如球磨等。该方法技术简单，但制备得到的粉体粒度不够均匀，形状难以控制，且粉碎过程中易被粉碎器械污染，设备要求高，投资大，因此很难达到工业生产的要求。

② 真空冷冻干燥法。将普通氧化锆粉体制备成湿物料或溶液，在较低的温度下冻结成固态，然后在真空下使其中的水分不经液态直接升华为气态，再次冷凝后得到的氧化锆颗粒粒度小且疏松。但是费用较高，不能广泛采用。

5.2.7　氧化锆粉体的用途

5.2.7.1　用于结构陶瓷

由于四方氧化锆（TZP）陶瓷具有高韧性、抗弯强度和耐磨性，优异的隔热性能，热膨胀系数接近于金属等优点，因此被广泛应用于结构陶瓷领域。

（1）Y_2O_3稳定四方氧化锆（Y-TZP）磨球

Y-TZP陶瓷磨球与传统的磨球相比具有高密度、高硬度、高韧性的特点，因此，研磨效率高；耐磨损性能好，可防止物料污染；使用寿命长，综合成本低。因此，特别适用于重要场合的物料研磨。

（2）微型风扇轴心

噪声和寿命长期以来是决定微型冷却风扇性能的重要因素，噪声令人烦躁，寿命则关系到风扇的可靠性，而轴承系统则是决定上述两项性能的关键因素。TZP陶瓷材料具有高强度、高韧性、耐高温及耐磨耗、抗氧化、抗腐蚀等优点，用在冷却风扇轴承系统，制得氧化锆轴心，在噪声稳定性、耐磨性、使用寿命等方面均优于传统轴心。该轴心主要用于电脑机壳散热器和中央处理器（CPU）的微型散热风扇上。

（3）其他应用

TZP陶瓷材料作为室温耐磨零部件，还广泛应用于喷嘴、球阀球座、氧化锆模具、光纤插针、光纤套筒、拉丝模和切割工具、耐磨刀具、服装纽扣、表壳及表带、手机背壳、手链及吊坠、滚珠轴承、高尔夫球的轻型击球棒等。

5.2.7.2　用于功能陶瓷

Y_2O_3稳定的ZrO_2陶瓷具有敏感的电性能，是近几年来发展的新材料，主要应用于各种传感器，第三代燃料电池和高温发热体等，而且ZrO_2材料高温下具有导电性及晶体结构存在氧离子缺位的特性，可制成各种功能元件。

（1）氧传感器

由于氧化锆晶体存在氧空位，具有优良的电学性能，是制备传感器的重要材料。由 Y^{3+}、Ca^{2+}、Mg^{2+} 等稳定的 ZrO_2 氧空位增多，可以制备性能优良的氧化锆浓度计（氧传感器）。这种氧传感器可广泛应用于钢铁制造过程中，用来测量熔融钢水及加热炉所排放气体的含氧量，从而了解钢铁制造过程中钢铁的品质是否达到标准，以及用于汽车排气、锅炉排气等场所的监测。利用稳定的氧化锆其导电性随温度升高而增加的性质，可以制成温度传感器，应用于高温场合的测温装置，测定温度可高达2000℃。作为声音传感器可用于超声波遥控、超声波探伤和诊断仪等，作为压力传感器可用于应变仪、电子血压表等，作为加速度传感器可用于加速度测量仪等高技术自动控制系统和磁流体发动机电极等。

（2）固体氧化物燃料电池

采用6%～10% Y_2O_3 掺杂的 ZrO_2(YSZ)为固体电解质，它在950℃时的电导率约为 100S/m，用作第三代高温固体氧化物燃料电池（SOFC），其工作温度达1000℃。SOFC可以将燃料气体与氧气反应时所生成的能量转化成电能。

（3）高温发热体

ZrO_2 室温电阻极高，比电阻高达 $10^{13}\Omega\cdot m$，但当温度升至600℃ 即可导电，1000℃时电导率为2.4～25S/m，具有导体的性能。目前已将它成功地用于2000℃以上氧化气氛下的发热元件及其设备中。

（4）压电材料

以 ZrO_2 作为主要成分，可制成PZT（锆钛酸铅）、PLZT（锆镧钛酸铅）等压电材料，在超声、水声及各种蜂鸣器等压电元件制备中起到重要的作用。

5.2.7.3　用于保健纺织材料

红外线（波长从0.75～1000μm）是太阳光线中的一种辐射线，属于不可见光。红外线又依波长大小可分成近、中、远三种。医学上指出，以氧化锆（ZrO_2）、氧化铝（Al_2O_3）、二氧化钛（TiO_2）及三氧化钇（Y_2O_3）等矿物制成的陶瓷粉末，所吸收及激发出来的远红外线能量最强。而波长在4～14μm的远红外线又称为生育光线。当人体需要散热冷却时，流汗的生理现象产生，体表汗珠透过吸湿排汗的衣服，将热能释出，而具有远红外线的纤维可以加速吸湿层的干燥，并保持人体皮肤干爽。因此可被应用在康复医疗及保健上。

日本最先将这些氧化物与聚酯粒（polyester）混合制成功能性高浓度母粒，然后经抽纱拉出了具有远红外线效果的细纤维。目前将陶瓷微粉与纺织品结合成为远红外织物的技术工艺路线有两种：其一是在后处理过程中进行，用远红外陶瓷微粉、黏合剂和助剂按一定的比例配制成后处理剂，然后对织物进行涂层和浸渍，使后处理剂均匀地涂布在纤维或织物上，经干燥、热处理，使远红外陶瓷微粉附着于织物的纱线之间以及纱线的纤维之间；其二是采用共混纺丝法，把远红外陶瓷微粉均匀地添加到纺丝原溶液中，纺出含有远红外陶瓷微粉的高聚物纤维。所用纤维基材有聚酯类、聚酰胺类、聚丙烯醇类、聚丙烯腈和黏胶纤维等。目前，中国台湾也已有多家公司开发出PET与尼龙母粒，并制作成远红外线保温棉。

5.2.7.4 用于多晶氧化锆宝石

ZrO_2具有较高的折射率，如将它制成多彩的半透明多晶ZrO_2材料，即可以像天然宝石一样闪烁着绚丽多彩的光芒。用它制成各种装饰用的宝石，其莫氏硬度达8.5，光泽完全可以达到以假乱真的程度。永不磨损的手表表壳、链及人造宝石戒指，大多是采用多晶ZrO_2宝石制成的。它主要利用超细的ZrO_2粉末添加一定的着色元素，如V_2O_5、MoO_3、Fe_2O_3等，经高温处理即可获得粗坯氧化锆陶瓷体，再经研磨、抛光即可制成各种装饰品供应市场，随着人们生活水平不断提高，这一市场将会越来越大。

5.2.7.5 用作热障涂层

热障涂层是为在高温临界状态下工作的气冷金属部件提供隔热保护作用。纳米级Y_2O_3稳定的氧化锆（YSZ），用于热障涂层显示出突出的性能，YSZ具有很高的热反射率，化学稳定性好，与基材的结合力和抗热震性能均优于其他材料。因此，YSZ是目前最理想的热障涂层材料。其具体应用有航空航天发动机的隔热涂层、潜艇及轮船柴油发动机气缸的衬里等。

5.2.7.6 用于耐火材料

ZrO_2作为耐火材料主要用在大型玻璃池窑的关键部位，早期用的耐火材料ZrO_2含量约33%～35%，经电熔后成电熔ASZ。日本旭硝子公司制成含ZrO_2 94%～95%的耐火材料，它可以用于玻璃窑顶部和其他关键部位。尽管成本大幅度上升，但由于池窑寿命增加，经济效益也还是明显的。

ZrO_2经熔化、喷吹后可以制成大小不同的ZrO_2空心球。用这种空心球制成各种高级隔热砖，代替纤维毡材料，可避免"陶纤"老化后粉化造成的"污染"。

ZrO_2在其他高温耐火领域的应用也非常广泛，但因为成本的缘故，较多地应用在高附加价值产品的生产，如浇铸口、铸模、高温熔体流槽等。它与熔体铁或钢不润湿，因此可用作钢水桶、钢水流槽、连续铸钢注口和钢液过滤器等。

5.2.7.7 在催化领域的应用

由于ZrO_2具有优异的氧离子迁移性和高的热力学稳定性，因此ZrO_2可以作为催化剂及催化剂载体，特别是表面吸附SO_4^{2-}后，在表面形成较强的酸性和碱性中心，更促进了人们对其催化应用的研究。表面预吸附Cu、Pd等过渡金属的氧化锆明显加速了对CO、NO等气体的催化分解。

纳米ZrO_2催化剂应用于CO_2、H_2合成甲醇的反应，CO_2表现出很高的转化率，使用纳米ZrO_2为催化剂制备得甲醇，同时也表现出很高的选择性。采用纳米Cu-ZnO-ZrO_2催化剂对CO_2加氢合成甲醇，与工业级大颗粒的Cu-ZnO-Al_2O_3催化剂相比，具有更高的催化活性，随着催化剂粒度的减小，甲醇合成活性进一步增大。

5.2.7.8 用于陶瓷增韧

利用氧化锆的相变可以增韧Al_2O_3、CeO_2和羟基磷灰石等陶瓷材料，它的引入一方面抑制了基体相颗粒的长大，使晶粒细小而均匀；另一方面高弹性模量的增强颗粒使得ZrO_2相变增韧陶瓷的相变应力明显提高，实际贡献在裂纹尖端部位的作用加强，断裂韧性增加。对ZrO_2增韧Al_2O_3/SiCw(SiC晶须)陶瓷复合材料进行了研究，发现Al_2O_3+0.20SiCw

复合材料添加 0.20ZrO$_2$（0.02Y）后，硬度从 18.79GPa 提高到 27.72GPa，抗弯强度从 592MPa 提高到 848MPa；添加 0.30ZrO$_2$（0.02Y）颗粒时，断裂韧性值可以从未添加 ZrO$_2$（0.02Y）颗粒时的 6.59MPa·m$^{1/2}$ 提高到 10.85MPa·m$^{1/2}$。

采用超细 ZrO$_2$ 陶瓷粉经适当的工艺烧结后可制成轻质高韧性的材料，用于装甲防护板，其弹丸冲击性能良好、重量轻，可大大减轻装甲车的重量，提高其机动性能。

5.2.7.9　其他方面的应用

由于 ZrO$_2$ 有良好的化学稳定性、高的硬度和韧性，作为生物陶瓷广泛用于人造牙（图 5-31）、骨骼等人体构件。ZrO$_2$ 可用于制作高温陶瓷颜料：钒锆蓝、锆铁红、锆镨黄，锆基包裹镉硒红等色料，以及作为陶瓷釉料的增白剂、乳浊剂等，在日用陶瓷、建筑卫生陶瓷等行业中应用。高纯ZrO$_2$作为真空镀膜材料用于矫正因多层膜涂料所产生的摄影机透镜的色散，以及用于防止眼镜片的不规则反射。ZrO$_2$也用作塑料、橡胶、乳胶等的惰性填充剂、增量剂，适用于胶管、胶带、模压制品、挤出制品和鞋类等，也用作环氧胶黏剂及密封胶的填充剂等。

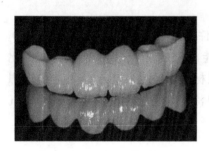

图 5-31　ZrO$_2$牙齿

5.2.7.10　用于制作 ZrO$_2$ 纤维

ZrO$_2$ 纤维是一种耐温隔热性能优异的轻质多晶纤维材料，长期使用温度 2200℃，短时最高使用温度可达 2500℃，在所有的金属氧化物纤维耐火材料中，其热导率最低，隔热性能最好，并且高温性能稳定、不挥发、无污染，因此 ZrO$_2$ 纤维及其制品（如纤维板、纤维布、纤维毡等）在航空航天、冶金、石油化工等行业有着广阔的应用前景。ZrO$_2$ 纤维主要用于航天飞机中超高温隔热层、陶瓷基复合材料的增强体等；ZrO$_2$ 纤维板主要作为高温电炉炉膛材料使用，如用于晶体生长炉、超高温工业窑炉、超高温实验电炉和其他超高温加热装置等。

5.3　其他氧化物粉体的制备

5.3.1　TiO$_2$粉体的制备及用途

5.3.1.1　TiO$_2$的基本性质

二氧化钛（TiO$_2$，titanium dioxide）又名钛白粉，白色固体或粉末状的两性氧化物，分子量 79.9，熔点 1830~1850℃，沸点 2500~3000℃。TiO$_2$ 不溶于水、稀无机酸、有机溶剂、油，微溶于碱，溶于浓硫酸。遇热变黄色，冷却后又变白色。

TiO$_2$ 和酸的反应：

$$TiO_2 + H_2SO_4 \Longrightarrow TiOSO_4 + H_2O \tag{5-97}$$

TiO_2 和碱的反应：

$$TiO_2 + 2NaOH \Longrightarrow Na_2TiO_3 + H_2O \tag{5-98}$$

自然界存在的 TiO_2 有三种晶型：金红石（rutile）为四方晶体；锐钛矿（auatase）为四方晶体；板钛矿（brookite）为正交晶体。其中，金红石和锐钛型 TiO_2 应用较广泛。这两种 TiO_2 均属四方晶系，4/mmm 点群，晶胞结构如图 5-32 所示。金红石和锐钛型晶胞中 TiO_2 分子数分别为 2 和 4。晶胞参数是：金红石型 $a = 0.4593nm$，$c = 0.2959nm$，空间群 $P4_2/mmm$；锐钛型 $a = 0.3784nm$，$c = 0.9515nm$，空间群 $I4_1/amd$。

金红石型（R 型）密度 $4.26g/cm^3$，折射率 2.72。R 型钛白粉具有较好的耐气候性、耐水性和不易变黄的特点，但白度稍差；R 型 TiO_2 是最稳定的晶型结构形式，具有较好的晶化态，缺陷少，导致电子和空穴容易复合，几乎没有光催化活性。

锐钛型（A 型）密度 $3.84g/cm^3$，折射率 2.55。A 型 TiO_2 晶格中含有较多的缺陷和缺位，从而产生较多的氧空位来捕获电子，所以具有较高的活性；A 型钛白粉耐光性差，不耐风化，但白度较好。

板钛矿（B 型）密度 $4.17g/cm^3$，晶体结构不稳定，没有工业价值。

纳米级超微细 TiO_2（通常为 10～50nm）具有半导体性质，并且具有高稳定性、高透明性、高活性和高分散性，无毒性和颜色效应。

在通常情况下，纯锐钛型 TiO_2 转化为金红石型的温度是 610～915℃，而要使锐钛型完全转变为金红石型，煅烧温度以高于 1000℃ 为宜。事实上，TiO_2 由锐钛型结构转变为金红石型结构是一级不可逆相变，这种转变是温度和时间的函数，如图 5-33 所示。

由图 5-33 不难发现：要实现 TiO_2 彻底的相变（锐钛矿百分率为 0），通常需要较高的加热温度和较长的加热时间。这就导致生产能耗大，成本高。为了克服这一困难，必须寻找降低 TiO_2 相变温度的方法。

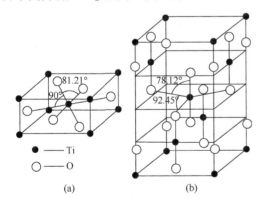

图 5-32　金红石（a）和锐钛矿（b）TiO_2 的晶体结构

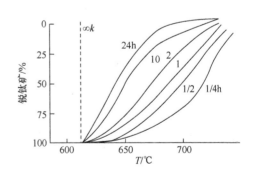

图 5-33　锐钛型向金红石型转变的温度和时间的关系

可以通过如下方法来降低相变温度：一是细化颗粒尺寸，粒度越小，相变温度越低；粒度越大，转化温度越高。纳米级的 TiO_2 相变温度为 600℃ 或更低。二是通过离子掺杂来降低转变温度。掺入 Al_2O_3 后对锐钛型向金红石型的转变有明显阻碍作用，它使 TiO_2

相变起始温度升高了约 150℃。而 A. K. Vasudvean 等的实验结果则表明，掺入 Ag_2O 可使转变温度降低约 100℃。掺入铁的氧化物（α-Fe_2O_3 或 Fe_3O_4）虽然不影响相变初始温度，但可加快 A→R 晶型转变速度，从而使其在较窄的温度范围完成相变。掺入 SnO_2 也能明显地促进 TiO_2 由锐钛型向金红石型转变，这可能是由于 SnO_2 同金红石型 TiO_2 有相似的晶胞结构，杂质二氧化锡充当了金红石的晶核。掺 V_2O_5、MoO_3、WO_3 的纳米级锐钛型 TiO_2 分别在 800K、950K、1100K 下加热 18h 转化完全。

不同氧化物对 TiO_2 A→R 相变影响不同，目前尚无可靠解释。有人研究了金属氧化物熔点与其对 TiO_2 晶型转变影响作用的关系，发现熔点高于 TiO_2 熔点的物质（如 Al_2O_3）不能促进锐钛型向金红石型转变，而熔点低于 TiO_2 熔点的氧化物则有不同程度的促进作用，且熔点越低促进作用越明显。如 V_2O_5、MoO_3、SnO_2、α-Fe_2O_3、Fe_3O_4、Al_2O_3 的熔点分别是 650～750℃、795℃、1127℃、1562℃、1590℃、2100℃，它们对 TiO_2 相变的促进作用依次减弱。

钛白粉性质稳定，无毒，黏附力强，不易起化学变化，雪白色，大量用作油漆中的白色颜料，它具有良好的遮盖能力，和铅白相似，但不像铅白会变黑；它又具有锌白一样的持久性。TiO_2 还可用于制造耐火玻璃、釉料、珐琅、陶土、耐高温的实验器皿等。

TiO_2 作用效果明显，1g TiO_2 可以把 450m^2 的面积涂得雪白。它比常用的锌钡白颜料还要白 5 倍，因此是调制白油漆的最好颜料。TiO_2 可以加在纸里，使纸变白并且不透明，效果比其他物质大 10 倍，因此，钞票纸和美术品用纸就要加 TiO_2。此外，为了使塑料的颜色变浅，使人造丝光泽柔和，有时也要添加 TiO_2。在橡胶工业上，TiO_2 还被用作白色橡胶的填料。

TiO_2 具有较高的介电常数，因此具有优良的电学性能。在测定 TiO_2 的某些物理性质时，要考虑 TiO_2 晶体的结晶方向。例如，金红石型的介电常数，随晶体的方向不同而不同，当与 c 轴相平行时，测得的介电常数为 180，与此轴呈直角时为 90，其粉末平均值为 114。锐钛型 TiO_2 的介电常数比较低，只有 48。

TiO_2 具有半导体的性能，它的电导率随温度的上升而迅速增加，而且对缺氧也非常敏感。例如，金红石型 TiO_2 20℃时还是电绝缘体，但加热到 420℃时，它的电导率增加了 107 倍。稍微减少氧含量，对它的电导率会有特殊的影响，按化学组成的 TiO_2 电导率 $<10^{-10}$S/cm，而 $TiO_{1.9995}$ 的电导率只有 10^{-1}S/cm。金红石型 TiO_2 的介电常数和半导体性质对电子工业非常重要，该工业领域利用上述特性，生产陶瓷电容器等电子元器件。

5.3.1.2 纳米 TiO_2 的性能

纳米 TiO_2 以其活性高、热稳定性好、持续性长、价格便宜、对人体无害等特征，成为最受重视的一种光催化剂。实验表明，纳米 TiO_2 至少可以经历 12 次的反复使用而保持光分解效率基本不变，连续 580min 光照下保持其光活性。

纳米 TiO_2 的禁带为 3.2eV，在波长小于 400nm 的光照射下，价带电子被激发到导带形成空穴-电子对。在电场作用下，电子与空穴发生分离，迁移到粒子表面的不同位置。空穴 h^+ 和电子 e^- 与吸附于其表面的 OH^-、H_2O 和 O_2 形成活性很强的 $OH\cdot$ 自由基和 $O_2\cdot$ 基团。其反应过程如下：

$$TiO_2 \longrightarrow h^+ + e^- \tag{5-99}$$

$$h^+ + H_2O \longrightarrow OH\cdot + H^+ \tag{5-100}$$

$$e^- + O_2 \longrightarrow O_2^- + H^+ \twoheadrightarrow HO_2\cdot \tag{5-101}$$

$$2HO_2\cdot \longrightarrow H_2O_2 + O_2 \tag{5-102}$$

$$H_2O_2 + O_2^- \longrightarrow OH\cdot + OH^- \tag{5-103}$$

由于生成的 $OH\cdot$ 自由基和 O_2^- 具有很强的氧化分解能力，可破坏有机物中 C—C 键、C—H 键、C—N 键、C—O 键、O—H 键、N—H 键，因而具有高效分解有机物的能力，有机物可被 $OH\cdot$ 自由基和 O_2^- 氧化分解为 CO_2 和 H_2O 等无害物质。

采用醇盐法合成纳米 TiO_2 作为光催化剂，用于含 SO_3^{2-} 废水的处理，其光催化 $SO_3^{2-} \rightarrow SO_4^{2-}$ 在 2min 内能达到 98%的转化率。结果对比见表 5-16，发现纳米 TiO_2 的光催化性比普通 TiO_2 粉末高得多。

表 5-16　光催化剂、时间、转化率的关系

反应时间/h	2	3	4
光催化剂	转化率/%		
纳米 TiO_2（还原）	96.0	99.8	99.8
纳米 TiO_2（氧化）	82.3	99.6	99.8
普通 TiO_2（还原）	29.0	62.3	99.8
普通 TiO_2（氧化）	7.1	15.0	21.0

注：TiO_2 粉末在空气中经 200℃ 焙烧活化后，再经 200℃ 下通 O_2 或 H_2 2h。

对纳米 TiO_2 光学性能的研究不断取得新进展，最大发现就是纳米 TiO_2 的紫外线屏蔽特征及将纳米 TiO_2 与铝粉等混合时能产生随角变色效应。纳米 TiO_2 的光学性质服从瑞利（Rayleigh）光散射理论，能透过可见光及散射波长更短的紫外线，表明这种粒子具有透明性和散射紫外线的能力。普通 TiO_2 具有一定的吸收紫外线的能力。纳米 TiO_2 粒径很小，因而活性较大，吸收紫外线的能力很强。由于 TiO_2 纳米粒子既能散射又能吸收紫外线，故它具有很强的紫外线屏蔽性。由图 5-34 可以看到，从不同角度观察纳米 TiO_2 与铝粉等混合涂层的反射光可看到不同的颜色。产生这种现象的原因，据认为是纳米 TiO_2 本身既具有透明性，又具有对可见光一定程度的遮盖，透射光在铝粉表面反射与纳米 TiO_2 本身表面反射产生了不同的视觉效果。纳米 TiO_2 可以作为光学体系的增益剂，极大地提高发光体系发光纯度等效果，制成被称为"激光涂料"的新型发光材料。

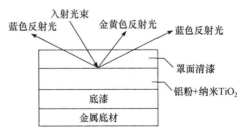

图 5-34　铝粉+纳米 TiO_2 混合粉体的随角度变色效应示意图

纳米 TiO_2 的光电催化研究表明，纳米粒子的光电催化活性明显优于相应的体相材料。这是由于当纳米 TiO_2 粒子尺寸与其激子玻尔半径相近时，随着粒子尺寸的减小，半导体粒子的有效带隙增加，其相应的吸收光谱和荧光光谱发生蓝移，从而在能带中形成一系列分立的能级。纳米 TiO_2 的量子尺寸效应，使其具有特殊的光物理和光化学性能。

纳米 TiO_2 的特殊性能，使其具有十分广泛的应用领域，如表 5-17 所示。

表 5-17　纳米 TiO_2 的性能及应用

性能	应用领域
光学性能	高档轿车涂料、感光材料、化妆品、食品包装、红外线反射膜、隐身涂层
电学性能	导电材料、太阳能电池、电磁波吸收、气体传感器、湿度传感器
磁学性能	磁记录材料、吸波材料
热学性能	精细陶瓷（电子陶瓷）、皮革鞣剂
力学性能	陶瓷、塑料、农用塑料薄膜
化学活性	农药、医药、光催化剂、除臭剂、催化剂载体、环境工程
流动性	树脂油墨的着色剂、固体润滑剂的添加剂

5.3.1.3　TiO_2 的制备方法

（1）硫酸法

硫酸法（sulphate process）是将钛铁矿与浓硫酸进行酸解反应，通过冷冻结晶的方式把生成的硫酸亚铁除去，生成的硫酸氧钛经浓缩后通过水解生成偏钛酸，最后经盐处理、煅烧、粉碎即得到钛白粉产品。此方法可生产锐钛型和金红石型钛白粉，以廉价的钛铁矿、钛渣、硫酸为主要原料，工艺历史悠久，技术较成熟，设备和操作简单，防腐材料易解决，不需复杂的控制系统，建厂投资和生产成本（未含对废物、副产物处理的成本）较低。但是以二氧化钛含量不高，杂质含量较多的钛铁矿、钛渣和硫酸作原料，致使工序多、流程长、间歇性操作，硫酸、蒸汽和水的耗量大，废物、副产物多（每生产 1t 钛白要产出 3～4t 硫酸亚铁和 8～10t 稀硫酸），对环境的污染严重且处理、利用较为复杂，耗费较大。

（2）氯化法

氯化法（chloride process）是将金红石或高钛渣粉料与焦炭混合后进行高温氯化生成粗四氯化钛，通过精馏除钒后得到精四氯化钛，然后进行高温氧化、分级、表面处理，再经过滤、水洗、干燥、粉碎得到钛白粉产品。主要环节如下：矿焦干燥、矿焦粉碎、氯化、钛的氯化物精制、钛的氯化物氧化、二氧化钛打浆分散分级、无机表面处理、水洗、干燥、气流粉碎和有机处理、包装，以及废副产品的回收、处理和利用。该方法以二氧化钛含量≥90%、杂质少的天然金红石、人造金红石或高质量钛渣为原料，工艺流程短、废副产物少，生产能力易于扩大，连续化、自动化程度及劳动生产率高，能耗少、氯气可循环使用，产品质量高。但是高品位二氧化钛原料的价格高得多，建厂投资大，工艺难度大，设备材料防腐、操作技术和管理水平要求高，设备维修较难，氯气的回收、再利用难度大，固废处理困难（深井填埋也对环境有极大影响）；四氯化钛的气相氧化、防止反应器的二氧化钛结疤及除疤技术尚难突破。同时因为国外技术垄断，引进先进的技术、设备比较困难。

（3）液相法

液相法是选择可溶于水或有机溶剂的钛盐，使其溶解并以粒子或分子状态混合均匀，再选择一种合适的沉淀剂或采用蒸发、结晶、升华、水解等过程，将钛离子均匀沉淀后结晶出来，再经脱水或热分解制得粉体。液相法具有合成温度低、设备简单、易操作、成本低等优点，是目前工业上广泛采用的方法。液相法主要有胶溶法、水热合成法、化学沉淀法、溶胶-凝胶法等，其中化学沉淀法是制备纳米级氧化钛规模化生产的方法。化学沉淀法主要有中和沉淀法、共沉淀法、均相沉淀法、胶体化学法、水解沉淀法等。

① 中和沉淀法。中和沉淀法（直接沉淀法）是将氨水、碳酸铵、碳酸钠或氢氧化钠等碱类物质加入钛无机盐溶液中，生成无定形的 TiO_2 胶状沉淀；将产生的沉淀过滤、洗涤、干燥，经热处理得锐钛型或金红石型 TiO_2 粉体。工艺流程如图 5-35 所示。

图 5-35　中和沉淀法制备纳米 TiO_2 粉体的工艺流程图

中和沉淀法的优点是原料来源广，产品成本较低；缺点是工艺路线长，自动化程度较低，各个工序的工艺参数须严格控制。

② 共沉淀法。化学共沉淀法是采用无机盐为反应物[如 $TiCl_4$、$Ti(SO_4)_2$、$TiOSO_4$]，在含有多种阳离子的溶液共沉淀体系中加入一些沉淀剂，如 $NaCO_3$，控制共沉淀反应的微环境，使共沉淀反应在有限的微区或液-液界面上进行，保持生成 $Ti(OH)_4$；沉淀具有较高的分散度，将产生的沉淀过滤、洗涤、干燥后在一定温度条件下焙烧得锐钛型或金红石型纳米 TiO_2 粉体。一般工艺流程如图 5-36 所示。

图 5-36　共沉淀法制备纳米 TiO_2 粉体的工艺流程图

以 $TiOSO_4$ 为原料，将 $TiOSO_4$ 溶液加入按化学计量比配制的 Na_2CO_3 溶液中，事先将 $NaCO_3$ 溶液稍微加热沉淀出 $Ti(OH)_4$，不断搅拌下，将精制的 $ZnSO_4$ 溶液缓缓加入上述沉淀液中，使 $ZnCO_3$ 沉淀包覆在 $Ti(OH)_4$ 沉淀上，再将此混合沉淀过滤、洗涤，于真空干燥箱内干燥，将干燥过的粉体置于马弗炉内 500℃ 下预焙烧，使 $ZnCO_3$ 转化成 ZnO，被包覆的 $Ti(OH)_4$ 转化成 H_2TiO_3，用一定量的稀 H_2SO_4 溶去绝大部分的 ZnO，于 800℃ 温度下将此溶锌粉体进行焙烧，最终制得粒径约 20～60 μm 金红石型钛白产品。

$$TiOSO_4 + 3H_2O \Longrightarrow Ti(OH)_4\downarrow + H_2SO_4 \qquad (5\text{-}104)$$

$$Na_2CO_3 + ZnSO_4 \Longrightarrow ZnCO_3\downarrow + Na_2SO_4 \qquad (5\text{-}105)$$

$$ZnCO_3 \xrightarrow{500℃} ZnO + CO_2\uparrow \qquad (5\text{-}106)$$

$$Ti(OH)_4 \xrightarrow{800℃} TiO_2 + 2H_2O \qquad (5\text{-}107)$$

共沉淀法设备简单，易操作和控制，并解决了 $Ti(OH)_4$ 沉淀过滤、洗涤困难等问题，是最经济的方法，合成的纳米 TiO_2 粉体具有较高的化学均匀性，粒度较细，粒径分布较窄，并具有一定形貌。

③　均相沉淀法。均相沉淀法是通过化学反应使沉淀剂（如 NH_4OH）在整个溶液中先缓慢生成，然后利用某一化学反应使构晶离子由溶液中缓慢均匀地释放出来，使沉淀能在整个溶液中均匀出现的方法。以 $TiOSO_4$ 为原料，尿素为沉淀剂制备纳米 TiO_2 的反应原理为：

沉淀剂的生成：
$$CO(NH_2)_2 + 3H_2O \longrightarrow 2NH_4OH + CO_2\uparrow \qquad (5\text{-}108)$$

沉淀反应：
$$TiOSO_4 + 2NH_4OH \longrightarrow TiO(OH)_2\downarrow + (NH_4)_2SO_4 \qquad (5\text{-}109)$$

热处理：
$$TiO(OH)_2 \longrightarrow TiO_2(s) + H_2O \qquad (5\text{-}110)$$

一般工艺流程如图 5-37。

图 5-37　均相沉淀法制备纳米 TiO_2 粉体的工艺流程图

上述反应的工艺条件为：反应温度 120℃，反应时间 2h，反应物 $n(TiOSO_4):n[CO(NH_2)_2]=1:2$，$TiO_2$ 的浓度为 1.8mol/L。得到的纳米 TiO_2 粒径为 30～80nm，产率达到 90%。

以工业上硫酸法生产钛白粉的中间产物——钛液为原料，尿素为沉淀剂，采用均相沉淀法在 90～100℃ 下，控制反应体系的 pH 值为工作反应终点，得到偏钛酸沉淀，然后洗净吸附在沉淀上的 Fe^{3+} 和 SO_4^{2-} 离子，再经干燥，分别在 550℃ 和 850℃ 下焙烧得到了锐钛型和金红石型 TiO_2 超细粉体。

均相沉淀法克服了由外部向溶液中加沉淀剂而造成的局部不均匀性，使沉淀不能在整个溶液中均匀进行的缺点。但均相沉淀法沉淀剂的生成速度较难控制。只要控制好生成沉淀剂的速度，就可避免浓度不均匀现象，使过饱和度控制在适当范围内，从而控制粒子的生成速度，获得粒度均匀、致密、分散性好、便于洗涤、纯度高的纳米 TiO_2 的粒子。均相沉淀法是纳米 TiO_2 粉体工业化生产前景好的一种方法。

④　胶体化学法。胶体化学法是将胶体化学中的胶溶作用引入沉淀法的方法。该方法以 $TiOSO_4$ 为原料按一定比例与 $NaOH$ 溶液生成水合 TiO_2 沉淀，再加酸使其形成溶胶，经表面活性剂处理，得到浆状胶粒，经热处理即得纳米 TiO_2 粉体。其工艺流程如图 5-38 所示。

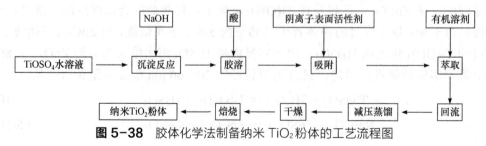

图 5-38　胶体化学法制备纳米 TiO_2 粉体的工艺流程图

涉及的主要反应：

沉淀反应：

$$2TiOSO_4 + 2OH^- \longrightarrow 2TiO(OH) + SO_2^{4-} \tag{5-111}$$

$$TiO(OH) + OH^- \longrightarrow TiO(OH)_2 \tag{5-112}$$

胶溶反应：

$$TiO(OH)_2 + H^+ \longrightarrow Ti(OH) + H_2O \tag{5-113}$$

热处理：

$$TiO(OH)_2 \longrightarrow TiO_2 + H_2O \tag{5-114}$$

利用胶体化学法可以制备纳米 TiO_2 粉体及各种组分的氧化物陶瓷粉体，制得的粉体分散性好、透明度高，具有较高的烧结活性。针对其工艺过程长，生产成本高，可进行小规模工业生产。工艺过程的关键是胶溶温度和胶溶剂浓度的控制。

⑤ 水解沉淀法。水解沉淀法是利用一些金属盐溶液在较高温度下可以发生水解反应，会生成氢氧化物或水合氧化物沉淀，再经加热分解后即可得到氧化物粉末的方法。此方法的原理是将一定浓度的 $TiCl_4$ 溶液或 $TiOSO_4$ 溶液加热升温，使其水解得 $TiO_2 \cdot nH_2O$ 沉淀，加热分解后制得 TiO_2 超细颗粒。

将含有盐酸的 $TiCl_4$ 溶液进行升温水解，控制盐酸的加入量，得到的水解产物经陈化后，进行过滤、洗涤、干燥，再经 200℃焙烧制备出粒径很小的金红石型 TiO_2 粉体。与上述三种工艺相比，水解法将金红石型纳米 TiO_2 粉体的焙烧温度从 800℃以上降到了 200℃。

水解沉淀法具有所需原料来源广、产品成本低、工艺简单的优势。升温水解工艺能直接沉淀出结晶物，经 200～400℃低温焙烧制得锐钛型或金红石型纳米 TiO_2 产物，不通过高温焙烧工序来实现晶型转化，有利于降低能耗。英国的 Tioxide 公司利用 $TiCl_4$ 加碱中和水解法合成了针状金红石型纳米 TiO_2 产品；日本石原产业公司生产了 TTO 系列纳米 TiO_2 产品；芬兰凯米拉公司和日本帝国化工公司则利用 $TiOSO_4$ 水解法分别生产出了 UV-Titan 系列产品和 MT 系列产品。虽然水解沉淀法存在着工艺路线较长、自动化程度较低、工艺参数较难控制等缺点，但该方法是目前国外生产纳米 TiO_2 粉体较成熟的已工业化的方法。

5.3.1.4 TiO_2 的主要用途

TiO_2 用于油漆、油墨、塑料、橡胶、造纸、化纤等行业，是白色颜料中着色力最强的一种，具有优良的遮盖力和着色牢度，适用于不透明的白色制品；金红石型特别适用于室外使用的塑料制品，可赋予制品良好的光稳定性；锐钛型主要用于室内使用制品，但略带蓝光，白度高、遮盖力大、着色力强且分散性较好；钛白粉广泛用作油漆、纸张、橡胶、塑料、搪瓷、玻璃、化妆品、油墨、水彩和油彩的颜料，还可用于冶金、无线电、陶瓷、电焊条。

5.3.2　SiO₂粉体的制备及用途

二氧化硅（SiO₂）分子量 60.08。二氧化硅有天然的二氧化硅和人工制备的二氧化硅。

5.3.2.1　天然二氧化硅的性质及用途

（1）物理性质

自然界中存在的二氧化硅有结晶型和无定形二氧化硅两种。结晶型二氧化硅因晶体结构不同，分为石英、鳞石英和方石英三种，各晶型的转变温度如图 5-39 所示。

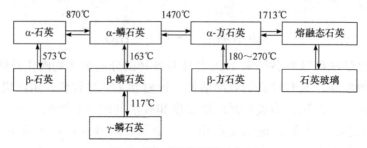

图 5-39　石英晶型转化图

上述的石英晶型转化根据其转化时的情况可以分为高温型的缓慢转化和低温型的快速转化两种。

① 高温型的缓慢转化。高温型的缓慢转化见图 5-39 中的横向转化。这种转化由表面开始逐步向内部进行，转化后发生结构变化，形成新的稳定晶型，因而需要较高的活化能。转化进程缓慢，转化时体积变化较大，并需要较高的温度与较长的时间。为了加速转化，可以添加细磨的矿化剂或助熔剂。

② 低温型的快速转化。低温型的快速转化见图 5-39 中的纵向转化。这种转化进行迅速，转化是在达到转化温度之后，晶体表面和内部瞬间同时发生转化，结构不发生特殊变化，因而转化较容易进行，体积变化不大，转化为可逆的。

石英晶型转化引起一系列物理变化，如体积、相对密度等。石英晶型转化过程中的体积变化可由相对密度的变化计算出其转化时的体积效应。

由表 5-18 计算值看出，属缓慢转化的体积效应值大，如在 α-石英向 α-鳞石英的转化中，体积膨胀达到 16%。而属快速转化的体积变化则很小，如 573℃时的 β-石英向 α-石英转化的体积膨胀仅 0.82%。

表 5-18　石英晶型体积转化时的效应（计算值）

缓慢转化	计算转化效应时的温度/℃	该温度下晶型转化时的体积效应/%	快速转化	计算转化效应时的温度/℃	该温度下晶型转化时的体积效应/%
α-石英→α-鳞石英	1000	+16.00	β-石英→α-石英	573	+0.82
α-石英→α-方石英	1000	+15.04	γ-鳞石英→β-鳞石英	117	+0.20
α-石英→石英玻璃	1000	+15.05	β-鳞石英→α-鳞石英	163	+0.20
石英玻璃→α-方石英	1000	−0.09	β-方石英→α-方石英	150	+2.80

石英在自然界大部分以 β-石英的形态稳定存在，只有很少部分以磷石英或方石英的介稳状态存在。纯石英为无色晶体，大而透明棱柱状的石英叫水晶。若含有微量杂质的水晶带有不同颜色，有紫水晶、茶晶、墨晶等。普通的砂是细小的石英晶体，有黄砂（较多的铁杂质）和白砂（杂质少、较纯净）。二氧化硅晶体中，硅原子的 4 个价电子与 4 个氧原子形成 4 个共价键，硅原子位于正四面体的中心，4 个氧原子位于正四面体的 4 个顶角上，许多个这样的四面体又通过顶角的氧原子相连，每个氧原子为两个四面体共有，即

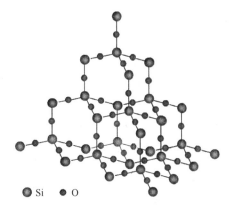

● Si　● O

图 5-40　二氧化硅晶体结构图

每个氧原子与两个硅原子相结合。SiO_2 是表示组成的最简式，仅是表示二氧化硅晶体中硅和氧的原子个数之比。二氧化硅晶体结构见图 5-40。

石英中 Si—O 键的键能很高，熔点 1723℃，沸点 2230℃，折射率大约为 1.6。

自然界存在的无定形二氧化硅有硅藻土，这是低等水生植物硅藻的遗体，为白色固体或粉末状、多孔、质轻、松软的固体，吸附性强。

（2）化学性质

二氧化硅化学性质比较稳定，不溶于水也不跟水反应，是酸性氧化物，不跟一般酸反应。气态氟化氢跟二氧化硅反应生成气态四氟化硅。与热的浓强碱溶液或熔化的碱反应生成硅酸盐和水。与多种金属氧化物在高温下反应生成硅酸盐。二氧化硅的性质不活泼，它不与除氟、氟化氢以外的卤素、卤化氢以及硫酸、硝酸、高氯酸作用（热浓磷酸除外）。常见的浓磷酸（或者说焦磷酸）在高温下即可腐蚀二氧化硅，生成杂多酸，高温下熔融硼酸盐或者硼酐亦可腐蚀二氧化硅，鉴于此性质，硼酸盐可以用于陶瓷烧制中的助熔剂，除此之外氟化氢也是可以使二氧化硅溶解的酸，生成易溶于水的氟硅酸：

$$SiO_2 + 4HF \Longrightarrow SiF_4\uparrow + 2H_2O \tag{5-115}$$

二氧化硅与碱性氧化物反应：

$$SiO_2 + CaO \xrightarrow{\text{高温}} CaSiO_3 \tag{5-116}$$

二氧化硅能溶于浓热的强碱溶液（盛碱的试剂瓶不能用玻璃塞而用橡胶塞的原因）：

$$SiO_2 + 2NaOH \Longrightarrow Na_2SiO_3 + H_2O \tag{5-117}$$

在高温下，二氧化硅能被碳、镁、铝还原：

$$SiO_2 + 2C \xrightarrow{\text{高温}} Si + 2CO\uparrow \tag{5-118}$$

$$SiO_2 + 2Mg \xrightarrow{\text{高温}} Si + 2MgO \tag{5-119}$$

$$3SiO_2 + 4Al \xrightarrow{\text{高温}} 3Si + 2Al_2O_3\uparrow \tag{5-120}$$

若 C 过量，则发生反应：

$$Si + C \xrightarrow{\text{高温}} SiC（金刚砂）\tag{5-121}$$

（3）基本用途

二氧化硅是制造玻璃、石英玻璃、水玻璃、光导纤维、电子工业的重要部件、光学仪器、工艺品和耐火材料的原料，是科学研究的重要材料。

二氧化硅的用途：平板玻璃，玻璃制品，铸造砂，玻璃纤维，陶瓷彩釉，防锈用喷砂，过滤用砂，熔剂，耐火材料，以及制造轻量气泡混凝土（autoclaved lightweight concrete）。二氧化硅的用途很广，自然界里比较稀少的水晶可用于制造电子工业的重要部件、光学仪器和工艺品。二氧化硅是制造光导纤维的重要原料。一般较纯净的石英，可用来制造石英玻璃。石英玻璃膨胀系数很小（5.5×10^{-7}/℃），相当于普通玻璃的1/18，能经受温度的剧变，耐酸性能好（除 HF 外），因此，石英玻璃常用来制造耐高温的化学仪器。石英砂常用作玻璃原料和建筑材料。

5.3.2.2　人工制备的二氧化硅

（1）性质

人工制备二氧化硅称为白炭黑，白炭黑是白色粉末状无定形硅酸和硅酸盐产品的总称，主要是指沉淀二氧化硅、气相二氧化硅和超细二氧化硅凝胶，也包括粉末状合成的硅酸铝和硅酸钙等。白炭黑是多孔性物质，其组成可用 $SiO_2 \cdot nH_2O$ 表示，其中 nH_2O 是以表面羟基的形式存在，能溶于苛性碱和氢氟酸，不溶于水、溶剂和酸（氢氟酸除外）。其耐高温、不燃、无味、无嗅，具有很好的电绝缘性。

（2）制备方法

① 气相法。气相法白炭黑的生产工艺主要为化学气相沉积法（CVD）。气相法生产工艺又称热解法、干法或燃烧法。其原料一般采用四氯化硅、氧（或空气）和氢，在高温下反应而成，反应式为：

$$SiCl_4 + 2H_2 + O_2 \longrightarrow SiO_2 + 4HCl \tag{5-122}$$

$$CH_3SiCl_3 + 2H_2 + 3O_2 \longrightarrow SiO_2 + CO_2 + 2H_2O + 3HCl \tag{5-123}$$

空气和氢气分别经过加压、分离、冷却脱水，硅胶干燥、除尘、过滤后送入合成水解炉。将四氯化硅原料送至精馏塔精馏后，在气化器中气化，并以干燥、过滤后的空气为载体，送到合成水解炉。四氯化硅在高温下气化（火焰温度 1000～1200℃）后，与一定量的氢和氧（或空气）在 1800℃左右的高温下进行气相水解，此时生成的气相二氧化硅颗粒极细，与气体形成溶胶，不易捕集。首先在聚集器中集成较大颗粒，然后经旋风分离器收集，再送入脱酸炉，用含氨空气吹洗气相二氧化硅至 pH 5～6 即为成品。

这种制备方法得到的产品的初级粒径在 7～40nm，优点是条件易控，产品粒径小，比表面积大，分散度和纯度都较高，又由于其表面含有的羟基数量较少，运用于高性能轮胎具有很强的补强性。其缺点是原料成本偏高，生产过程中能耗较大，导致产品的价格较高，不利于工业化生产。

气相法还有硅砂和焦炭的电弧加热法，有机硅化合物分解法等，主要流程是：将上述硅化合物在空气和氢气中均匀混合，于高温水解，再通过旋风分离器分离大的凝集颗粒，最后脱酸制得气相白炭黑。反应方程式为：

$$2H_2 + O_2 + 硅化合物 \longrightarrow 气相白炭黑 + 4H^+ \tag{5-124}$$

$$SiO_2 + C \longrightarrow SiO + CO \tag{5-125}$$

$$SiO + CO + O_2 \longrightarrow SiO_2 + CO_2 \tag{5-126}$$

电弧加热法能耗太高，产生的附加值太大。

② 沉淀法。沉淀法制备白炭黑传统的方法是将水玻璃与酸反应，经沉淀、过滤、洗涤和干燥而得到沉淀白炭黑，其反应方程式为：

$$Na_2SiO_3 + 2H^+ \longrightarrow 白炭黑 + 2Na^+ + H_2O \tag{5-127}$$

③ 制备二氧化硅的其他方法。

a. 利用蛋白石制取白炭黑。蛋白石是一种新型矿产资源，我国大兴安岭地区有产出，蛋白石中二氧化硅含量很高，达 89.14%，并且比表面积大、堆密度小。主要工艺流程为：蛋白石→粉碎→700～800℃下煅烧→酸浸→过滤洗涤→干燥→分选→产品。

b. 利用蛇纹石制取白炭黑。我国具有丰富的蛇纹石资源，储量达数亿吨。目前有少部分用作钙镁肥生产的配料，绝大部分未能得到利用。蛇纹石理论成分：MgO 39.5%，SiO_2 40.4%，是一种很有利用价值的含镁矿物资源。

蛇纹石酸浸提镁后的浸渣主要是多孔二氧化硅及少量未反应的矿物，在常压、100℃左右温度下，采用烧碱可将多孔二氧化硅溶出形成水玻璃溶液，再酸溶制取白炭黑。

$$nSiO_2 + 2NaOH \longrightarrow Na_2O \cdot nSiO_2 + H_2O \tag{5-128}$$

$$Na_2O \cdot nSiO_2 + 2HCl \longrightarrow 2NaCl + nSiO_2 + H_2O \tag{5-129}$$

c. 利用硅灰石制取白炭黑。硅灰石矿物成分简单，杂质成分少，其结构特性决定了它能溶解于盐酸，形成酸性硅溶胶，因而可利用硅灰石以酸溶法生产白炭黑。该工艺特点：省去制取水玻璃的高温熔融过程，且可在主产白炭黑的同时副产氯化钙。

工艺流程如下：取 1∶2 盐酸加入盛硅灰石的容器中，按 1.05 过量系数加入盐酸，不断搅拌，待反应完全后用自来水稀释，加热至 90℃，再用石灰缓慢中和至 pH 值为 7～8，90℃下保温一段时间后将上述絮状沉淀抽滤，母液蒸发浓缩结晶得到副产品氯化钙，固体洗至无 Cl⁻。然后将固体干燥、研磨得到白炭黑。

d. 利用高岭土制取白炭黑。将高岭土与工业硫酸铵（质量比为 1∶3.5）混匀，磨细至 -200 目。置于马弗炉内，以升温速度 50℃/h 升至 560℃，恒温 1h，取出，降至室温。将该产物放入 5% H_2SO_4 搅拌，使可溶性盐类溶解。为防止钛盐水解，滴加少量 H_2O_2。经静置、过滤、洗涤，滤饼用水洗到中性后，120℃烘干，40℃煅烧脱水，得蓬松的白色粉末即白炭黑。

e. 氟化法制白炭黑。利用 SiO_2 能和酸性 NH_4F 反应，生成氟硅酸铵，而氟硅酸铵在过量氨水作用下，可全部分解成 NH_4F 和 SiO_2。其工艺流程为：SiO_2 粉→NH_4F 氟化→过滤→加 NH_3 中和→过滤→洗涤→干燥→白炭黑。

$$6NH_4F + SiO_2 \longrightarrow (NH_4)_2SiF_6 + 4NH_3 + 2H_2O \tag{5-130}$$

$$(NH_4)_2SiF_6 + 4NH_3 + (n+2)2H_2O \longrightarrow 6NH_4F + SiO_2 \cdot nH_2O\downarrow \tag{5-131}$$

理论上讲，在此反应过程中只要系统封闭并有 NH_4F 存在，补充一定能量和 H_2O、SiO_2 就可以由晶态或非晶态转化为含有水的非晶态二氧化硅（白炭黑），其能耗和原材料的费用是很低的，故生产成本也很低。当然在实际生产过程中不可避免有损失，需要补

充 NH_4F 和 NH_3，但它的生产成本与沉淀法相比有较大幅度降低。

此工艺生产白炭黑的工艺能降低生产成本，为白炭黑在橡胶中更多的应用提供了条件。

f. 利用蛋白土和硅藻土制取白炭黑。蛋白土和硅藻土都是无定形的硅质矿物，主要化学成分是 $SiO_2 \cdot nH_2O$。它的结构特点决定了它比晶形的 SiO_2 更易溶于 NaOH 生成硅酸钠（水玻璃）。因而可以充分利用此特性生产水玻璃，进而制得白炭黑。该工艺的特点是水玻璃生产可在常压下进行，不需压力容器，反应时间较短，能耗较低，降低了生产成本。蛋白土或硅藻土经粉碎（–200 目），用碱对蛋白土或硅藻土粉进行溶解，其化学反应式如下：

$$mSiO_2 \cdot nH_2O + 2NaOH \longrightarrow Na_2O \cdot mSiO_2 + (n+1)H_2O \qquad (5\text{-}132)$$

式中，m 为硅钠比（即水玻璃的模数），它与原料中 SiO_2 的含量和反应中用碱量有关。制备的水玻璃加水调整到合适的浓度后加入一定量的电解质（如 NaCl、Na_2SO_4 等），用稀硫酸进行沉析，沉淀为含水二氧化硅。其反应方程式如下：

$$Na_2O \cdot mSiO_2 + H_2SO_4 \longrightarrow m\ SiO_2 \cdot H_2O + Na_2SO_4 \qquad (5\text{-}133)$$

沉淀物经陈化、过滤、洗涤、干燥后即得产品白炭黑。其工艺流程：矿粉→碱溶(NaOH)→过滤→水玻璃→酸析(H_2SO_4)→过滤→洗涤→干燥→白炭黑。利用蛋白土和硅藻土生产水玻璃和白炭黑具有工艺简单、能耗低、生产成本低的特点，生产的白炭黑完全达到标准，在橡胶上的应用也达到了优良的水平。中间产品水玻璃通过浓缩也可达到水玻璃的质量标准，可作为产品出售。生产过程中产生的废渣和废水不含限制排放的物质，pH 值也在可直接排放的范围内，对环境不会产生污染。

g. 利用煤矸石制备活性白炭黑。该方法是用废弃的煤矸石制备活性白炭黑，主要工艺是先将煤矸石粉碎成–120 目，然后分成两步：①生产硅酸钠，将粉碎的煤矸石粉与纯碱混均（混料比为1：5），经高温冶熔（1400～1500℃，1h）、水萃浸溶（100℃以上，4～5h）、过滤去杂质、浓缩滤液到 45～46°Bé 即得硅酸钠；②生产活性白炭黑，先将硅酸钠配成水玻璃溶液（模数为 2.4～3.6，SiO_2 含量为 4%～10%），然后在一定温度（28～32℃）、一定 pH 值（9～9.7）与酸（5%～20%的硫酸）条件下反应 8～16h，再升温到 80℃，搅拌，用硫酸调整 pH 值为 5～7，熟化 20min，经过滤、洗涤、干燥、分选得活性白炭黑。该方法的工艺流程为：煤矸石→与烧碱冶熔→水萃→浸溶→浓缩得水玻璃→中和陈化→过滤洗涤→干燥→活性白炭黑。

h. 利用埃洛石制备白炭黑。埃洛石是含水的层状硅酸盐矿物，SiO_2含量为46.15%，自然白度为75～85。主要工艺是先将埃洛石粉碎至60～200目，然后焙烧（70℃，3h），再将焙烧土与30%工业盐酸或硫酸按一定质量比配料，在一定温度、一定时间条件下酸浸，经中和、过滤、洗涤、干燥、分选得白炭黑。焙烧反应方程式为：

$$Al_2O_3 \cdot 2SiO_2 \cdot 2H_2O \longrightarrow Al_2O_3 \cdot 2SiO_2 + 2H_2O \qquad (5\text{-}134)$$

酸浸主要反应方程式为：

$$Al_2O_3 \cdot 2SiO_2 + 6H^+ + H_2O \longrightarrow 2Al^{3+} + 2H_4SiO_4 \qquad (5\text{-}135)$$

所得白炭黑符合标准，白度 86.8～92.4，比表面积为 $24m^2/g$。同时制得可用于高效净水剂的聚合氯化铝或硫酸铝、活性氧化铝。

ⅰ. 由稻壳提取高纯 SiO_2。高纯 SiO_2 是精细陶瓷、光导纤维和太阳能电池等工业的基本原料。例如高纯 SiO_2 是 $SrTiO_3$ 晶界层电容器材料的助烧结剂；多孔高纯的 SiO_2 可以作为某些发光材料的载体，也可作为制备高纯硅溶胶的原料。随着现代电子工业的发展，对高纯 SiO_2 的需求将日益增加。为了寻找廉价的生产途径，人们想到用稻壳作原料提取高纯 SiO_2。稻壳是一种含硅量丰富的天然材料，其 SiO_2 的含量一般在18%～22.1%，其余为有机物和微量金属元素。因此，在高温高压、氧化性的酸性介质中可将有机物分解和微量的金属元素变成可溶性离子而去除。

④　二氧化硅的应用。

a. 二氧化硅用作补强剂，用量最大的是橡胶领域，其用量已占总用量的 70%，普通二氧化硅用作鞋类制品、碾米胶辊、复印机或激光打印机的半导电性胶辊、金属芯硅橡胶胶辊、电子摄影机连续输送胶片的胶辊等材料。

超细二氧化硅在橡胶材料中用作补强填料，用于生产绿色轮胎，二氧化硅代替炭黑用于胎侧，能显著增加胎侧的撕裂强度和耐裂增长性能，而对硫化时间无明显影响，耐臭氧老化依赖于抗氧化剂和二氧化硅用量。超细二氧化硅填充聚氯乙烯薄膜，利用它的透光、粒度小等特点，可使塑料变得更致密，尤其是半透明塑料膜，添加超细二氧化硅可显著提高韧性、透明度、强度、防水性能等。

b. 在涂料行业中，超细二氧化硅主要用作消光剂和增稠剂。可见光聚合的配合物中含二氧化硅或氧化铝粒子，利用表面的羟基制备透明或半透明涂料，制成的涂料具备优良的耐磨、耐溶解等性能。防雾固化涂料，用于透镜表面，防雾且具有优异的耐磨性。用于制备优良的耐磨、耐化学、耐候、耐刮擦性能的硅氧烷涂料。二氧化硅填充的溶剂基耐腐蚀涂层用于钢板，所形成的涂层具备优良的黏合性、可点焊性、电泳表面涂漆性。用于制备聚烯烃粉末涂料。用于制备防水、防锈涂料。用于制备具备高润滑性、低光泽镀锌钢板黑色表面涂层。

c. 在黏合剂中的应用：用二氧化硅填充的合成橡胶或热固性树脂制作黏合剂，用于化学电镀印刷板，无起泡现象；二氧化硅填充的聚酯黏合剂用于 PVC 膜间和金属板间的黏合，其隙离强度和水煮剥离温度明显提高；二氧化硅填充的水性丙烯酸酯黏合剂，用于纸张的黏合，具备高撕裂强度，能在水中击打时迅速移去；二氧化硅填充的电绝缘环氧黏合剂，用于金属框架与半导体元件，其触变性能稳定；二氧化硅填充的硅橡胶黏合剂用于黏合垫片，黏性好，固化后黏合力高。

d. 医药。白炭黑具有生理惰性，高吸收性、分散性和增稠性，在药物制剂中得到了广泛的应用。法国的研究者们发现，在雷尼替丁等药物中，分别加入少量气相法白炭黑会改变其流动性。在含有灰黄霉素等药物中，加入少量气相法白炭黑能改变其溶解速率，即改变难溶药物在水中的分散性和吸收性。在含有阿司匹林的药粉中，加入少量气相法白炭黑，会改变药粉的抗静电性。白炭黑作为吸收剂、分散剂还可用于西药片剂如维生素 C 的生产中。在制作医药胶囊中，加入少量白炭黑可起载体作用。日本的研究者们发现，在聚乙烯包装材料的配方中，加入少量的白炭黑，可制成用于医药物品的消毒包装膜。

e. 油墨。白炭黑用于控制印刷及打印机油墨的流量，使它不能任意流动或流挂，以获得清晰的印刷和打印。气相法白炭黑还在复印机和激光打印机的墨盒调色中用作分散剂和流量控制剂。用作墨粉外添加剂时，可提高墨粉电量，增加流动性，其良好的疏水性使二氧化硅添加的墨粉抗潮湿性能显著增强。目前用于激光打印的市场较好，但有被喷墨打印所取代的趋势。

f. 农药。白炭黑在农药中可用于除草剂和杀虫剂。在常见的两种除草剂二硝基苯胺和尿素混合物中，加入少量的气相法白炭黑和沉淀法白炭黑，能防止这种混合物结块。在颗粒状的杀虫剂配方中，加入少量的气相法白炭黑，将会更有效地控制和防止有害的机体产生。白炭黑还可用作土壤中污染物的吸收剂，吸收土壤中的污染物。

g. 日用品。添加有白炭黑的食品包装袋，对水果蔬菜可起到保鲜作用，白炭黑还可用作防治水果各种疾病的高效杀菌剂。在酒类的生产中，加入少量的白炭黑可以净化啤酒和延长保鲜期。在含有氯乙烯的编织物中，加入少量气相法白炭黑，会改变它的性能，白炭黑起消光剂的作用。它只留在编织物的表面，而不会穿透编织物。

h. 电子封装材料。有机物电致发光器材（OLED）是当前开发研制的一种新型平面显示器件，具有开启和驱动电压低，且可直流电压驱动，可与规模集成电路相匹配，易实现全彩色化，发光亮度高（$>105cd/m^2$）等优点，但 OLED 器件使用寿命还不能满足应用要求，其中需要解决的技术难点之一就是器件的封装材料和封装技术。当前，国外（日本、美国、欧洲等）广泛采用有机硅改性环氧树脂，即通过两者之间的共混、共聚或接枝反应而达到既能降低环氧树脂内应力又能形成分子内增韧，提高耐高温性能，同时也提高有机硅的防水、防油、抗氧性能，但其需要的固化时间较长（几个小时到几天），要加快固化反应，需要在较高温度（60～100℃以上）或增大固化剂的使用量，这不但增加成本，而且还难于满足大规模器件生产线对封装材料的要求（时间短、室温封装）。将经表面活性处理后的气相白炭黑充分分散在有机硅改性环氧树脂封装胶基质中，可以大幅度地缩短封装材料固化时间（为 2.0～2.5h），且固化温度可降低到室温，使 OLED 器件密封性能得到显著提高，增加 OLED 器件的使用寿命。

i. 树脂复合材料。树脂基复合材料具有轻质、高强、耐腐蚀等特点。当前材料界和国民经济支柱产业对树脂基材料使用性能的要求越来越高，如何合成高性能的树脂基复合材料，已成为当前材料界和企业界的重要课题。气相白炭黑的问世，为树脂基复合材料的合成提供了新的机遇，为传统树脂基材料的改性提供了一条新的途径，只要能将气相白炭黑颗粒充分、均匀地分散到树脂材料中，完全能达到全面改善树脂基材料性能的目的。

环氧树脂是基本的树脂材料，把气相白炭黑添加到环氧树脂中，在结构上完全不同于粗晶二氧化硅（白炭黑等）添加的环氧树脂基复合材料，粗晶 SiO_2 一般作为补强剂加入，它主要分布在高分子材料的链间，而气相白炭黑由于表面严重配位不足、庞大的比表面积以及表面欠氧等特点，表现出极强的活性，很容易和环氧环状分子的氧起键合作用，提高了分子间的键力，同时尚有一部分气相白炭黑颗粒仍然分布在高分子链的空隙中，使气相白炭黑添加的环氧树脂材料强度、韧性、延展性均大幅度提高。

气相白炭黑颗粒比 SiO_2 要小很多，将其添加到环氧树脂中，有利于拉成丝。气相白炭黑的高流动性和小尺寸效应，使材料表面更加致密细洁，摩擦系数变小，加之纳米颗粒的高强度，使材料的耐磨性大大增强。

环氧树脂基复合材料使用过程中一个致命的弱点是抗老化性能差，其原因主要是太阳辐射 280～400nm 波段的紫外线中、长波对树脂基复合材料的破坏作用是十分严重的，高分子链的降解致使树脂基复合材料迅速老化。而气相白炭黑可以强烈地反射紫外线，加入环氧树脂中可大大减少紫外线对环氧树脂的降解作用，从而达到延缓材料老化的目的。

j. 陶瓷。用气相白炭黑代替纳米 Al_2O_3 添加到陶瓷里，既可以起到纳米颗粒的作用，同时它又是第二相的颗粒，不但提高陶瓷材料的强度、韧性，而且提高了材料的硬度和弹性模量等性能，其效果比添加 Al_2O_3 更理想。利用气相白炭黑来复合陶瓷基片，不但提高了基片的致密性、韧性和光洁度，而且烧结温度大幅降低。此外，气相白炭黑在陶瓷过滤网、刚玉球等陶瓷产品中的应用效果也十分显著。

k. 其他。白炭黑可用于制作清新胶，在制备清新胶的均相混合物中，加入少量白炭黑，可起悬浮剂的作用；白炭黑可用于制作录音机的磁带，起防黏剂的作用；用于制作电路基板。白炭黑可用作消泡剂，在含有聚硅氧烷溶液中，加入少量白炭黑，这种组合物特别适合于控制在高温下工作的强酸性或强碱性体系的泡沫。超细二氧化硅在现代医药、生物工程、光学等领域有很重要的用途。如生物、医学领域，纳米二氧化硅微粒可用来进行细胞分离；在光纤材料中纳米二氧化硅可以降低传输损耗。用作牙膏摩擦剂与增稠剂，具有高摩擦效力和低折射率、低吸油值，而且与有机胺相容的同时与牙膏配方中的金属阳离子如锌、锶和锡相容，且无定形的二氧化硅具有洁齿能力强、物理性能好、化学性质稳定、与牙膏膏体中其他配料的相容性好等优点。纳米微粒应用于红外反射材料主要是制成薄膜和多层膜来使用。纳米微粒的膜材料在灯泡工业上有很好的应用前景。高压钠灯以及各种用于拍照、摄影的碘弧灯都要求强照明，但是灯丝被加热后 69% 的能量转化为红外线，这就表明有相当多的电能转化为热能被消耗掉，仅有一少部分转化为光能来照明，同时，灯管发热也会影响灯具的寿命，如何提高发光效率，增加照明度一直是急待解决的关键问题。纳米微粒的诞生为解决这个问题提供了一个新的途径。20 世纪 80 年代以来，科研技术人员用纳米 SiO_x 和纳米 TiO_2 微粒制成了多层干涉膜，总厚度为微米级，衬在灯泡罩的内壁，结果不但透光率好，而且有很强的红外线反射能力。据专家测算，同种灯光亮度下，该种灯具与传统的卤素灯相比，可节约 15% 的电能。

5.3.3　氧化铍粉体的制备及用途

5.3.3.1　氧化铍粉体的性质

氧化铍 BeO（beryllium oxide），白色或无色晶体，剧毒，分子量 25.01，密度为 $3.02g/cm^3$，熔点（2570±20）℃，沸点约 3900 ℃，莫氏硬度 9，热导率 209W/(m · K)，热膨胀系数 $8.8×10^{-6}/℃$，弹性模量 392GPa，极微溶于水，溶解度为 $2×10^{-7}g/mL$（20℃）。BeO 晶型有低温 α 型和高温 β 型两种。α 型属于六方晶系晶体，是碱土金属氧化物中唯一的六方纤锌矿结构（wurtzite），其他碱土金属氧化物（MgO、CaO、SrO 和 BaO 等）

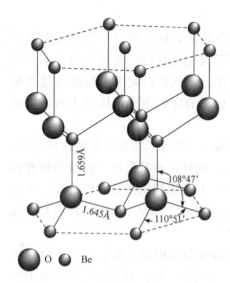

1.659Å
108°47′
1.645Å
110°51′
O   Be

图 5-41 α-BeO 的六方纤锌矿型晶体结构

则为 NaCl 型结构。α-BeO 晶体结构的空间群为 P6₃mc，每个 O 原子与 4 个 Be 原子形成四面体，或者每个 Be 原子与 4 个 O 原子形成四面体，如图 5-41 所示。α型的晶格中具有较强的共价键成分，因此具有较高的硬度。α-BeO 在 2050℃ 以上变成四方晶系的 β-BeO，体积增大约 5%。

BeO 的高温蒸气压和蒸发速度均较低，真空中可在 1800℃ 下长期使用；惰性气体中可在 2000℃ 下使用；但在氧化气氛中，1800℃ 时有明显挥发，在有水蒸气的气氛中，1500℃ 即发生水解形成 $Be(OH)_2$ 而大量挥发。随着温度增加，氧化铍比热容急剧升高，热导率则急剧下降，热膨胀系数则稍有提高。机械强度方面，BeO 约为 Al_2O_3 的 1/4，但高温强度良好，1000℃ 时抗压强度为 248.5MPa。氧化铍核性能良好，对中子减速能力强，X 射线则对其有很高的穿透力。在高温下氧化铍仅与碳、硅和硼发生很弱的反应。

氧化铍辐照性能：氧化铍经辐照会引起其晶粒的变化，从而导致氧化铍体积变化，甚至材料产生裂纹。实验证明，对于给定的辐照注入量，氧化铍宏观尺寸变化随辐照温度增加而减少；温度小于 150℃ 时，材料体积在中等辐照剂量下扩张速率增大，当注入量大于 $10 \times 10^{20} n/cm^2 (E_n > 1MeV)$ 时开始下降。同时，辐照造成的晶格缺陷和微裂纹会降低氧化铍的热导率。当辐照温度为 100℃，辐照剂量为 $10^{19} \sim 4 \times 10^{20} n/cm^2 (E_n > 1MeV)$ 时，材料热导率随剂量增加而下降；当辐照剂量为小剂量且固定时，辐照温度越高，热导率降低得越小。力学性能方面，氧化铍在低辐照剂量下弯曲强度增加，但微裂纹形成后弯曲强度随辐照剂量增加而迅速下降。材料辐照下密度变化不大，弹性常数初始阶段变化不大，产生微裂纹后很快下，热膨胀系数则没有变化。

5.3.3.2 氧化铍粉体的制备方法

BeO 粉体是从铍矿物中提炼而得到的，目前世界上含铍的矿物约有 40 种，大部分分散在各种硅酸盐岩石之中（每吨含铍约 3.5g）。有工业开采价值的铍矿物主要为绿柱石。制取工业氧化铍主要有三种方法，即硫酸法、硫酸萃取法和氟化法。

（1）硫酸法

硫酸法是氧化铍生产中广泛应用的方法之一，其工艺流程如图 5-42 所示。首先，将绿柱石与方解石经配料混合，进入电弧炉，在 1400~1500℃ 下进行熔炼，熔体经水淬，成为高反应活性的铍玻璃体，反应式如下：

$$3BeO \cdot Al_2O_3 \cdot 6SiO_2 + 2CaO = CaO \cdot Al_2O_3 \cdot 2SiO_2 + CaO \cdot 3BeO \cdot SiO_2 + 3SiO_2 \quad (5\text{-}136)$$

湿磨后的细铍玻璃与浓 H_2SO_4 混合后，剧烈反应可使温度升至 250℃ 左右，过程中硅酸脱水，析出 SiO_2。然后用水浸取，液固分离后得到含铍的浸取液。反应式如下：

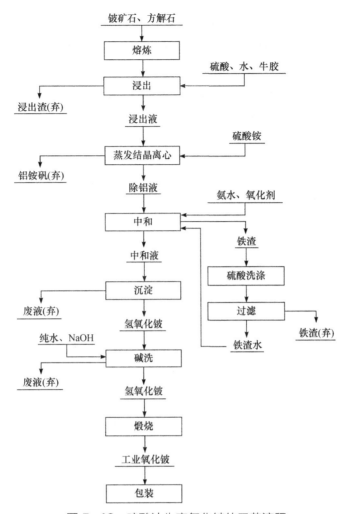

图 5-42　硫酸法生产氧化铍的工艺流程

$$4H_2SO_4 + CaO \cdot Al_2O_3 \cdot 2SiO_2 == CaSO_4 + Al_2(SO_4)_3 + 2SiO_2 + 4H_2O \quad (5\text{-}137)$$

$$4H_2SO_4 + CaO \cdot 3BeO \cdot 2SiO_2 == CaSO_4 + 3BeSO_4 + 2SiO_2 + 4H_2O \quad (5\text{-}138)$$

　　浸出液中含有铁、铝等杂质，经浓缩后，添加硫酸铵，再冷却结晶，铁、铝形成硫酸亚铁铵和硫酸铝铵矾渣，液固分离后得到含铍的除铝液。反应式如下：

$$Al_2(SO_4)_3 + (NH_4)_2SO_4 + 24H_2O == 2[(NH_4)Al(SO_4) \cdot 12H_2O] \quad (5\text{-}139)$$

$$FeSO_4 + (NH_4)_2SO_4 + 6H_2O == (NH_4)_2Fe(SO_4) \cdot 6H_2O \quad (5\text{-}140)$$

　　往除铝液中加入氧化剂，以氨水作中和剂，调节 pH=5.1，溶液中的铝、铁即沉淀出来。同时添加沉磷剂使溶液中的磷沉淀。除铁、除铝反应式如下：

$$Fe^{3+} + 3OH^- == Fe(OH)_3\downarrow \quad (5\text{-}141)$$

$$Al^{3+} + 3OH^- == Al(OH)_3\downarrow \quad (5\text{-}142)$$

　　液固分离后得到含铍的中和液。中和液以氨水调节 pH=7.5，氢氧化铍即从溶液中完全沉淀。反应式如下：

$$BeSO_4 + 2NH_3 \cdot H_2O == (NH_4)_2SO_4 + Be(OH)_2\downarrow \quad (5\text{-}143)$$

氢氧化铍中的少量杂质铝可通过碱洗进一步分离。反应式如下：

$$Al(OH)_3 + NaOH = NaAlO_2 + 2H_2O \tag{5-144}$$

煅烧氢氧化铍就得到氧化铍，反应式如下：

$$Be(OH)_2 = BeO + H_2O \tag{5-145}$$

该生产工艺是生产工业氧化铍的原始工业方法，工艺过程较长，设备较多，操作较难，产品质量、回收率都较低，而且对原料品位要求较高，废渣废水处理量较大，环保难度较大，投入环保费用也较高。

（2）氟化法

氟化法（Copaux 法）是建立在铍氟酸钠能溶于水，而冰晶石不溶于水的原理上。其流程见图 5-43。

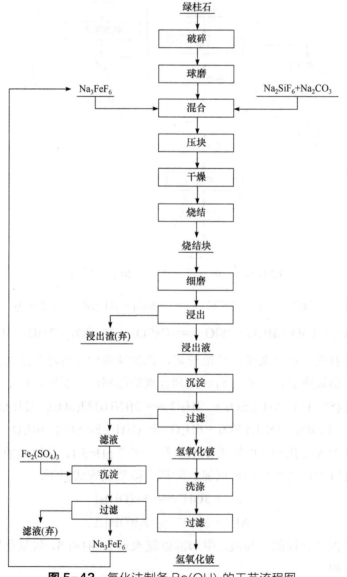

图 5-43 氟化法制备 Be(OH)₂ 的工艺流程图

将绿柱石与硅氟酸钠和铁氟酸钠混合，于 750℃ 下烧结 2h，反应如下：

$$3BeO \cdot Al_2O_3 \cdot 6SiO_2 + 2Na_2SiF_6 + Na_2CO_3 = 3Na_2BeF_4 + 8SiO_2 + Al_2O_3 + CO_2 \quad (5-146)$$

$$3BeO \cdot Al_2O_3 \cdot 6SiO_2 + 2Na_3FeF_6 = 3Na_2BeF_4 + 6SiO_2 + Al_2O_3 + Fe_2O_3 \quad (5-147)$$

烧结块经湿磨至粒径达 0.074mm，室温下用水进行三次浸出。一般认为氟化法获得的浸出液比硫酸法的纯度高，不需要专门的净化处理就可以直接用氢氧化钠沉淀出氢氧化铍，反应如下：

$$Na_2BeF_4 + 2NaOH = Be(OH)_2 + 4NaF \quad (5-148)$$

过滤氢氧化铍后的滤液中含有 NaF，要进行回收，先用硫酸调节滤液 pH 值至 4。在不断搅动的情况下加入硫酸铁，便得到铁氟酸钠，可返回烧结配料。反应如下：

$$Fe_2(SO_4)_3 + 12NaF = 2Na_3FeF_6\downarrow + 3Na_2SO_4 \quad (5-149)$$

氟化法的流程比较简单，防腐蚀条件好，可处理低品位和含氟高的矿石，总回收率可达 80%～85%，但废渣、废水、废气中含铍、氟，双重污染毒性较大，三废处理困难，且产品质量较硫酸萃取法稍差。

（3）硫酸萃取法

1969 年美国布拉什-威尔曼公司在犹他州的德尔塔建立用硫酸萃取流程处理低品位硅铍石的工厂，其流程见图 5-44。其主要工艺大致是：硅铍石首先经破碎，碎矿在带分级机的球磨机中湿磨至 200 目，为了避免破碎时粉尘飞扬而用水喷淋。喷淋和湿磨都是用逆流倾注洗涤（CCD）浓密机的洗水。湿磨后往矿浆加入 10%硫酸，在液固比为 100：35 及温度 65℃ 的条件下搅拌酸浸 24h，再在逆流倾注洗涤浓密机中逆流沉降，泥浆弃去，所得浸出液含铍 0.4～0.7g/L，铝 4～7g/L，pH 0.5～1.0。以该浸取液作水相，以 0.5mol/L 的二（2-乙基己基）磷酸（D_2EHPA）- 4%己醇-煤油作为有机相，进行 8 级逆流萃取，铍及少量铝、铁进入有机相，萃余液废弃。萃取过程的反应式如下：

$$Be^{2+}(水) + 2H_2X_2(有) = BeH_2X_4(有) + 2H^+(水) \quad (5-150)$$

（上式中，H_2X_2 代表 D_2EHPA，下同）。

将获得的萃取液用碳酸铵溶液反萃，铍进入水相中形成铍碳酸铵，铁、铝也进入水相，反萃过程的反应式如下：

$$BeH_2X_4(有) + 2(NH_4)_2CO_3(水) = (NH_4)_2[Be(CO_3)_2](水) + 2NH_4HX_2(有) \quad (5-151)$$

反萃后的有机相经硫酸酸化返回萃取段。

将反萃获得的铍碳酸铵溶液先加热至 70℃，使铁、铝水解沉淀而分离，再加热至 95℃，并加入 EDTA 络合剂，使铍碳酸铵水解（即 A 水解），得到碱式碳酸铍，水解反应式如下：

$$2(NH_4)_2[Be(CO_3)_2] + H_2O = BeCO_3 \cdot Be(OH)_2 + 4NH_3\uparrow + 3CO_2\uparrow + 2H_2O \quad (5-152)$$

碱式碳酸铍滤饼用去离子水打浆，蒸汽加热至 165℃，使碱式碳酸铍水解（即 B 水解），转化成氢氧化铍，滤液废弃。水解反应式如下：

$$BeCO_3 \cdot Be(OH)_2 + H_2O = 2Be(OH)_2\downarrow + CO_2\uparrow \quad (5-153)$$

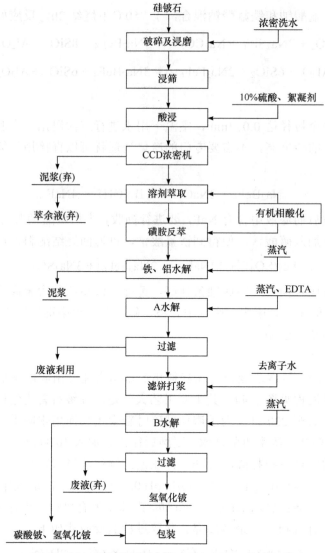

图 5-44 硫酸萃取法制备 Be(OH)₂工艺流程图

硫酸萃取流程由于有机相及反萃沉淀液均可返回利用，排出的污染物除浸出渣外，只有萃余液和酸洗废液，数量少、易于处理，同时萃取与反萃取过程具有连续化、自动化的特点，有利于解决车间生产安全与环境污染的问题，对杂质锂、氟含量高的矿石也能获得质量好的氧化铍。

5.3.3.3 氧化铍粉体的用途

（1）氧化铍在核反应堆中的应用

氧化铍的核性能优异，它的中子散射截面、减速比都比金属铍和石墨高，能有效地反射和减速中子。高温辐照稳定性比金属铍好，密度比金属铍大，高温时有相当高的强度和热导率，而且，氧化铍比金属铍价格便宜。这就使它更适于用作反应堆中的反射体、减速剂和弥散相燃料基体。氧化铍不仅用于试验研究用的反应堆，而且还用于潜艇、船及空间系统的反应堆中。

（2）氧化铍在火箭技术与航空上的应用

氧化铍所具有的高温性能与优良的核性能，使它成为火箭和航空技术中的理想材料之一。它的高热容量和传热性使之能作为火箭和导弹返回大气层的壳体与火箭的喷嘴或新一代超声速飞机中的难熔材料。由于它具有良好的热冲击稳定性，从而可以用来制成汽轮-透平的叶片。

（3）氧化铍在陶瓷材料中的应用

在工业氧化物陶瓷中，由于氧化铍陶瓷的热传导性最好，比热值最大，并且有强度大、刚度高、熔点高、尺寸稳定等特性，因而广泛应用于电子工业、反应堆工程和空间系统中。此外，又因其具有良好的热物理、电物理和力学性能，以及当前电子技术正朝着大功率、微型化方向发展，所以氧化铍陶瓷在电子工业上的应用愈来愈重要。如用作电绝缘体、半导体器件、功率管外壳、晶体管基座、微波天线窗、整流罩、电阻芯等材料。特别是在大规模和中规模的集成电路中，氧化铍陶瓷基材料需要量正在不断增加。

5.3.4　氧化镁粉体的制备及用途

5.3.4.1　氧化镁粉体的性质

氧化镁（MgO，magnesium oxide）相对密度 3.58g/cm³，熔点 2852℃，沸点 3600℃。常温下为一种白色固体，具有高度耐火绝缘性，介电常数在 9～10 之间。经 1000℃ 以上高温灼烧可转变为晶体，升至 1500℃ 以上则成死烧氧化镁（也就是所说的镁砂）或烧结氧化镁。氧化镁以方镁石形式存在于自然界中，是冶镁的原料，俗称苦土、灯粉、镁砂、镁氧等。

氧化镁的晶体结构共有两种，分别是六方方镁石矿结构和六方苦土矿结构。相比较而言，六方方镁石矿结构的 MgO 较为稳定，因此，自然界存在的 MgO 较多以这种结构存在。方镁石矿结构的 MgO 晶格常数为 $a = 0.4211nm, b = 0.4211nm, c = 0.4211nm$，晶格能为 3916kJ/mol，属于立方晶系。图 5-45 所示为方镁石矿结构 MgO，Mg^{2+} 和 O^{2-} 分别位于两套沿棱线错开 1/2 的面心立方格的结点位置。

MgO 因制备方法不同，有轻质和重质之分。轻质体积疏松，为白色无定形粉末，无臭，无味，无毒，难溶于纯水及有机溶剂，在水中溶解度因二氧化碳的存在而增大，能溶于酸、铵盐溶液，经高温灼烧转化为结晶体，遇空气中的二氧化碳生成碳酸镁复盐；重质体积紧密，为白色或米黄色粉末，与水易化合，露置空气中易吸收水分和二氧化碳，与氯化镁溶液混合易胶凝硬化。

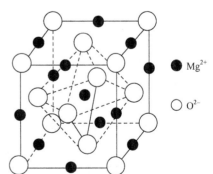

图 5-45　方镁石矿 MgO 的晶体
结构

5.3.4.2　氧化镁的生产方法

（1）双减碳化法

为了提高氧化镁的提取率，并降低产品能耗，提高产品质量，增加产品品种，采用双减碳化法工艺改变了碳化条件,减去了高能耗的生产过程。将净化过的石灰乳液在特定条件下进行碳化反应,使 80%～90% 的 MgO 溶解,并生成含 MgO 20～30g/L 的碳酸氢镁过饱和溶液。经快速压滤,在特定条件下使碳酸氢镁饱和溶液在 20～30℃ 下解吸出碱式碳酸镁。此碱式碳酸镁滤饼含水分只有 50%～60%,经煅烧得轻质氧化镁产品。传统白云石碳化法工艺见图 5-46,轻质氧化镁双减碳化法工艺见图 5-47。

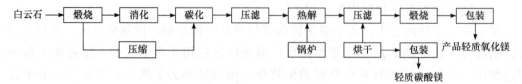

图 5-46　传统白云石碳化法工艺

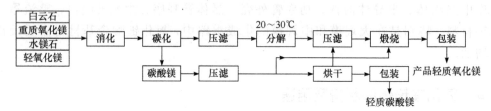

图 5-47　轻质氧化镁双减碳化法工艺

该工艺特点:

① 氧化镁的提取率增高了 20%～30%。

② 减去了压缩和热解过程,降低了碱式碳酸镁滤饼水分含量 25%～30%。

因此每吨轻质氧化镁产品煤耗降低 75%,电耗降低 65%。

（2）气相法

将高纯度金属镁和氧反应生成晶核,然后使颗粒继续成长,制得高纯度微粉氧化镁。含氧化镁 80%（质量分数）以上的粗原料用无机酸（硫酸、盐酸、硝酸）以摩尔比 1∶2 的比例进行溶解,制成无机酸的镁盐。精制除去其中杂质,于氧气气氛下进行加压加热处理,再经水洗、脱水、干燥,于 1100℃ 加热 1h,制得高纯度氧化镁。

氢氧化镁煅烧法,以除杂净化的硫酸镁溶液为原料,以纯氨水为沉淀剂加入镁液中沉淀出 $Mg(OH)_2$,经板框压滤机进行固液分离,滤饼经洗涤得高纯度 $Mg(OH)_2$,再经烘干、煅烧制得高纯氧化镁。

煅烧法苦土粉经过水选,除去杂质后沉淀成镁泥浆,然后通过消化、烘干、煅烧,使氢氧化镁脱水生成氧化镁。

（3）煅烧法

将菱镁矿在 950℃ 下于煅烧炉中进行煅烧,再经冷却、筛分、粉碎,制得轻烧氧化镁。

纯碱法先将苦卤加水稀释至 20°Bé 左右加入反应器,在搅拌下徐徐加入 20°Bé 左右的纯碱澄清溶液,于 55℃ 左右进行反应,生成重质碳酸镁,经漂洗、离心分离,在 700～900℃ 进行焙烧,经粉碎、风选,制得轻质氧化镁产品。其反应如下:

$$5Na_2CO_3 + 5MgCl_2 + 6H_2O \longrightarrow 4MgCO_3 \cdot Mg(OH)_2 \cdot 5H_2O + 10NaCl + CO_2\uparrow \quad (5\text{-}154)$$

$$4MgCO_3 \cdot Mg(OH)_2 \cdot 5H_2O \longrightarrow 5MgO + 4CO_2\uparrow + 6H_2O \qquad (5\text{-}155)$$

（4）碳化法

① 加压碳化法。白云石于950～1200℃锻烧成氧化钙和氧化镁后，用水消化成浆，通入已净化的二氧化碳气体，待氢氧化钙转成碳酸钙后，再于常温下进行加压碳化，使镁转化为碳酸氢镁溶液。过滤出碳酸钙后的溶液，热解得到碱式碳酸镁产品，煅烧后得到氧化镁。

$$MgCO_3 \cdot CaCO_3 \longrightarrow MgO + CaO + 2CO_2\uparrow \qquad (5\text{-}156)$$

$$(MgO + CaO) + 2H_2O \longrightarrow Mg(OH)_2 + Ca(OH)_2 \qquad (5\text{-}157)$$

$$Mg(OH)_2 + Ca(OH)_2 + 3CO_2 \longrightarrow Mg(HCO_3)_2 + CaCO_3 + H_2O \qquad (5\text{-}158)$$

$$Mg(HCO_3)_2 + H_2O \longrightarrow 4MgCO_3 \cdot Mg(OH)_2 \cdot 5H_2O + 6CO_2\uparrow \qquad (5\text{-}159)$$

$$4MgCO_3 \cdot Mg(OH)_2 \cdot 5H_2O \longrightarrow 5MgO + 4CO_2\uparrow + 6H_2O$$

工艺的优点是用自身产生的二氧化碳气体为钙、镁分离及沉淀的原料，而不需辅助材料。其不足之处有设备投资大，生产能力低，副产钙盐纯度不高，流程见图5-48。

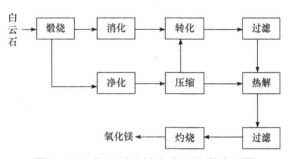

图5-48 加压碳化法生产氧化镁流程图

② 氯化铵-二氧化碳法。利用氯化铵和二氧化碳来处理用水消化好的白云石烧熟料，使料浆中的钙转成碳酸钙沉淀，而镁以氯化镁溶液的形式与钙分离。其化学反应式为：

$$Ca(OH)_2 + Mg(OH)_2 + 2NH_4Cl + CO_2 = CaCO_3 + MgCl_2 + 2NH_4OH + 3H_2O \qquad (5\text{-}160)$$

该工艺无须加压，但白云石矿中的杂质和煅烧时引入的煤灰等与碳酸钙沉淀一道被滤出，使碳酸钙产品严重不纯。该工艺流程如图5-49所示。

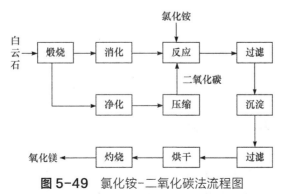

图5-49 氯化铵-二氧化碳法流程图

③ 硫酸铵一步浸出法。该工艺利用硫酸钙与硫酸镁溶解度上的差异，用硫酸铵作浸取剂，过程产生的氨回收用来沉淀镁，分离出来硫酸钙后的富镁液用回收的氨水将镁沉淀。反复洗涤氢氧化镁至无硫酸根后，灼烧制得优质氧化镁。该工艺的氧化镁产品中的硫酸根易超标，而且生产周期长，生产成本也比较高，流程见图 5-50。

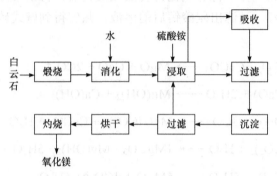

图 5-50　硫酸铵一步浸出法流程图

④ 碳铵法。将海水制盐后的母液（镁离子含量在 50g/L 左右）除去杂质后与碳酸氢铵按适宜的比例混合，进行沉淀反应，再经离心脱水、烘干、煅烧、粉碎分级、包装，即得轻质氧化镁成品。

其反应式：

$$5MgCl_2 + 10NH_4HCO_3 + H_2O \longrightarrow 4MgCO_3 \cdot Mg(OH)_2 \cdot 5H_2O + 10NH_4Cl + 6CO_2\uparrow \quad （5\text{-}161）$$

$$4MgCO_3 \cdot Mg(OH)_2 \cdot 5H_2O \longrightarrow 5MgO + 4CO_2\uparrow + 6H_2O \quad （5\text{-}162）$$

（5）碳酸化法

采用白云石或菱镁矿，经煅烧、加水消化、碳酸化、煅烧、粉碎，即可制得活性氧化镁。卤水白云石灰法以海水或卤水为原料，与石灰或白云灰发生沉淀反应，将得到的氢氧化镁沉淀进行过滤、干燥、煅烧，制得活性氧化镁。苦土粉-硫酸-碳铵法将苦土粉等含镁原料与硫酸反应，生成硫酸镁溶液，其反应式为 $MgO + H_2SO_4 \longrightarrow MgSO_4 + H_2O$，硫酸镁溶液与碳酸氢铵反应，生成碳酸镁沉淀，其反应式为 $MgSO_4 + NH_4HCO_3 + NH_3 \longrightarrow MgCO_3\downarrow + (NH_4)_2SO_4$，然后沉淀物经过滤分离、洗涤、烘干、煅烧、粉碎，制得活性氧化镁。

（6）烧结法

以电熔镁块为原料，经选料、破碎、筛分后与一定比例的液态二氧化钛进行充分混合，再经水洗、烘干和烧结，筛选出粒径为 40～150 目成品高温电工级氧化镁。

（7）卤水-碳铵法

采用卤水与碳酸氢铵反应，生成碱式碳酸镁，然后进行陈化、洗涤、脱水、干燥、煅烧，经粉碎后再净化、热处理，制得硅钢级氧化镁。

（8）电熔法

以高纯氧化镁为原料，经电熔制得成品。

（9）盐酸法

将生产重质氧化镁的下脚料送入反应器，加入盐酸进行反应，生成六水氯化镁，再加入碳酸钠进行反应，生成碱式碳酸镁，用水洗涤，将碱式碳酸镁在高温煅烧，冷却后粉碎，制得磁性氧化镁。其反应式：

$$2MgO + 4HCl + 4H_2O \longrightarrow 2MgCl_2 \cdot 6H_2O \tag{5-163}$$

$$MgCl_2 + 5Na_2CO_3 + 6H_2O \longrightarrow 4MgCO_3 \cdot Mg(OH)_2 \cdot 5H_2O + CO_2\uparrow + 10NaCl \tag{5-164}$$

$$4MgCO_3 \cdot Mg(OH)_2 \cdot 5H_2O \longrightarrow 5MgO + 4CO_2\uparrow + 6H_2O \tag{5-165}$$

5.3.4.3　氧化镁的用途

氧化镁主要用于冶金、冶炼、高级镁砖、耐火材料及保温材料的制造，还广泛用于橡胶、橡胶板、橡胶制品、医药行业、食品行业、塑料板材促进剂、玻璃钢的增塑剂及硅钢片的表面涂层油漆、纸张生产的填充料及补强剂、钢球磨光剂、皮革处理剂、绝缘材料、油脂、染料、陶瓷、干燥剂、树脂、阻燃剂等，用作橡塑制品的填充料及增强剂、软磁铁氧体、胶黏剂、化学工业做催化剂及制造其他镁化合物，以及搪瓷、陶瓷、玻璃等的原料。

5.3.5　氧化锡粉体的制备及用途

5.3.5.1　氧化锡粉体的性质

氧化锡 SnO_2，分子量 150.71，白色、淡黄色或淡灰色，熔点 1630℃，沸点 1800℃。SnO_2 有四方晶系、六方晶系和正交晶系三种晶型。其中，正交相（$a=0.4714nm$，$b=0.5727nm$，$c=0.5214nm$）一般只在高温条件下才会出现，属于不稳定晶相。一般情况下制备的 SnO_2 均为四方晶系，为金红石结构。其晶胞参数为 $\alpha = \beta = \gamma = 90°$，$a = b = 0.4738nm$，$c = 0.3187nm$，属于 $P4_2/mnm$ 空间群。图 5-51 是 SnO_2 金红石结构示意图。由图可知，一个 SnO_2 晶胞含有两个 SnO_2 分子，即含有两个 Sn^{4+} 和四个 O^{2-}。其中，每个氧离子位于三个锡离子构成的近似正三角形中心，而每个锡离子位于 6 个氧离子构成的近似八面体中心，形成 $Sn:O=3:6$ 的配位结构。

SnO_2 是一种宽带隙 N 型半导体氧化物，禁带宽度为 3.62 eV（300K）。SnO_2 在自然界主要以锡石的形式存在，不溶于水、王水和醇，但是却能溶于碱金属氢氧化物溶液生成锡酸盐或者溶于酸中，因此是一种两性氧化物。SnO_2 同时是一种优秀的透明导电材料，它是第一个投入商用的透明导电材料，为了提高其导电性和稳定性，常进行掺杂使用，如 $SnO_2:Sb$、$SnO_2:F$ 等。

5.3.5.2　氧化锡粉体的制备方法

氧化锡的制备方法很多，包括固相合成法、液相合成法和气相合成法三类，每一类又分很多种方法。目前常用的方法有溶胶凝胶法、共沉淀法、电化学沉积法等。

5.3.5.3　氧化锡粉体的用途

SnO_2 用于搪瓷和电磁材料，并用于制造乳白玻璃、锡盐、瓷着色剂、织物媒染剂和增重剂、钢和玻璃的磨光剂等。

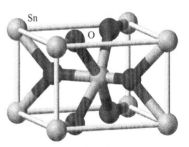

图 5-51　SnO_2 四方金红石结构示意图

二氧化锡电极广泛应用于高档光学玻璃的熔炼以及电解铝行业，二氧化锡电极尤其适用于火石类玻璃、钡火石、钡冕以及重冕玻璃等的熔炼，且对玻璃不产生污染。

SnO_2是一种重要的半导体传感器材料，用它制备的气敏传感器灵敏度高，被广泛用于各种可燃气体、环境污染气体、工业废气以及有害气体的监测和预报。以SnO_2为基体材料制备的湿敏传感器，在精密仪器设备机房、图书馆、美术馆、博物馆等均有应用。通过在SnO_2中掺杂一定量的CoO、Co_2O_3、Cr_2O_3、Nb_2O_5、Ta_2O_5等，可以制成阻值不同的压敏电阻，在电力系统、电子线路、家用电器等方面都有广泛的用途。

SnO_2由于对可见光具有良好的通透性，在水溶液中具有优良的化学稳定性，且具有特定的导电性和反射红外线辐射的特性，因此在锂电池、太阳能电池、液晶显示、光电子装置、透明导电电极、防红外探测保护等领域也被广泛应用。而SnO_2纳米材料由于具有小尺寸效应、量子尺寸效应、表面效应和宏观量子隧道效应，在光、热、电、声、磁等物理特性以及其他宏观性质方面较传统SnO_2而言都会发生显著的变化，所以可以通过运用纳米材料来改善传感器材料的性能。

5.3.6　氧化铀粉体的制备及用途

铀-氧体系是最复杂的二元体系之一，即可以形成多种铀氧化合物，至少存在4个热力学稳态化合物——UO_2、U_4O_9、U_3O_8、UO_3。同时还发现有多种亚稳相，如U_3O_7、U_5O_{13}等，另外还存在上述氧化物相应的非化学计量化合物和同质异相体。铀氧系相图大致可划分为4个相平衡区：U-UO_2，UO_2-U_4O_9，$UO_{2.25}$-$UO_{2.61}$，$UO_{2.61}$-UO_3。在UO_2高温氧化的研究中观察到，从$UO_{2.0}$到$UO_{3.0}$出现了16种非化学计量比的氧化物。氧化铀的相图见图5-52。

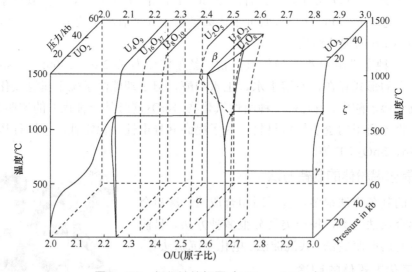

图5-52　氧化铀的相图（$UO_{2.0}$~$UO_{3.0}$）

（1）二氧化铀（UO_2）

深褐色，密度$10.96g/cm^3$，熔点2878℃。具有萤石结构，空间群为Fm-3m（No.225），

氧原子占据铀的四面体间隙，铀原子在氧原子的立方体中心，单胞如图 5-53 所示。二氧化铀原胞中，铀和氧所占据的位置为：U(0，0，0)，O(0.25，0.25，0.25)，O(0.75，0.75，0.75)。

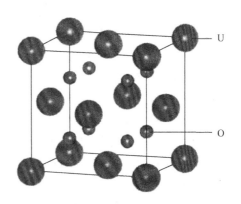

UO_2 具有优异的热稳定性、化学稳定性，是应用最广泛的核燃料。UO_2 陶瓷，具有高熔点，合理的轴密度，高温下高强度，低温下不存在相变的特点。UO_2 熔点高，辐照下性能稳定。当辐照下它有很多物理和化学现象，如固体裂变生长肿胀，裂变气体膨胀，气泡和气孔迁移流动、重组，温度梯度下的重新分配，以及晶粒生长。由于氧化物燃料具

图 5-53　UO_2 单胞

有非常大的温度梯度和热应力，从而导致沿径向的燃料棒有不同的结构。UO_2 是反铁磁的绝缘体，带隙为 (2.0±0.1) eV，在 30.8K 时会发生铁磁体到反铁磁体的相转变。

UO_2 具有半导体性质，电阻率随温度升高而下降。其带隙宽度在 1.3～2.2eV，在氧化铀中掺杂了 Al、P、B、N、S 等元素，成功利用氧化铀制造出活性电子装置，如利用氧化铀制造出肖特基二极管，利用 UO_2 制造出 P-N-P 型的晶体管。

二氧化铀具有氧化性质。二氧化铀与氧的体系在热力学上是不稳定的，它可立即被氧化。在 98kPa 氧压下低于 500℃ 的稳定氧化物为 UO_3；500℃ 以上则为 U_3O_8。室温下极细的 UO_2 粉末（比表面积>10m^2/g）在氧气中即能自燃，放出大量热（107.43kJ/mol），最终产物为 U_3O_8。

铀的氧化物具有特异的性能，可以用于辐射屏蔽，对氧化含氯有机污染物的降解有着高效稳定的催化性能。二氧化铀因为高的塞贝克系数，在热能领域有着非常重要的潜在应用。二氧化铀在高温下能与氟化氢、氟化铵等作用生成四氟化铀；溶解在过氧化氢的碱溶液中，生成过氧铀酸盐。二氧化铀可用金属热还原法还原成金属铀，还原剂常用钙和镁。

具有工业意义的二氧化铀制备方法有两种：

① 高温还原法。三氧化铀或八氧化三铀在 800～900℃ 与氢进行还原反应而得；或用氨作还原剂，在 550℃ 也可制得二氧化铀。

② 热分解法。重铀酸铵、三碳酸铀酰铵及草酸铀酰等铀盐，在隔绝空气的情况下热分解，生成三氧化铀，分解产生的还原性气体，可进一步将三氧化铀还原成二氧化铀。分解温度约为 450℃，还原温度为 650～800℃。

（2）九氧化四铀（U_4O_9）

U_4O_9 是 UO_2 氧化过程的中间产物，与 UO_2 结构相似，具有 $4a_0×4a_0×4a_0$ 超胞结构，a_0=0.5439nm。它只在 673K 以下稳定存在。U_4O_9 具有α、β、γ 三个相，目前表征比较完善的只有 β-U_4O_9，空间群 I-43d，在 338～873K 稳定。所有的 U_4O_9 都具有比 UO_2 大很多的单胞，其单胞是萤石结构的亚点阵格子叠加上氧的超点阵格子。β-U_4O_9 在 338～873K 稳定，γ-U_4O_9 只在 873K 以上出现过。

（3）七氧化三铀（U_3O_7）

U_3O_7 具有与萤石类似的结构，是 UO_2 在高压下或者出现水的情况下的氧化产物。

U_3O_7 是亚稳态，UO_3 是热力学最稳定的氧化态，但是出于动力学原因，U_3O_8 是 UO_2 在空气中氧化过程的最稳定的产物。

（4）八氧化三铀（U_3O_8）

U_3O_8 至少有 3 种晶型，主要是 α-U_3O_8，具有面心斜方结构。U_3O_8 的 X 射线密度为 $9.39g/m^3$，U_3O_8 的摩尔磁矩约等于 $UO_3 \cdot U_2O_5$ 的理论值，化学结构与其相符，其中含五价铀和六价铀，而非四价铀。计算结果和 X 射线近边吸收（XANES）结果显示 U_3O_8 中的铀应该是 U^{5+}/U^{6+} 而不是 XPS 分析认为的 U^{4+}/U^{6+}。U_3O_8 也是重要的催化剂，可用于消除挥发性有机物（VOCs），催化氧化苯甲醇等，UO_2 也可作为新型半导体和催化剂。

八氧化三铀粉末的颜色随制备的温度不同而呈橄榄绿、墨绿色，有时呈黑色。三氧化铀在温度大于 500℃ 时即可转化为八氧化三铀。重铀酸铵在 800℃ 热分解也可得到八氧化三铀。U_3O_8 可以通过以下几种方式制备：金属铀在空气中氧化灼烧；低价或高价铀氧化物在高温空气中灼烧；铀盐热分解。

$$9(NH_4)_2U_2O_7 \longrightarrow 6U_3O_8 + 14NH_3 + 15H_2O + 2N_2 \qquad (5\text{-}166)$$

（5）三氧化铀（UO_3）

又称氧化铀酰，分子量 286.03，橙红色，斜方系晶体，相对密度 7.29，不溶于水，溶于盐酸和硝酸。

UO_3 因制备方法及条件不同，共有 6 种同质异晶体及一种无定形物。最稳定变体为 γ 型斜方型晶体，亮黄色，其余变体为橙红色。α、β、γ、δ 4 种晶型在常压下加热时均分解生成八氧化三铀。

6 种晶型是：α 型，米黄色或橙色或红色晶体，正交结构，在 470～500℃ 温度下加热非晶型三氧化铀制得。β 型，橙色或红色晶体，单斜结构，α 型加热（500～550℃）可得。γ 型，斜方结构，黄色晶体，常压下较稳定，在氧压 4MPa 和 650℃ 下可由其他晶型的三氧化铀制得。δ 型，立方晶体，在 375～410℃ 由 β-氢氧化铀酰[β-$UO_2(OH)_2$]分解而得。ε 型，砖红色三斜晶体，400℃ 时分解为八氧化三铀，250～375℃ 下由八氧化三铀与二氧化氮反应制得。非晶型，橙色固体，450℃ 时分解成八氧化三铀，以硝酸铀酰水溶液为原料直接热分解脱硝为三氧化铀；加热草酸铀酰到 400℃ 也可得；可由铀酰的化合物，如碳酸铀酰、草酸铀酰或硝酸铀酰热分解制得。

UO_3 的化学性质：

① 三氧化铀是一种两性氧化物，它在溶液中以 UO_2^{2+} 或 $U_2O_7^{2-}$ 存在，其离子方程式如下：

UO_3 表现碱性：

$$UO_3 + 2H^+ \Longrightarrow UO_2^{2+} + H_2O \qquad (5\text{-}167)$$

UO_3 表现酸性：

$$2UO_3 + 2OH^- \Longrightarrow U_2O_7^{2-} + H_2O \qquad (5\text{-}168)$$

② 三氧化铀可以在 400℃ 和二氟二氯甲烷反应，产生氯气、光气、二氧化碳和四氟化铀；它和三氯氟甲烷反应生成的不是二氧化碳，而是四氯化碳。

$$2CF_2Cl_2 + UO_3 \longrightarrow UF_4 + CO_2 + COCl_2 + Cl_2 \qquad (5\text{-}169)$$

$$4CFCl_3 + UO_3 \longrightarrow UF_4 + 3COCl_2 + CCl_4 + Cl_2 \qquad (5-170)$$

三氧化铀在超声波作用下可以溶于磷酸三丁酯和噻吩甲酰三氟丙酮的超临界二氧化碳混合溶液中。

几乎所有的铀酰盐、铀酰铵复盐、铀酸铵盐在空气中煅烧，都可生成三氧化铀。工业上最常用的制备方法是三碳酸铀酰铵、硝酸铀酰、重铀酸铵及铀的水合过氧化物在 400℃下热分解。

$$2(NH_4)_4[UO_2(CO_3)_3] \longrightarrow 2UO_3 + 8NH_3 + 3N_2 + 4H_2O \qquad (5-171)$$

$$UO_2(NO_3)_2 \longrightarrow UO_3 + N_2O_4 + 0.5O_2 \qquad (5-172)$$

$$(NH_4)_2U_2O_7 \longrightarrow 2UO_3 + 2NH_3 + H_2O \qquad (5-173)$$

（6）超化学计量比（UO_{2+x}）

UO_2 粉末容易氧化，氧化过程如图 5-54 所示。即使在 183K 低温下也会通过化学吸附迅速吸附氧气，氧原子进入 UO_2 晶格间隙，不破坏原有的结构，形成超化学计量比的 UO_{2+x}，并释放出热量。比表面积大于 8.6m^2/g 的 UO_2 粉末甚至会在空气中自燃。

UO_2 在空气中的最终氧化产物是 U_3O_8，而不是 UO_3，可能是从 U_3O_8 氧化成 UO_3 的成核有很高的能障壁（energy barrier）。从 UO_2 氧化成 U_3O_8，密度从 11 g/cm^3 降低到大约 9g/cm^3，体积增加36%，直接导致燃料体积的肿胀和开裂，影响核燃料的储存、加工、处置。

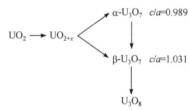

图 5-54　UO_2 在空气中的氧化过程

5.3.7　碳酸钙粉体的制备及用途

5.3.7.1　碳酸钙粉体的种类及性质

碳酸钙化学式 $CaCO_3$，摩尔质量 100.09g/mol，密度 2.6～2.7g/cm^3（重质碳酸钙 2.71～2.93g/cm^3），溶于稀酸，几乎不溶于水，熔点 1339℃，825～896℃分解。外观白色晶体或粉末，别名：灰石，石灰石，石粉，大理石，方解石，白垩，石灰岩。亦为动物骨骼或外壳的主要成分。

根据碳酸钙生产方法的不同，可以将碳酸钙分为重质碳酸钙、轻质碳酸钙、胶体碳酸钙和晶体碳酸钙。

（1）重质碳酸钙

用机械方法（用雷蒙磨或其他高压磨）直接粉碎天然的方解石、石灰石、白垩、贝壳等就可以制得。由于重质碳酸钙的沉降体积比轻质碳酸钙的沉降体积小，所以称之为重质碳酸钙。性质：白色粉末。无臭、无味。露置空气中无变化。几乎不溶于水，在含有铵盐或三氧化二铁的水中溶解，不溶于醇。遇稀醋酸、稀盐酸、稀硝酸发生泡沸，并溶解。加热分解为氧化钙（CaO）和二氧化碳（CO_2）。采用不同粉碎加工设备，可生产出 400 目、500 目、600 目、800 目、1000 目、1250 目、2500 目、5000 目各种粒径的重质碳酸钙。

工业上按粉碎细度的不同分为四种不同规格：单飞粉（95%通过 200 目）、双飞粉（99%通过 325 目）、三飞粉（99.9%通过 325 目）、四飞粉（99.95%通过 400 目），分别用于各工业部门。

单飞粉：用于生产无水氯化钙（$CaCl_2$），是重铬酸钠生产的辅助原料，玻璃及水泥生产的主要原料。此外，也用于建筑材料和家禽饲料等。

双飞粉：是生产无水氯化钙和玻璃等的原料，橡胶和油漆的白色填料，以及建筑材料等。

三飞粉：用作塑料、涂料腻子、涂料、胶合板及油漆的填料。

四飞粉：用作电线绝缘层填料、橡胶模压制品以及沥青制油毡填料。

（2）轻质碳酸钙

由石灰石生产轻质碳酸钙包括煅烧、消化、碳化、分理、干燥、粉碎等工序。原料石灰石中的碳酸钙含量应在 96%以上，含镁盐 1%左右，含铁、铝氧化物在 0.5%以下。因此石灰石在使用前要挑选，并破碎至 50～150 mm。煤要求白煤，首先应破碎至 38～50 mm 的粒度。石灰窑为立窑，连续操作。将煤与石灰石以（1:8）～（1:11）的比例混合好，从顶上加入窑中，于 900～1100℃下煅烧。原料从窑顶连续加入，生成的氧化钙从窑底不断取出。分解反应生成的二氧化碳经除尘、洗涤、干燥、压缩送到碳化工序。

将氧化钙加到化灰池中，用 3～5 倍的水进行消化，消化温度为 90℃左右，时间 1.5～2h。消化后的石灰乳浓度为 10～18°Bé。经过滤除去杂质后放于生浆储池，搅拌下送至碳化塔中，碳化塔为立式气体鼓泡反应器。将经过精制的二氧化碳气体压缩后，从碳化塔底部引入，通过气体分布器进入塔内，与石灰乳接触发生碳化反应。碳化温度为 60～70℃，碳化压力为 0.08MPa 左右，碳化反应时间因二氧化碳的浓度、流量及料液容积而不同。碳化终点可用 pH 值的测定决定，当 pH 值为 7 左右时，即为终点。碳化后的碳酸钙浆料为熟浆，放于熟浆池中，然后用离心机脱水，脱水后的碳酸钙含水在 32%～42%之间，称为湿粉。将湿粉连续地输入回转干燥炉进行干燥，干燥炉出料的物料含水低于0.3%。再经冷却、粉碎、过筛，即得轻质碳酸钙成品。

反应式如下：

$$CaCO_3 \longrightarrow CaO + CO_2 \tag{5-174}$$

$$CaO + H_2O \longrightarrow Ca(OH)_2 \tag{5-175}$$

$$Ca(OH)_2 + CO_2 \longrightarrow CaCO_3 + H_2O \tag{5-176}$$

碳酸钙产品是一种粉体，根据碳酸钙粉体平均粒径（d）的大小，可以将碳酸钙分为微粒碳酸钙（$d>5\mu m$）、微粉碳酸钙（$1\mu m<d<5\mu m$）、微细碳酸钙（$0.1\mu m<d\leqslant1\mu m$）、超细碳酸钙（$0.02\mu m<d\leqslant0.1\mu m$）和超微细碳酸钙（$d\leqslant0.02\mu m$）。

轻质碳酸钙粉体的特点：

① 颗粒形状规则，可视为单分散粉体，但可以是多种形状，如纺锤形、立方形、针形、链形、球形、片形和四角柱形。这些不同形状的碳酸钙可由控制反应条件制得。

② 粒度分布较窄。

③ 粒径小，平均粒径一般为 1～3μm。要确定轻质碳酸钙的平均粒径，可用三轴粒

径中的短轴粒径作为表现粒径，再取中位粒径作为平均粒径。

（3）活性碳酸钙

生产原理与轻质碳酸钙的生产原理基本相同。不同之处是碳化条件控制严格，以生成细微颗粒的碳酸钙并加入 1%～5% 的硬脂酸、树脂酸、木质素或阳离子表面活性剂等进行表面处理，以调整粒子的凝聚状态并阻止结晶粒子长大。

以硬脂酸法为例介绍如下：

① 胶的配制。取 4.5kg 36°Bé 的氢氧化钠，加入 70℃ 热水 40kg，搅拌为溶液。将 15kg 硬脂酸和 40kg 水加热溶解后，在搅拌下缓缓加入上述配制的碱液中，生成硬脂酸钠。然后，再加入 6kg 太古油。将溶液调至中性，再加水至总质量为 162kg。此胶量可供 3t 成品表面处理。

② 施胶操作。在生产轻质碳酸钙的过程中，从石灰石煅烧到碳化的所有设备及操作均适用于活性碳酸钙的生产。将碳化后所生成的碳酸钙浆状物放入热浆池中，在搅拌下，缓缓加入上述配制好的硬脂酸钠太古油胶液。每吨产品加胶量 54kg，要求成品中含酯量为 0.5%。加完胶后继续搅拌一段时间，使物料充分混合。

③ 后处理。施胶后的碳酸钙经离心脱水后，置于干燥器内，先经自然或常温通风风干，使含水量降至 10%～15%，再于 80℃ 下烘干，使含水量在 0.5% 以下。然后先过 24 目筛、再过 100 目筛，即得成品。

（4）碳酸钙晶须制法

预先在 $Ca(OH)_2$ 浆料中加入 1～2μm 的针状碳酸钙晶须和磷酸类化合物，再通入 CO_2 气体得到碳酸钙晶须。或将工业生石灰进行消化后，在一定浓度的氯化镁溶液中，通入二氧化碳气体进行气液反应，经脱水、干燥得到碳酸钙晶须。

（5）纳米碳酸钙

纳米活性碳酸钙的工业制备是在一定浓度的 $Ca(OH)_2$ 悬浮液中通入二氧化碳气体进行碳化，通过 $Ca(OH)_2$ 悬浮液的温度、二氧化碳气体的流量控制碳酸钙晶核的成核速率。在碳化至形成一定的晶核数后，由晶核形成控制转化为晶体生长控制，此时加入晶形调节剂控制各晶面的生长速率，从而达到形貌可控。继续碳化至终点加入分散剂调节粒子表面电荷得均分散的立方形碳酸钙纳米颗粒。然后将均分散的立方形纳米碳酸钙颗粒进行液相表面包覆处理。所获得的纳米活性碳酸钙粒子在 25～100nm 之间可控，立方形，比表面积大于 $25m^2/g$，粒径分布 GSD 为 1.57，吸油值小于 28g/100gCaCO₃，且无团聚现象。所获得的产品性能优异，可作为高档橡胶、塑料以及汽车底漆中的功能填料。

5.3.7.2　碳酸钙粉体的用途

（1）橡胶中的应用

应用范围：天然胶，丁腈、丁苯、混炼胶等，适用于轮胎、胶管、胶带以及油封、汽车配件等橡胶制品中。

应用特性：经过表面改性处理后的纳米碳酸钙与橡胶有很好的相容性，具有补强、填充、调色、改善工艺和制品的性能，可使橡胶易混炼、易分散，混炼后胶质柔软，橡胶表面光滑；可使制品的延伸性、抗张强度、撕裂强度等有本质提高；可以降低含胶率或部分取代钛白粉、白炭黑等价格昂贵的白色填料，提高产品的市场竞争力。

橡胶工业是纳米碳酸钙的主要应用市场之一。添加纳米碳酸钙的橡胶，其硫化胶伸长率、撕断性能、压缩变形和耐屈性能，都比添加一般碳酸钙的高。加入用树脂酸处理的纳米碳酸钙后，有的豫胶制品撕裂强度提高 4 倍以上。

纳米级超细碳酸钙具有超细、超纯的特点，生产过程中有效控制了晶形和颗粒大小，而且进行了表面改性。因此其在橡胶中具有空间立体结构，又有良好的分散性，可提高材料的补强作用。如链状的纳米级超细碳酸钙，在橡胶混炼中，锁链状的链被打断，会形成大量高活性表面或高活性点，它们与橡胶长链形成键联结，不仅分散性好，而且大大增强了补强作用。值得注意的是，它不但可以作为补强填充料单独使用，而且可根据生产需求与其他填充料配合使用，如：炭黑、白炭黑、轻钙重钙、钛白粉、陶土等，达到补强、填充、调色，改善加工工艺和提高制品性能，降低含胶率或部分取代白炭黑、钛白粉等价格昂贵的白色填料的目的。

（2）造纸中的应用

应用范围：卷烟纸、记录纸、簿页印刷纸、高白度铜版纸以及高档卫生巾、纸尿布等。

应用特性：造纸中加入纳米碳酸钙可以提高纸张的松密度、表观细腻性、吸水性；提高特种纸的强度、高速印刷性；调节卷烟纸的燃烧速度。

造纸业是纳米碳酸钙最具开发潜力的市场。纳米碳酸钙还主要用于特殊纸制品，如女性用卫生巾、婴儿用尿不湿等。纳米活性碳酸钙作为造纸填料具有以下优点：高蔽光性、高亮度，可提高纸制品的白度和蔽光性；高膨胀性，能使造纸厂使用更多的填料而大幅度降低原料成本；粒度细、均匀，制品更加均匀、平整；吸油值高，能提高彩色纸的预料牢固性。

碳酸钙可用作涂布加工纸的原料，特别是用于高级铜版纸。由于它分散性能好，黏度低，能有效提高纸的白度和不透明度，改善纸的平滑度、柔软度，改善油墨的吸收性能，提高保留率。

碳酸钙在造纸中主要作纸张的填料，为了保证纸张的一定强度、白度，同时降低成本，在纸张中添加大量碳酸钙。造纸行业中大量使用碳酸钙是基于国际上造纸工业从酸性造纸工艺转向碱性或中性造纸工艺，这样就可以大量使用价廉的碳酸钙代替以往的滑石和瓷土。轻质碳酸钙作为造纸用填料，有几个优点超过高岭土：

①具有较高的不透光性和光泽度。②作为填料，增量能力高。③粒径均匀。④颜色保持力强。

（3）油墨中的应用

应用范围：适用于平版胶印油墨、凹版印刷油墨等。

应用特性：使用纳米碳酸钙所配制的油墨，身骨及黏性较好，故具有良好的印刷性能；稳定性好；干性快且没有相反作用；由于颗粒小，故印品光滑，网点完整，可以提高油墨的光洁度，适用于高速印刷。

纳米碳酸钙用于油墨产品中体现出了优异的分散性、透明性、光泽及优异的油墨吸收性和高干燥性。纳米碳酸钙在树脂型油墨中作油墨填料，具有稳定性好，光泽度高，不影响印刷油墨的干燥性能，适应性强等优点。

作为填料，可替代价格较高的胶质钙，并可提高油墨的光泽度和亮度。

（4）涂料中的应用

应用范围：水性涂料和油性涂料。

应用特性：大大改善体系的触变性，可显著提高涂料的附着力、耐洗刷性、耐沾污性，提高强度和表面光洁度，并具有很好的防沉降作用。可部分取代钛白粉，降低成本。

纳米碳酸钙在涂料工业作为颜料填充剂，具有细腻、均匀、白度高、光学性能好等优点。纳米级超细碳酸钙具有空间位阻效应，在制漆中，能使配方中密度较大的立德粉悬浮，起防沉降作用。制漆后，漆膜白度增加，光泽度高，而遮盖力却不下降，这一特性使其在涂料工业被大量推广应用，主要用于高档轿车漆。

在涂料中碳酸钙可作为白色颜料，起一种骨架作用，碳酸钙在涂料工业中可作为体质颜料。由于碳酸钙颜色是白色，在涂料中相对胶乳、溶剂价格都便宜，而且颗粒细，能在涂料中均匀分散，所以是大量使用的体质颜料。由于环保意识的提高，在建筑方面涂料已大量用水性涂料，由于碳酸钙是白色又亲水，价格又便宜，所以获得应用。碳酸钙的填入可以增强底漆对基层表面的沉积性和渗透性。在涂料中腻子是用来填平基面，是整体涂料的中间层，不论什么腻子都需要加大量填料，腻子中的填料主体是重质碳酸钙，再少量加一些锌钡白以增加黏性防止漆层松散，同时适当地加入沉淀碳酸钙以便干后打磨。

在厚漆中，碳酸钙可以使涂料增稠、加厚，起一种填充和补平作用。所以在厚漆中通常添加重质碳酸钙和轻质碳酸钙，添加重质碳酸钙可达 24.6%～78.5%。

在面漆中，即罩面漆中，半光和无光漆则要采用增加体质颜料来削减光泽的办法，碳酸钙就是理想的消光填料。

碳酸钙在多彩涂料中可作为其中一种添加剂发挥其作用，达到既降低材料成本，又能提高装饰效果的目的。在多彩涂料中可用轻质碳酸钙，即沉淀碳酸钙，其吸油量为 80% 左右，粒度 15μm 左右，折射率为 1.60 左右。也可用重质碳酸钙（方解石粉），即天然大理石等研磨而成。

在金属防锈涂料中，碳酸钙是体质颜料，还有一点防锈作用，在金属防锈涂料中碳酸钙的适宜用量为 30%。

（5）塑料中的应用

主要应用范围：PVC 型材，管材；电线、电缆外皮胶粒；PVC 薄膜（压延膜）的生产，造鞋业（如 PVC 鞋底及装饰用贴片）等。适合用于工程塑料改性，如 PP、PE、PA、PC 等。

应用特性：由于活性纳米碳酸钙表面亲油疏水，与树脂相容性好，能有效提高或调节制品的刚、韧性，光洁度，以及弯曲强度；改善加工性能，改善制品的流变性能、尺寸稳定性能、耐热稳定性；具有填充及增强、增韧的作用，能取代部分价格昂贵的填充料及助剂，减少树脂的用量，从而降低产品生产成本，提高市场竞争力。

纳米碳酸钙应用最成熟的行业是塑料工业，主要应用于高档塑料制品。

纳米碳酸钙又称超微细碳酸钙，标准的名称即超细碳酸钙，用于汽车内部密封的 PVC 增塑溶胶，可改善塑料母料的流变性，提高其成型性；用作塑料填料具有增韧补强的作用，提高塑料的弯曲强度和弯曲弹性模量，热变形温度和尺寸稳定性，同时还赋予塑料滞热性。

由于纳米级超细碳酸钙具有高光泽度、磨损率低、表面改性及疏油性，可填充于聚氯乙烯、聚丙烯和酚醛塑料等聚合物中，2005 年以来又被广泛应用于聚氯乙烯电缆填料中。

碳酸钙被广泛用在填充聚氯乙烯（PVC）、聚乙烯（PE）、聚丙烯（PP）、丙烯腈丁二烯-

苯乙烯共聚物（ABS）等树脂之中。添加碳酸钙对提高塑料制品某些性能以扩大其应用范围有一定作用，在塑料加工中可以减少树脂收缩率，改善流变态，控制黏度，还能起到以下作用：

① 提高塑料制品尺寸的稳定性。碳酸钙的添加，在塑料制品之中起到一种骨架作用，对塑料制品尺寸的稳定有很大作用。

② 提高塑料制品的硬度和刚性。在塑料中，特别是软质聚氯乙烯中，硬度随碳酸钙配入量的逐渐增大，伸长率随硬度增加而降低。粒子细、吸油值大的碳酸钙，硬度增长率大；反之，粒子粗、吸油值小的碳酸钙，硬度增长率小。在软质聚氯乙烯中，以重质碳酸钙的硬度增长率为最小，沉淀碳酸钙（轻质）其次。

碳酸钙在塑料（树脂）内一般不能起增强作用，碳酸钙的粒子常常可以被树脂所浸润，所以碳酸钙添加的正常作用是使树脂刚性增大，弹性模量和硬度也增大。不同碳酸钙，添加量不同，硬度也会不同。

③ 改善塑料加工性能。碳酸钙的添加可以改变塑料的流变性能。碳酸钙粉体，在添加中往往数量比较大，这样就有助于它和其他组分的混合，也有助于塑料的加工成型。

碳酸钙的添加，特别是经过表面处理过的碳酸钙添加之后，不但可以提高制品的硬度，还可以提高制品的表面光泽和表面平整性。

碳酸钙的添加，可以减少塑料制品的收缩率、线膨胀系数、蠕变性能，为加工成型创造了条件。

④ 提高塑料制品的耐热性。在一般塑料制品中添加碳酸钙，耐热性能皆有提高，例如：在聚丙烯中，添加 40%左右碳酸钙，耐热性提高 20℃左右。在填充比≤20%时，耐热温度提高 8～13℃。

⑤ 改进塑料的散光性。在塑料制品中，有的制品要求增白而不透明，有的希望消光，碳酸钙的添加在这方面可以发挥一定作用。

白度在 90 以上的碳酸钙，在塑料制品中有明显的增白作用。与钛白粉、立德粉配合，塑料制品的消光性有很大改进。

在钙塑纸张中，在低密度聚乙烯（LDPE）及高密度聚乙烯（HDPE）薄膜中，添加碳酸钙都可达到散光和消光的作用，使之适宜书写、印刷。

⑥ 可使制品具有某些特殊性能。碳酸钙添加于电缆料中有一定的绝缘作用，碳酸钙的添加可以提高某些制品的电镀性能、印刷性能。微细或超细的碳酸钙添加在聚氯乙烯（PVC）中，有一定的阻燃作用。

⑦ 降低塑料制品成本。普通的轻质碳酸钙、重质碳酸钙其价格都远远低于塑料价格，碳酸钙的添加会使塑料制品的成本降低。国外称碳酸钙为填充剂（filler）或增量剂（extender）。

在现阶段，添加碳酸钙以降低塑料的成本为主要目标。随着碳酸钙表面性质的改善和形状、粒度的可控，碳酸钙将逐渐成为补强或赋予功能性为目的的功能性填充剂。

碳酸钙是 PVC 制品生产加工中最常用的填充剂，其使用目的大多是为使 PVC 制品增量，以达到降低生产成本的目的。

（6）密封胶黏材料

应用范围：聚硅氧烷、聚氨酯、环氧等密封结构胶。

应用特性：应用于密封胶黏材料中，与胶料有很好的亲和性，可以加速胶的交联反应，大大改善体系的触变性，增强尺寸稳定性，提高胶的力学性能，且添加量大，达到填充急补强双重作用。同时，它能使胶料表面光亮细腻。

（7）其他应用

纳米碳酸钙在饲料行业中可作为补钙剂，增加饲料含钙量；在化妆品中使用，由于其纯度高、白度好、粒度细，可以替代钛白粉。

碳酸钙还可用于制备 CaO、Ca(OH)$_2$、NaOH 等。

5.3.8　硅酸锆粉体的制备及用途

5.3.8.1　硅酸锆粉体的性质

硅酸锆（zirconium silicate）分子式 ZrSiO$_4$，分子量 183.3，密度 4.56g/cm^3。

硅酸锆属四方晶系，为岛状构造的硅酸盐矿物，结构中[SiO$_4$]相互孤立，硅氧四面体之间由阳离子 Zr^{4+}连接起来，对称型 L^{4}4L^{2}5PC，空间群为 I4$_1$/amd，晶体常数 $a=b=0.66042$nm，$c=0.59796$nm，$\alpha=\beta=\gamma=90$℃，一个晶胞中有 4 个 ZrSiO$_4$分子。ZrSiO$_4$晶体结构如图 5-55 所示，在硅酸锆中主要结构单元可由[SiO$_4$]四面体和[ZrO$_8$]十二面体平行延伸到 c 轴的链组成，Si—O 键长为 0.1622nm，4 个 Zr—O 键长为 0.2288nm，另外 4 个 Zr—O 键长为 0.213nm。

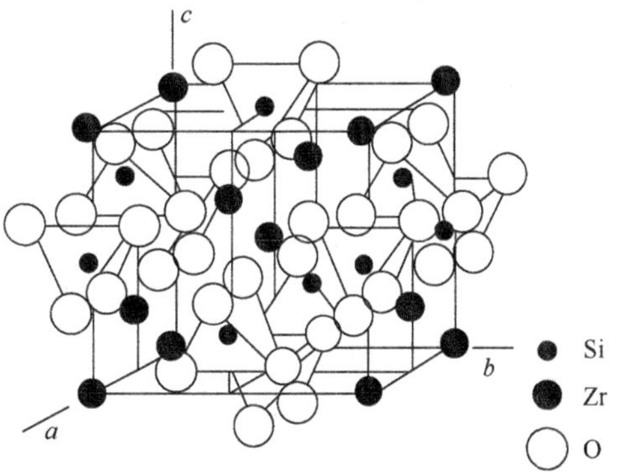

硅酸锆是一种具有低热导率[室温下为

图 5-55　硅酸锆晶体的结构

5.1W/(m · ℃)，1000℃为 3.5W/(m · ℃)]、低膨胀（膨胀系数α在 25～1400℃为 4.1×10^{-6}/℃）和高折射率（1.93～2.01）、高熔点（2500℃）、极好的化学及相稳定性的复合氧化物材料，其强度在 1400℃的高温下也不衰减，同时硅酸锆具有良好的抗热震性，其 T_c 值（抗热震性的表征）为 280℃，远远大于莫来石和氧化铝的 T_c 值（分别为 200℃和 150℃），因此烧结硅酸锆具有比莫来石和氧化锆更好的抗热震性，这些性能使得硅酸锆成为优良的耐火材料、高温陶瓷颜料包裹体以及高温结构陶瓷的重要材料。

5.3.8.2　硅酸锆粉体的制备方法

（1）固相法

固相法是直接利用 ZrO$_2$、SiO$_2$（或石英、方石英、磷石英）等原料，按 ZrSiO$_4$化学计量比配料、混合均匀，经高温煅烧后形成具有一定粒度的 ZrSiO$_4$粉体，一般合成温度在 1350～1500℃之间。煅烧温度越低，其合成率也越低，提高温度有助于提升合成率，如在 1315℃，保温 8h 后才开始形成 ZrSiO$_4$，但其合成率仅为 2%，温度升至 1500℃后其合成率提高到 85%。

为了解决合成温度高、合成率低的问题，可以在合成硅酸锆的过程中引入各种添加剂来降低其合成温度。添加剂 V$_2$O$_5$时，在 700℃保温 7 h 煅烧后可以形成 ZrSiO$_4$，且合成率达到 47%，当煅烧温度升高到 800℃时，ZrSiO$_4$的合成率提高到 75%，经 1350℃煅烧后得到唯一的 ZrSiO$_4$晶相。

固相法具有合成时间短、污染少、工艺简单、易批量生产等特点，但固相法得到的产品难以达到分子级混合，物料活性差，能量消耗大，容易引进杂质，其纯度、均一性较差。同时由于烧结温度高，晶粒尺寸趋于增大。因此，该方法只能制备一般的粉体。

（2）沉淀法

沉淀法是在包含一种或多种离子的可溶性盐溶液中加入沉淀剂（如 OH^-、$C_2O_4^{2-}$、CO_3^{2-}）等，经化学反应生成各种成分具有均一组成的共沉淀物，然后将阴离子除去，而沉淀物进一步热分解得到硅酸锆超细粉体。

以氯氧锆、硅溶胶为原料，通过添加氨水调节混合液的 pH 值为 9.5，然后将混合液过滤、洗涤得到沉淀物，将沉淀物在 80℃ 干燥 6h 后经 450℃ 热处理保温 1h 得到无定形 ZrO_2 和无定形 SiO_2，最后将样品升至不同温度下煅烧进一步合成硅酸锆粉体。在 1100℃ 只出现 t-ZrO_2 晶相，温度升至 1200℃ 时开始出现 $ZrSiO_4$ 衍射峰，并发现 $ZrSiO_4$ 是由无定形 SiO_2 与四方 ZrO_2 发生反应而形成的，在冷却过程中，发生 t-ZrO_2 向 m-ZrO_2 晶型转变。

沉淀法操作简便易行，对设备、技术需求不高，不易引入杂质，产品纯度高，有良好的化学计量性，成本较低，但粒子粒径较宽，分散性较差。

（3）水热法

以 $ZrOCl_2 \cdot 8H_2O$、$Na_2SiO_3 \cdot 9H_2O$ 为前驱体，NaF 为矿化剂，采用去离子水为反应介质，前驱物 Zr 和 Si 的摩尔比为 1.2∶1.0，反应温度大于 200℃，反应时间为 6h 时，可以获得结晶完好、晶粒规整、分散性好、晶粒粒度在 100nm 以下的硅酸锆粉体。

以 $ZrOCl_2$、四乙基硅烷或四甲基硅烷为前驱体，采用水或乙醇为反应介质，将含聚四氟乙烯内衬的反应器加热至 150℃ 保温 6 h 或加热至 200℃ 保温 4 h。当混合 Si 和 Zr 前驱体时，醇盐同时发生的水解和 $ZrOCl_2$ 形成单一相的凝胶是控制形成硅酸锆的最重要的过程，水如果不足将会使成分在水热处理时分离，这由单斜 ZrO_2 的形成可以证明。当温度不变时延长加热时间会使合成的粉末分散性变好，而缩短加热时间会使合成粉末聚集、成块。

（4）溶胶-凝胶法

以 $ZrOCl_2 \cdot 8H_2O$、$Si(OEt)_4$ 为前驱体，添加适量的硅酸锆晶种有利于合成硅酸锆晶体。对于不添加晶种的粉体，在 1200℃ 保温 4h 热处理后开始出现 $ZrSiO_4$ 衍射峰，温度升至 1600℃ 并保温 4h 后，粉体中仍存在一定量 ZrO_2。而添加晶种后的样品在 1100℃ 保温 4h 热处理后即开始形成 $ZrSiO_4$，但此时生成量还很少，经 1200℃ 热处理保温 4h 后，$ZrSiO_4$ 已有一定量的合成，温度升至 1400℃ 时，基本合成了 $ZrSiO_4$ 晶体，经 1600℃ 保温 4h 煅烧后，$ZrSiO_4$ 合成率可达到 100%。

适当的添加剂有利于降低硅酸锆粉体的合成温度。Y_2O_3 的加入可显著降低硅酸锆的合成温度，提高硅酸锆的合成率。当经 1100℃ 热处理保温 4h，$ZrSiO_4$ 的合成率已达 80% 以上，1500℃ 热处理即可完全获得 $ZrSiO_4$ 晶体。添加 Y_2O_3 不会形成新的晶相，这是因为在升温过程中 Y_2O_3 固溶入 ZrO_2 中，在一定程度上改变了晶格结构，从而活化晶格，促进成核反应。

以气相 SiO_2、$ZrOCl_2 \cdot 8H_2O$ 为前驱体，首先使 $ZrOCl_2 \cdot 8H_2O$ 溶于水得到锆的溶液，然后将气相 SiO_2 与锆溶液混合得到均匀混合液，再通过添加 $NH_3 \cdot H_2O$ 调节混合液 pH 值为 10，在不断剧烈搅拌下得到均匀凝胶，再将硅酸锆晶种添加到凝胶中并将其在 120℃ 干燥，最后将干凝胶煅烧得到高纯细小硅酸锆粉体。该合成过程没有添加晶种的在 1350℃时未出现 ZrSiO₄ 晶相，经 1400℃热处理保温 2h 后开始出现 ZrSiO₄ 衍射峰，当热处理温度继续升至 1400～1500℃时，ZrSiO₄ 合成率才有明显的提高；而添加晶种并预热后，经 1200℃热处理保温 2h 后即可获得 30% ZrSiO₄ 晶相，与不添加晶种相比，硅酸锆的合成温度降低 200℃。晶种的添加有利于促进异质成核反应。

　　在国外，采用溶胶-凝胶法合成硅酸锆粉体的研究较多。表 5-19 是不同工艺条件溶胶-凝胶法合成硅酸锆情况。

表 5-19　溶胶-凝胶法合成硅酸锆研究现状

原料	工艺条件	起始合成温度/℃	最高合成温度/℃	合成率/%
ZrOCl₂·8H₂O，TEOS	—	1200	1580	50
ZrOCl₂·8H₂O，异丙醇锆，TEOS，SiO₂ 溶胶	pH=2	1300～1350	1650	90
ZrOCl₂·8H₂O，TEOS	pH=1～5	1250	1500	90
金属醇盐，TEOS	pH=5.5	1200 以下	1500	基本完成
ZrOCl₂·8H₂O，胶态 SiO₂	—	低于 900	1550	基本完成
ZrOCl₂·8H₂O，TEOS，醋酸锆，TEOS	添加 NH₄VO₃	800	1200	—
ZrOCl₂·2H₂O，TEOS	pH=9.5	1100	—	—
ZrOCl₂·8H₂O，Si(OC₂H₅)₄，碱金属化合物	—	800	1000	90～95

　　采用 Si(OC₂H₅)₄ 为硅源，乙醇为反应介质，NH₄VO₃ 为添加剂，以 ZrOCl₂·8H₂O、ZrO(Ac)₄ 分别为锆源：在添加偏钒酸铵的条件下，以氯氧锆为锆源，经 800℃热处理可形成 ZrSiO₄ 晶相，在 1200℃时 ZrSiO₄ 成为粉体中的主晶相；而以醋酸锆为锆源，经 1000℃热处理后只出现 ZrO₂ 晶体，温度升至 1100℃时，粉体中开始形成 ZrSiO₄；而无偏钒酸铵时，以氯氧锆和醋酸锆为锆源分别经 1200℃和 1100℃热处理后都未出现 ZrSiO₄ 衍射峰。

　　溶胶-凝胶法有利于降低硅酸锆的合成温度，并且在引入矿化剂的条件下，经 800℃热处理即可得到硅酸锆粉体，但溶胶-凝胶法所用的前驱体原料成本较高，反应过程不易控制，工艺较复杂。

5.3.8.3　硅酸锆粉体的应用

　　（1）用作耐火材料

　　由于硅酸锆的熔点高，耐火度高和荷重软化温度高，热膨胀率小，受熔渣的化学侵蚀不易溶解，所以广泛用作耐火材料、玻璃窑炉锆捣打料、浇注料、喷涂料中，应用于冶金业中，如不锈钢的内衬、铸口砖和高温感应电炉内衬等。

　　（2）用于结构陶瓷

　　① 作为纤维和放射性物质处理基体材料。由于硅酸锆在高温氧化气氛下能保持其稳定性，可保护 SiC 纤维，并且它的热膨胀和 SiC 很匹配（硅酸锆热膨胀系数为 4.1×10⁻⁶/℃，SiC 为 4.7×10⁻⁶/℃），可避免材料在冷却时产生裂纹。另外，由于硅酸锆与 SiC 纤维的化学相容性，可防止纤维与基体之间相互作用且产生纤维-基体界面剪切应力。以硅酸

锆为基体，SiC 纤维增韧，不但在低温下（<1300℃）提高了强度和韧性，而且在高温下（>1300℃）也提高了韧性和抗蠕变性。

② 制备高纯硅酸锆烧结体。用合成的高纯硅酸锆粉体在 1680℃制成的硅酸锆烧结体可达到理论密度 $4.7g/m^3$ 的 98%，其弯曲强度在 1400℃仍能保持不变，T_c 值为 280℃，高于莫来石或氧化铝。

（3）用于陶瓷颜料及釉料

① 作为锆基颜料的基体材料。锆基颜料以具有较高的热稳定性、化学稳定性，着色力强，能和大多数陶瓷颜料混合制得一系列复合色著称。锆基颜料具有以下优良性能：

a. 颜色纯正，适应性广。锆基颜料呈色十分纯正，它们一般对基础釉成分的影响不敏感，对釉料适应性强，从而在各类釉中均能保持鲜艳、明快的色调和饱满的色相。新型包裹型色料镉硒红更以其鲜艳、纯正的大红色调深受人们喜爱。

b. 混溶性好，色调丰富。由于以硅酸锆为基体，锆基色料属统一类型的色料，具有良好的混溶性，即不同的锆基色料可在同一基釉中按任意比例加和使用，从而制得一系列的调和色。如：钒锆蓝、锆镨黄和锆铁红（以及镉硒红）是目前唯一能产生蓝、黄、红三种颜色的色料。由此，锆钒蓝、锆镨黄和锆铁红又称为锆基"三原色"，它们之间可任意加和使用，调配出丰富的系列颜色。表 5-20 是一些硅酸锆型颜料。

c. 锆基颜料在釉中具有极强的抗化学腐蚀性、高温稳定性以及耐烧成气氛的影响，呈色鲜艳且稳定。

表 5-20   硅酸锆型颜料

系统	呈色	系统	呈色
ZrO_2-SiO_2-Pr_6O_{11}	黄色	ZrO_2-SiO_2-CuO	绿蓝色
ZrO_2-SiO_2-MoO_3	黄色	ZrO_2-SiO_2-SnO_2-V_2O_5	亮绿色
ZrO_2-SiO_2-Pr_6O_{11}-MoO_3	黄色	ZrO_2-SiO_2-Ni_2O_3	带微绿的黄色
ZrO_2-SiO_2-Ce_2O_3-Tb_4O_7	黄色	ZrO_2-SiO_2-Fe_2O_3	珊瑚红色
ZrO_2-SiO_2-Ce_2O_3	象牙黄色	ZrO_2-SiO_2-Co_2O_3	带微绿的蓝色
ZrO_2-SiO_2-Pr_6O_{11}-Ce_2O_3	橘黄色	ZrO_2-SiO_2-V_2O_5	带绿的蓝色
ZrO_2-SiO_2-Er_2O_3-Ce_2O_3	桃红色	ZrO_2-SiO_2-Cr_2O_3	钻石绿色
ZrO_2-SiO_2-Nd_2O_3-Ce_2O_3	蓝紫色	ZrO_2-SiO_2-Co_2O_3-Ni_2O_3	灰色
ZrO_2-SiO_2-Nd_2O_3	红紫色	ZrO_2-SiO_2-Cr_2O_3-Co_2O_3-CaO	暗紫色
ZrO_2-SiO_2-Tb_4O_7	黄色	ZrO_2-SiO_2-MnO_2	粉色

由于硅酸锆晶体本身结构的稳定性，而锆基色料在釉中仍以硅酸锆粒子状态存在，这样其抵抗釉熔体侵蚀力强，而且烧成温度范围也比较宽，所以能适应大多数陶瓷釉。将硅酸锆用于包裹镉硒红颜料，要大大提高其使用温度，制成异晶包裹高温大红颜料。

② 作为陶瓷釉料的乳浊剂。硅酸锆的折射率高（1.93～2.01），是一种优质的乳浊剂，锆乳浊釉具有高遮盖性和高白度。由于其化学性能稳定，不受陶瓷烧成气氛的影响，能显著改善陶瓷的坯釉结合性能，提高陶瓷釉面硬度。

③ 硅酸锆在电视行业的彩色显像管、玻璃行业的乳化玻璃、搪瓷釉料中也具有广泛的应用。

第6章 非氧化物陶瓷粉体的制备

 内容提要

　　随着科学技术的不断发展，对各类耐高温、耐腐蚀、高强、耐磨、超硬等结构陶瓷材料的需求越来越大，因此，研究开发这类陶瓷材料具有重要的价值和应用前景。本章主要内容是介绍这些特殊结构陶瓷材料的粉体性能、制备技术以及其应用，包括碳化硅、碳化硼、碳化钛、氮化硅、氮化铝、氮化硼、氮化钛、塞隆以及硼化物、硅化物等非氧化物粉体材料。

学习目标

○了解碳化硅、碳化硼、碳化钛、氮化硅、氮化铝、氮化硼、氮化钛、塞隆以及硼化物、硅化物等不同非氧化物陶瓷的性质，包括价键结构、晶体类型、密度、强度、硬度、热膨胀系数等。

○掌握每种非氧化物陶瓷粉体的不同制备方法，包括碳热还原法、自蔓延高温合成法、机械粉碎法、溶胶凝胶法、化学气相沉积法、激光法等，了解其属于固相法、液相法和气相法中的哪种类型，理解每种制备方法的优缺点。

○了解不同非氧化物粉体的用途。不同非氧化物陶瓷的性质以及采用不同方法制备出的粉体的纯度、粒度决定了其不同的用途。

6.1 碳化硅陶瓷粉体的制备

6.1.1 碳化硅的性质

　　碳化硅（silicon carbide，SiC）俗称金刚砂，又称碳硅石，是一种典型的共价键结合的化合物，属金刚石型结构，在自然界中基本不存在。1891 年美国的 Edword 和 Acheson 用工业方法首先合成出碳化硅。直到今天，它还在继续得到研究与发展。

　　碳化硅晶格的基本结构单元是相互穿插的 SiC_4 和 CSi_4 四面体。四面体共边形成平面层，并以定点与下一叠层四面体相连形成三维结构，如图 6-1 所示。

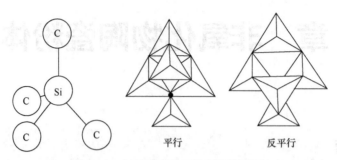

图 6-1　SiC 四面体及四面体的取向

由于四面体堆积次序的不同可形成不同的结构，至今已发现几百种变体。一般采用简明直观的符号，即字母 C（立方）、H（六方）、R（菱方）来表示其晶格类型，并用单位晶胞中所含的层数以示区别。例如：6H 表示沿 C 轴有 6 层重复周期的六方晶系结构，其堆垛顺序为 ABCACBABCACB⋯，3C 是指堆垛顺序为 ABCABC⋯的立方对称结构，而 15R 则表示具有 ABCBACABACBCHCB⋯重复排列的菱面体结构。表 6-1 列出常见 SiC 多型体的晶格常数。图 6-2 示出 SiC 主要多型体的晶体结构。

表 6-1　常见 SiC 多型体的晶格常数

晶体类型	晶体结构	单位晶胞包含的层数	原子排列次序	a/nm	c/nm
C（β-SiC）	立方	1	ABCABCABC	0.4394	
2H（α-SiC）	六方	2	ABABAB	0.30817	0.50394
4H（α-SiC）	六方	4	ABACABAC	0.3073	1.0053
6H（α-SiC）	六方	6	ABCACBABCACBA	0.3073	1.51183
15R（α-SiC）	菱方	15	ABCACBCABACBCBA	1.269	3.770

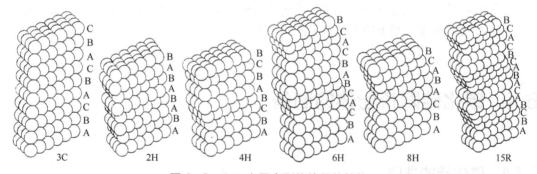

图 6-2　SiC 主要多型体的晶体结构

SiC 主要有两种晶型，即立方晶系的β-SiC 和六方晶系的α-SiC。β-SiC 为低温型，合成温度低于 2100℃，它属于面心立方（fcc）闪锌矿结构。α-SiC 为高温稳定型，它有许多变体，其中最主要的是 4H、6H、15R 等。碳化硅各变体与生成温度之间存在一定关系，温度低于 2100℃时，β-SiC 是稳定的，因此 2000℃以下合成的 SiC 主要是β-SiC，当温度超过 2100℃时，β-SiC 开始向α-SiC 转变，2400℃时转变迅速发生，所以 2200℃以上合成的 SiC 主要是α-SiC。

纯碳化硅无色透明，工业碳化硅由于含有游离铁、硅等杂质而呈浅绿色或黑色，密度 $3.17\sim3.47g/cm^3$，具有极高的折射率，在紫外光下发黄色和橙黄色光，无电磁性。碳化硅的硬度很高，莫氏硬度为 $9.2\sim9.5$，显微硬度为 33.4GPa，仅次于金刚石、立方氮化硼、碳化硼等少数几种材料。碳化硅具有高的导热性和负的温度系数，热膨胀系数介于氧化铝和氮化硅之间，随着温度的升高，其热膨胀系数增大。高的热导率和较小的热膨胀系数使其具有较好的抗热冲击性能。碳化硅的基本特性如表 6-2 所示。

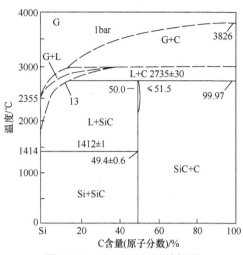

图 6-3 为 Si-C 二元系统相图。由图看出，碳化硅无熔点，形成碳化硅结晶的最高温度为 (2735 ± 30) ℃。而在 2300℃ 左右碳化硅开始分解，形成气态硅和残余石墨。

图 6-3 Si-C 二元系统相图

表 6-2 碳化硅的基本特性

性能	指标	性能	指标
摩尔质量/（g/mol）	40.097	德拜温度/K	α-SiC 1200 β-SiC 1430
颜色	纯碳化硅呈无色	能隙/eV	α-SiC(6H) 2.86 β-SiC 2.60
密度/（g/cm³）	α-SiC(6H) 3.211		
熔点/℃	2545℃，在 1atm 下分解；2830℃，在 35atm 下分解，分解成 Si、Si_2C 和 SiC_3	受激能隙/（4.2K/eV）	α-SiC(4H) 3.265 α-SiC(6H) 3.023 β-SiC 2.39
摩尔热容/[J/（mol·K）]	α-SiC 27.69 β-SiC 28.63	超导转变温度/K	5
生成热（$-\Delta H$）（在 298.15K）/[kJ/（mol·K）]	α-SiC 25.73±0.63 β-SiC 28.03±2.00	弹性模量/GPa	293K 下为 475 1773K 下为 441
热导率/[W/（m·K）]	α-SiC 40.0 β-SiC 25.5	剪切模量/GPa	192
线胀系数/×10⁻⁶℃⁻¹	α-SiC 5.12 β-SiC 3.80	体积模量/GPa	96.6
		泊松比 v	0.142
300K 下的介电常数	α-SiC(6H) 9.66～10.03 β-SiC 9.72	弯曲强度/MPa	350～600
		抗氧化性	由于表面形成 SiO_2 层，抗氧化性极好
电阻率/Ω·m	α-SiC 0.0015～10³ β-SiC 10⁻²～10⁶	耐腐蚀性	在室温下几乎是惰性

6.1.2 碳化硅粉体的用途

1. 耐火材料

碳化硅粉制备的耐火材料由于其机械强度高、热导率大、耐磨损性及耐热震性好、抗氧化性好、部分熔融金属抵抗性强等特征，已被广泛地应用于钢铁、冶金、石油、化学、硅酸盐和航空航天等工业领域，并日益展示出其他耐火材料无法比拟的优点。现在市场销售的制品有黏土、SiO_2、硅酸盐结合 SiC 制品，Si_3N_4-SiC，自结合 SiC 及少部分渗硅 SiC。

2. 耐磨材料

碳化硅是硬度仅次于金刚石、立方氮化硼和碳化硼的高硬度材料。碳化硅的高硬度和耐磨性有两方面的用途：一是直接使用粉末作为磨料，目前国内微米级以下粒度的 SiC 高精度抛光磨料十分缺乏，用气相法如等离子体法制备的 SiC 粉末在粒度分布与颗粒形状等方面均能满足这一要求；二是烧结 SiC 粉末制成耐磨模具和输送浆料、高温熔体的耐磨耐蚀管器件等，这方面的应用不仅有烧结体，也有喷涂和镀膜。

3. 陶瓷刀具材料

碳化硅是陶瓷刀具的主要组分，如 Al_2O_3-SiC 系、ZrO_2-SiC 系和 Si_3N_4-SiC 系等，采用 SiC 粉末可显著改善陶瓷切削刀具的抗弯强度和断裂韧性，同时仍保持其高硬度和耐高温、耐腐蚀性能，使刀具的使用寿命大大延长，加工性能显著改善，从而使陶瓷切削刀具的使用范围进一步扩大并逐步取代某些金属材料刀具。

4. 颗粒增韧补强材料

在合金或陶瓷基体中加入少量 SiC 颗粒可显著改善其硬度和强度，例如可强化铝合金、金属硼化物（如 ZrB_2、NbB_2、WB）以及 Si_3N_4、Al_2O_3 等陶瓷材料，形成颗粒增强复合材料，广泛应用在航空航天、工业、建筑等领域。

5. 高温结构陶瓷材料

碳化硅粉体作为高温结构陶瓷材料最具潜力的应用领域是陶瓷发动机。碳化硅、氮化硅和氧化锆是制造陶瓷发动机部件的主要组分，由超细碳化硅粉末制备的部件在 1300℃ 高温下仍能保持高强度、抗蠕变及绝热等性能，可使发动机燃烧室在更高的温度下工作，从而提高燃料燃烧率。SiC 粉体还被用于制作高温流体的喷嘴和输送管件，耐高温陶瓷轴承及密封垫片，热电偶保温管等耐高温、耐腐蚀同时又要求有良好力学性能的部件。

6.1.3   碳热还原法

阿奇逊（Acheson）方法是由美国的 Acheson 于 1891 年首先提出来的，是在高温下由碳还原二氧化硅生成α-SiC 的碳热还原法。其基本工艺是采用高纯度石英砂（SiO_2）或粉碎后石英矿，与石油焦炭、石墨或无烟煤细粉均匀混合。合成反应在电加热的电阻炉内，图 6-4 为 SiC 合成常用的阿奇逊电阻炉截面示意图。炉子是由一可移动耐火砖墙组成，长 10～20m，宽和高 3～4m；用石墨芯棒作为电极，石英砂与焦炭混合粉放置于电极周围。石墨芯棒通电产生高温，使周围的石英砂焦炭的配料起反应。其基本反应方程式如下：

$$SiO_2 + 3C \longrightarrow SiC + 2CO \qquad (6-1)$$

该反应是吸热反应（$\Delta H_f = +528kJ/mol$），因此需要大量能量，反应发生需要 1600～

2500℃、36h 以上。炉内石墨芯棒温度最高，形成从芯棒向外侧的温度梯度，反应从内部开始逐步移向炉子外部。在芯棒附近反应最完全，生成高纯六方α-SiC 结晶体，适合于电子和精密陶瓷应用；在α-SiC 结晶带的外侧是低纯度 SiC 区，适合于磨料磨具应用；最外层则是残留下来的未反应层，可重复使用。采用此方法得到的 SiC 粉体颗粒较粗，耗电量大，37%用于生产 SiC，63%为热损失。

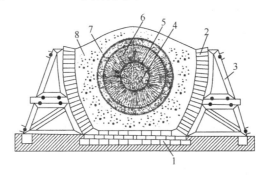

图 6-4　SiC 合成用的阿奇逊电阻炉截面示意图
1，2—底和壁，用耐火砖或混凝土构成；3—壁支撑；4—煤/石墨电极（芯材料）；5—SiC 圈作为电子耦合；
6—有挥发副产物的内部反应带；7—反应区外壳；8—未反应原材料混合物

　　王晓峰以硅微粉和石油焦、活性炭、石墨粉、蔗糖四种碳质还原剂通过碳热还原法制备出 10～20μm 的碳化硅粉体，其 SEM 图如图 6-5 所示。

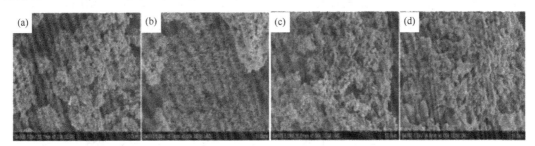

图 6-5　不同碳源碳热还原法制备的碳化硅 SEM 图
（a）石油焦；（b）活性炭；（c）石墨粉；（d）蔗糖

6.1.4　自蔓延高温合成法

　　自蔓延高温合成法又称燃烧合成法，是苏联科学院化学物理研究所宏观动力学研究室的研究员于 1967 年在研究钛和硼的混合粉坯块的燃烧时提出的，是利用物质反应热的自传导作用，使不同的物质之间发生化学反应，在极短的瞬间形成化合物的一种高温合成方法。图 6-6 为自蔓延高温合成模式示意图。

　　根据燃烧波蔓延方式，可分为稳态燃烧和非稳态燃烧两种。燃烧合成的基本要素是：利用化学反应自身放热，完全（或部分）不需要外热源；通过快速自动波燃烧的自维持反应得到所需成分和结构的产物；通过热的释放和传输速度来控制过程的速度、温度、转化率和产物的成分及结构。

　　自蔓延高温合成法具有以下优点：

（1）工艺简单，反应时间短，一般在几秒至几十秒内即可完成反应，物料在瞬间可达几千摄氏度高温；

（2）反应过程消耗外部能量少，可最大限度利用材料的化学能，节约能源；

（3）反应可在真空或控制气氛下进行而得到高纯度产品；

（4）材料烧成和合成可同时完成。

但此方法同时也具有自发反应难以控制的缺点。硅、碳之间的反应是一个弱放热反应，采用自蔓延高温合成法制备碳化硅粉体，在室温下反应难以点燃和维持下去，为此常采用化学炉、将电流直接通过反应体、对反应体进行预热、辅加电场、添加活化剂等方法补充能量，如利用 SiO_2 与 Mg 之间的放热反应来弥补热量的不足，反应式如下：

$$SiO_2 + C + 2Mg \longrightarrow SiC + 2MgO \qquad (6\text{-}2)$$

但活化剂的引入势必影响合成产物的纯度和质量，因此，很多研究者在此基础上提出了改进的自蔓延合成法，改进之处主要是避免活化剂的引入，通过提高合成温度和持续加热来保证合成反应持续有效地进行。

日本的 Bridgestone 公司以四乙氧基硅烷作为硅源，苯酚树脂作为碳源，利用自蔓延法在 1700～2000℃ 的范围内，合成了粒径在 10～500μm，杂质含量（质量分数）低于 0.5×10^{-6} 的 SiC 粉体。然而这种方法的反应物采用有机物，因此原料的成本较高，不利于 SiC 粉体的批量化生产。张利锋等以硅粉、炭黑、活性炭为原料，以聚四氟乙烯为添加剂，在氮气中分别用直接燃烧合成和预热燃烧合成工艺制备了高纯β-SiC 粉体，如图 6-7 所示。

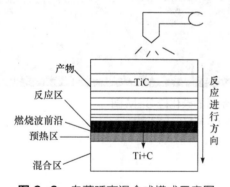

图 6-6 自蔓延高温合成模式示意图

图 6-7 自蔓延高温合成法制备的 β-SiC 粉体

6.1.5 机械粉碎法

机械粉碎法是通过无外部热能供给的高能球磨过程使粉体颗粒（金属盐或金属氧化物充分混合、研磨、煅烧后的产物）在外力作用下内部缺陷扩展来制备纳米粉体，其实质是靠动能来破坏材料的内结合力，使材料分裂产生新的界面。机械粉碎法常用的粉碎设备有滚筒式球磨、振动球磨、气流粉碎磨、搅拌磨、行星磨、行星振动磨和离心式冲磨等。图 6-8 为行星振动磨示意图。

该方法应用较早，具有设备和生产工艺简单，成本低，产率高等特点，但存在反应过程中极易引入铁等金属杂质，效率低，粉体粒径分布范围宽而增加分级难度的缺点。

6.1.6　溶胶凝胶法

溶胶凝胶法是将原料（一般为金属醇盐、金属无机盐或金属有机盐）溶于溶剂（水或醇）中形成均匀溶液，使溶质与溶剂发生水解（或醇解）-聚合反应，生成的聚合体纳米级粒子形成均匀的溶胶，经过干燥

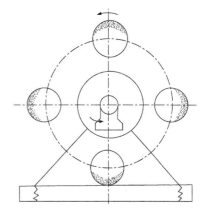

图 6-8　行星振动磨示意图

或脱水转化成凝胶，再经过热处理得到所需要的超细粉体。其基本工艺过程一般包括：金属醇盐、金属无机盐或金属有机盐水解→sol-gel→干燥、煅烧→超微粉体，如图 6-9 所示。

采用溶胶凝胶法制备碳化硅粉体的核心是通过 sol-gel 过程形成硅和碳在分子水平上均匀分布的混合物或聚合物固体，继续加热时形成混合均匀且粒径细小的二氧化硅和碳的两相混合物，最后在 1400～1700℃左右发生碳热还原反应合成碳化硅粉体。

V. Raman 等以四乙氧基硅烷、甲基三乙氧基硅烷作硅源，以酚醛树脂、淀粉等为碳源，形成的凝胶在氮气中于 800℃炭化得到 SiC 前驱体，再于氩气中 1550℃加热，得到了 5～20nm 的 SiC 粉末。M. Na risawa 等通过冷凝乙基硅酸脂、硼酸脂、酚醛树脂的混合物得到有机-无机混合前驱体，于 1237 K 减压裂解得到含 Si 和 C 的前驱体，再由碳热还原法得到 SiC，过量 C 和 B 的加入有助于获得细小规则的产品。Hatakegame 等利用 PTES[$C_6H_5Si(OC_2H_5)_3$]、TEOS[$Si(OC_2H_5)_4$]混合作为起始原料，先是将摩尔分数分别为 67%PTES 和 33%TEOS 混合水解，经一系列缩聚反应处理而得到颗粒尺寸在 0.9～5μm 的凝胶粉体，然后在 1500～1800℃、Ar 气氛下热处理而获得了 40nm 左右的β-SiC 粉体，β-SiC 纯度达 99.12%。何晓燕等以正硅酸乙酯、蔗糖、六亚甲基四胺等为原料，采用溶胶凝胶法合成了 3C-SiC 晶型，直径约 100nm，长度约 1～2μm 的 SiC 纳米棒，如图 6-10 所示。

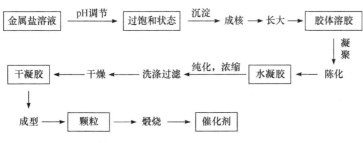

图 6-9　溶胶凝胶法工艺流程图

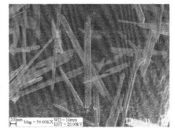

图 6-10　溶胶凝胶法制备的 SiC 纳米棒

与其他的制备方法相比，溶胶凝胶法具有许多优点：较低的反应温度，一般为室温或稍高温度，大多数有机活性分子可以引入此体系中并保持其物理性质和化学性

质；由于反应是从溶液开始，各组分的比例易控，且达到分子水平上的均匀；由于不涉及高温反应，能避免杂质的引入，可保证最终产品的纯度，还可根据需要，在反应的不同阶段制取粉体等材料。但是该方法也存在制备工艺烦琐，不利于大批量生产等缺点。

6.1.7　聚合物分解法

聚合物分解法是制备 SiC 粉体的有效方法之一，该方法主要包括两类：一类是加热前驱体发生分解反应放出小单体，最终形成 SiO_2 和 C，再由碳热还原反应制得 SiC 粉体；另一类是加热聚硅烷或聚碳硅烷等前驱体放出小单体后生成骨架，最终形成 SiC 粉体，前驱体的合成是该方法制备 SiC 粉体的关键。

聚合物分解法首先将低分子聚碳硅烷用微型计量泵注入汽化器，在汽化器中汽化，由纯氢气携带进入气相反应器的反应段，与氨气进行气相反应的同时发生裂解反应，反应后的 SiC 粉体由自制梯度过滤器过滤捕集，如图 6-11 所示。

谢凯等以低分子聚碳硅烷为原料，用气相热裂解工艺制备了粒径为 0.05～0.1μm 的 SiC 粉体，如图 6-12 所示。此方法在常压和 1150℃下进行，便于控制、重现性好，适于扩大再生产。S. Mitchell Brian 等用含氯的聚碳硅烷前驱体合成了 SiC 粉体。

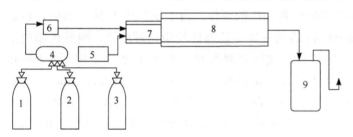

图 6-11　聚合物分解法制备 SiC 粉体装置示意图
1—氢气；2—氮气；3—氩气；4—流量控制装置；5—LPS 注入装置；
6—气体净化装置；7—反应预热段；
8—反应段；9—粉体收集装置

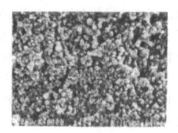

图 6-12　聚合物分解法制备的 SiC 粉体 SEM 图

6.1.8　化学气相沉积法

化学气相沉积法是在一定温度下，气体与基体的表面存在一定的作用力，分解气体中的某些成分，使其附着在基体表面。它是一个化学气相反应和成核生长的过程，使蒸气压高的金属盐与各种气体在高温下反应而获得氮化物、碳化物和氧化物等微粒。在此方法中，反应物在气相状态下反应，新生成的纳米粉体先成核再长大。反应产物在高温下呈气态，产生过饱和蒸气压，在这种条件下，产物就会自动凝聚成核，随后形成的核不断长大，在一定温度下即可结晶为微小晶体，随着反应的进行，生成的粉体到达低温区域，最后到达收集室，即可得到纳米粉体。其生成过程包括均一成核和核生长过程。在均匀成核时，若过饱和度过小，结晶生长速度大于核生长速度则不能获得超微粒子，而只是大的微粒和单晶体；只有当过饱和度大到一定程度时，反应生成的固体蒸气压较高，才能获得分散性好的超微粒子。

采用化学气相沉积法制备碳化硅粉体，一般以硅烷和四氯化硅等为硅源，以四氯化碳、甲烷、乙烯、乙炔和丙烷等为碳源。图 6-13 为化学气相沉积法制备 SiC 粉体装置示意图。此方法制备超微粉体，可调的工艺参数很多，如反应物的浓度、载气气流的流速、反应温度和配比，因而有利于获得最佳工艺条件，且粉体的形貌、尺寸、组分以及晶粒可控。

黄政仁等在 1100～1400℃ 条件下，分别以 $Si(CH_3)_2Cl_2$、NH_3、H_2 作为硅、碳、氮源和载气制得粒径为 30～50nm 的 β-SiC 纳米粉体和尺寸小于 35nm 的无定形 SiC/Si_3N_4 复合纳米粉体，且 SiC 与 Si_3N_4 的比例可调。主要反应为：

$$3Si(CH_3)_2Cl_2 + 4NH_3 \longrightarrow Si_3N_4 + 3CH_4 + 6HCl \qquad (6-3)$$

$$Si(CH_3)_2Cl_2 \longrightarrow SiC + CH_4 + 2HCl \qquad (6-4)$$

贾林涛以三氯甲基硅烷-氢气-氮气（MTS-H_2-N_2）为前驱体系统，在垂直放置的热壁反应器中利用化学气相沉积工艺制备出碳化硅涂层，如图 6-14 所示。化学气相沉积法制备 SiC 过程污染小、产物纯度高，但是存在产率低、设备和工艺复杂的缺点。

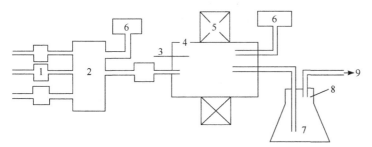

图 6-13　化学气相沉积法制备 SiC 粉体装置示意图
1—流量计；2—混气室；3—热电偶；4—Al_2O_3 管；5—SiC 电阻炉；6—压力表；7—收集瓶；8—过滤膜；9—抽气出口

图 6-14　SiC 纤维表面 SiC 涂层的 SEM 图

6.1.9　等离子体法

等离子体法始于 20 世纪 80 年代，其制备 SiC 粉末是利用超高温、高热焓、大温度梯度的等离子体热源和反应体系组成与气氛可调控的优势。SiC 的合成可在瞬间完成，产物晶粒未充分长大即被快速冷却下来而得到 SiC 超细粉。如控制产物在反应器中的停留时间或改变其他制粉条件，也可得到平均粒度为 0.5μm 左右的较粗粉末。等离子体法可按发生电弧的方式不同分为直流电弧等离子体法、高频电弧等离子体法、微波等离子体法等。图 6-15 为高频电弧等离子体法合成超细粉体装置示意图。

白万杰利用直流电弧等离子体为热源，加热蒸发 CH_3SiCl_3，CH_3SiCl_3 先发生分解反应，得到的中间产物生成碳化硅。生成的碳化硅在很短的时间内晶粒长大、冷却、气固分离而得到纯度高、粒度分布均匀、粒径超细（0.08～0.5μm）可调的纳米级 SiC 粉体。

余洁意等利用工业块体硅为硅源，CH_4 为碳源，在含有 H_2 和 Ar 混合气氛中，采用直流电弧等离子体法制备出含有 3C-SiC 和 6H-SiC 两种物相的 SiC 纳米粒子，如图 6-16 所示。

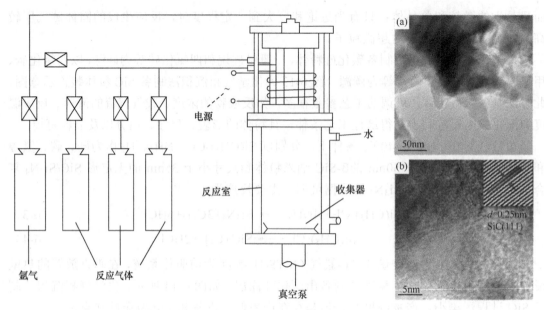

图 6-15 高频电弧等离子体法合成超细粉体装置示意图

图 6-16 SiC 纳米颗粒
TEM（a）和高分辨
TEM（b）图

与电弧等离子体技术相比，微波等离子体为无极放电，可获得纯净且密度较高的粉体；与直流电弧或高频等离子体技术相比，微波等离子体温度较低，在热解过程中不致引起致密化或晶粒过大。

欧阳世翕等在高纯石墨衬底上用微波等离子体法低温沉积β-SiC膜获得成功，在沉积室内气体压力大于 13.3kPa 时，等离子体区变窄，功率集中，基本温度升高，沉积速率加快而形成超细粉末。

等离子体法具有反应时间短、高温、高能量密度和高冷却速度的优点，易于批量生产；缺点是等离子枪寿命短、功率小、热效率低、气体效果差。

6.1.10　激光法

激光法是在 1970 年左右人们发现的通过激光作加热热源，生成纳米碳化硅的一种方法。John S. Haggerty 详尽地叙述了激光法合成微粉的理论和技术，其原理是利用反应气体分子或催化分子对特定波长的激光共振吸收，反应气体分子受到激光加热发生激光光解、激光热解、激光光敏化和激光诱导等离子化学反应，在适当工艺参数的条件下获得超细粒子空间成核和生长，形成纳米颗粒。激光加热速率达 $10^{6} \sim 10^{8}$℃/s，加热到最高温度所需时间小于 10^{-4}s。加热快，冷却快，可保证形成超微粒子（最小粒径 8nm）。实验表明：低功率，短时间，可制出较细的粉体。目前，已采用激光法制备出多种单质、无机化合物和复合材料超细粉末，其中就包括纳米 SiC 粉体。

常用于激光法合成粉体的多为二氧化碳激光器，因为这种激光器易实现大功率，硅烷是二氧化碳激光的强吸收剂，故采用硅烷类气体作为硅源。针对这类激光器，应该说反应是热化学反应，而不能理解为分子的分裂和重组。这也是激光法与等离子体法（热等离子）在化学作用机制上的区别。图 6-17 为激光法合成碳化硅纳米粉体装置示意图。

俞肇元等以廉价有机硅烷反应物二甲基二乙氧基硅烷为原料，采用激光法合成了纳米碳化硅粉。赵东林等利用双反应室激光气相合成装置，以乙炔、硅烷和六甲基二硅胺烷为原料，制备了粒径 20～30nm 的碳化硅粉体，如图 6-18 所示。

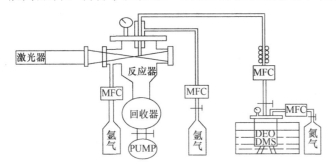

图 6-17　激光法合成碳化硅纳米粉体装置示意图

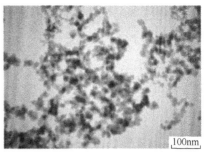

图 6-18　激光法制备纳米 SiC 粉体 TEM 图

激光法合成 SiC 微粉，由于反应核心区与反应器之间被原料气所隔离，污染极小，可制得高纯、超细、粒径分布窄的粉体，是现有手段中能够稳定地获得高质量粉体的方法。但是，由于受激光器功率的限制，激光法产率极低，一般不超过 100g/h。

6.2　碳化硼陶瓷粉体的制备

6.2.1　碳化硼的性质

碳化硼（boron carbide，B_4C）这一化合物最早在 1858 年被发现，但直到 1934 年，化学计量分子式为 B_4C 的化合物才被提出和认知。碳化硼空间群为 $R\bar{3}m$，晶体结构以斜方六面体为主，如图 6-19 所示。

每一个晶胞中包含 15 个原子，在斜方六面体的角上分布着硼的正二十面体，在线型链 C 轴（即为单位晶胞中最长对角线）方向有三个硼原子，碳原子很容易取代这三个硼原子的全部或部分，从而形成一系列不同化学计量比的化合物。当碳原子取代三个硼原子时，就形成严格化学计量比的 $B_{12}C_3$，即 B_4C；当碳原子取代两个硼原子时，形成 $B_{12}C_2$。B、C 原子在二十面体及其之间的原子链内相互取代，使得碳化硼的含碳量（质量分数）可以在一定范围（8.82%～20%）内变化。因此碳化硼实际上是一定范围内的二元相 $B_{12}C_{3-x}$，有一个较宽的均相区，此二元相最终都在 2450℃、含碳量（原子分数）为 18.5%时熔化，如图 6-20 所示。

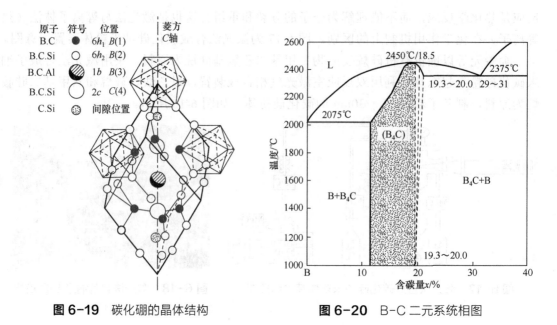

图 6-19　碳化硼的晶体结构　　　　**图 6-20**　B-C 二元系统相图

　　碳化硼是目前已知材料中硬度仅次于金刚石和立方氮化硼的超硬材料，这是由其晶体结构所决定的。B 和 C 是非金属元素，而且原子半径很接近，两者的电负性差值很小，形成很强的共价键结合。其密度低，仅为 $2.52g/cm^3$，是钢铁的 1/3；弹性模量高，为 450GPa；熔点很高，约为 2400℃；热膨胀系数低，热导率较高。碳化硼具有很好的化学稳定性，耐酸碱腐蚀，在常温下不与酸碱和大多数无机化合物液体反应，仅在氢氟酸-硫酸、氢氟酸-硝酸混合液中有缓慢的腐蚀；与大多数熔融金属不润湿、不发生作用。碳化硼还具有很好的吸收中子能力，这是其他陶瓷材料不具备的。碳化硼的基本特性如表 6-3 所示。

表 6-3　碳化硼的基本特性

基本性质	指标	基本性质	指标
组成	（$B_{11}C$）CBC	热电系数/（μV/K）	1250℃下为 200～300
摩尔质量/（g/mol）	55.26	硬度（HV）/GPa	27.4～34.3
颜色	黑色（纯晶体为无色透明）	弹性模量/GPa	290～450
密度/（g/cm³）	2.52	剪切模量/GPa	165～200
熔点/℃	2400	体积模量/GPa	190～250
生成热（$-\Delta H$）（298.15K）/[kJ/（mol·K）]	57.8±11.3	泊松比 v	0.18
热导率/[W/（m·K）]	30	弯曲强度/MPa	323～430
线胀系数/×10^{-6}℃$^{-1}$	4.43	压缩强度/MPa	2750
电阻率/Ω·m	0.1～10	抗氧化性，耐腐蚀性	在空气中到 600℃，缓慢氧化形成 B_2O_3 薄膜

6.2.2 碳化硼粉体的用途

1. 耐火材料

B_4C 粉体用于含碳耐火材料中起抗氧化作用，可以使产品致密化，阻止含碳耐火材料中碳的氧化，降低气孔率，提高中温强度，减少裂纹。

2. 复合装甲材料

利用其轻质、超硬和高模量等特性，用作轻型防弹衣和防弹装甲材料。采用碳化硼制作的防弹衣，比同型钢质防弹衣要轻 50%以上。碳化硼还是陆上装甲车辆、武装直升机以及民航客机的重要防弹装甲材料。

3. 半导体工业元件和热电元件

碳化硼陶瓷具有半导体特性和较好的导热性能，可用作高温半导体元器件，也可以用作半导体工业中的气体分布盘、聚焦环、微波或红外窗口、DC 插头等。B_4C 与 C 结合可用作高温热电偶元件，使用温度高达 2300℃，同时也可用作抗辐射热电元件。

4. 喷嘴材料

碳化硼的密度小，具有超高硬度和优异的耐磨性能，使它成为重要的喷嘴材料。碳化硼喷嘴具有寿命长、尺寸变化小、相对低成本、省时、高效等优点。碳化硼喷嘴的寿命是氧化铝喷嘴的几十倍，比 WC 和 SiC 喷嘴的寿命也要高许多倍。

5. 中子吸收和防辐射材料

硼元素具有高达 600barn 的中子吸收截面，是核反应堆中减速元件——控制棒或核反应堆防辐射部件的主要材料。

6.2.3 碳热还原法

碳热还原法是 B_4C 工业化生产的主要方法，采用 B_2O_3 或 H_3BO_3 与 C（石墨或石油焦）进行碳热还原反应，合成反应是在大型电弧炉或电阻炉中进行，如图 6-21 所示。其工艺流程与阿奇逊法制备 SiC 很接近，如图 6-22 所示，反应式为：

$$2B_2O_3 + 7C \longrightarrow B_4C + 6CO\uparrow \qquad (6-5)$$

$$4H_3BO_3 + 7C \longrightarrow B_4C + 6CO\uparrow + 6H_2O\uparrow \qquad (6-6)$$

图 6-23 所示为碳化硼粉体的形成过程，反应发生在 1500～2500℃之间，是强烈吸热反应，因为有大量 CO 生成（接近 $2.3m^3/kg$），反应按上述方程进行对于 B_4C 生成是有利的。

若在电弧炉中进行上述反应，因电弧温度高炉区温差大，中心部分的温度可能超过 B_4C 熔点，存在 B_4C 分解从而折出游离碳和其他高硼化合物。而远离中心区的地方，温度偏低，反应进行不完全，残留的 B_2O_3 和 C 以游离碳和游离硼的形式存在于 B_4C 粉中。所以电弧炉合成的碳化硼一般含有较高游离碳和游离硼。但在电阻炉中，由于炉内温度均匀一致，可控制在较低温度（1600～1800℃）合成，可避免碳化硼的分解，制得的 B_4C 其游离碳和游离硼含量均较低，粒度细且均匀，B_4C 含量可达到 95%以上。

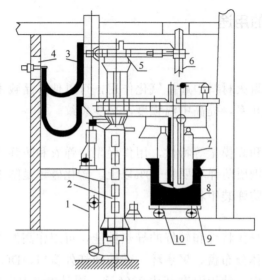

图6-21 合成 B₄C 电阻炉示意图

1—钢索；2—移动电极的支柱机架；3—软电缆；4—通道；5—电极支撑臂；
6—电极；7—活动内炉筒；8—外炉壳；9—炉底；10—滑动小车

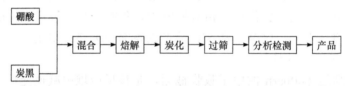

图6-22 碳热还原法制备碳化硼粉体流程图

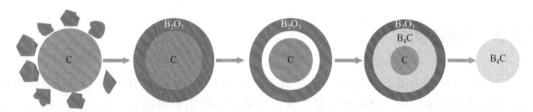

图6-23 碳化硼粉体的形成过程

李欣以硼酸和碳还原剂为主要原料，采用碳热还原法制备尺寸约为 2～10μm 的具有块状和针状两种形貌的碳化硼粉体，如图6-24所示。

图6-24 不同原料配比在 1650℃ 碳热还原 1h 所制备 B₄C 粉体 SEM 图

6.2.4 自蔓延高温合成法

自蔓延高温合成法起源于 20 世纪 60 年代，在以后的一段时间内得到广泛的关注。

它是以外加热源点燃反应物坯体，然后利用自身的燃烧反应放出的热量使化学反应过程自发地持续进行，从而合成一种新型材料的合成方法。如果固相化学反应是强烈的放热反应，就可以利用这种反应热形成自蔓延的燃烧过程制取化合物粉体。

采用自蔓延高温合成法，将一定比例的纯化后的镁粉（或者铝粉）、氧化硼粉体及水洗处理后的碳粉混合，压制成复合坯体，在氩气中点燃，发生如式（6-7）的反应，然后将制得的粉体进行酸化洗涤，从而得到碳化硼粉体。

$$6Mg + 2B_2O_3 + C \longrightarrow B_4C + 6MgO \qquad (6-7)$$

张化宇等利用这种方法合成了 MgO-B$_4$C，研究了不同气压强度对 B$_2$O$_3$-Mg-C 体系产物组织结构的影响。研究发现：不同气压下产物的晶粒尺寸与形貌不同。气压分别为101.3kPa 和 10.1MPa 时，产物 B$_4$C 的粒径相应为 0.4μm 和 5μm。Berchmans 等以金属钙为还原剂、Na$_2$B$_4$O$_7$ 或 B$_2$O$_3$ 为硼源、石油焦为碳源，制备出中位粒径为 2.3μm 的 B$_4$C 粉体。丁冬海等以炭黑和 B$_2$O$_3$ 为原料、金属 Mg 为还原剂，制备出产物晶粒尺寸为 0.4～1.0μm、斜六方晶体结构的 B$_4$C 粉体，如图 6-25 所示。

自蔓延高温合成法合成 B$_4$C 粉体反应温度低，工艺简单，不需要再经过破碎处理等复杂工序，其纯度相比于传统法要高很多，并且粉末粒度较细（0.1～4μm）。但是自蔓延高温合成法的反应速率快，导致反应过程与产物形貌难以控制，产物粒度分布不均匀，而且反应物中含有 MgO 等杂质，要采用一定的工艺予以除去。

B$_4$C 粉末的纯度、粒径大小和分布以及比表面积，都对其烧结活性和 B$_4$C 陶瓷的致密化产生重要影响。通常具有较大比表面积（>10m^2/g）、亚微米尺寸（粒径<1μm）和低氧含量的 B$_4$C 粉末具有较高的烧结活性，有利于获得致密的 B$_4$C 烧结体。表 6-4 为德国 H. C. Starck 公司生产的 B$_4$C 粉末特性。

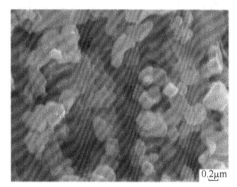

0.2μm

图 6-25　自蔓延高温合成法合成的 B$_4$C 粉体 SEM 图

表 6-4　德国 H. C. Starck 公司采用自蔓延高温合成法制备的 B$_4$C 粉末特性

项目	指标
比表面积/（m^2/g）	18.8m^2/g
颗粒尺寸	90%颗粒<2.99μm
	50%颗粒<0.84μm
	10%颗粒<0.24μm
杂质含量（质量分数）/%	1.50 O
	0.41 N
	0.022 Fe

续表

项目	指标
杂质含量（质量分数）/%	0.055 Si
	0.003 Al
	0.23 其他
总 B 量（质量分数）/%	76.39
总 C 量（质量分数）/%	22.26
B/C（摩尔比）	3.76

6.2.5　机械合金化法

机械合金化法是利用球磨机的转动或振动，使较硬的球磨介质对原料进行强烈的撞击、研磨和搅拌，从而使原料颗粒产生强烈塑性变形，颗粒内产生大量缺陷，显著降低了物质的扩散激活能，在室温下就能有强烈的原子或离子扩散，形成扩散反应偶，可诱发常温或低温下难以进行的多相化学反应。

机械合金化法制备碳化硼粉体是以氧化硼、镁粉和石墨粉为原料，经球磨机研磨后在略高于室温的温度下诱导化学反应，代替自蔓延高温合成法的高温过程合成碳化硼粉体。该方法比自蔓延高温合成法的反应温度低，但球磨反应时间较长。其反应式为：

$$2B_2O_3 + 5Mg + 2C \longrightarrow B_4C + 5MgO + CO \tag{6-8}$$

邓丰等利用机械合金化法，在温度略高于常温下以 B_2O_3、Mg 和 C 为原料，制备出粒径小于 1μm 的碳化硼粉体，如图 6-26 所示。

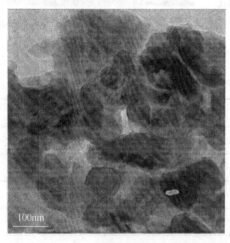 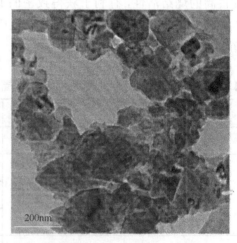

图 6-26　机械合金化法制备的碳化硼粉体 TEM 图

机械合金化法可以使用球磨机、振动磨、行星磨、砂磨、流能磨等机械设备。该方法具有制备工艺简单、成本低、产量大的优点。另外，由于机械力的作用，粉体的晶格杂乱，产生机械力化学活化效应，粉体的活性提高。

6.2.6 化学气相沉积法

化学气相沉积法，是将大于或者等于两种的气体注入一个密闭的环境中，然后注入的气体就会发生扩散充满整个空间并发生一定的化学反应，得到一种新的物质。根据不同的反应过程，化学气相沉积制备 B_4C 的方法可分为：常规的大气或低压法（CCVD）、等离子增强法（PECVD）、热线沉积法（HWCVD）、同步加热辐照法（SRCVD）和激光诱导沉积法（LICVD），如表 6-5 所示。

表 6-5 化学气相沉积法制备 B_4C 对比

方法	反应物	工艺参数	产品	
			形貌	尺寸
激光诱导沉积	BCl_3，CH_4，H_2	Ar，13.3kPa，CO_2 激光	薄膜	颗粒尺寸 80～100nm
化学气相沉积	BCl_3，CH_4，H_2	Ar，10kPa，900～1050℃，30h	涂层	厚度 10μm
热线沉积	$O-C_2H_{12}B_{10}$	Ar，1800℃，衬底温度 200℃	薄膜	厚度 0.2～0.5μm
化学气相沉积	$C_2H_{12}B_{10}$，$C_{10}H_{10}Fe$	Ar，1080℃，1h	纳米棒	直径 80～100nm，长度 5～15μm
化学气相沉积	B_2O_3，C	Ar，1400℃，1.5h	纳米棒	直径 30～120nm，长度 5～10μm
等离子增强法	$C_2H_{12}B_{10}$	9.31Pa，Ar 等离子	薄膜	—

作为反应前驱物，可采用 BCl_3-CH_4-H_2、B_2H_6-CH_4-H_2、B_5H_9-CH_4 等体系制备碳化硼粉末。以 BCl_3-CH_4-H_2 体系为例，其反应方程式为：

$$4BCl_3 + CH_4 + 4H_2 \longrightarrow B_4C + 12HCl \qquad (6-9)$$

Oyama 等以 C_6H_6-BCl_3 为反应体系，钕钇铝石榴石激光为激光源，制备出表面附着一层石墨的 B_4C 纳米粉末，粒度为 14～33nm。Zeng 等采用 BCl_3、CH_4、H_2 体系，在 10kPa 氩气气氛、900～1050℃下使用 CVD 法在 SiC 上得到 B_4C 涂层。马淑芳等以邻碳硼烷为原料，二茂铁为催化剂，氩气为载气，在石墨基片上生长出纳米绳状 C/B_4C 复合物。Mohammad 等以 B_2O_3、C、NaCl 为原料，在 1400℃下沉积 90min 得到直径为 30～120nm 的纳米棒状 B_4C，如图 6-27 所示。

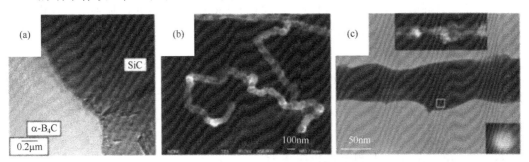

图 6-27 化学气相沉积 B_4C 的微观形貌

（a）SiC 上的非晶 B_4C 涂层；（b）纳米绳状 C/B_4C 复合物；（c）B_4C 纳米棒

虽然采用化学气相沉积法利用有机气源合成得到高纯的纳米级超细 B_4C 粉体，但该方法不利于后期的收集，不适合大批量高纯粉体的合成，因此限制了后期产业化的发展。

6.2.7 溶剂热合成法

溶剂热合成法是水热合成法的进一步发展，不同之处在于溶剂合成法采用的溶剂为有机溶剂而不是水，如乙二胺、甲醇、乙醇、二乙胺、三乙胺、吡啶、苯、二甲苯、苯酚、四氯化碳等，其工艺流程如图 6-28 所示。与其他制备方法相比，它的显著特点在于反应条件非常温和，制备工艺简单，制备具有亚稳态结构的材料，易于控制产物的物相及分散性。溶剂热合成法制备 B_4C 的过程通常加入碱金属作为还原剂，反应在溶剂中以液相方式进行，在相对较低的温度下反应，因为反应过程温和缓慢，所以通常需要较长的保温时间。

Shi 等以 Na 为还原金属，以 BBr_3 和 CCl_4 为反应物，在高压釜中将所有反应物加热到 450℃保温 8h，得到直径约为 200nm、长 2.5μm 的超纯 B_4C 粉体，如图 6-29 所示。

```
装反应物 → 密封 → 加热保温 → 冷却 → 水洗
                                        ↓
干燥 ← 离心 ← 沉淀 ← 丙酮洗 ← 酸洗
```

图 6-28 溶剂热合成碳化硼粉体流程图

图 6-29 溶剂热合成法制备的棒状 B_4C 粉体

500nm

6.2.8 溶胶凝胶法

溶胶凝胶法是通过凝胶前驱体的水解缩聚制备金属氧化物材料的湿化学方法，能从分子水平上设计和控制材料的均匀性及粒度，得到超细、高纯、均匀的纳米材料。采用此方法将硼酸与多羟基化合物反应制备前驱体，然后在空气或者惰性气体中裂解形成裂解前驱体，再将该裂解前驱体在惰性气体中经 1250~1600℃高温热处理制备出碳化硼粉体。

以柠檬酸为碳源，与硼酸的反应式为：

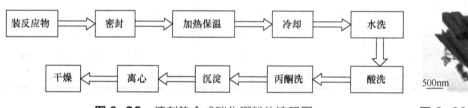

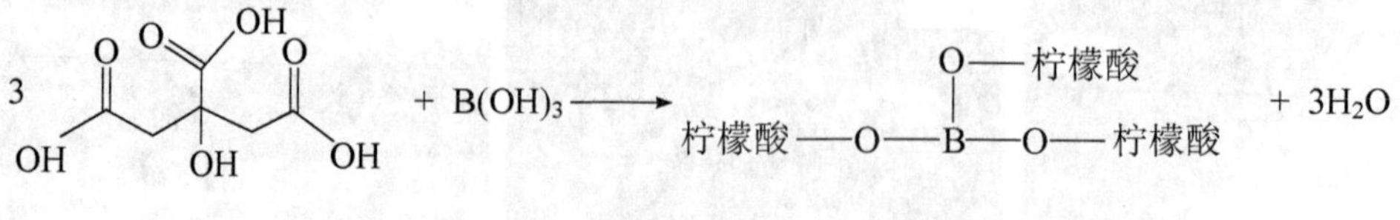

$$\tag{6-10}$$

以聚乙烯醇为碳源，与硼酸的反应式为：

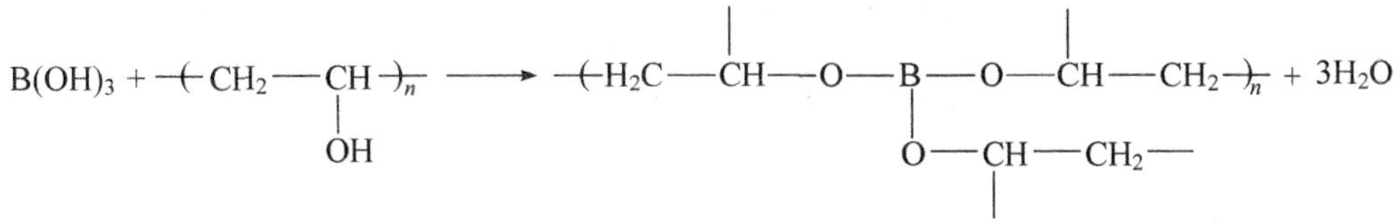

$$B(OH)_3 + (CH_2-CH)_n \longrightarrow (H_2C-CH-O-B-O-CH-CH_2)_n + 3H_2O$$

$$\tag{6-11}$$

以丙三醇为碳源，与硼酸的反应式为：

$$\tag{6-12}$$

以蔗糖为碳源，与硼酸的反应式为：

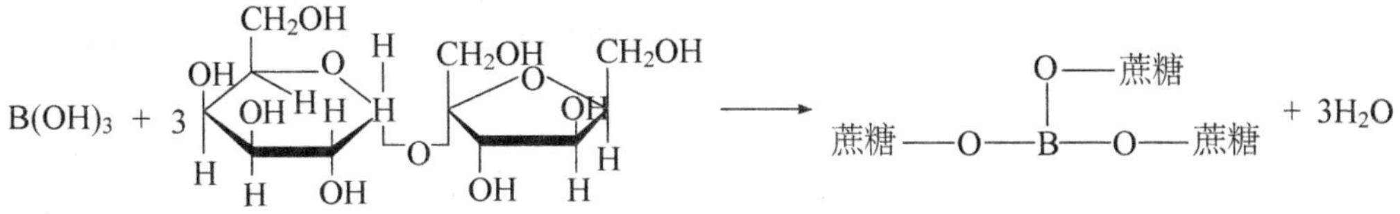

$$\tag{6-13}$$

以葡萄糖为碳源，与硼酸的反应式为：

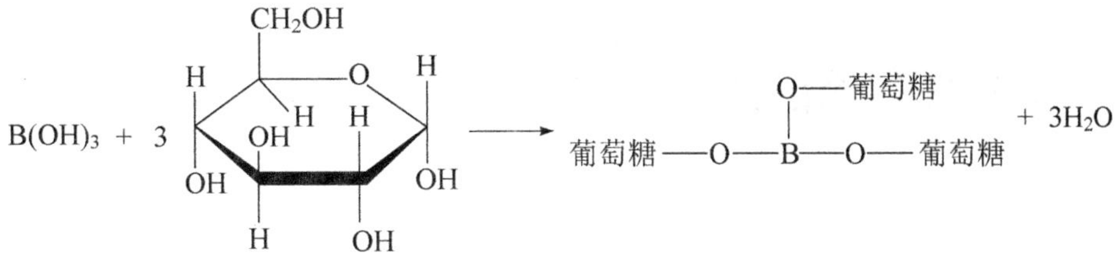

$$\tag{6-14}$$

以甘油为碳源，与硼酸的反应式为：

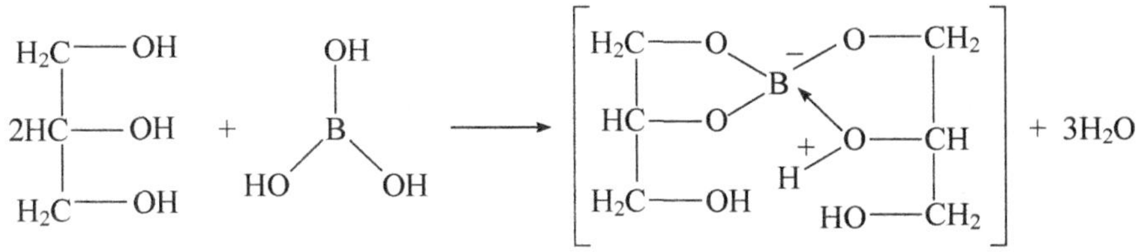

$$\tag{6-15}$$

Blackburn 等采用硼酸与柠檬酸为原料，通过调控混合溶液的 pH 值和反应温度，制备出粒径均匀，中位粒径为 $2.25\mu m$ 的 B_4C 粉体。Paul Murray 以聚乙烯醇和硼酸为原料先合成聚乙烯醇硼酸酯（PVBO）凝胶，再通过裂解工艺，控制聚乙烯醇和硼酸的摩尔比、反应温度和时间制备出纯度为 94.3%、平均粒径为 $11\mu m$ 的 B_4C 粉体。李洋以甘油和硼酸为原料，采用酯化反应制备前驱体，再经过裂解反应和碳热还原反应合成高纯 B_4C 粉体，如图 6-30 所示。

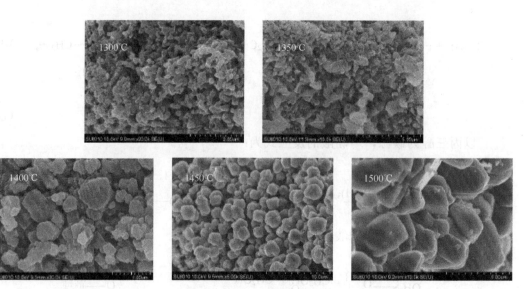

图 6-30 前驱体经不同温度裂解制备碳化硼粉体的 SEM 图

该方法在工艺操作过程中易于实现各种微量成分的添加，混合均匀性好，是获得纯度较高、粒径较细、均匀的碳化硼微粉的有效方法之一。但是其缺点是原料成本高，制备工艺比较复杂，产物中常残留有机溶剂而对人体有害，处理过程中收缩量大。

6.3　碳化钛陶瓷粉体的制备

6.3.1　碳化钛的性质

碳化钛是典型的过渡金属碳化物。它的键性是离子键、共价键和金属键混合在同一晶体结构中，因此碳化钛具有许多独特的性能。晶体的结构决定了碳化钛具有高硬度、高熔点、耐磨损以及导电性等基本特征。碳化钛陶瓷是钛、锆、铬过渡金属碳化物中发展最广的材料。碳化钛的基本特性见表 6-6。

表 6-6　碳化钛的基本特性

基本特性	指标
晶体结构	立方密堆积（Fcc.B1.NaCl）
晶格常数/nm	0.4328
空间群	Fm3m
化学组成	$TiC_{0.47\sim0.99}$

续表

基本特性	指标
摩尔质量/（g/mol）	59.91
颜色	银灰色
密度/（g/cm³）	4.91
熔点/℃	3067
比热容 C_p/[J/（mol·K）]	33.8
热导率/[W/（m·K）]	21
线胀系数/×10⁻⁶℃⁻¹	7.4
电阻率/μΩ·cm	50±10
超导转变温度/K	1.15
霍尔常数/×10⁻⁴cm·A·S	−16.0
磁化率/（×10⁻⁶emu/mol）	+6.7
硬度（HV）/GPa	28～35
弹性模量/GPa	410～510
剪切模量/GPa	186
体积模量/GPa	240～390
摩擦系数	0.25
抗氧化性	空气中 800℃缓慢氧化
化学稳定性	耐大多数的酸腐蚀，但 HNO_3 与 HF 和卤素对它有腐蚀，在空气中加热到熔点无分解

　　TiC 与 TiN 和 TiO 是同一种结构，O 与 N 可以作为杂质添加或定量加入来取代碳形成二元或三元固溶体。这些固溶体被认为是 Ti（C、N 和 O）的混合晶。TiC 也可以与Ⅳ、Ⅴ族的非碳化物形成固溶体。C 与 Ti 的相图见图 6-31。

　　以金属来改善 TiC 的烧结性能及材料的硬度、韧性、强度以及抗磨损行为，已经取得许多有益的进展。

　　碳化钛是过渡金属碳化物，由较小的 C 原子插入 Ti 密堆积点阵的八面体位置而形成面心立方的 NaCl 型结构，见图 6-32，其空间群为 Fm3m。它的真实组成常常是非化学计量的，用通式 TiC_x 表示，此处 x 是指 C 与 Ti 之比，它的范围在 0.47～1.0 之间。当 x=0.45 时，存在"Ti"和"TiC"两个相，Ti-C 相图如图 6-31 所示。由于组成（x）的不同，碳化钛的熔点在 1918～3210K，最高熔点对应的组成为 x≈1.0。

　　碳化钛的晶体结构是面心立方（NaCl 型），晶胞参数 a_0=（0.4329±0.0001）nm。根据化学计量的不同，由实验确定的碳化钛的晶胞参数随化学计量的变化如图 6-33 所示，

即晶胞参数 a_0 随着 x 的增大而增大。

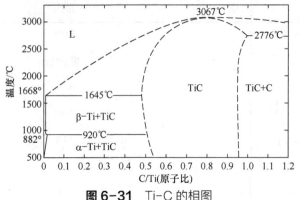

图 6-31 Ti-C 的相图

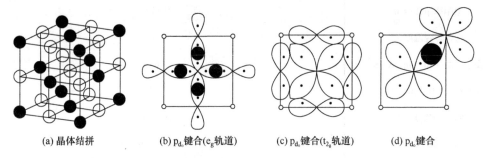

| (a) 晶体结拼 | (b) p_{d_σ}键合(e_g轨道) | (c) p_{d_π}键合(t_{2g}轨道) | (d) p_{d_σ}键合 |

图 6-32 轨道交叠的 TiC 晶体结构（● Ti；○ C）

碳化钛的热力学性质如表 6-7 所示。

最新的研究表明 ΔH_f 是组成的函数，如图 6-34 所示，用外推法，当 $x=1.0$ 时，$\Delta H_f = -194.37$kJ/mol，即比表 6-7 中的 ΔH_f（298K）大。

根据表 6-7 中的热力学数据，从理论上可以计算碳化钛的绝热温度 T_{ad}，如图 6-35 所示，当 v（反应体系熔融产物的分数）=0.33 时，$T_{ad}=3210$K，即碳化钛的熔点。

表 6-7 TiC 的热力学性质

热力学性质	数值
C_p（固体）/[J/（mol·K）]	$49.45+3.34\times10^{-3}T-14.96\times10^5T^3$
ΔH_f（298K）/（kJ/mol）	-184.46
T_m/K	3210
ΔH_m/（kJ/mol）	83.6
C_p（液体）/[J/（mol·K）]	66.88

6.3.2 碳化钛粉体的制备

合成碳化钛粉体有多种方法，每种方法合成的碳化钛粉体其粒度大小、粒度分布、团聚状况、纯度及化学计量各有不同。

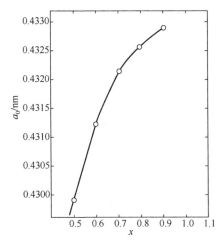

图 6-33　TiC$_x$晶胞参数与化学计量的关系

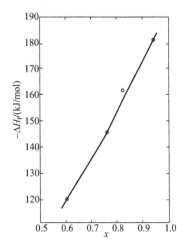

图 6-34　TiC$_x$的 ΔH_f 与化学计量的关系

6.3.2.1　碳热还原法

工业用碳化钛是在惰性或还原气氛中用炭黑还原二氧化钛制备，合成温度为 1700～2100℃，反应方程式为：

$$TiO_2(s)+ 3C(s) \Longrightarrow TiC(s)+ 2CO(g) \tag{6-16}$$

因为反应物以分散的颗粒存在，反应进行的程度受到反应物接触面积和炭黑在二氧化钛中分布的限制，产品中含有未反应的炭黑和二氧化钛。在还原反应过程中，由于晶粒生长和粒子间的化学键合，合成的碳化钛粉体有较宽的粒度分布范围，需要球磨加工，而且加工后的粉体粒度只能达到微米级。反应时间较长，约 10～20h，反应中受扩散梯度的影响使合成的粉体常常不够纯。

R. Koc 和 J. S. Folmer 利用碳热还原原理，在 1550℃下反应 4h，制备出了粒度均匀、团聚较轻的纳米碳化钛微粉，粒度<100nm，比表面积约为 20m^2/g。其制备过程是：以氧化钛（TiO$_2$）和丙烯（C$_3$H$_6$）为原料，将氧化钛装入不锈钢容器中，真空处理，然后通入 C$_3$H$_6$ 气体至压力为 2.72atm（1atm=101325Pa），加热至 600℃，同时不断转动容器，使 C$_3$H$_6$ 气体炭化并均匀地沉积在氧化钛颗粒表面。1mol 乙烯气体在 2.72atm 时的平衡组成与温度关系如图 6-36 所示。

低温下的主要反应：

$$2C_3H_6 \Longrightarrow 3C+3CH_4 \tag{6-17}$$

乙烯的高温（600℃）分解反应：

$$C_3H_6 \Longrightarrow 3C+3H_2 \tag{6-18}$$

根据计算，C$_3$H$_6$ 在氧化钛颗粒表面沉积炭化的工艺参数确定为 600℃。

当氧化钛表面沉积的碳量达到 32%～34%时进入第二阶段：继续升温至 1200～1550℃，保温 2～4h，并通入氩气（1L/min）合成纳米碳化钛粉体。图 6-37 为氧化钛原料的透射电镜照片，图 6-38 为丙烯气体在 600℃时炭化沉积在氧化钛表面的前驱物的透射电镜照片。

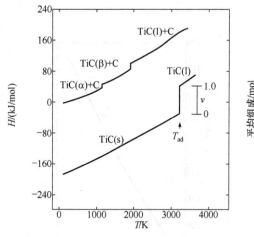

图6-35　TiC 的热力学函数及绝热温度
$T_0=298K$，$T_{ad}=3210K$，$v=0.33$

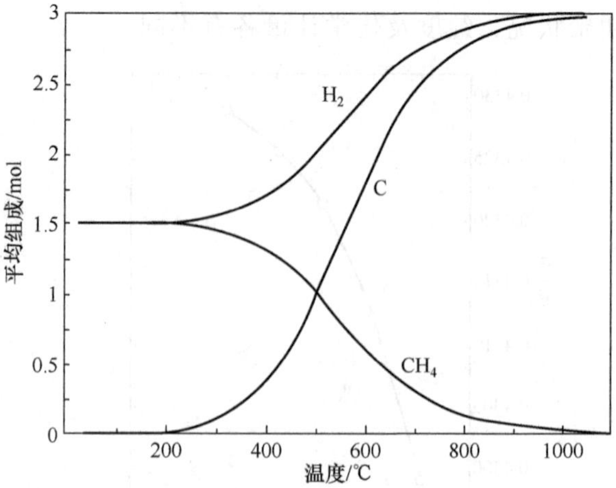

图6-36　1mol 乙烯气体在 2.72atm 下主要产物平
衡状态的组成与温度的关系

　　图 6-39 为反应产物 XRD 衍射图谱。由图 6-39 可知，在 1200℃时，合成的产物为 Ti_3O_5 和 TiO-TiC 固溶体；1300℃时，低价钛的氧化物消失；1300℃以后，氧化物的相明显减少，TiC 的衍射强度明显加强，同时伴随着氧含量的减少、质量损失的增大，如图 6-40、图 6-41 所示。

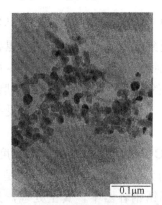

图6-37　TiO_2 的透射电镜照片（TEM）

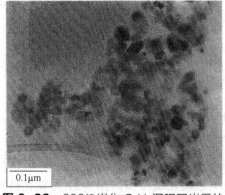

图6-38　600℃炭化 C_3H_6 沉积了炭黑的 TiO_2 前驱物透射电镜照片（TEM）

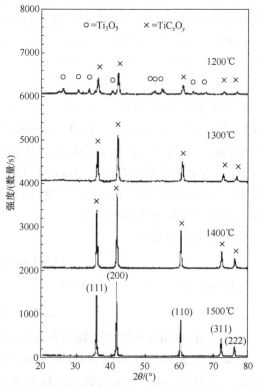

图6-39　流动的氩气（1atm）中反应 2h 产物的 XRD 图谱（1200～1500℃）

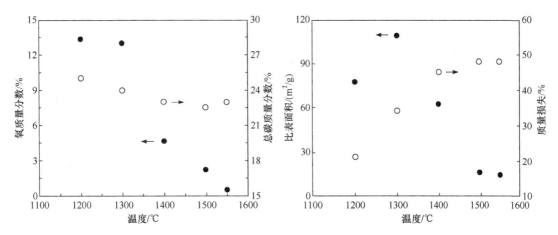

图 6-40　O 和 C 含量的变化与反应温度的　　**图 6-41**　产物的质量损失及比表面积（BET）与
　　　　　关系　　　　　　　　　　　　　　　　　　　　　　合成温度的关系

合成的 TiC 的晶格常数（计算值）与合成温度的关系如图 6-42 所示，商品 TiC 粉体（H. C. Starck）（计算值）也一并标入图 6-42 中（箭头所指的小黑点）。

1550℃下反应 4h 合成的 TiC 的晶格常数为 4.332Å，而商品 TiC 粉体的晶格常数为 4.331Å。TiC 中氧含量的增加会降低其晶格常数，因此，在 1200～1400℃时合成的 TiC 有较低的晶格常数，因为低温合成的产物中含有氧（以 TiO 的形式存在），TiO 的晶格常数为 4.18Å。

6.3.2.2　镁热还原法

镁热还原法是用液态金属氯化物溶液与液态镁反应，通过镁还原金属氯化物置换出 Ti 和 C 原子，通过放热反应生成 TiC，合成反应示意图如图 6-43 所示。其反应式为：

$$TiCl(g)+CCl_4(g)+2Mg(l)=\!=\!=TiC(s)+2MgCl_2(l) \tag{6-19}$$

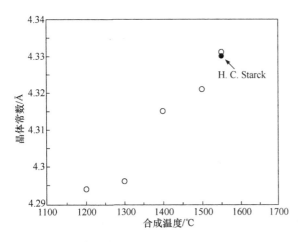

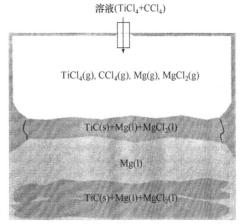

图 6-42　流动的氩气（1atm）中反应 2h 合成的　　**图 6-43**　镁热还原合成 TiC 的工艺流程示
　　　　　TiC 的晶格常数与合成温度的关系（1Å=10^{-10}m）　　　　　　意图

将 TiCl$_4$（OTT-O，99.9%）和 CCl$_4$（TVS，99.96%）组成的溶液垂直注入由钛合金

制备的保温柱形反应器（ϕ90mm×180mm，如图 6-43 所示）中，反应器中熔化的液体镁用 111.46kPa 的氩气保护。

制备 1mol 的碳化钛所需的 $TiCl_4$、CCl_4、Mg 分别为 189.7g、149.8g、97.2g。由于 CCl_4 比 $TiCl_4$ 更容易挥发，因此 CCl_4 的加入量增加 5%～10%。镁的加入量要足够多以利于还原反应的完全进行，而不致形成中间相，如 $TiCl_3$、$TiCl_2$、C_6Cl_6。反应温度控制在 1173～1372K。溶液的注入速度由液压缓冲泵控制在 0.1667～0.6668g/s。还原反应后沉积的镁和 $MgCl_2$ 在 $1.333×10^{-3}$kPa 的真空度下分离 3h。

用上述方法制备的碳化钛为典型的海绵块状，需粉碎。粉碎后的碳化钛用 50%HF + 50%HNO_3 溶液溶解，并经过过滤去除游离碳，游离碳的含量由元素分析仪（AH7529）测定。同时对合成产物的杂质（Mg、Cl、Fe、O）含量（JMS 01BM-2 和 LECO-TC436）、形貌（XITA-CHIS4200）、相组成（RIKAKU-R2000）进行测试。

各种实验参数下制备的碳化钛，其组成和游离碳含量如图 6-44 所示。

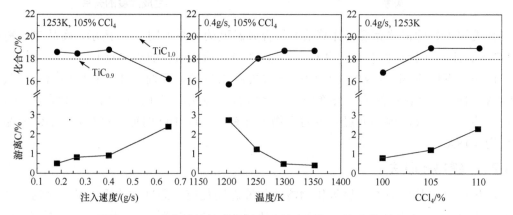

图 6-44　碳化钛的组成和游离碳的含量与工艺参数的关系

合成的海绵状碳化钛，经粉碎后的 SEM 照片如图 6-45 所示，尚未粉碎的粗颗粒有各种各样的形貌。EPMA 测试表明各种形貌的碳化钛颗粒，其化学组成均匀。

粗颗粒碳化钛经放大后的 SEM 照片如图 6-46 所示。由图 6-46 可知，合成的碳化钛由平均粒度为 50nm 的纳米颗粒组成，其团聚松散。

图 6-45　粉碎后碳化钛颗粒的 SEM 照片

图 6-46　纳米结构碳化钛的 SEM 照片

6.3.2.3　高钛渣提取炭化法

高炉渣是复杂的多元氧化物（CaO-SiO$_2$-TiO$_2$-MgO-Al$_2$O$_3$）体系，含 TiO$_2$ 高达 22%～25%。由于渣中的钛弥散分布于各矿物相中而无法经济、合理利用，为此，首先对炭化处理高钛渣的过程进行研究。

（1）热力学分析。炭化处理高钛渣过程涉及 Ti-C-O 体系。热力学计算表明 CO 不可能还原钛氧化物，一般都用碳作还原剂。为确定钛氧化物还原规律及其生成条件，对惰性气氛下进行热力学分析与计算。

在钛的氧化物中，主要是二氧化钛，其次还有许多低价钛氧化物，如 Ti$_3$O$_5$、Ti$_2$O$_3$、TiO 等，高钛渣中钛的氧化物主要以二氧化钛的形式存在。TiO$_2$ 的还原反应长期以来认为是按逐级反应进行：TiO$_2$→Ti$_3$O$_5$ →Ti$_2$O$_3$ →TiO →Ti 或 TiC。根据热力学数据，可得到各反应的 ΔG^0 与 T 的关系式，见表 6-8。

表 6-8　Ti-C-O 体系 Gibbs 自由能 ΔG^0 与温度 T 的关系

反应式编号	化学反应式	ΔG^0/（kJ/mol）	开始反应温度 T/K
1	3TiO$_2$+C(s) ⟶ Ti$_3$O$_5$+CO(g)	=273500−197.98T	1382
2	2Ti$_3$O$_5$+C(s) ⟶ 3Ti$_2$O$_3$+CO(g)	=249500−152.47T	1637
3	Ti$_2$O$_3$+C(s) ⟶ 2TiO+CO(g)	=358500−196.67T	1833
4	TiO+C(s) ⟶ Ti+CO(g)	=400200−159.87T	2504
5	1/5Ti$_3$O$_5$+8/5C(s) ⟶ 3/5Ti$_3$O$_5$(s)+CO(g)	=261740−162.346T	1613
6	1/3Ti$_2$O$_3$+5/3C(s) ⟶ 2/3TiC(s) + CO(g)	=263100−163.443T	1610
7	TiO+2C(s) ⟶ TiC(s)+CO(g)	=215400−147.33T	1462
8	1/2TiO$_2$+3/2C(s) ⟶ 1/2TiC(s)+CO(g)	=263700−168.285T	1567

利用表 6-8 中 1～4 反应式可绘制自由能 ΔG^0 与温度 T 的关系，如图 6-47（a）所示。通常，判定任何温度下两个氧化物的稳定性时，ΔG^0 值越低其氧化物越稳定。由图 6-47（a）可知，在标准状态下，TiO$_2$ 可以被碳逐级还原，表 6-8 中的反应式 4 不可能进行。因此，在惰性气氛及高温下炭化处理高钛渣过程中，可能出现的钛的低价化合物为 Ti$_3$O$_5$、Ti$_2$O$_3$、TiO。高钛渣在还原反应的过程中还存在许多反应，主要为表 6-8 中的反应式 5～8，其 ΔG^0 与 T 的关系如图 6-47（b）所示。由图 6-47（b）可知，有低价钛氧化物存在时，TiO 最容易还原生成 TiC，Ti$_2$O$_3$ 次之，Ti$_3$O$_5$ 最难还原生成 TiC。在标准状态下，钛的低价氧化物还原生成 TiC 的起始温度不是很高，TiO、Ti$_2$O$_3$、Ti$_3$O$_5$ 生成 TiC 的起始温度分别为 1462K、1610K、1613K。可见，在 1000～2000K 的温度条件下钛的各种低价氧化物均可以发生炭化反应生成 TiC。由此可见，在惰性气氛下炭化处理高钛渣的过程中，炭化反应存在许多中间相，但总反应方程式可用反应式 8 表示。从反应式 8 可知，标准状态下，TiO$_2$ 直接炭化生成 TiC 的起始温度为 1567K。这说明不论钛以什么样的价态存在，钛氧化物还原的最终产物相都是 TiC。

（2）实验结果。图 6-48 为 1873K 温度下由高钛渣合成的产物的 X 射线衍射图。由图 6-48 可知，产物相中主要为 TiC，其次还有部分镁黄长石、透灰石和少量未反应完全的钙钛矿。

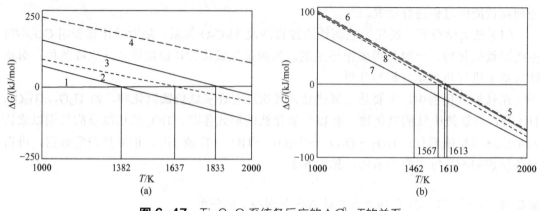

图 6-47　Ti-C-O 系统各反应的 $\triangle G^0$-T 的关系

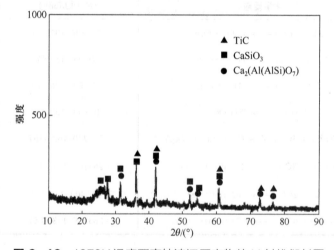

图 6-48　1873K 温度下高钛渣还原产物的 X 射线衍射图

6.3.2.4　直接炭化法

直接炭化法是利用 Ti 粉和 C 粉反应生成碳化钛，反应式如下：

$$Ti(s) + C(s) = TiC(s) \tag{6-20}$$

由于很难制备亚微米级金属 Ti 粉，故该方法的应用受到限制。上述反应需花 5～20h 才能完成，且反应过程较难控制，反应物团聚严重，需进一步粉磨加工才能制备出细颗粒 TiC 粉体。为得到较纯的产品还需对球磨后的细粉用化学方法提纯。此外，由于金属钛粉的价格昂贵，合成 TiC 的成本也高。

6.3.2.5　化学气相沉积法

该合成法利用了 $TiCl_4$、H_2 和 C 之间的反应，反应式如下：

$$TiCl_4(g)+2H_2(g)+C(s)=TiC(g)+4HCl(l) \tag{6-21}$$

反应物与灼热的钨或炭单丝接触而进行反应，碳化钛晶体直接生长在单丝上。用这种方法合成的碳化钛粉体，其产量、有时甚至质量严格受到限制。此外，由于 $TiCl_4$ 和产物中的 HCl 有强烈的腐蚀性，合成时要特别谨慎。

6.3.2.6　高温自蔓延合成法

该方法源于放热反应。当加热到适当的温度时，细颗粒的 Ti 粉有很高的反应活性，因此，一旦点燃后产生的燃烧波通过反应物 Ti 和 C，Ti 和 C 就会有足够的反应热生成碳化钛。该方法反应极快，通常不到 1s，需要高纯、微细的 Ti 粉作原料，而且产量有限。

不同工艺参数的影响：

（1）钛粉粒度。由表 6-9 可知，随着钛粉粒度的变小，燃烧温度随之升高，化合碳质量分数也随之增大，而游离碳质量分数却慢慢减小，但粒度过细时游离碳质量分数又会增大。这是由于随着粒度变小，钛粉的比表面积变大，粉末间的反应界面和扩散截面增加，界面化学反应和扩散能力增强，从而提高了燃烧速率，增大了燃烧温度。同时粒度变小，钛粉与碳粉粒度差别较小，这样会使样品中的化学组成均匀，反应完全，从而使得产物中化合碳质量分数增大，游离碳质量分数减小。但选用过细的钛粉也不适宜，细粉吸附能力较强，易吸附外界空气中的杂质，而且又易氧化，燃烧合成瞬间会放出较多气体，破坏了炭化条件，也会造成产物中游离碳质量分数的增大，从而影响产物的性能。

（2）C 与 Ti 的摩尔比。碳化钛的晶体结构是面心立方（NaCl 型），晶格参数是 0.4329。采用自蔓延高温合成 TiC 的实验结果表明，当 $n(C)/n(Ti)=0.6\sim1$ 时，产物均为单一的 TiC 相，但晶格参数(a_0)随着 $n(C)/n(Ti)$ 的增大而增大，当 $n(C)/n(Ti)$ 接近化学计量比时，晶格参数最大。

表 6-9　钛粉粒度对燃烧温度、速率及产物化学组成的影响

钛粉粒度/μm	燃烧温度/K	速率/（mm/s）	游离碳/%	化合碳/%
180～125	2860	3.7	0.19	18.51
125～98	2880	4.3	0.07	18.34
98～65	2890	6.5	0.06	18.56
65	2920	12.4	0.07	19.14
50	2940	17.1	0.09	19.66

注：游离碳与化合碳以质量分数表示。

6.3.2.7　反应球磨技术制备纳米碳化钛粉体

反应球磨技术是利用金属或合金粉末在球磨过程中与其他单质或化合物之间的化学反应而制备出所需要材料的技术。自 1969 年美国镍公司发明该方法以来，其应用研究广泛开展，有关利用反应球磨技术来制备碳化钛的报道较多。其工艺是以单质的钛粉（或二氧化钛粉）、石墨粉为原料，通过高能球磨机的钢球对混合粉末产生强有力的撞击、搅拌和破碎作用，使原料粉末达到原子级紧密结合，然后进行适当的热处理就可以合成碳化钛粉体。该方法可使反应合成温度显著降低，但必须在真空或可控气氛下进行。用

反应球磨技术制备纳米材料的主要设备是高能球磨机。反应球磨机理可分为两类：一是机械诱发自蔓延高温合成（SHS）反应；二是无明显放热的反应球磨，其反应过程缓慢。

　　图 6-49 为 Ti/C 原始粉末及其在 5 种不同的球磨环境下球磨 50h 后合成产物的 XRD 谱。活性炭为非晶态结构，故在 XRD 谱中观察不到晶体碳的特征衍射峰。图 6-49 中，原始粉末衍射峰中尖锐、强度高的是 Ti。经过 50h 的球磨后衍射峰中均有面心立方（FCC）结构的 TiC 衍射谱线，表明反应体系有 TiC 合成。但在低真空、高真空和氩气 3 种球磨环境下球磨产物的衍射谱中还有明显的 Ti 的衍射峰，在高真空环境下球磨 50h 后 Ti 的衍射峰略低于低真空环境而高于氩气环境。在空气+H_2 和 H_2 环境下球磨产物的衍射谱中 Ti 衍射峰不明显。这表明在存在 H_2 的球磨环境下球磨 50h 后发生了完全的 TiC 机械冶金化合成。由此可见，球磨环境中存在 H_2 对 TiC 的冶金化合成具有加速作用。同时发现，粉末经过 50h 球磨后衍射谱线都出现了宽化现象，这是由粉末的变形和细化作用引起的。

　　图 6-50 是 Ti/C 原始粉末及其在 5 种不同的球磨环境下球磨 100h 后合成产物的 XRD 谱。由图可见，球磨产物的衍射图谱中除了在低真空环境下存在 Ti 微弱的（110）和（101）衍射峰外，其他 4 种球磨环境下所得产物的衍射谱中几乎看不到 Ti 的衍射峰。这表明经过 100h 的球磨后，除低真空环境外，其他 4 种球磨环境下均发生了完全的 TiC 机械合金化合成。说明随着球磨时间的延长，5 种球磨环境下均有可能实现 TiC 完全的机械合金化合成。

　　上述分析表明，在空气+H_2 和 H_2 环境下机械合金化合成 TiC 的速度最快，在氩气环境下合成速度次之，低真空环境下的合成速度最慢。

　　比较图 6-49 和图 6-50 中的 XRD 谱还可以发现，经过 50h 和 100h 球磨所合成 TiC

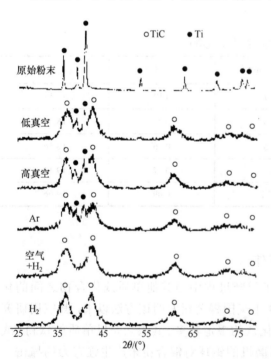

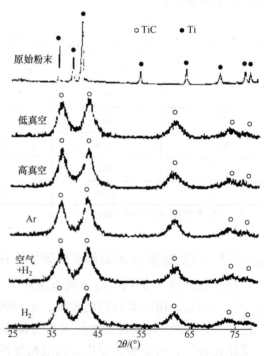

图 6-49　Ti/C 原始粉末及其在不同球磨环境下球磨 50h 后产物的 XRD 谱

图 6-50　Ti/C 原始粉末及其在不同球磨环境下球磨 100h 后产物的 XRD 谱

的衍射峰宽化程度相近，而且 TiC 各个衍射峰的位置几乎没有变化。这表明最终合成的 TiC 粉末的晶粒大小和结构随着球磨时间的延长几乎没有发生变化，从而说明合成的 TiC 晶体是稳定的。

利用衍射谱线的峰形数据，能够测定粉末平均晶粒的大小。当晶粒直径小于 20nm 时，衍射峰开始宽化，此时晶粒越小，宽化越多。将上述 5 种不同球磨环境下实现完全机械合金化合成的 TiC 宽化衍射谱线应用 Scherer 公式：

$$D_p = K\lambda/(B-B_0)\cos\theta \qquad (6-22)$$

式中，D_p 为晶粒直径；θ 为衍射角；λ 为实验用衍射波长（Cu Kα 射线，$\lambda=0.1540598$nm）；K 为固定常数，取值 0.9；B_0 为晶粒较大没有宽化时的衍射线半高宽；B 为待测样品衍射线的半高宽（2θ 标度的峰）。

计算所合成的 TiC 粉末的平均晶粒尺寸，计算结果如表 6-10 所示。

表 6-10　不同球磨条件下机械合金化合成 TiC 粉末的平均晶粒尺寸

球磨时间/h	球磨环境	平均晶粒尺寸/nm
50	空气+H$_2$	6.20
	H$_2$	6.93
100	低真空（1Pa）	8.32
	高真空（10^{-3}Pa）	7.25
	Ar	7.19
	空气+H$_2$	6.90
	H$_2$	6.45

表 6-10 中的计算结果表明，在误差范围内求得的 TiC 平均晶粒直径比较接近，大约在 7nm。这与图 6-49 和图 6-50 所得的合成 TiC 的衍射谱线宽化程度的结果一致。

根据热力学理论，Ti 和 C 通过机械合金化合成 TiC 相存在一定的反应位垒。高能球磨过程中高能量的导入，使得被球磨介质俘获的混合粉末发生变化，内部缺陷增加，化学反应活性增大，能量增加。当球磨过程中粉末获得的能量达到一定程度足以克服合成 TiC 所要逾越的能垒时，就能发生机械合金化化学反应。因此在这 5 种球磨环境下进行球磨，均有可能发生 TiC 的机械合金化合成。

根据 Maurice-Courtey 理论模型，高能球磨过程中被俘获的 Ti 和 C 混合粉末，被球磨反复碰撞，重复经历着变形、冷焊、断裂细化的过程，从而在断裂面上露出新鲜原子表面。新鲜原子表面上的原子活性较强，容易发生冷焊形成结合体，实现键合。弹性恢复阶段，键合区因为受到粉末颗粒变形而产生的弹性恢复力 N_e 和球磨间相对切线运动而产生的剪切力 T_b 的作用，有分离的趋势（图 6-51 所示）。

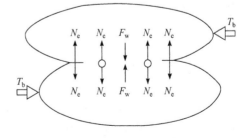

图 6-51　键合区受力分析示意图

如果键合力 F_w 满足下列条件：

$$F_w^2 \geqslant N_e^2 + T_b^2 \tag{6-23}$$

则键合保持，两颗粒发生焊合；如果不满足，则两颗粒分离。

如图 6-52 所示，当 Ti 粉末颗粒因变形、冷焊和断裂细化而露出新鲜原子表面的周围环境中有氧存在时，该分离的新鲜原子表面又被氧污染，形成氧化膜薄层。由于该氧化膜薄层性质比较稳定，而且具有吸附性，与 Ti 粉末颗粒结合得比较紧密，不易脱落，阻止了 C 与活性[Ti]原子之间的相互接触，从而阻碍了系统内机械合金化合成反应的发生。

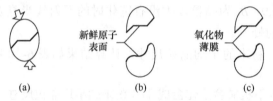

图 6-52　分离的新鲜原子面被氧化污染的示意图

由上述分析可知，在低真空和高真空环境下能够发生 TiC 的机械合金化合成，但是合成速度非常慢（需球磨 100h 左右）。其主要原因是球磨环境中氧的影响。低真空和高真空环境中氧的含量较少，在一定程度上减少了粉末颗粒的新鲜表面与氧的接触，使得系统内化学结合的可能性得以提高。但由于断裂破碎后露出 Ti 粉末的新鲜原子表面积较大，即使极少量的氧也很容易与新鲜表面接触，形成氧化膜薄层，这对 C 与活性[Ti]原子之间的接触、冷焊和合成反应还是有一定的阻碍作用，所以这两种球磨环境下机械合金化合成 TiC 的速度比较慢。高真空比低真空环境中氧的含量更低，所以比低真空环境的合成速度要快一些。在氩气环境中，由于氩气的惰性对球磨粉末因变形、冷焊、断裂而产生的新鲜原子表面起到保护作用，排除了氧对机械合金化合成反应发生的阻碍因素，所以氩气环境比低真空和高真空环境机械合金化合成 TiC 更易于发生，合成速度也相对快一些。氩气对新鲜表面的保护作用使得 Ti 和 C 的合成反应能够比较完全地进行，因此合成 TiC 的纯度也较高。

空气+H_2 与 H_2 环境下 TiC 机械合金化合成速度差不多，比氩气和其他球磨环境的合成速度要快得多。原因是球磨环境中的 H_2 具有加速合成的作用。H_2 不仅能够使新鲜原子表面保持清洁，而且能促使 Ti、活性炭粉末细化，增强 Ti 的活性，从而降低了晶粒边界扩散的活化能。同时，H_2 能促使粉末颗粒及其内部的晶粒不断破碎，晶体内部的缺陷不断地增加，使得系统内部的内能不断提高，这些都有利于原子间发生键合，对 TiC 机械合金化合成起到加速作用。

Ti 对 H_2 具有很强的吸附作用，而且随着粉末的不断细化新鲜原子表面积的增加，活性[Ti]原子吸附 H_2 的量会增大，这使得新鲜原子表面能够充分地被 H_2 保护起来。随着球磨时间的延长，被 Ti 吸附的 H_2 又被释放出来，球磨脱氢后的 Ti 处于一种游离状态，这种游离态的[Ti]原子活性更大，更容易与碳原子进行化学结合，所以 H_2 环境下机械合金化合成 TiC 的反应更易于进行。在空气+H_2 球磨环境中所含有的少量氧，被新鲜原子表面所吸附的大量 H_2 隔离开来，从而阻碍了氧与新鲜表面的接触，这就确保了空气+H_2

环境中的氧无法与新鲜原子表面相接触，与在 H_2 环境中几乎不含有的作用相当。而且空气+H_2 环境中被 Ti 原子吸附的 H_2 隔离的氧能与 H_2 一起在高能球磨过程中获得一定的能量，可能发生氢和氧的化学结合，从而进一步消除了氧的不利影响，降低了新鲜表面被污染的可能性，加快了机械合金化合成 TiC 的反应速率。

6.3.2.8　熔融金属浴中合成法

利用碳化钛在铁族金属中溶解度小的性质，固溶在熔融金属中的钛和碳便能反应生成碳化钛，并从熔融金属中析出，反应在 2000℃ 以上的电热真空炉中进行。G. Cliché 用这种方法在液态金属铁或镍中直接合成了纯度较高，氮、氧含量很低的碳化钛。

6.3.2.9　电火花熔蚀法

该技术是利用两金属电极在适当的电解质中火花放电产生的高温使电极熔蚀蒸发并与介质反应合成所需的陶瓷粉末。Husu 等人在戊烷中相对安置两根钛电极，然后，在两电极间通电（250V，电流强度 100～150A），产生电火花使钛电极熔蚀，熔蚀蒸发的钛与戊烷反应合成纳米碳化钛粉末。另外，Sato 等人用钛丸作原料，在几种烃类化合物如苯、甲苯等中，用火花放电方式获得了含有 α-Ti 和 C 的粉末，将此粉末在氩气中 1000～1150℃ 下焙烧后就转化成了碳化钛粉体。

6.3.2.10　微波合成法

1. 微波的作用机理

微波是频率非常高的电磁波，又称超高频。微波的频率范围并无统一的规定，通常把频率为 300MHz～300GHz 的电磁波划分为微波波段，对应的波长范围为 1m～1mm。微波在整个电磁波谱中的位置：其低频与普通无线电波的"超短波"波段相连，而高频端则与红外线的"远红外"波段毗邻。

微波的加热作用可用极性分子在外电场下迅速转动来解释。图 6-53 是微波作用下加热的简单原理图。电池通过一个换向开关与电容器的极板相连，极板之间放入一杯水，当开关合上时，两极板间产生电场，杯中水分子按电场方向规则排列，带正电的氢离子趋向电容器的负极，带负电的氧离子趋向正极。如果开关转向反方向，外加电场方向也随之改变，水分子的排列也跟着转向。不断地快速转换开关方向，外加电场方向也随之迅速变换，使电场中的水分子排列方向也不断变化，分子本身的热运动和相邻分子间的相互作用，使水分子随电场变化而转动的规则受到了阻碍和破坏，在分子杂乱运动的条件下，产生了类似摩擦的效应，于是产生热量，使水温升高。电场的频率越高，这种效应就会越强。

以上是对极性分子在电场中介质损耗引起的体积加热的一种通俗解释。

微波作为一种电磁波，具有光波的一些性质，可以被不同的材料所吸收、反射或穿过。常温下大多数介质材料对微波是透明的，但在临界温度以上，这些材料又能吸收微波。材料吸收微波的程度，可以用单位体积内材料吸收

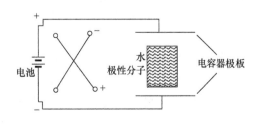

图 6-53　微波加热原理图

的微波能 $P(\text{W/m}^3)$ 表示：

$$P = 2\pi f \varepsilon_0 \varepsilon_r' \tan\delta |E|^2 = \sigma |E|^2 \tag{6-24}$$

式中　f——微波频率，Hz；

　　　ε_0——真空介电常数，8.86×10^{-12} F/m；

　　　ε_r'——相对介电常数；

　　$\tan\delta$——损耗角 δ 的正切值；

　　$|E|$——材料内部的电场大小，V/m；

　　　σ——全部有效电导率，S/m。

由式（6-24）可知，材料对微波的吸收与材料本身的性质有关，与材料的复介电常数 ε^* 密切相关，ε^* 表示为：

$$\varepsilon^* = \varepsilon' - j\varepsilon'' = \varepsilon_0(\varepsilon_r' - j\varepsilon_{eff}'') \tag{6-25}$$

式中，实部 ε' 为介电常数；虚部 ε'' 为介电损耗因子；ε_{eff}'' 为有效损耗因子。

$$\tan\delta = \varepsilon_{eff}'' / \varepsilon_r' \tag{6-26}$$

在高频下损耗是由松弛极化造成的，即材料中的电子、离子、偶极子在高频电场中按电场规律分布，使材料内部电场减弱；而惯性运动、弹性运动、摩擦等热运动又使这些质点分布混乱，因此使电场产生损耗，这些损耗就产生了热。

影响 P 的各因素 f、ε_r'、$\tan\delta$ 及 E 存在着相互关系，同时 E 又与材料的大小、几何形状，材料在微波炉中的位置，炉腔的形状及体积等因素有关。因此，计算材料在微波中吸收的能量是十分复杂的。

当微波通过材料而被吸收后，材料中的电场就衰减了，这可以用渗透深度 D 来表示，它的意义为微波衰减到一半时所渗透的深度：

$$D = \frac{3\lambda_0}{8.686\pi\tan\delta \left(\dfrac{\varepsilon_r'}{\varepsilon_0}\right)^{\frac{1}{2}}} \tag{6-27}$$

式中，λ_0 是真空中微波的波长。

由式（6-27）可知，波长较长而频率较低时，渗透深度 D 就较大；但频率低时材料内部的电场强度 E 也较小，不易生热。

从上面的分析可见，损耗角正切 $\tan\delta$ 和相对介电常数 ε_r' 是描述材料在微波中变化的重要参数，它们决定了微波能被材料吸收的程度及可以渗透的深度，因而影响材料的体积加热行为。图 6-54 为部分材料的 ε_r' 随温度变化而变化的关系图。从图 6-54 可见，对于熔融石英、Si_3N_4、热压 BN 及玻璃陶瓷材料，它们的 ε_r' 值从室温升至 1400℃时的变化缓慢。而 Al_2O_3 的 ε_r' 值增加很大，这是由体积膨胀导致 Al_2O_3 极化率的增加所致，Al_2O_3 的热膨胀系数较大。此外，组成和密度也是影响 ε_r' 值的重要因素。

$\tan\delta$ 值随温度的变化远比 ε_r' 的大，如图 6-55 所示。

W. W. Ho 的研究表明，在多晶体材料中，$\tan\delta$ 随温度增加而迅速增加（特别是在超过临界温度以后），且与晶界的软化和气相的存在有关，晶界的软化及气相使材料的电导率提高。纯度越高，$\tan\delta$ 随温度的变化也越小。如图 6-55 所示，99%Al_2O_3 的 ε_r' 较 97%Al_2O_3 的 ε_r' 变化小。

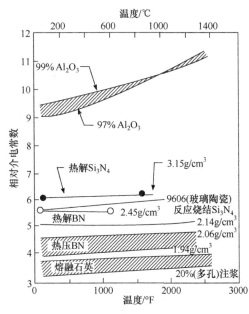

图 6-54　相对介电常数与温度的关系[频率 8~10GHz，$t/℃ = \dfrac{5}{9}（t/℉-32）$]

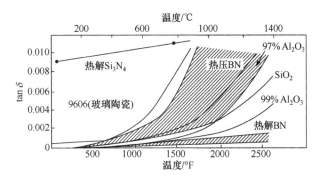

图 6-55　正切损耗与温度的关系（8~10GHz）

由于在临界温度（T_c）以上，$\tan\delta$ 会迅速增大，为材料在微波中加热提供了出现热失控的条件。一旦 $\tan\delta$ 迅速增大，其结果是温度升高的速度呈指数上升。不同材料的热失控条件是不同的，有的在室温下即可发生（如 Fe_2O_3、Cr_2O_3 等），而有的材料需要达到临界温度（如表 6-11 所示），热失控还与输入的微波功率有关。

表 6-11　临界温度（T_c）的近似范围

材料名称	频率/GHz	密度/（×10⁶kg/m³）	$T_c/℃$
氧化铝	3.89~3.61	3.66	800
氧化铝	3.94~3.71	3.8	650~700
热压氮化硼	6.17~4.96	1.94	750~800

续表

材料名称	频率/GHz	密度/（×10⁶kg/m³）	T_c/℃
热解氮化硼	9.21～9.04	1.23	1700
云母块	2.45	—	450
滑石	2.45	—	400～450
陶瓷（TC302H）	8.52	—	400
玻璃陶瓷	9.37	—	180

热失控现象在许多情况下对烧结是有利的，一些在室温时对微波透明或较少吸收微波的材料如石英、纯 Al_2O_3 等在超过临界温度以后因 $\tan\delta$ 的剧增而变为强微波吸收的材料，使微波烧结只需要较小的电场就可以达到高温。但介电损耗随温度上升而剧烈增加，会导致陶瓷局部过烧现象的发生，这必须在工艺过程中加以克服和防止。具体措施有以下几个方面：一是控制输入的微波功率；二是改进微波系统的设计；三是在不影响材料使用性能的前提下，添加少量高介电损耗物质（添加剂），以提高材料在室温的吸收微波能力。

2. 微波合成纳米碳化钛的制备工艺

① 原料。所用原料及性能指标见表 6-12。

表 6-12   原料的技术指标

名称	纯度（质量分数）/%	粒度/nm	比表面积/（m²/g）	晶型
TiO_2	99.7	15	240	锐钛矿
TiO_2	99.5	40	160	金红石
TiO_2	99.5	25		锐钛矿
TiO_2	98.0（化学纯）			锐钛矿
TiO_2	91	15	80～110	金红石
炭黑 1#			58.866	
炭黑 2#			133.81	
炭黑 3#			52.227	
无水乙醇	>99.7			

② 配方。合成 TiC 粉体的配方按下式的理论组成进行配料。配方编号见表 6-13。

$$TiO_2(s)+3C(s)=\!=\!=TiC(s)+2CO(g) \qquad (6-28)$$

表 6-13   合成 TiC 的配方编号

配方编号	配方	
A1	化学纯 TiO_2（锐钛矿）	炭黑 1#
A2		炭黑 3#

续表

配方编号	配方	
A3		炭黑 1#
A4	15nm TiO$_2$（金红石）	炭黑 2#
A5		炭黑 3#
A6	15nm TiO$_2$（锐钛矿）	
A7	40nm TiO$_2$（金红石）	炭黑 1#
A8	25nm TiO$_2$（锐钛矿）	

③ 微波合成碳化钛的工艺过程：

a. 原料烘干后配料，球磨 12h，料、氧化锆球子、无水乙醇之间的质量配比为 1：5：（6～10）。

b. 干燥温度为 80～100℃。

c. 微波合成条件为：温度设定在 1100℃、1200℃、1300℃、1400℃四个点，氩气作保护气体，保温时间分别为 10min、20min，用高温光学计测温。

d. 微波合成 TiC 的热力学条件为：温度设定为 1000℃、1100℃、1200℃、1300℃、1400℃五个点，氩气保护，保温时间为 10min。

e. 微波合成 TiC 的动力学条件为：温度设定为 1100℃、1200℃、1300℃三个点，氩气保护，合成时间在 35～90min 之间取五个点。

④ 微波合成碳化钛粉体的优点。

a. 微波合成纳米碳化钛粉体的温度比常规合成的温度要低（100℃以上）；在微波合成碳化钛粉体的固相反应过程中，没有潜伏温差，即可以在反应的开始温度就能进行。固相反应动力学关于反应物的活性的原理并不适合微波加热的反应过程。

b. 原料的物理性能对微波合成纳米碳化钛有很大的影响，选用乙炔炭黑比普通炭黑及高耐磨炭黑要好；二氧化钛原料以金红石型、结晶完整的纳米二氧化钛为最好；若用化学纯二氧化钛（锐钛矿）微波合成纳米碳化钛粉体，其合成温度必须严格控制在 1300℃以下。

c. 在微波合成碳化钛过程中，反应过程中产生的一氧化碳气体压力对反应过程产生很大的影响。一氧化碳气体压力越大，其合成的温度就越高。

d. 微波合成碳化钛过程不能在真空条件下进行，必须在有氩气保护的条件下进行。

e. 微波合成纳米碳化钛粉体，其合成过程能够在 60min 以内完成。合成温度宜控制在 1200～1300℃，保温时间为 10min。

f. 在微波合成纳米碳化钛粉体的过程中，升温速率尤为重要，在能够避免热点的前提下，可以快速升温；但是，快速升温又会产生热点，因此，微波合成过程的工艺参数控制严格。

g. 在微波合成纳米碳化钛的过程中，纳米 TiO$_2$(R)和炭黑系统是经过 γ-Ti$_3$O$_5$、Ti$_3$O$_5$中间过渡相而生成纳米 TiC 的。

h. 动力学研究表明，微波合成纳米碳化钛的合成时间越长，纳米碳化钛粉体的合成率就越高，其粒度也越大。通过动力学研究，得出了微波合成碳化钛的碳热还原反应动力学方程为：

$$F(G) = 1-(1-G)^{1/3} = kt$$

反应的活化能为：86.263kJ/mol。在微波加热的条件下，该碳热还原反应属零级反应，反应过程受界面化学反应所控制。

6.3.3 碳化钛粉体的用途

碳化钛为黑色粉末，具有耐高温、抗氧化、强度高、硬度高、导热性良好、韧性好，以及对钢铁类金属的化学惰性等性能，是极有应用价值的材料，广泛应用于制造耐磨材料、切削刀具材料、模具制造、制作熔炼金属坩埚等诸多领域。

磨料和磨具行业碳化钛磨料是替代氧化铝、碳化硅、碳化硼、氧化铬等传统研磨材料的理想材料。碳化钛的研磨能力可与人造金刚石相媲美，大大降低了成本，目前在美国、日本、俄罗斯等国家已得到广泛应用。碳化钛材料制造的磨料、砂轮及研磨膏等制品可以大大提高研磨效率，提高研磨精度和表面光洁度。

碳化钛粉体用作粉末冶金生产陶瓷、硬质冶金零件的原料，如拉丝膜、硬质合金模具等。

6.3.3.1 碳化钛陶瓷的应用

TiC 陶瓷属于超硬工具材料，用 TiC 和 TiN、WC、Al_2O_3 等原料制成的复相陶瓷材料具有高熔点、高硬度、优良的化学稳定性，同时这些材料又具有优良的导电性，是电极的优选材料。

（1）碳化钛刀具材料。在氧化铝-碳化物复合陶瓷刀具体系中发展最早的是 Al_2O_3-TiC 复相陶瓷。自 20 世纪 60 年代研制成功以来，已得到了较为广泛的应用。这种复合陶瓷刀具，由于在基体中弥散了质量分数为 15%～40%的硬质颗粒碳化钛，不仅提高了材料的硬度，也提高了材料的断裂韧性。因为当基体中的裂纹受力扩展时，必然会遇到 TiC 颗粒的阻碍，产生偏折拐弯，这样就延长了裂纹所走的路线，多消耗了一部分能量，因此复相 Al_2O_3-TiC 陶瓷刀具的切削性能比纯 Al_2O_3 刀具提高很多。Al_2O_3-TiC 复相陶瓷还可以用于装甲材料。作为刀具材料，TiB_2 硬度高于 Ti(C,N)，而 Ti(C,N)中由于有 N，它对钢等被切削材料的摩擦系数大为降低，给切削带来很多好处。将 TiB_2 与 Ti(C,N)组成复相陶瓷，可以结合两者的长处，制备出有应用前途的刀具材料。

（2）碳化钛宇航材料。在航天领域中，许多设备的零部件如燃气舵、发动机喷管内衬、涡轮转子、叶片以及核反应堆中的结构件等都要在高温下工作，因此必须具有很好的高温强度。钨有很高的熔点、好的高温强度和好的热稳定性，因而作为热结构材料得到了广泛的应用，但其强度随温度上升而明显下降。难熔碳化物 TiC、ZrC 熔点可高达3000℃以上，具有很好的高温强度，而且与钨的相容性好、热膨胀系数相近，并且具有比钨低得多的密度。TiC_p/W 和 ZrC_p/W 复合材料的强度随温度上升而逐渐提高。TiC_p/W 和 ZrC_p/W 分别在 1000℃和 800℃有最高的强度，与各自的室温强度相比提高显著。随着温度继续上升，强度下降。复合材料这种奇特的高温强度是由于钨基体随温度提高由脆性转化为塑性，TiC 和 ZrC 颗粒在高温下对塑性钨基体的增强作用愈加显著，导致复合材料有极好的高温强度。而 TiC 颗粒比 ZrC 颗粒对钨基体有更好的高温增强效果。

（3）碳化钛用于堆焊焊条。TiC 可以用于堆焊焊条，从国内外应用的堆焊焊条来看，堆焊层硬度>50HRC 的都是以 Cr_xC_y、WC 等硬质点强化的，这一系列堆焊焊条虽然有较好的耐磨性，但堆焊层的抗裂性随硬度的提高而急剧下降，焊接时须预热至 400～600℃，直接影响到耐磨堆焊焊条的推广应用。实验研究表明，钛铁的加入量越多，堆焊层中的 TiC 数量越多，其堆焊层的硬度就越高，耐磨性也随之越高，因为 TiC 硬度高，且弥散分布，可极大提高堆焊层的硬度及耐磨性。这种新型焊条硬度>60HRC，在低碳钢和低合金钢试板上可连续堆焊 50cm 长的焊缝，可堆焊多层，层间水淬不裂，是堆焊焊条类型的新突破。

（4）碳化钛用于涂层材料。金刚石工具材料的制造方法主要是粉末冶金孕镶法。由于金刚石是非金属，与一般金属或合金间有很高的界面能，金刚石表面不能被低熔点金属或合金浸润，其黏结性能差。近年来，许多学者对增强金刚石与金属基体的结合强度作了大量研究。最广泛采用的方法是活性金属法，即在金属结合剂中加入少量钛、铬、钒等活性金属，工具材料在液相烧结时，由于活性金属是高碳化合物形成元素，与金刚石亲和力大，易向金刚石表面富集，从而实现金刚石与金属结合剂的有机结合。但界面强度受活性金属加入量及烧结温度、时间等参数的影响，并要求结合剂熔化才能实现活性金属向界面富集，因此该方法不适用于金刚石与金属粉体短时间固相的热压烧结。基于以上原因，许多学者希望寻求其他途径来改善金刚石表面与金属基体的结合强度。大量研究发现，在金刚石表面通过物理或化学镀覆某些碳化物形成金属或合金，则这些金属或合金在高温下能和金刚石表面的碳原子发生界面反应，生成稳定的金属碳化物。这些碳化物（如 TiC）一方面与金刚石表面存在较好的键合，另一方面又能很好地被胎体金属所浸润，大大增强了金刚石与胎体金属之间的黏结力。在刀具上沉积一层碳化钛，可以使刀具的使用寿命提高 3～5 倍。

（5）碳化钛用于制备泡沫陶瓷。泡沫陶瓷作为过滤器对各种流体中的夹杂物均能有效地去除，其过滤机理是搅动和吸附。过滤器要求材料具有化学稳定性，特别是在冶金行业中用的过滤器要求高熔点，故此类材料以氧化物居多，而且为适应金属熔体的过滤，主要追求抗热震性能的提高。碳化钛泡沫陶瓷比氧化物泡沫陶瓷有更高的强度、硬度、导热性、导电性以及耐热和耐腐蚀性。

（6）在红外辐射陶瓷材料方面的应用。20 世纪 80 年代中期以来，日本学者高桥研、吉田均和铃木博文等人首先制备了一系列导电型的红外辐射陶瓷材料，使传统的绝缘陶瓷材料成为自身导电发热的红外辐射陶瓷发热体。崔万秋等选用碳化钛-堇青石两相复合制备了多晶多相导电型红外辐射陶瓷材料，选用的原材料为 Al_2O_3、MgO、TiC，经加工成型后在高温炉中还原条件下烧结。TiC 是一种金属间化合物，通常情况下表现出较好的化学稳定性，不会出现价态上的变化，而本体系是在高温还原条件下制备的样品，其部分钛离子有变价现象出现，变价的钛离子固溶于堇青石结构中占据 Mg^{2+} 的结构位置，这种结构上的变化，使材料的辐射性能与单相的相比在 3μm 附近的发射率有明显的改善，有利于在高温领域中的应用。Makino 等人曾对 TiC 和堇青石的辐射特性进行过研究，他们的结果表明，纯 TiC 在 2μm 以前有较高的发射率，在 3μm 左右迅速下降；而纯董青石在 5μm 以后有很高的发射率，在 3μm 附近有极低的发射率。显然，TiC 和董青石单独作为辐射材料都不适合在高温下使用，而碳化钛-董青石多晶多相陶瓷材料在辐射特性上较单相的有了很大的改善，这种材料在 2～5μm 范围内都有较高的发射率，这种辐射特性的改善主要是钛离子固溶于董青石结构中引起。该复相材料中的 TiC，不仅被作为导电相而引入，而且其本身又是优良的近红外辐射材料。

（7）碳化钛基金属陶瓷。在 TiC 基金属陶瓷大量研究之前，WC 基硬质合金在 20 世纪 20 年代就已经研究成功。在材料发展的进程中人们自然想到性能比 WC 更优越的 TiC。TiC 的熔点（3067℃）高于 WC（2630℃），密度只有 WC 的 1/3，抗氧化性远优于 WC，而且都能被 Co 润湿。TiC 基陶瓷的研究取得了很大的成功，如奥地利 Metallwerk Plansee 公司生产的 WZ 系列，英国 Hard Metal Tools 公司生产的 HR 系列，美国 Kennametal 公司生产的 K 系列和美国 Firth Sterling 公司生产的 FS 系列都是成功的例子。

为了得到性能优良的金属陶瓷，首先的问题是找到好的黏结剂。对于 TiC，曾研究过几十种黏结金属或合金，发现 Al、Be、Pb、Mg、Sn、Bi 等金属不润湿 TiC，只有 Ni、Co、Cr、Si 等少数几种金属能黏结 TiC，其中 Ni 和 Co 最好。Ni 和 Co 能在 TiC 颗粒周围形成极薄的金属层，Cr 虽然能润湿 TiC，但不能形成连续网络而生成 Cr_3C_2。Ni 和 Co 的抗氧化性不好，强度也不高。为了改善这一情况，常在 Ni 和 Co 中加入一些其他金属，如 Cr、Mo、W 等。加入这些金属后，提高了黏结相的可氧化性和高温强度，同时也改善了润湿性。表 6-14 指出，Ni 中加入 10%Mo 时，Ni 对 TiC 的润湿角从 30°降到零。

表 6-14　镍中加入不同元素对 TiC 润湿角的影响（1450℃，真空中）

液体金属	润湿角 θ/（°）
Ni	30
Ni+10Ti	25
Ni+10Mn	23
Ni+10Zr	22
Ni+10Nb	22
Ni+10V	21
Ni+10Ta	15
Ni+10W	14
Ni+10Mo	0

TiC 基金属陶瓷的物理力学性能见表 6-15。金属陶瓷的密度只有高温合成的 75%，着眼于比强度和比模量，这是很有利的。金属陶瓷的强度一般随黏结相含量的增加而增加，但高温强度有相反的趋势，这是由于黏结相本身的高温强度低（见图 6-56）。为了提高金属陶瓷的高温强度，常常在黏结相中加入合金组元，例如表 6-16 中的 K152B 和 K162B。当以 5%的 Mo 代替 5%的 Ni 时，室温抗拉强度降低 10%，而 870℃的高温拉

伸强度提高 58%，冲击强度提高 28%。

表 6-15　某些 TiC 基金属陶瓷的物理力学性能

合金牌号	密度 /（g/cm³）	硬度		弹性模量 /×9.8MPa	抗弯强度/×9.8MPa		抗拉强度/MPa	
		20℃	760℃		20℃	高温	20℃	870℃
K138	6.5	90.5HRA		38500	123	70.3（980℃）		
K138A	6.8	89.5HRA		40300	105	70.3（980℃）		
K141A	6.0	87.5HRA		38200	134.0			
K152B	6.0	85HRA	69HRA	36300	136.8		875	413
K162B	6.0	89HRA	74HRA	40000	129.5		784	651
K163B1	6.2	89HRA	74HRA	38700	266.3		790	546
K163B	6.3	87.4HRA		39372	147		914	
K164B	6.6	84HRA	69HRA	35100	148.4		882	576
K183A	6.2	87HRA	76HRA	35000			728	
K184B	6.3	85HRA	70HRA	35700	136.1		938	658
K196	7.4	73HRA	62HRA	39300	142.1		896	350
WZ1b	6.20	950HV		38300	135～150		749	525
WZ1c	6.51	790HV			150～170		945	560
WZ1d	6.9	590HV					994	455
WZ12a	6.0	1070HV		41800	105～115		600～700	
WZ12b	6.25	960HV		39400	130～145		840	525
WZ12c	6.55	820HV		35600	150～165	70（870℃）	900～1000	546
WZ12d	6.95	640HV		32300	170～180	62（870℃）		455
FS2	6.0	87.2HRA			123		1036	
FS5	6.15	89.5HRA			111			
FS8	6.05	87.5HRA			113.8		1110	
FS9	6.47	83.6HRA			119			
FS10	6.95	79HRA			154			
FS17	6.92	88.5HRA					1350～1500	
FS26	6.25	86.0HRA			116			
FS27	6.55	81.0HRA			126.5		1120	287（900℃）

　　合金中的 Cr 含量显著影响其抗氧化性。Cr 含量 5%时，抗氧化性最好。Cr 含量较低（0.5%～1%）和 Cr 含量较高（10%～20%），抗氧化性都不好，这一情况如图 6-57 所示。

　　金属陶瓷在高温下的持久强度较好，有的已达到或超过高温合金的水平。K 系合金和 WZ 系合金的持久强度见图 6-58、图 6-59 和表 6-16 所示。持久强度随黏结合金相含量的增加而降低。一般来说，Co 黏结的合金比 Ni 黏结的相应合金有较高的持久强度，Ti-Ni 和 Ti-Co 合金中掺以 Cr 可大大提高持久强度。

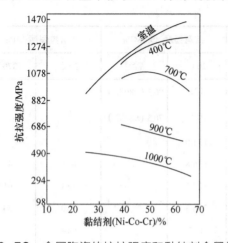

图 6-56 金属陶瓷的抗拉强度和黏结剂含量的关系

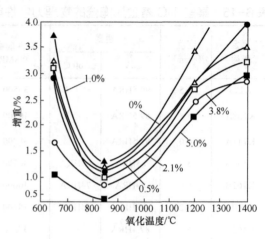

图 6-57 Cr 对 TiC 基金属陶瓷抗氧化性的影响

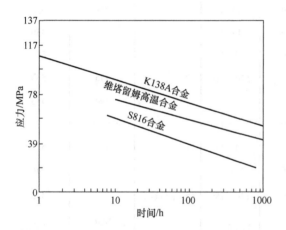

图 6-58 K138A 的持久强度及与一般耐热合金的比较（980℃）

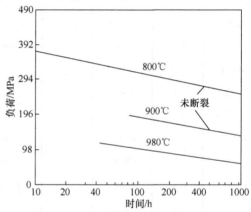

图 6-59 WZ 1b 合金的持久强度

表 6-16 TiC 金属陶瓷 100h 的持久强度与疲劳极限

合金牌号	持久强度/MPa		108 次的疲劳极限/MPa		
	870℃	980℃	20℃	870℃	980℃
K152B	130	46	503	333	63
K162B	221	91	597	354	141
K163B1	218	84	580	274	147
K164B	204	70	600	274	161
K184B	270	95	586	246	141
K196	168	56	365	224	损坏
WZ12c	238	105			
WZ12d	197	113			

改变碳化物的组成可改善金属陶瓷的各项性能。例如用 TiC-TaC-NbC 固溶体代替部分 TiC 可明显提高合金的抗氧化能力，加入百分之几的 NbC 和 TaC 可使 TiC 基金属陶瓷在 980℃ 保温 100h 后的氧化程度降低为原来的 1/10。

金属陶瓷的主要缺点是冲击韧性差，这是妨碍它用作涡轮机叶片的主要原因。表 6-17 列举了各种 TiC 基金属陶瓷的冲击功及与 X40 高温合金的比较。从表看出，TiC 基金属陶瓷的冲击功只有高温合金冲击功的 1/10～1/3。

表 6-17　TiC 基金属陶瓷的冲击功

不同方法生产的合金	冲击功/J		
	20℃	870℃	980℃
Ni 黏结的 Ti（Ta、Nb）C	4.7～6.8	6.9～7.1	9.1～9.7
Ni-Mo 黏结的 Ti（Ta、Nb）C	1.7～3.2	2.5～8.6	2.9～3.4
Ni-Cr 浸渍的 TiC（SCA100 金属陶瓷）	12～16.6	13.8～22.4	20.4～27
Co-Cr-Mo 浸渍的 TiC（SCA200）	6.3～8.6	8.4～10.1	9.5～1.2
Co-Cr-Mo 浸渍的 TiC（SCA300）	6.8～7.2	7.6～9.1	9.1～11.4
X40 高温合金	46～57	>57	>57

TiC 基金属陶瓷一个重要的研究和应用领域是刀具材料，即 TiC 基的硬质合金。我国生产的部分 TiC 基合金和某些硬质合金性能分别列入表 6-18 和表 6-19。国外生产的某些 TiCN 系合金性能列入表 6-20。

表 6-18　我国生产的部分 TiC 基合金的性能

合金牌号	化学组成/%				性能		
	WC	TiC	TaC（NbC）	Ni+Mo	密度/（g/cm³）	抗弯强度/MPa	硬度/HRA
YN05					6.5～6.0	950	93
YN10	15	62	1	Ni-12，Mo-10	6.2～6.4	1100	92
TH7		余		Ni-7，Mo-14	6.56	800～950	93.3
YH12		余		Ni-12，Mo-10	6.6	1200～1300	92.5

表 6-19　某些硬质合金性能

牌号	制造厂家	化学成分/%				性能		
		TiC	Ni	Mo	其他	密度/g/cm³	硬度/HRA	抗弯强度/MPa
5H	Ford（美国）	73.5	17.5		0.5C	6.63	92.0	1650
7G	Ford（美国）	67	22.4		0.5C	6.80	91.0	1900
VR65	VR/wesson（美国）	75	Ni+Mo=25			6.90	92.1	1400
						6.5～6.8	90.5	1960
XL85	Willeys Carbide（美国）	72	10	6	12W	6.1	92.7	900
VC-83	Valenite Metals（美国）	78	8	10	1W，3TaC	6.8	93.0	900

牌号	制造厂家	化学成分/%				性能		
		TiC	Ni	Mo	其他	密度 /g/cm³	硬度/HRA	抗弯强度/MPa
VC-85	Valenite Metals（美国）						92.1	1750
WA-870	Walmet（美国）							
S1H	三凌金属矿业（日本）				Fe+其他金属	6.5	93.5	约 1100
S3H	三凌金属矿业（日本）				Fe+其他金属	6.65	92.0	1300
S4H	三凌金属矿业（日本）				碳化物	6.7	91.5	1500
NTK T2	特殊陶业（日本）				硼化物	6.9	93.5～94.6	700～800
NTK T3	特殊陶业（日本）			13～16		6.6	92～93	1100～1300
NTK T4	特殊陶业（日本）				碳化物	6.3	92～93	1200～1400
NTK T6	特殊陶业（日本）					6.35	91～92	1400～1600
Ticut 35	住友电气（日本）					6.8	90	1800
Tungtic TC1	东芝坦葛洛依（日本）	90	5	5		6.3	92.5～93.5	800～900
Tungtic TC2	东芝坦葛洛依（日本）	80	10	10		6.6	92～93	1000～1200
Tungtic TC3	东芝坦葛洛依（日本）	75	15	10	Mo₂C+Ni +Co=30%	6.8	91.5～92.5	1200～1300
X407		50				6.5	91～92	1400～1600
F02	Coromant（瑞典）	60TiC	10	2	5Cr₃C₂	6.5	93	700
		3TaC			余 WC			
	赛可工具公司（瑞典）	2NbC						
	Metal（奥地利）	80	10	10		6.4	92	<1000
Tizit F05T	Plansee（奥地利）	75（TiC	+TaC）		25（Ni+Mo）	6.0	1700HV	1400
Tizit F10T	苏联	70（TiC	+TaC）		30（Ni+Mo）	6.0	1700HV	1700
TM		90（TiC+ NbC）	5	5		6.7		750～800
THM-20	苏联	80（TiC+ NbC）	10	4		6.5	91	1150

表 6-20　国外某些厂家制造的 TiCN 系合金性能

制造厂家	牌号	成分/%					性能		
		TiC	TiN	Ni	Mo	其他	密度/ (g/cm³)	硬度 /HRA	抗弯强度 /MPa
日本钨	DUX40	+	+	+	+	TaN	6.6	91.5～92.0	1600～1700
东芝坦葛洛依	N350	+	+	+	+	WC，TaC	7.0	91.5～92.5	1700～1900

续表

制造厂家	牌号	成分/%					性能		
		TiC	TiN	Ni	Mo	其他	密度/ (g/cm³)	硬度 /HRA	抗弯强度 /MPa
日本特殊陶业	T5N	+	+	+	+	其他	7.0	91.5	1700
日本特殊陶业	N20	+	+	+	+	其他	6.6	91.0	1600
日本住友电气	T23A	+	+	+	+	TaN，WC	7.3	91.0	1800
美国特斯特岭	SD3	+	+	+			6.02	93.2	1550
苏联	KHT-16	（Ti+	TiN）74	19	6.5			89.0	1150
苏联	KHTM-80A	26	42	32（Ni+	Mo）			88.0	1500
苏联	KHTM-80B	43	26	32（Ni+	Mo）			87.5	1700

　　表 6-21 中列出了配方 A1～A5（在每一个合成温度点及相同的保温时间内 5 个配方同时合成，每个配方装料 10g）在不同的合成温度及保温时间下微波合成碳化钛的粒度大小。从表 6-21 中的数据可知，合成温度越高，合成产物的粒度也越大。同一温度下，保温时间越长，合成产物的粒度也越大。

表 6-21 微波合成碳化钛的粒度大小　　　　　　　　　　　　　　　单位：nm

条件 配方	1100℃		1200℃		1300℃		1400℃
	保温 10min	保温 30min	保温 10min	保温 20min	保温 10min	保温 20min	保温 10min
A1	37	46	58	62	430	62	114
A2	70	74	86	74	528	74	100
A3	38	42	46	70	88	74	59
A4	86	86	94	50	157	53	196
A5	58	55	65	74	157	74	127

　　随着合成温度的升高各配方的合成率也提高，当合成温度在 1300℃以上时，其合成率均在 98%以上。

6.4　氮化硅陶瓷粉体的制备

6.4.1　氮化硅陶瓷粉体的性质

　　氮化硅（Si_3N_4）存在 3 种结晶结构，分别是 α、β 和 γ 三相，见图 6-60。α 和 β 两相是

Si_3N_4最常出现的形式，且可以在常压下制备。γ相只有在高压及高温下，才能合成得到，它的硬度可达到 35GPa。

Si_3N_4分子量 140.28，呈灰色、白色或灰白色；属高温难溶化合物，抗高温蠕变能力强，不含黏结剂的反应烧结氮化硅负荷软化点在 1800℃以上；六方晶系，晶体呈六面体。反应烧结法制得的 Si_3N_4 密度为 1.8～2.7g/cm³，热压法制得的 Si_3N_4 密度为 3.12～3.22g/cm³。莫氏硬度为 9～9.5，维氏硬度约为 2200，显微硬度为 32630MPa。熔点 1900℃（加压下），常压下 1900℃左右分解。比热容 0.71J/（g·K）。生成热–751.57kJ/mol。热导率 2～155W/（m·K）。线膨胀系数为（2.8～3.2）×10⁻⁶/℃（20～1000℃）。不溶于水，溶于氢氟酸。在空气中开始氧化的温度 1300～1400℃。比体积电阻，20℃时为 $1.4×10^5Ω·cm$，500℃时为 $4×10^8Ω·cm$。弹性模量为 28420～46060MPa。耐压强度为 490MPa（反应烧结）。1285℃时与二氮化二钙反应生成二氮硅化钙，600℃时使过渡金属还原，放出氮氧化物。抗弯强度为 147MPa。可由硅粉在氮气中加热或卤化硅与氨反应而制得。电阻率在 $10^{15}～10^{16}Ω·cm$。可用作高温陶瓷原料。

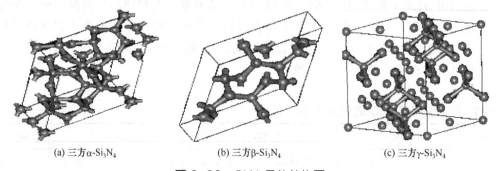

(a) 三方α-Si_3N_4　　(b) 三方β-Si_3N_4　　(c) 三方γ-Si_3N_4

图 6-60　Si_3N_4晶体结构图
蓝色球代表 N；灰色球代表 Si

6.4.2　碳热还原法

6.4.2.1　碳热还原合成氮化硅的机理

氮化硅是六方晶系，有α-Si_3N_4（颗粒状）和β-Si_3N_4（长柱状或针状）两种晶型，都是由[SiN₄]正四面体共用顶角构成的三维空间网络。一般认为，α-Si_3N_4是低温亚稳态晶型，在高温下可以转化为β-Si_3N_4的稳定晶型。研究表明，有大量碳核存在时主要生成α-Si_3N_4。而在缺少 C 的情况下，熔融液相的 Si-O-N 中间体促进形成β-Si_3N_4。

碳热还原法是以 SiO_2 和 C 为原料，在氮气的气氛下进行反应，其总反应式为：

$$3SiO_2+6C+2N_2 \longrightarrow Si_3N_4+6CO \tag{6-29}$$

该反应是吸热反应，需要在 1427℃下进行。

一般认为碳热还原合成 Si_3N_4 涉及以下反应：

$$SiO_2(s)+C(s) \longrightarrow SiO(g)+CO(g) \tag{6-30}$$

$$SiO_2(s)+CO(g) \longrightarrow SiO(g)+CO_2(g) \tag{6-31}$$

$$C(s)+CO_2(g) \longrightarrow 2CO(g) \tag{6-32}$$

$$3SiO(g)+3C(s)+2N_2(g) \longrightarrow Si_3N_4(s)+3CO(g) \tag{6-33}$$

$$3SiO(g)+3CO(g)+2N_2(g) \longrightarrow Si_3N_4(s)+3CO_2(g) \tag{6-34}$$

由于生成的 Si_3N_4 的晶体形态与加入的原料 C 和 SiO_2 的晶体形态均不相似,故一般认为 Si_3N_4 是由气相的 SiO 被还原氮化而形成。因此, SiO_2 反应生成 SiO 的反应决定生成 Si_3N_4 的速率,且固-固反应[式(6-30)]速率快于气-固反应[式(6-31)]。但由于固-固反应仅发生在 SiO_2 和 C 有接触的地方,一旦接触处的 SiO_2 和 C 消耗完毕,式(6-31)反应就是生成 SiO 的主要步骤,会影响整个的反应速率。随着反应的进行,生成的 Si_3N_4 会因为晶核作用在 SiO_2/C 表面形成一层薄膜层。这时,气相 SiO、CO、N_2 的薄膜扩散速度就会成为影响反应速率的因素。式(6-33)反应是异质核化生成 Si_3N_4 的过程。而式(6-34)反应被认为是 Si_3N_4 晶体生长过程。晶体生长要在"晶种"上进行,且生长速率快于结核速率。为了提高整个反应速率通常会加入 α-Si_3N_4 作为晶种。如图 6-61 所示为氮化硅生长机理。

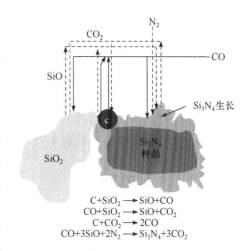

图 6-61 Si_3N_4 晶体生长机理

6.4.2.2　碳热还原法制备氮化硅粉体

将 SiO_2 和 C 粉混合后,在氮气气氛中,经 1400℃左右的温度加热,此时 SiO_2 先被 C 还原后与氮气反应生成氮化硅。总反应式为:

$$3SiO_2+6C+2N_2 \longrightarrow Si_3N_4+6CO \tag{6-35}$$

碳热还原法合成氮化硅通常需要在高温下进行,且反应时间较长。研究发现,使用混合气体作为气氛可以缩短反应时间和降低反应温度。当在反应中加入 C_3H_6,可大大缩短合成 Si_3N_4 的反应时间。若用含 10%H_2 的 N_2 和含 5%H_2 的 N_2 作气氛时反应温度分别降低至 1450℃和 1400℃。另外,在碳热还原反应中通常会加入过量的 C。适当增加 C/SiO_2 有助于增加 Si_3N_4 的产量。原因在于高的 C/SiO_2 有利于 SiO 的形成,并且过量的碳为 Si_3N_4 的形成提供了更多的结晶点。但过量的碳也可能会导致生成副产物 SiC。

此方法的优点是:原料价格便宜,工艺简单,得到的粉体粒度小,纯度高,α-Si_3N_4 含量高、反应吸热,不需要分阶段氮化氧化硅,氮化速度比硅粉直接氮化法快。反应中需要加入过量碳以保证 SiO_2 完全反应,残留的碳在氮化以后经 600℃燃烧可排除,有可能产生 SiO、SiN,要对组分和温度加以严格控制。

6.4.3　硅粉直接氮化法

该方法成本比较低,也可以大规模生产,但产品粒度大。制备方法是将纯度较高的硅粉磨细后,置于反应炉内通氮气或氨气,加热到 1200~1400℃进行氮化反应就可得到 Si_3N_4 粉末。主要反应式为:

$$3Si + 2N_2 \longrightarrow Si_3N_4 \qquad\qquad (6\text{-}36)$$

$$3Si + 4NH_3 \longrightarrow Si_3N_4 + 6H_2 \qquad\qquad (6\text{-}37)$$

该方法生产的 Si_3N_4 粉末通常为 α、β 两相混合的粉末。氮化时发生黏结使粉体结块，故产物必须经粉碎、研磨后才能成为细粉。为寻求硅粉直接氮化法制备氮化硅微粉的新途径，吴浩成等以 NH_3 代替 N_2 作为氮化气氛进行了研究，当硅粉比表面积大于 $11.66m^2/g$ 时，氮化率达到 99% 左右，产品中 $\alpha\text{-}Si_3N_4$ 含量达到 92% 以上，且氮化时间较氮气气氛下大为缩短。李亚利等报道了一种廉价的 Si/N/C 纳米非晶粉原料合成高纯 Si_3N_4 晶须的新方法。李亚伟等还详细研究了硅粉直接氮化反应合成氮化硅粉末的工艺因素，研究结果表明：硅粉在流动氮气气氛下，高于 1200℃ 氮化产物中氮含量明显增加；在氮化反应同时还伴随着硅粉的熔结过程，它阻碍硅粉的进一步氮化，其影响程度与氮化温度、氮化速度、素坯成型压力及硅粉粒度等工艺因素有关。

6.4.4 卤化硅氨解法

硅的卤化物（$SiCl_4$、$SiBr_4$ 等）或硅的氢卤化物（$SiHCl_3$、SiH_2Cl_2、SiH_3I 等）与氨气或者氮气发生化学气相反应，生成氮化硅，其反应式为：

$$3SiCl_4 + 16NH_3 \longrightarrow Si_3N_4 + 12NH_4Cl \qquad\qquad (6\text{-}38)$$

$$3SiH_4 + 4NH_3 \longrightarrow Si_3N_4 + 12H_2 \qquad\qquad (6\text{-}39)$$

因为反应物是卤化硅和氨气，又在气相中反应，所以通常可以制得高纯的 $\alpha\text{-}Si_3N_4$ 或无定形氮化硅粉末。在低温下先由硅的卤化物或氢卤化物生成硅亚胺，再由硅亚胺加热分解得到氮化硅，此方法又叫硅亚胺和胺化物分解法、$SiCl_4$ 液相法或液相界面反应法。$SiCl_4$ 在 0℃ 的干燥己烷中与过量无水氨气发生界面反应生成固态亚胺基硅 $[Si(NH_2)]$ 或氨基硅 $[Si(NH_2)_4]$，亚胺基硅 $[Si(NH_2)]$ 或氨基硅 $[Si(NH_2)_4]$ 在 1400~1600℃ 下热分解，可以直接制得很纯的 $\alpha\text{-}Si_3N_4$ 粉末，反应式为：

在 0℃ 的条件下：

$$SiCl_4(l) + 6NH_3(g) \longrightarrow Si(NH)_2(s) + 4NH_4Cl(s) \qquad\qquad (6\text{-}40)$$

$$SiCl_4(l) + 8NH_3(g) \longrightarrow Si(NH_2)_4(s) + 4NH_4Cl(s) \qquad\qquad (6\text{-}41)$$

在 1400~1600℃ 的条件下：

$$3Si(NH)_2(s) \longrightarrow Si_3N_4(s) + N_2(g) + 3H_2(g) \qquad\qquad (6\text{-}42)$$

$$3Si(NH_2)_4(s) \longrightarrow Si_3N_4(s) + 4N_2(g) + 12H_2(g) \qquad\qquad (6\text{-}43)$$

该方法反应速度较快，可在较短的时间内获得氮化硅粉体。目前，热分解法是除了传统的硅粉氮化法外，已经形成商业化生产能力的、规模最大的新方法，在许多 Si_3N_4 粉末制备技术中，该方法被认为是适合于高生产率制备高质量 Si_3N_4 粉末的方法。

6.4.5 氮化硅陶瓷粉体的用途

（1）用作结构陶瓷材料

氮化硅是一种超硬材料，具有润滑性，并且耐磨损，为原子晶体，高温时抗氧化。

而且它还能抵抗冷热冲击，在空气中加热到 1000℃ 以上，急剧冷却再急剧加热，也不会碎裂。因此常利用它来制造轴承、汽轮机叶片、机械密封环、永久性模具等机械构件。如果用耐高温而且不易传热的氮化硅陶瓷来制造发动机部件的受热面，不仅可以提高发动机质量，节省燃料，而且能够提高热效率。与大多数陶瓷材料相比，其较低的热膨胀系数，使其具有良好的抗热震性，可作耐热涂层。

应用领域：氮化硅材料目前主要在一些特殊场景中使用，例如用于往复式发动机部件和涡轮增压器，轴承，金属切割和整形工具，以及熔融金属处理等。氮化硅部件的最大市场是用于燃烧部件和易损的往复式（柴油和火花点火）发动机。成本因素和复杂陶瓷部件工业化生产的技术难度的限制，还有对陶瓷部件可靠性的担忧，使得这种材料在设计使用上也相对谨慎，影响了氮化硅陶瓷的大规模应用。小型致密的氮化硅烧结部件可用于汽车和卡车发动机，用于应力和温度相对较低且故障后果不严重的场景，包括柴油机、电热塞等，可加快启动速度，降低排放，降低噪声。完全致密的氮化硅陶瓷的耐磨性、低摩擦和高刚度提高了高温非润滑滚子和球轴承的性能。与传统的高密度钢和硬质合金轴承相比，HPSN 轴承具有更长的寿命，更好的速度性能和更强的耐腐蚀性。绝大多数氮化硅陶瓷轴承用于混合球轴承（陶瓷球和钢圈的轴承），应用包括机床主轴、真空泵等。陶瓷轴承都可以用于腐蚀、电场或磁场等不能使用金属的场合。例如，在存在海水侵蚀问题的潮汐流量计中，或者电场探测器中等。在许多常规工业应用中，通常会使用反应键合氮化硅（RBSN），因为其工作条件要求比较低，特别是一些汽车非磨损组件。例如，在感应加热和电阻焊接等过程中用于定位和转移金属零件的固定装置，利用的是氮化硅的电绝缘性、耐磨性、低导热性和耐热冲击性；对金属纯度控制的需求，使氮化硅被广泛应用于热电偶护套和熔融坩埚，来处理熔融的铝、锌、锡和铅合金；基于氮化硅材料的强度、电阻和抗热震性，电弧焊接喷嘴也是其稳定市场之一；还可用于轻质和高抗热震性的专业窑具，需要重复热循环的烧成部件，如牙科假体等。氮化硅材料见图 6-62。

（2）用作耐火材料

氮化硅用作高级耐火材料，如与 SiC 结合作 Si$_3$N$_4$-SiC 耐火材料用于高炉炉身等部位；如与 BN 结合作 Si$_3$N$_4$-BN 材料，用于水平连铸分离环。Si$_3$N$_4$-BN 系水平连铸分离环是一种细结构陶瓷材料，结构均匀，具有高的机械强度，耐热冲击性好，不会被钢液湿润，符合连铸的工艺要求。表 6-22 是几种 Si$_3$N$_4$ 耐火材料与其他耐火材料的性能比较。

图 6-62　氮化硅材料

表 6-22　Si$_3$N$_4$ 耐火材料与其他耐火材料的性能比较

性能	Al$_2$O$_3$	ZrO$_2$	熔融石英（SiO$_2$）	ZrO$_2$-Mo 金属陶瓷	反应结合 Si$_3$N$_4$	热压 Si$_3$N$_4$	热压 BN	反应结合 Si$_3$N$_4$-BN
抗热震性	差	差	好	好	中	好	好	好
抗热应力	差	差	好	好	中	好	好	好

续表

性能	Al₂O₃	ZrO₂	熔融石英（SiO₂）	ZrO₂-Mo金属陶瓷	反应结合Si₃N₄	热压Si₃N₄	热压BN	反应结合Si₃N₄-BN
尺寸加工精度与易加工性能	差	差	好	差	好	差	好	好
耐磨性	好	好	中	好	好	好	好	好
耐侵蚀性	好	好	差	—	好	好	好	好

6.5 氮化硼陶瓷粉体的制备

6.5.1 氮化硼粉体的性质

氮化硼（Boron nitride，BN），白色松散粉末，具有四种不同的变体：六方氮化硼（HBN）、菱方氮化硼（RBN）、立方氮化硼（CBN）和纤锌矿氮化硼（WBN）。其立方结晶的变体被认为是已知的最硬的物质（其维氏硬度达到108GPa，而合成钻石的维氏硬度为100GPa）。

氮化硼问世于100多年前，最早的应用是作为高温润滑剂的六方氮化硼，其结构和性能与石墨极为相似，且自身洁白，所以俗称白石墨。六方氮化硼摩擦系数很低，高温稳定性很好，耐热震性很好，强度很高，热导率很高，膨胀系数较低，电阻率很大，耐腐蚀，可透微波或透红外线。

立方氮化硼（CBN）通常为黑色、棕色或暗红色晶体，为闪锌矿结构，具有良好的导热性。硬度仅次于金刚石，是一种超硬材料，常用作刀具材料和磨料。

氮化硼具有抗化学侵蚀性质，不被无机酸和水侵蚀。在热浓碱中硼氮键被断开。1200℃以上开始在空气中氧化。熔点为3000℃，稍低于3000℃时开始升华。真空时约2700℃开始分解。微溶于热酸，不溶于冷水，相对密度2.25，压缩强度为170MPa。在氧化气氛下最高使用温度为900℃，而在非活性还原气氛下可达2800℃，但在常温下润滑性能较差。碳化硼的大部分性能比碳素材料更优。

通常制得的氮化硼是石墨型结构，俗称白色石墨。另一种是金刚石型，和石墨转变为金刚石的原理类似，石墨型氮化硼在高温（1800℃）、高压（8000MPa）[5～18GPa]下可转变为金刚石型氮化硼，是新型耐高温的超硬材料，用于制作钻头、磨具和切割工具。氮化硼晶体见图6-63。

氮化硼储存：应储存在通风良好的干燥库房内，防止受潮。

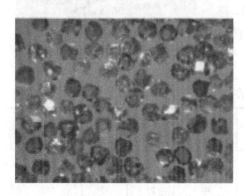

图6-63 氮化硼晶体

6.5.2 氮化硼粉体的制备方法

6.5.2.1 高温法

（1）高温碳热还原法。碳热还原法制备氮化硼是较为古老的制备氮化硼的方法。基本反应方程式如下：

$$3C+B_2O_3+N_2 == 2BN+3CO \qquad (6-44)$$

该方法合成温度高，产率较低以及产物中的碳化硼杂质较难除去，因此，可以在反应物中添加一定量的CaCO$_3$，添加碳酸钙可以促进晶粒长大、提高产率、减少碳化硼杂质的产生。当外加10%（质量分数）的碳酸钙，1500℃保温30～120min时，可以使六方氮化硼的收得率和碳化硼杂质的含量达到一个最优化。添加K$_2$CO$_3$、MgCO$_3$、碱土金属氧化物（MgO、CaO、BaO）对碳热还原法制备氮化硼具有提高HBN晶粒尺寸、产率，减少碳化硼杂质的促进作用。不加添加剂时HBN粉末的粒径为149nm，加添加剂后粉末的粒径可以达到297～429nm。添加碱金属或碱土金属氧化物后可以在碳热还原法制备氮化硼的过程中形成硼酸根的熔融盐，促进反应的进行。

虽然碳热还原法制备氮化硼具备成本低的优势，但是却难以弥补产物纯度低的劣势。现在，在大多数国家这种制备方式基本被硼砂氨化法所取代。硼砂氨化法是以硼砂和尿素（或氯化铵）为原料，在氨气气氛下高温氮化制备六方氮化硼粉体。产物中杂质一般为氧化硼，可以通过酸洗、水洗等工艺除去，提纯工艺简单，成本低廉，使得硼砂氨化法成为目前制备氮化硼粉体的主流方法。

（2）静态高压催化剂法。静态高压催化剂法是立方氮化硼最原始，也是目前最常见、最主要的合成方法。1957年，美国的Wentorf利用合成金刚石的装置以六方氮化硼（CBN）原料和金属镁作催化剂首次合成了立方氮化硼（CBN）。该方法的主要特征是高压（4.0～6.0GPa）、高温（1400～1900℃）和金属镁（催化剂）参与下保持足够长的时间，使六方氮化硼转变为立方氮化硼。国内1966年利用上述材料及方法合成出了立方氮化硼，但存在着许多缺陷。近几年国内一些单位已研制出了氮化物、氮硼化物及镁基合金催化剂，用这些催化剂合成出的立方氮化硼的质量有了很大的提高。

无论采用金属镁、氮化物、氮硼化物、镁基合金等中任一种材料作催化剂，其工艺流程基本上是一样的。流程如下：HBN→混合→合成→提纯→分级→检测→包装。

生产中常用、有效的组装方法是粉料混合组装方法。组装前先将催化剂制成一定粒度的颗粒，然后按适当的比例分别称量六方氮化硼和催化剂进行混合，混匀后分次装入模具，在一定压力下将混合料压制成型。将成型后的混合料装入碳管后组装，放入烘箱。

合成参数：立方氮化硼的合成过程和金刚石的合成过程类似，其合成压力为6.0GPa左右，温度在1500℃左右，合成的立方氮化硼的质量和粒度与合成压力、升温方式、保温时间等条件有关。

① 合成压力。在立方氮化硼的生成区内，压力高，晶体成核率高，晶粒多而细，强度较差，降低合成压力情况相反，这同生长人造金刚石晶体时压力因素的影响是一致的。考虑生产成本因素，又照顾到选定的压力条件下温度范围不能太窄，选取合成压力为100MPa（表压）是最适宜的。

② 升温方式。合成压力高单产亦高，但粒度较细，"到压升温"与 50MPa（表压）时开始加温相比，后者单产稍低，但粒度较粗，抗压强度较高。

③ 保温时间。立方氮化硼的合成可以短至半分钟，而温度维持在立方氮化硼生成区内，其晶粒尺寸随时间延长而增大，但是合成温度控制不合适或者保温阶段温度波动而偏离了生成区，均达不到预期效果，保温时间在 10～15min 比较合适。

立方氮化硼的提纯：提纯是清除合成料中未转化的六方氮化硼、催化剂、石墨、叶蜡石等杂质，从而获得纯净的立方氮化硼。

提纯工艺流程：合成棒破碎→泡料→球磨→摇床分选→酸处理→整形→碱处理→水洗→烘干。

用氮化物、氮硼化物作催化剂时，棒料用水浸泡后即可上摇床分选。用镁、镁基合成物作催化剂时，棒料要用浓 H_2SO_4 加浓 HNO_3 浸泡，待石墨疏松，用水清洗到中性，球磨破碎，然后上摇床分选。

酸处理可除去石墨、金属等杂质。酸处理一般用高氯酸，高氯酸（$HClO_4$）是无机酸中最强的氧化剂，受热后将发生分解反应，分解出的氧与石墨反应后生成二氧化碳，棒料中的金属、金属氧化物在强酸介质中生成盐而溶解。

整形可采用金刚石整形方法，立方氮化硼比金刚石强度低，整形时的球料比及整形时间应加以调整。

碱处理可除去六方氮化硼及叶蜡石杂质，锂、钠、钾等碱金属的氢氧化物及碱金属的氢氧化物的混合物。处于低温熔融状态时，可以使六方氮化硼溶解，而对立方氮化硼没有明显的影响。据报道，当温度 700℃时熔融氢氧化物有熔解立方氮化硼的能力，温度靠近 700℃，有越来越大比例的立方氮化硼进入熔液，因此，分离它是在 300℃ 左右进行的。

氢氧化钾的熔融温度为 360℃，氢氧化物为 320℃，采用混合碱能降低熔融温度，在几个配比中，以氢氧化钾与氢氧化钠 2∶1（质量比）的混合碱熔融温度较低。

经高氯酸处理后的物料置于银杯内，加入过量固体混合碱置于（300±20）℃的坩埚中于电炉中加热。反应开始的迹象是放出氨气和熔体发泡，随后反应激烈，此时应避免物料溢出杯外；加热到不放出氨味及熔体平静，表明反应终了（需 2～3h）；取出银杯稍冷，内容物溶于水，弃去大部分碱溶液及凝絮状物，加入王水使溶液呈强酸性，再加水稀释、静置，倾去溶液，反复洗涤几次到溶液呈中性，清液倒去后将物料烘干，剩余物即立方氮化硼。

6.5.2.2　气相沉积

目前制备高纯 BN 粉体的方法大多数属于气相沉积技术，包括传统的化学气相沉积（CVD）、物理气相沉积、等离子气相沉积、激光辅助气相沉积、溅射、金属辅助气相沉积等。这些方法的基本原理相似，都是利用包含 B 元素或 N 元素的挥发性物质沉积到一个基片上，通过改变反应条件以及基片种类生成各种形态的 BN，例如 BN 薄膜、BN 粉体、BN 纳米管、BN 纳米线、BN 中空笼等。现在采用的低沸点含硼物质有 BF_3、BCl_3、BBr_3 等含硼的卤化物，以及硼氢化合物（如 B_2H_6）或者硼酸酯类化合物[如 $B(OCH_3)_3$]等。载流气体一般为惰性气体或者氢气。含氮物质一般采用 NH_3 或 N_2。

使用(MeO)₃B 结合化学气相沉积与热解法在 1100℃、氨气气氛下，可合成粒径在 50～400nm 的球形氮化硼颗粒。以硼酸乙酯为硼源，氨气为氮源，在 1000℃的氨气气氛中生成的 HBN 纳米微球粒径在 80～120nm 之间。

以氨硼烷为原料，以石墨作为基片，在 0.5MPa 的高纯氮气气氛下，于 900℃保温 60min，在石墨片表面收集到一层具有开口结构的 BN 中空微球，见图 6-64。当温度升高到 1450℃，制备的氮化硼开始结晶为片状结构，导致原来的球状结构坍塌。当加入二茂铁作为催化剂时在改变温度和气压时可以分别制备出 BN 纳米管以及 BN 晶须。

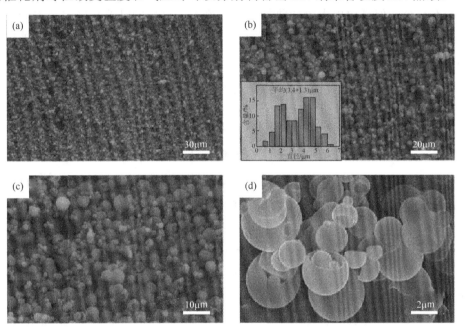

图 6-64　开口结构的 BN 中空微球

6.5.2.3　自蔓延燃烧法

自蔓延燃烧法是 20 世纪 60 年代发展起来的一种制备无机高温化合物的方法，是利用反应物之间高的化学潜热和自传导作用来合成材料的一种技术。将反应坯体点火后坯体便依赖自身放出的热量形成燃烧波向尚未反应的区域传播，使反应持续进行直至反应物消耗殆尽。燃烧波通过试样时产生的局部高温可以达到 1600～2400℃，可轻易合成许多高温难熔化合物。但是燃烧时在试样中会形成较大的热梯度和较快的冷凝速度，会导致杂质相生成使得产物纯度下降。

采用单质 B 在 N₂ 下的自蔓延燃烧制备出了 BN，在反应物中添加添加剂（NaN₃、NH₄Cl 或 NH₄F），在较低的氮气压力下（1.0MPa）可以获得 82%的 BN 产率。该方法工艺简单、能耗低、氮气压力低、反应快速，产品的收得率高。但单质硼价格昂贵，不利于推广。

因此，采用 Mg 粉和 B₂O₃ 通过自蔓延燃烧法制备氮化硼。该方法要求将 N₂ 的压力提高到 6MPa，其产率仍然较低，只有 30%（质量分数）。因此，可以将添加剂（如 NaN₃或 C₃H₆N₆）混入 Mg 和 B₂O₃ 的坯体中，将反应物混合后未经压制便直接放在多孔刚玉容器中，利用疏松的粉末堆积，使环境中的 N₂ 可以轻易进入坯体中并参与反应。这些添加剂可以作为额外的氮源，利用 NaN_3 和 $C_3H_6N_6$ 产生的氮气参与反应，因而大幅提高了 BN 的产率。以 NH_4X（X 为氯或溴）为添加剂时，NH_4X 可以与 B 反应生成气态的 BX_3，并在还原性的 H_2 气氛下与氮气反应，由于气相反应相较于固相反应更加容易进行，NH_4X 成为最有效的提高产率的添加剂。在氮气压力为 1.6MPa 时，同时以 NH_4Cl 和 BN 作为添加剂可以将产率提高到 67%。

理论上自蔓延燃烧法与其他制备方式相比具有能耗低、反应迅速、耗时少、生产效率高等优点，但是在实际使用自蔓延燃烧法制备 BN 的过程中会发生坯体内部粉体原料相互接触不充分，但是放出大量的热量使反应剧烈，过快的升温和降温速率会大量生成 $Mg_xB_2O_{(x+1)}(x=2,3)$、$MgB_x(x=4,6)$ 等副产物，导致转化率低并影响 BN 粉体的纯度。

6.5.2.4　其他方法

（1）三氯化硼氨气气相沉积法。将制得的三氯化硼和氢气同加热到温度的氨气充分混合，在规定要求的反应温度下于反应器中进行反应，然后在较高的温度下，在氨气流中继续加热一定时间，制得氮化硼成品。其反应方程式如下：

$$BCl_3+2NH_3 \longrightarrow BN+2HCl+NH_4Cl \tag{6-45}$$

（2）硼砂氯化铵法。将硼砂在 450℃和 79MPa 下进行脱水，氯化铵预先在 110～120℃下烘干，分别粉碎到 40 目细度。按无水硼砂和氯化铵质量比为 1：0.59 进行配料，混合并加压成型。然后，送入反应炉中，并通入过量的氨，在 1050℃下进行反应，生成氮化硼粗晶，经粉碎、过筛、水洗、过滤、干燥后，制得氮化硼成品。其反应方程式如下：

$$Na_2B_4O_7+2NH_4Cl+2NH_3 \longrightarrow 4BN+2NaCl+7H_2O \tag{6-46}$$

立方晶型氮化硼的制造，可用六方晶体作原料，加入镁粉，在氢化锂粉添加剂参加下，在高压高温下进行反应制得。

（3）硼酸法。由硼酸与磷酸三钙等在氨气中加热制得。

氮化硼纤维制法：由氧化硼熔融纺丝得到三氧化二硼纤维，然后在 350℃以上温度在氨气中加热形成硼胺，再于 1800℃氨中进一步高温烧结得到纯纤维。若要得到复合纤维，则需以硼烷、氨、氯化硼为反应气，在炽热钨丝上进行化学气相沉积即可。或者首先合成硼氮环高分子，再于 100℃左右对其进行熔融纺丝。纺丝后在氨气中烧结，1000℃时纤维呈黑色，如果在氨气中进一步烧结，温度 1200℃时为棕色，1400℃时为白色。

（4）工业上较好的制法是用三氧化二硼或者硼酸盐与含氮化合物进行反应（800～1200℃）。用这种方法制成的产品中，残留少量未反应原料。在实验室中为得到少量纯度高的氮化硼，可利用卤化硼和氨反应来制取。

6.5.3　氮化硼粉体的主要用途

氮化硼具有多种优良性能，广泛应用于高压高频电及等离子弧的绝缘体、自动焊接耐高温架的涂层、高频感应电炉的材料、半导体的固相掺和料、原子反应堆的结构材料、防止中子辐射的包装材料、雷达的传递窗、雷达天线的介质和火箭发动机的组成物等。由于具有优良的润滑性能，用作高温润滑剂和多种模型的脱模剂。模压的氮化硼可制造耐高温坩埚和其他制品。氮化硼可作超硬材料，适用于地质勘探、石油钻探的钻头和高速切削工具，也可用作金属加工研磨材料，具有加工表面温度低、部件表面缺陷少的特点。氮化硼还可用作各种材料的添加剂。由氮化硼加工制成的氮化硼纤维，为中模数高功能纤维，是一种无机合成工程材料，可广泛使用于化学工业、纺织工业、宇航和其他尖端工业部门。

由于氮化硼热稳定性和耐磨性好以及化学稳定性强，可用作温度传感器套，火箭、燃烧室内衬和等离子体喷射炉材料；用作陶瓷基复合材料的增强剂、导弹和飞行器的天线窗部件、电绝缘器、防护服、重返大气层的降落伞以及火箭喷管鼻锥等材料；用作高温润滑剂、脱模剂、高频绝缘材料和半导体的固相掺杂材料等。

6.6 氮化铝陶瓷粉体的制备

6.6.1 氮化铝粉体的性质

氮化铝（aluminum nitride）为共价化合物，是原子晶体，属类金刚石氮化物、六方晶系，具有纤锌矿型的晶体结构（晶胞见图 6-65），无毒，呈白色或灰白色。熔点 2200℃（0.45MPa、氮气流中）。莫氏硬度 9～10；室温下强度高，随温度的升高，强度下降，弯曲强度 30～40Pa。遇水分解为氢氧化铝和氨：$AlN+3H_2O \longrightarrow NH_3+Al(OH)_3$。

AlN 导热性好，热导率约 320W/（m·K）；热膨胀系数小，是良好的耐热冲击材料。其抗熔融金属侵蚀的能力强，是熔铸纯铁、铝或铝合金理想的坩埚材料。AlN 电绝缘性优良，介电性好。AlN 性能参数见表 6-23。

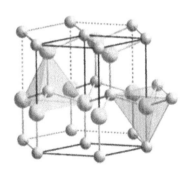

图 6-65 氮化铝晶胞

表 6-23 AlN 的主要性能指标

主要参数	数值	备注
热导率	理论值为 320W/（m·K），实际值大于 180W/（m·K）	为 Al_2O_3 的 8～10 倍.
热膨胀系数	$4.5 \times 10^{-6}K^{-1}$（室温～400℃）	接近硅（$4.1 \times 10^{-6}K^{-1}$）
绝缘性能	室温电阻不小于 $10^{14}\Omega \cdot cm$，击穿场强为 $11.7 \times 10^6V/cm$	良好的绝缘性
介电常数	8.8	与 Al_2O_3 相当
禁带宽度	6.2eV	高于 GaN 的 3.39eV
常温力学性能	硬度为 12GPa，弹性模量为 314GPa，抗弯曲强度为 300～400MPa	

续表

主要参数	数值	备注
高温力学性能	1300℃时，下降20%（和室温相比）	Si_3N_4、Al_2O_3下降约50%
其他	无毒，优良高温抗腐蚀能力，常压下分解温度为2000～2450℃	BeO有毒性

6.6.2 氮化铝粉体的制备方法

AlN粉体的制备方法很多，常见的制备方法见表6-24。

表6-24 常见AlN粉体制备方法

方法	合成反应	反应条件	优点	缺点
碳热还原法	$Al_2O_3(s)+3C(s)+N_2(g) \longrightarrow 2AlN(s)+3CO(g)$	1600～1800℃	工艺简单，产品纯度高、粒度小、分布均匀	烧结温度高、能耗大，后期需要二次除碳
	$2AlOOH+3C(s)+N_2(g) \longrightarrow$ $2AlN(s)+H_2O(g)+3CO(g)$	1500～1550℃		
直接氮化法	$2Al(l)+N_2(g) \longrightarrow 2AlN(s)$	1300℃	工艺简单，能耗低，不需除碳	高纯原料易爆炸，需后期破碎
	$2Al(l,g)+N_2(g)+NH_3(g) \longrightarrow$ $2AlN(s)+2N_2(g)+3H_2(g)$	1150～1300℃		
自蔓延烧结法	$2Al(l)+N_2(g) \longrightarrow 2AlN(s)$	引燃后自发放热	设备简单，能耗低，反应速率快	反应剧烈、难以控制，产品纯度低，需后期破碎
化学气相沉积法	$AlCl_3(g)+NH_3(g) \longrightarrow AlN(s)+3HCl(l)$	600～1200℃	反应可控，产品粒度小、纯度高、分布均匀	产量低，成本高，易产生环境问题
	$Al(C_2H_5)_3(g)+NH_3(g) \longrightarrow AlN(s)+3C_2H_6(g)$	1050℃		
等离子体法	$2Al(l)+N_2(g) \longrightarrow 2AlN(s)$	等离子体加热	反应时间短，产品粒度小、杂质少、活性高	产量低，设备要求高，产品形貌不规则

（1）碳热还原法

碳热还原法制备AlN是将Al_2O_3粉体和碳源均匀混合，在1600～1800℃的高温流动N_2中发生还原-氮化反应而生成AlN粉体。该方法具有原料来源丰富，工艺过程简单，制备的粉体纯度高、粒径小、分布均匀及烧结性能良好等优点。但该工艺存在对Al_2O_3和碳源的性能要求高，原料难以均匀混合，反应温度高、时间长，后期还需二次除碳等问题。其反应式：

$$Al_2O_3+3C+N_2 \longrightarrow 2AlN+3CO \tag{6-47}$$

为降低该工艺的反应温度、提高合成效率，采用活性δ-Al_2O_3为原料，在高温流动NH_3和炭黑反应生成的混合气体中反应，经过1300℃下5h就能完全转化为AlN粉。也可以$Al(OH)_3$和炭黑为原料、Y_2O_3为反应助剂，在流动的N_2中1550℃下经过6h合成AlN粉体。

（2）直接氮化法

铝粉直接氮化法是在1150～1300℃下，将铝粉直接和N_2或NH_3在800～1000℃下化合生成AlN粉体的技术。该技术具有工艺简单、不用后期除碳、成本较低的优点。该工艺的主要问题是铝粉在氮化反应开始前大量熔化结块，造成 N_2 扩散困难而使铝粉难以氮化完全；同时，AlN 产品需进行后期球磨破碎，得到的颗粒尺寸不均匀、球形度差，且容易引入杂质。为解决直接氮化法所得粉体的团聚问题，避免后期复杂破碎工序，可以在原料中加入 NH_4Cl 与 KCl 的混合添加剂，在流动 N_2 下对铝粉进行氮化，添加剂在升温过程中的分解气化使铝粉呈多孔疏松状，同时可破碎铝颗粒表面的氮化膜，从而实现铝粉的完全氮化。

（3）自蔓延烧结法

铝粉自蔓延烧结法是利用铝粉氮化反应时燃烧释放的热量使反应过程持续自发进行，以获得高纯度 AlN 粉体的合成方法。采用自蔓延烧结法制备 AlN 对铝粉要求较低，所需设备简单，操作简便，具体过程是将铝粉在高压 N_2 中引燃后，利用 Al 与 N_2 之间的高化学反应热来维持反应的持续进行，直到铝粉被完全转化为 AlN。但该工艺反应速率过快、过程难以控制，得到的 AlN 粉体形貌呈现不规则状，单晶颗粒内部容易形成高浓度缺陷和非平衡结构，粉体纯度较低，同时颗粒容易出现大面积团聚现象。可将高纯 AlN 粉加入铝粉中作为缓冲剂，在加热到 1250℃ 后铝粉形成液相薄膜包覆在 AlN 颗粒周围，再经过燃烧合成将铝薄膜氮化，最后得到比表面积为 13 m^2/g、氮质量分数为 32.3%、氧质量分数为 2.1% 的 AlN 粉体。

6.6.3　氮化铝粉体的应用

氮化铝（AlN）是一种性能优异的陶瓷材料及第三代半导体材料，随着微电子及半导体技术的蓬勃发展，电机和电子元件步入微型、轻量、高能量密度和大功率输出时代，电子基板热流密度大幅增加，保持设备内部稳定的运行环境成为需要重点关注的技术问题。AlN 陶瓷因具有热导率高[160～230W/（m·K）]、热膨胀系数与硅接近、机械强度高、化学稳定性好及环保无毒等特性，被认为是新一代散热基板和电子器件封装的理想材料，在大功率模块电路、开关电源以及其他需要既绝缘又高散热的大功率器件上，以及作为手提电话微电路芯片承载基板而被广泛应用。此外，AlN 作为第三代半导体材料的典型代表，其晶体具有禁带宽度大、电子漂移速度高、介电常数小等特点，适合制备高频大功率、耐高温、抗辐射的半导体微电子器件、深紫外 LED 光电器件及外延生产 111 族半导体氮化物层结构的衬底。

6.7　氮化钛陶瓷粉体的制备

6.7.1　氮化钛陶瓷粉体的基本性质

氮化钛（titanium nitride，TiN）具有典型的 NaCl 型结构，属面心立方点阵，晶格常数 a=0.4241nm，钛原子位于面心立方的角顶。TiN 是非化学计量化合物，其稳定的组成

范围为 $TiN_{0.37} \sim TiN_{1.16}$，氮的含量可以在一定的范围内变化而不引起 TiN 结构的变化。TiN 粉末一般呈黄褐色，超细 TiN 粉末呈黑色，而 TiN 晶体呈金黄色。TiN 熔点为 2950℃，密度为 $6.43 \sim 6.44g/cm^3$，莫氏硬度 $8 \sim 9$，抗热冲击性好。TiN 比大多数过渡金属氮化物的熔点高，而密度却比大多数金属氮化物低，因此是一种很有特色的耐热材料。TiN 的晶体结构与 TiC 的晶体结构相似，只是将其中的 C 原子置换成 N 原子。

6.7.2　氮化钛陶瓷粉体的制备方法

6.7.2.1　钛粉直接氮化法

（1）金属钛粉直接氮化法。金属钛粉直接氮化法是制备氮化钛粉末的传统方法，以钛粉为原料，在 H_2 存在的条件下，Ti 与 N_2 或 NH_3 反应生成 TiN 粉末。其化学表达式如下：

$$2Ti + N_2 \longrightarrow 2TiN \tag{6-48}$$

或

$$2Ti + 2NH_3 \longrightarrow 3H_2 + 2TiN \tag{6-49}$$

此反应需要达到的反应温度为 $1000 \sim 1400℃$，达到理论产率所需氮化时间为 $6 \sim 20h$。将其产物粉碎后重复氮化，多次操作，就可以得到化学计量的氮化钛粉。

此方法操作简便，所得到的氮化钛粉末纯度高，但是该方法反应时间长，原料费用较高，制成的粉末容易团聚，而且容易产生原料粉末烧结现象，不能完全氮化金属钛合成氮化钛，故而造成浪费。

（2）氢化钛粉直接氮化法。采用氢化钛粉（TiH_2）为原料直接氮化，可在 1000℃ 以下反应。其反应式为：

$$2TiH_2 + N_2 \longrightarrow 2TiN + 2H_2 \tag{6-50}$$

在该反应中，脱氢吸热与氮化放热在一定的条件下相辅相成，不但能显著提高氮化钛的转化率，简化工序，而且避免了钛粉脱氢制取纯钛粉的二次污染，有利于降低成本，提高产品质量；由于该方法制备的氢化钛容易加工成超细粉，因此是一种具有前途的氮化钛制备方法。但是在生产制备过程中有爆炸的危险，而且原料费用较高。

（3）氨气氮化法。氨气氮化法又称原位氮化法，是将纳米 TiO_2 在氨气气氛下直接氮化合成 TiN 的一种新方法。以纳米 TiO_2 为原料，采用氨气氮化法将纳米 TiO_2 粉体放入石英舟，在管式气氛炉中，在不同温度下（$800 \sim 1000℃$），用氨气作还原剂，氮化 $2 \sim 5h$，在氨气保护下，冷却至室温，得到纳米 TiN 粉体，最小粒径约为 20nm。反应需要的温度低，在 700℃ 就能开始转化成 TiN，在 800℃ 下氮化 5h，纳米 TiO_2 可以全部转化成 TiN。

利用氨气直接氮化纳米 TiO_2 制备的纳米 TiN 粒径小，转化率高，但纳米 TiO_2 成本高，工艺程序繁多。

6.7.2.2　还原氮化法

还原氮化法是制备 TiN 粉末的常规方法之一，它是以钛的氧化物为原料，在碳或其他还原剂存在条件下，与氮发生反应生成氮化钛的方法。

（1）铝热法还原 TiO_2 制取氮化钛。用铝作为还原剂还原 TiO_2 制备钛粉，将制备的钛粉与 N_2 反应生成 TiN 粉末。按摩尔比为 4：3 称取铝粉和二氧化钛粉末，将其充分研磨均匀后装入管式电阻炉内不锈钢钢管中，充入 Ar-N_2 混合气体，加热管式炉到所需温度制取钛粉，随后按要求称取所制备的钛粉，均匀撒在瓷舟中，放入管式炉中，将体系抽真空后充入 N_2 和 H_2 的混合气体，并升至所需温度后可以制得 TiN 粉末；利用铝热还原法还原金红石来制取的氮化钛粉末，含有副产物氧化铝。其反应式如下：

$$8Al + 6TiO_2 + 3N_2 \longrightarrow 6TiN + 4Al_2O_3 \qquad (6-51)$$

（2）镁热法还原 TiO_2 制取氮化钛。用镁作为还原剂与 TiO_2 反应制备 TiN，反应分两步进行，即二氧化钛的还原和氮化。在 Ti-Mg-O 系中，当反应达到平衡时，氧的平衡含量占钛的 1.5%～2.8%，因此用镁还原 TiO_2 不可能获得含氧量低于此值的金属钛。用还原能力更强的金属钙还原可以得到含氧量很低的金属钛，但高纯钙的价格很高，不适合工业化生产。相比而言，碳是一种廉价的还原剂，在高温下碳对氧的亲和力可以超过镁及多数金属还原剂对氧的亲和力，而且可以大大降低合成氮化钛的成本。

（3）TiO_2 碳热还原氮化法。以 TiO_2 为原料，碳为还原剂，在高温下与 N_2 进行反应合成 TiN。作为还原剂的碳包括炭黑、活性炭、石墨等。合成温度大约在 1380～1800℃，反应时间为 15h，用这种方法所得到的 TiN 纯度一般不高。但是碳热还原氮化法制备氮化钛是最简便快捷的一种方法，而且所需要的原料来源广、价格低，容易在工业生产中推广。

6.7.2.3　自蔓延高温合成法

自蔓延高温合成法（SHS）根据所用原料的不同可分为元素化合法和还原化合法两种。元素化合法是以 Ti 粉为原料在高压 N_2 中点燃，Ti 粉在 N_2 中燃烧后得到 TiN 产品。还原化合法是以金属氧化物为原料，在氮气中与金属还原剂进行还原反应，随后再经酸蚀、水洗、干燥等处理得到合成产物。还原化合法比元素化合法原料来源广，成本低，更具有实际价值。以 TiO_2、Mg 粉、C 粉和高纯氮气为原料，采用还原化合法来制备氮化钛，反应式为：

$$TiO_2 + Mg + 0.5N_2 + xMgO + C \longrightarrow TiN + (1+x)MgO + CO \qquad (6-52)$$

6.7.2.4　微波碳热还原法

微波碳热还原法是通过改变加热方式来制备氮化钛粉末的一种新方法。采用微波加热技术碳热还原 TiO_2，在 1200℃下仅用 1h 就制备出了平均粒度为 1～2μm 的 TiN 粉料，反应中形成的中间产物少，产物纯度高，性能优异。与常规碳热还原法比较，微波碳热还原法使氮化钛合成温度降低了 100～200℃，合成周期缩短，为常规法的 1/15。

6.7.2.5　机械化学合成法

机械化学合成法是氮化钛粉末的一种新型制备方法，利用高能球磨提供的能量使粉末与球磨气体相互作用来合成氮化钛粉末，此合成方法可在常温下进行，并且反应过程是非平衡固态反应过程，反应所需的能量由机械能直接转化提供，因此又名机械合金化法。

利用单质钛粉在氮气或氨气气氛中高能球磨，可直接获得 TiN 粉体。如以单质 Ti 粉为钛源，以含 N 的有机溶剂二氮杂苯与苯的有机混合液为氮源，在高能球磨机中球磨 336h 后直接合成了 TiN；用 $TiN_{1.942}$ 粉末代替 Ti 粉在流动的氨气中高能球磨 100h，所有的 $TiN_{1.942}$ 几乎都转化成 TiN。

机械化学合成法合成的超细粉氮化钛，产物纯度高，粒度小，甚至可以合成氮化钛纳米粉末，所需设备简单、合成温度大大降低、能耗少，在制备合成过程中所需时间长，一般都在 100h 以上，生产效率低。

6.7.3   氮化钛陶瓷粉体的主要用途

氮化钛是一种具有硬度高（显微硬度为 21GPa），熔点高，化学稳定性好，抗腐蚀性、抗磨损性、抗氧化性好等特点的新型材料，能用于改善超硬工具的耐磨特性，可制造熔融金属坩埚，用作特殊耐热、耐腐蚀、耐磨等环境。氮化钛还具有良好的导电性，可用作熔盐电解的电极和电触头等导电材料和较高超导临界温度的超导材料。另外，它还具有良好的生物相容性，可用作生物材料，但合成氮化钛粉体的烧结温度高，影响和限定了这种材料的广泛应用。

氮化钛具有良好的导电性（电阻率为 $2.17 \times 10^{-5}\Omega \cdot cm$），其导电性像金属一样，具有正的电阻率温度系数，在常温下电阻率几乎可以与铜相比。TiN 可以作为弥散相加入复合材料中降低其电阻率，也可将纳米氮化钛进行表面改性形成纳米复合材料。

氮化钛具有不被钢水润湿、耐侵蚀性好等优点，是一种极具有发展前途的非氧化物耐火材料，可以作为添加剂加入镁碳砖中，不仅能够提高镁碳砖的抗氧化性能，同时能够显著提高镁碳砖的抗渣侵蚀性能。

6.8   塞隆陶瓷粉体的制备

6.8.1   塞隆陶瓷粉体的基本性质

塞隆（sialon）是 Si、Al、O、N 四种元素的合成物，作为一种陶瓷，它实际上是 Si_3N_4 中 Si、N 原子被 Al 和 O 原子置换所形成的一大类固溶体的总称。sialon 的主要类别有β-sialon、α-sialon、O-sialon 三种，尤以前两种最为常见。

β-sialon 的结构与β-Si_3N_4 相似，为六方晶系，空间群为 $p6_3/m$，(Si，Al) (O，N)$_4$ 的四面体以角顶相连成架状结构，每个 N^{3-} 或 O^{2-} 离子与 3 个四面体相连，为典型的共价结构，其化学通式为 $Si_{6-z}Al_zO_zN_{8-z}$（z 为 0～4），β-sialon 是 sialon 中性能最优异的一种，它保留了 Si_3N_4 的高强度、高抗热震性和化学稳定性等优良性能，韧性、抗氧化性能优于β-Si_3N_4，且与熔融金属有非常好的相容性，不易被侵蚀。sialon 结构中由于 Al^{3+} 和 O^{2-} 分别对 Si^{4+} 和 N^{3+} 的部分取代使金属/非金属原子键长增加，烧结性能明显优于β-Si_3N_4。

α-sialon 的通式为 $Me_xSi_{12-(m+n)}Al_{m+n}O_nN_{16-n}$，其中 $x\leqslant2$，m 表示 Si—N 键被 Al—N 键取代的数目，n 为 Si—N 键被 Al—O 键取代的数目，Me 为补偿电价不平衡的金属阳离子，用来稳定 α-sialon 结构，通常为 Li、Mg、Ca、Y 和部分镧系元素。α-sialon 在 sialon 中以硬度高而著称，HRA 可高达 93～94，比普通的 β-Si_3N_4 或 β-sialon 材料的 HRA 值高 1～2。其耐磨性也非常出色。常温下，热导率比 Si_3N_4 或 β-sialon 材料低得多，抗热震性较好，并且还具有较好的高温性能和抗氧化性，但其强度比 β-sialon 材料略低。α-sialon 粉体难以烧结致密化，这是由其含氮量比 β-sialon 高，液相黏度高所造成的。

O-sialon 是 Si_2N_2O 与 Al_2O_3 形成的固溶体，它的化学式可表示为 $Si_{2-z}Al_zO_{1+z}N_{2-z}$，其最大固溶度随温度而变化，在 1750℃时，$z=0～0.4$。O-sialon 材料有很好的抗氧化性能与抗熔融有色金属侵蚀的能力。

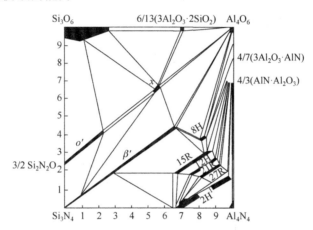

图 6-66　1700℃下 Si_3N_4-SiO_2-Al_2O_3-AN 体系的相图

特别是 sialon 结构中由于 Al^{3+} 和 O^{2-} 分别对 Si^{4+} 和 N^{3+} 的部分取代使金属/非金属原子键长增加，烧结性能明显优于 β-Si_3N_4，因此，β-sialon 被广泛地用于切削工具材料、耐火材料、轴承、金属压延或拉丝模、某些难烧结材料的烧结结合剂，以及热能设备、其他高温材料的耐磨部件等。其应用前景和经济效益被非常看好。

6.8.2　塞隆陶瓷粉体的制备

sialon 陶瓷粉体的合成方法主要有：直接合成法、自蔓延高温合成法、碳热还原氮化法等。

6.8.1.1　直接合成法

以 Si_3N_4、SiO_2、Al_2O_3 及 AlN 为原料，根据相图，严格按照各个组分的配比并选择适当的合成工艺条件高温合成 sialon 陶瓷粉体。根据各组分比例及合成工艺的不同，可得到不同 z 值的 sialon，下面是合成 β-sialon 的化学反应式：

$$(6-z)Si_3N_4 + zAlN + zAl_2O_3 \longrightarrow 3Si_{6-z}Al_zO_zN_{8-z} \tag{6-53}$$

此合成方法工艺要求较为苛刻，原料必须达到一定的纯度，这样就增加了粉料的烧结难度，并且要在 1700℃以上的高温下采用热压法烧结，烧结过程中易产生晶界，影响陶瓷的质量。所以烧结 sialon 时一般需要添加烧结助剂以改善其烧结性能。通过添加烧结助剂已利用直接合成法合成各种单相塞隆及(α+β)-sialon、(O+β)-sialon 等复相陶瓷。直接合成法的优点是易通过调节组分合成不同特殊需要的性能优越的塞隆陶瓷。缺点是 Si_3N_4、AlN 等原料价格昂贵，整个工艺能耗大，对设备要求高，限制了塞隆陶瓷的大规模生产及广泛应用。

6.8.2.2 自蔓延高温合成法

将 Si 粉、SiN、AlN 等按一定的比例充分混合后置于一定压力的氮气气氛中，点燃反应物顶端的钛粉，产生的高温使反应物开始发生燃烧反应，由于该合成反应是放热反应，一旦点燃就能够自发维持，并以一定的速率向前推进，数分钟内就能够完成整个合成反应。氮化硅在反应过程中可以起到稀释剂的作用，用于控制反应温度以结束反应过程，该反应的化学式可表示为：

$$Si+N_2+Si_3N_4+(SiO_2)+AlN \longrightarrow Si_{6-z}Al_zO_zN_{8-z} \qquad (6-54)$$

此方法合成的β-sialon 粉的 z 值为 0.3 左右，如果提高原料中的含氮量还可获得 z 值为 0.6 左右的β-sialon 粉体。

由自蔓延高温合成法（SHS）合成的 sialon 粉烧结成的 sialon 蜂窝陶瓷及 sialon-SiC 复合蜂窝陶瓷已被用于处理汽车尾气中 CO 的应用中。

自蔓延高温合成法的优点：工艺简单、反应温度高、速度快、能耗低，合成粉末纯度高、松散易碎，颗粒粒径小、活性高，粉体的烧结性能好，易烧结成致密化的 sialon 材料。缺点：SHS 法所用的原料纯度要求较高，由于反应温度高，所以对设备的要求也高，这些都增加了成本，而且此方法反应设备小、产量低、操作工艺严格，不适宜大规模生产。

6.8.2.3 碳热还原氮化法

碳热还原氮化法以 SiO_2、Al_2O_3 为原料，也可以用高岭土、硅线石、叶蜡石、稻壳、粉煤灰和火山灰等天然原料，还可以用硅酸盐水合物或者以硅、铝为主成分的废渣。其碳源也相当广泛，可以是碳粉、炭黑、无定形碳等无机碳，也可以是有机碳。碳在 1400℃ 以上时具有很高的活性，足以打开 Si—O 键而形成 C—O 键，处于不饱和状态的 Si 与 N 及 Al_2O_3 等结合而达到饱和状态，从而形成了 Sialon 材料。以叶蜡石和硅线石碳热还原法合成β-sialon 为例，化学反应式为：

$$Al_2O_3 \cdot 4SiO_2(叶蜡石)+9C+3N_2 \longrightarrow Si_4Al_2O_2N_6+9CO \qquad (6-55)$$

$$3(Al_2O_3 \cdot 2SiO_2 \cdot 2H_2O)(高岭土)+15C+5N_2 \longrightarrow 2Si_3Al_3O_3N_5+15CO+6H_2O \quad (6-56)$$

$$2(Al_2O_3 \cdot SiO)(硅线石)+6C+3N_2 \longrightarrow Si_2Al_4O_4N_4+6CO \qquad (6-57)$$

天然高岭土的主要成分是 $Al_2O_3 \cdot 2SiO_2 \cdot 2H_2O$，自然界中储量丰富，是合成 sialon 粉体的首选天然矿物原料。以高岭土为原料，在氨气气氛中 1400℃ 保温 2h 可合成 z 值为 2 的β-sialon 粉体和 AlN 的混合物。

碳热还原氮化法制备 sialon 材料要控制好原料中碳含量，随着碳含量的增加，产物的组成也将不断地变化。一般碳含量要略高于理论值，以保证反应的彻底进行。还原铁粉或者铁的化合物[Fe_2O_3、$Fe(NO_3)_3 \cdot 9H_2O$ 和 $FeCl_3 \cdot 6H_2O$]对反应可以起到催化剂的效果，能够有效提高反应速率。

与天然原料相比，当所用原料为较纯净的 Al_2O_3、SiO_2 等时，sialon 的合成温度有所增加，这是由于天然原料中的硅、铝已经达到有机结合，活性比单纯靠机械搅拌的 Al_2O_3、SiO_2 要高。

在烧结 β-sialon 陶瓷过程中，如能以颗粒小而比表面积大的 β-sialon 粉体为原料，可以不通过液相作烧结介质，而是通过质量扩散作用进行固态烧结。由于粉体颗粒细小而晶界间的玻璃相少，其硬度和机械强度将大大提高。用超细 Al_2O_3-SiO_2 体系作原料碳热还原、氮化反应制备了粒度为 $0.05\mu m$ 的 β-sialon 粉体。经无压烧结得到相对密度 89.9%，平均颗粒直径为 $0.09\mu m$ 的致密 β-sialon 陶瓷体。当用纯的 Al_2O_3+SiO_2 为原料合成 β-sialon 时，β-sialon 的开始形成温度为 1500℃。而以高岭土为原料时在 1450℃ 时就有大量 β-sialon 出现，表明此时反应已经开始。由此可见，高岭土的反应活性较纯的 Al_2O_3+SiO_2 高，降低了反应开始温度。采用纯原料合成 sialon 时反应温度还受原料的粒度的影响，当采用纳米级纯原料制备 sialon 粉体时，反应温度跟用天然原料差不多。以无定形的纳米 SiO_2 和 γ-Al_2O_3 为原料碳热还原制备 β-sialon，结果表明，反应在 1350℃ 就开始进行，先是由 SiO_2 和 γ-Al_2O_3 反应结合成莫来石，然后进行碳热还原反应。

碳热还原反应法的优点：原料丰富且价格低廉，反应温度低，设备简单，能耗较小，sialon 粉体具有良好的烧结性能，是国内外专家普遍看好的新途径。缺点：生产过程中产生的 CO 会污染环境，并且导致材料的气孔率高，降低了材料的质量，过量的碳不易除尽，影响产物的纯度及性能。

6.8.3　塞隆陶瓷粉体的应用

sialon 陶瓷材料具有优异的常温及高温强度，很好的化学稳定性，高耐磨性，良好的热稳定性，被认为是最有希望的高温结构材料之一，在冶金、汽车、石油、化工、宇航等领域都有着广泛的应用前景。

1. sialon 陶瓷在冶金领域上的应用

sialon 材料可用作碳化硅、刚玉等耐火材料的结合剂，不仅能够降低刚玉耐火材料的烧结温度，而且还能够使其制品的抗氧化性、抗侵蚀性和抗热震性明显改善。sialon 结合 SiC 材料具有很高的抗氧化性、高温强度和抗高温蠕变性，在钢铁冶炼和高级窑具材料中发挥着重要作用。sialon 结合 SiC 砖用作炼铁炉腰、炉腹、炉身下部及高炉关键部位的内衬材料，其效果明显优于高铝砖和黏土砖，高炉寿命也大大提高。O-sialon 材料抗氧化性比其他 sialon 材料都要高，经常被用作抗氧化性的耐火材料来使用。O-sialon-ZrO_2 材料具有很强的抗氧化性，它可以代替传统的 Al_2O_3 耐火材料，用作连铸浸入式水口的材料，可避免多炉连浇铝镇静钢时 Al_2O_3 在水口内壁的黏附。

2. sialon 陶瓷在机械工业中的应用

sialon 陶瓷材料以其强度高、硬度高、耐磨性好、强韧性优势，抗氧化性及抗热震性好等优点，在刀具、磨具等机械工业中的应用越来越广泛。

无压烧结的β-sialon陶瓷材料抗热震性比β-Si_3N_4材料更优异。其抗氧化性也明显强于β-Si_3N_4，因此β-sialon是刀具的优良材料。β-sialon陶瓷材料刀具可用于高速切割铸铁、高锰钢、镍基合金、钴基合金、轴承钢和淬火钢等材料。

α-sialon硬度要比其他几种sialon陶瓷材料高，复相陶瓷(α+β)-sialon陶瓷是一种极好的耐磨材料，用它制作的研磨球的磨损程度及粉体被污染程度要远低于石英球及Al_2O_3-SiO_2球。(α+β)-sialon陶瓷可用于制造各种球磨机、振动用的研磨体及内衬体。

sialon陶瓷也是优质的模具材料。sialon陶瓷材料高温和低温下化学稳定性都很优异，且与熔融金属的相容性很好，故可以用作多种有色金属（如铝铜合金等）的压延或拉丝等成型模具。sialon和铜在接触面上不会发生化学反应，但是当铜被氧化时，接触面就会发生复杂化学反应，从而会影响sialon的性能。

3. sialon陶瓷的其他用途

sialon陶瓷具有良好的热稳定性，热扩散系数比Si_3N_4陶瓷小得多，因此它作为发动机材料跟氮化硅材料具有同样优异的性能。利用sialon的耐高温及耐磨性可制作轴承，其成本比氮化硅成本要低很多。以sialon材料做的透明陶瓷可用作大功率高压钠灯灯管及高温红外测温仪的窗口。sialon也是一种很好的生物陶瓷材料，它与生物体有很好的亲和性，可用作人工骨骼、关节等。sialon易于直接烧结成所需要的尺寸，密度与理论密度接近，加工成本低，硬度高且耐磨性好。

6.9　其他非氧化物陶瓷粉体的制备

本节主要介绍非氧化物中的硼化物和硅化物陶瓷粉体的基本性能和制备方法。

6.9.1　硼化物基本性能与粉体的制备

硼化物是指硼与金属、某些非金属形成的二元化合物，可用通式M_mB_n表示，一般为间充型化合物，不遵循化合价规则。除了锌（Zn）、镉（Cd）、汞（Hg）、镓（Ga）、铟（In）、铊（Tl）、锗（Ge）、锡（Sn）、铅（Pb）、铋（Bi）以外，其他金属都能形成硼化物。它们都是硬度和熔点很高的晶体，化学性质稳定，热的浓硝酸也不能将它溶解，可由元素直接化合，或用活泼金属还原氧化物制取，用作耐火、研磨和超导材料。

硼化物及其复合材料因具有一系列高温下优异的性能，如高强度、高硬度、高耐磨性、高温抗冲击性能、高温稳定性等，已经成为超高温领域一个重要的研究方向。本节对HfB_2、CaB_6、ZrB_2和TiB_2的性能和粉体制备进行简单介绍。

6.9.1.1　HfB_2

（1）HfB_2基本性能

硼化铪（HfB_2）是超高温材料家族的成员之一。由于其具有高熔点（3380℃），优良的热化学稳定性和优异的物理性能，包括高弹性模量、高硬度和良好抗热震性能等，并能在高温下保持很高的强度，成为超高声速及可重复使用服役特征的关键热端部件最具潜力的候选材料。

（2）HfB_2粉体制备方法

目前，HfB_2粉体可以通过以下反应制得：还原反应[式（6-58）～式（6-62）]，化学反应[式（6-63）]，以及原位反应[式（6-64）]。

$$HfO_2 + B_2O_3 + 5C \longrightarrow HfB_2 + 5CO \qquad (6\text{-}58)$$

$$3HfO_2 + 10B \longrightarrow 3HfB_2 + 2B_2O_3 \qquad (6\text{-}59)$$

$$7HfO_2 + 5B_4C \longrightarrow 7HfB_2 + 3B_2O_3 + 5CO \qquad (6\text{-}60)$$

$$2HfO_2 + B_4C + 3C \longrightarrow 2HfB_2 + 4CO \qquad (6\text{-}61)$$

$$HfO_2 + 2H_3BO_3 + 5Mg \longrightarrow HfB_2 + 5MgO + 3H_2O \qquad (6\text{-}62)$$

$$HfCl_4 + 2NaBH_4 \longrightarrow HfB_2 + 2NaCl + 2HCl + 3H_2 \qquad (6\text{-}63)$$

$$Hf + 2B \longrightarrow HfB_2 \qquad (6\text{-}64)$$

硼化铪粉体的制备温度普遍较高，而且在整个制备过程中，必须对工艺进行适时的优化以避免反应不完全和晶粒异常长大的现象。目前，降低硼化铪粉体的制备温度是各国学者研究的重点。HfB_2粉体的合成方法很多，发展比较成熟的为碳热还原法与溶胶-凝胶法等。

① 还原反应法制备 HfB_2 粉体。实验所需原料 HfO_2 和 B_4C 粉体均为商业粉体。由反应式（6-60）可得 HfO_2 和 B_4C 的理论质量比为 6.33:1，实际配比有所调整，将原料按照配比在无水乙醇中球磨 24h；然后烘干，压片；所得试样放入多功能烧结炉中，在真空条件下，以 10℃/min 的升温速率升至所需温度，保温 1～2h；最后将得到的试样研磨成粉，即得到硼化铪粉体。研究表明：在真空条件下，氧化铪和碳化硼在 1300℃ 的温度下即可发生反应，但是要在 1600℃ 下保温 1h 才能得到纯硼化铪粉体，且粒度不均匀，认为烧结过程中反应中心为 HfO_2，是 B 原子扩散到 HfO_2 颗粒表面与其发生反应，因此，所制得 HfB_2 的形貌取决于原料 HfO_2 的颗粒形貌，反应过程中会有中间产物 B_2O_3，因为 B_2O_3 的熔点较低（490℃），绝大部分 B_2O_3 在 1300℃ 以上加热时会很快蒸发排除，需要在原料中增大 B_4C 的比例以弥补以 B_2O_3 形式升华所损失的 B，实验确定 HfO_2 和 B_4C 最佳配比为 1:5。

② 碳热还原法制备 HfB_2 粉体。采用优化的碳热还原法，根据反应式（6-61），以 HfO_2、B_4C 和 C（石墨）为原料，氩气气氛下加热至 1500℃ 保温 2h 或 1600℃ 保温 1h 都得到纯度较高的 HfB_2 粉体，粒度在 1～2μm。以反应方程为基础，原料的最佳比例为 B_4C 过量 5%（摩尔分数），C 过量 10%（摩尔分数），同时给出 C 最大添加量为过量 15%（摩尔分数）。该方法加入石墨作为碳源，可减少碳化硼原料的使用，也可减少反应过程中氧化硼的挥发量，转化效率较高。

③ 溶胶-凝胶法制备 HfB_2 粉体。采用溶胶-凝胶和碳热还原相结合的方法，以 $HfCl_4$、

H_3BO_3、酚醛树脂为原料，制备 HfB_2 粉体。研究表明，该配方在 1600℃即可发生反应，但是要达到 1800℃，且硼酸含量高于生成硼化铪化学计量比 100%（摩尔分数）时，才能得到纯度较高、颗粒均匀的 HfB_2 粉体。该方法的处理温度明显高于其他碳热还原反应温度，并且杂质含量较多。

④ 固相法。固相法制备粉体主要包括配料、混料、烘干处理和煅烧四个步骤。

a. 配料。依据相应的化学方程式设计配方，将二氧化铪、硼源（硼酸、碳化硼）、炭黑按一定比例称取。

b. 混料。将称量好的原料依次加入磨粉机，在干混模式下混合 30min，取出后过 60 目筛备用。

c. 烘干处理。以硼酸为硼源的配方需在 120℃下脱水处理 8h，使大部分硼酸转化为偏硼酸，以碳化硼为硼源的配方需在 80℃干燥处理 8h。

d. 煅烧。取适量混合粉体于石墨坩埚中，再置于无压烧结炉中，通氩气为保护气氛，按照既定的温度制度进行煅烧处理。

HfO_2-H_3BO_3-C 体系合成 HfB_2 粉体时，在对混合原料高温煅烧以前，先对混合粉体进行烘焙预处理，通过调节温度和时间使大部分硼酸（H_3BO_3）转变为偏硼酸（HBO_2），以提高配方的精确度，减轻挥发物对炉膛的损害。最佳原料组成为 HfO_2（46.0%，质量分数）+H_3BO_3（42.2%，质量分数）+炭黑（12.8%，质量分数），即硼酸在理论添加量的基础上过量 60%（质量分数）。该配方的最佳煅烧制度为 1600℃下保温 30min 得到粉体平均粒径约为 1～2μm，颗粒基本为球形且分布均匀、纯度较高。

HfO_2-B_4C-C 体系合成 HfB_2 粉体的最佳原料组成（质量分数）为 HfO_2(80.4%)+B_4C(12.7%)+炭黑（6.9%），即 B_4C 在理论添加量的基础上过量 20%。该配方的最佳煅烧制度为 1500℃下保温 30min，得到粉体平均粒径约为 1μm，颗粒基本为球形且分布均匀、纯度较高。

HfO_2-H_3BO_3-C 体系所得粉体氧化温度为 460℃左右，氧化速率较快，氧化增重约为 8%；HfO_2-B_4C-C 体系所得粉体氧化温度为 400℃左右，氧化速率较慢，氧化增重仅约为 0.35%。

6.9.1.2　CaB_6

（1）CaB_6 基本性能

CaB_6 具有立方体结构，属于 CsCl 型晶体。图 6-67 为 CaB_6 的晶体结构示意图，其中 Ca 原子位于立方体的体心位置，立方体的每个顶点处都有一个由 B 原子构成的硼八面体，B 原子之间以共价键方式连接在一起，硼八面体结构中每一个 B 原子的配位数均为 5。外观上看，CaB_6 的颜色为黑灰色，常温下通常以粉体、单晶和多晶复合材料三种形态存在。和水不反应，但能被氯、氟、过氧化氢等强氧化剂所腐蚀，在空气中、高温下能稳定存在。

CaB_6 的基本物理性能与力学性能如表 6-25 所示。

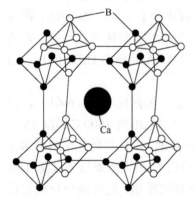

图 6-67　六硼化钙的晶体结构示意图

表 6-25 CaB$_6$的基本物理性能和力学性能

性能	密度/ （g/cm³）	熔点/K	热导率/ （W/m·K）	电导率/S	热膨胀系数/K⁻¹	弹性模量 /GPa	维氏硬度 /GPa
数值	2.33	2373	70	$10^3 \sim 10^1$	6.5×10^{-6}	379	27

六硼化钙具有密度小、熔点高、硬度大、强度高、化学稳定性好等特性，这些优良的性能决定了六硼化钙在一些工业领域有着广泛的应用前景。利用其熔点高、抗氧化的特性，可以用于制造耐火材料；也可以用作合金的脱氧剂。同时，CaB$_6$还具有较强的中子吸收性能和防高能中子辐射能力，使其在核反应堆、核防护领域得到了重要的应用。由于其密度小、强度高、硬度大，CaB$_6$还是一种潜在的陶瓷装甲材料。近些年，研究人员发现 CaB$_6$还具有一些特殊的功能性，如低的电子功函数，恒定的比电阻，在一定温度范围内热膨胀值为零，较强的铁磁性，非常高的居里温度以及不同类型的磁序等。这些特殊性能的发现，使其在新型自旋电子元件的研发中有广泛的应用前景。同时由于 CaB$_6$晶体结构中硼、钙原子连接结构的特性，导致其具有较高的熔点、一定的电导率和优异的防电磁辐射性能。

（2）CaB$_6$粉体制备方法

目前，CaB$_6$粉体的制备方法主要有直接合成法、碳热还原法、碳化硼法、水热法、熔盐电解法、自蔓延高温合成法、硼热还原法等。

① 直接合成法。直接合成法是利用 B 和 Ca 的单质直接发生反应获得 CaB$_6$。用这种方法制备的 CaB$_6$纯度高，但钙粉容易被氧化，硼粉的价格高昂，该方法成本也很高；同时，高温下，硼的蒸气压不同于钙的蒸气压，用该方法制备高纯 CaB$_6$时需要在真空条件下进行，防止钙被氧化，同时反应容器中要通入惰性气体，以防止硼粉和金属钙在高温下挥发。因此该方法对设备的要求也很高，难以控制好制备工艺。

② 碳热还原法。使用 H$_3$BO$_3$、石灰以及焦炭作为反应原料，在电弧炉中使用碳热还原法制备 CaB$_6$。在电弧炉中，H$_3$BO$_3$、石灰以及焦炭发生下列反应：

$$CaO+6H_3BO_3+10C \longrightarrow CaB_6+9H_2O+10CO \tag{6-65}$$

$$CaCO_3+6H_3BO_3+11C \longrightarrow CaB_6+12CO+9H_2O \tag{6-66}$$

③ 碳化硼法。将 CaCO$_3$、B$_4$C 和活性炭粉体按一定比例混合后，把原料压成片，放入氧化铝或氮化硼坩埚内，在真空电阻炉或电弧炉中加热至反应所需的温度使原料间发生反应，其反应方程式为：

$$2CaCO_3+3B_4C+C \longrightarrow 2CaB_6+6CO \tag{6-67}$$

该方法与碳热还原法相似，都属固相反应，不足之处在于使用 B$_4$C 粉体作为硼源，B$_4$C 粉体的粒径对于制备出的 CaB$_6$粉体的粒径和分散性有着很大的影响。此外，由于反应过程中会生成 CaB$_2$C$_2$ 和 Ca$_3$B$_2$O$_6$ 过渡相，所以需要控制好反应温度以避免过渡相的出现。

碳化硼法制备 CaB$_6$粉体的最优合成工艺是在 10^{-2}Pa 真空条件下，1673K 温度下保温 150min，合成的 CaB$_6$粉体与原料 B$_4$C 粉体的形状相似，通过改善原料 B$_4$C 粉体的形貌可以优化 CaB$_6$粉体的形貌。作为反应原料的 B$_4$C 的粒径越小，合成的 CaB$_6$粉体的分散性就越好，CaB_6 粉体的粒径与 B_4C 的粒径相似。

④ 水热法。水热法（低温法）可以在低温条件下合成 CaB_6 粉体。水热法是指把水溶液当作反应体系，在密闭的环境下给反应体系加热，在临界温度下保温一段时间，给反应体系提供一个高压的环境，以制备出粉体。将 $CaCl_2$ 和 $NaBH_4$ 的溶液按照化学计量比混合，装入 50mL 的反应釜中，密封后加热至 500℃保温 8h，随后自然冷却至室温，用乙醇和去离子水清洗后在 60℃下的真空环境中干燥 4h，即可制备出高纯 CaB_6 粉体。研究表明，得到的粉体平均粒径为 180nm。反应式为：

$$CaCl_2+6NaBH_4 \longrightarrow CaB_6+2NaCl+12H_2+4Na \qquad (6\text{-}68)$$

水热法是制备高纯 CaB_6 粉体的重要途径，但该方法对设备材质要求很高，成本不低，而产量相对较少。

⑤ 熔盐电解法。熔盐电解法是指在熔融的碱或碱土金属的氯盐中，通过电解脱掉金属或非金属氧化物中的氧，制备金属单质或合金。该方法具有环境污染小、工艺简单的优点。

以纯度为 99.8%的 B_2O_3、CaO 和 $CaCl_2$ 作为原料，按照 B_2O_3：$CaO=3$：1（摩尔比）称量混料，先在 873K 温度下保温 10h，将生成物置于氧化铝坩埚内，坩埚上层放 $CaCl_2$ 熔盐，使用石墨棒作为电极，Fe-Cr-Al 合金丝作为电极引线，在 900℃、3V 电压下电解 30h，电解产物经过沸水和盐酸冲洗后可得到粒径 2～8μm 的黑色 CaB_6 粉体。

⑥ 自蔓延高温合成法。自蔓延高温合成法是实验室制备 CaB_6 粉体运用、研究较多的方法。自蔓延高温合成技术的基本原理是基于放热化学反应，利用外部能量诱发局部化学反应，形成化学反应前沿（燃烧波），此后化学反应在自身放出热量的支持下继续进行，表现为燃烧波蔓延至整个反应体系，最后合成所需材料。自蔓延高温合成法具有操作简单、反应快速、成本低的特点，制备的产品纯度高、粒度分布均匀。

采用 CaO 和 B_2O_3 为原料，以镁粉作为还原剂，按 CaO：B_2O_3：$Mg=100$：（335～390）：（456～515）（质量比）称料，将原料混好后压成坯样，放入自蔓延反应炉中，引发自蔓延反应，得到的粉体经过酸洗、干燥后得到纯度达 96.82%、平均粒径为 0.5～2μm 的 CaB_6 粉体。

⑦ 硼热还原法。硼热还原法是将钙源与硼粉混合后，在高温下反应合成 CaB_6 粉体，反应时间控制在 0.5～2.5h 之间。用该方法制备的 CaB_6 粉体纯度较高，经过球磨加工后的粉体粒径可控制在 5μm 以下。反应式为：

$$CaO+7B \longrightarrow CaB_6+BO \qquad (6\text{-}69)$$

6.9.1.3 ZrB_2

（1）ZrB_2 基本性能

ZrB_2 属于六方晶系 C32 型准金属结构化合物（AlB_2 型）。图 6-68 为 ZrB_2 的结构示意图，图中分别画出了不同角度下的 ZrB_2 结构。由图可知，一个单位晶胞包含一个 ZrB_2 分子单元，该结构类似于石墨的二维环状和网状，且 B 原子层和六方密排的 Zr 原子层相互交替排列。层状结构中的每个 Zr 原子与周围 6 个距离相等的 Zr 原子（处于同一层）和 12 个 B 原子（上下层各 6 个 B 原子）相邻；同理，每个 B 原子与周围处于同一原子层上的 3 个距离相等的 B 原子和 6 个 Zr 原子（上下层各 3 个 Zr 原子）相邻。同一 B 原子层中，B⁻ 离子最外层有四个电子，每个 B⁻ 离子与其他三个 B⁻ 离子以共价键形式连接，形成正六角形的平面网络结构，而余下的一个电子则共同形成离域的大 π 键。正是因为存在这个离域的大 π 键，为电子迁移提供了途径，因此，ZrB_2 具有良好的导电和导热能力。

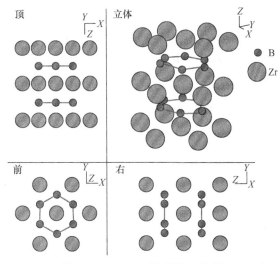

图 6-68　ZrB_2 的结构示意图

事实上，由这两种元素构成的硼化物体系有三种稳定存在的形式，即一硼化锆（ZrB）、二硼化锆（ZrB_2）和十二硼化锆（ZrB_{12}）。ZrB 具有面心立方晶格，在 3.3K 时便成为超导体。ZrB_2 是三种硼化物中稳定存在的温度跨度最大的，说明 ZrB_2 在较宽的温度范围内可以稳定存在，是硼化锆的主要存在形式。ZrB_{12} 与 ZrB_2 相同，也具有金属性，为立方晶系，硼原子组成 B_{12} 立方八面体的高分子队列，金属锆原子位于孔穴中，被 8 个 B_{12} 单位所包围，使每个金属原子有 24 个最近邻的硼原子。

在硼化物系列超高温陶瓷材料的研究中，ZrB_2 将高熔点（>3000℃）、高温抗氧化性能、耐腐蚀性能、抗热震性能等物理性能和力学性能完美地集于一体，是超高声速飞行器、大气层重返和火箭推进器等极端服役环境下最佳的候选材料之一；此外，ZrB_2 除作为耐高温的结构材料，因其具有良好的导热导电性、阻燃性和良好的捕获中子、控制中子能力，在热学、电学及核控制等领域有着潜在的更为广阔的应用空间。

（2）ZrB_2 粉体制备方法

ZrB_2 粉体有多种合成和制备方法，总体上可以分为三大类：固相法；液相法；气相法。

① 直接合成法。用相应的元素合成 ZrB_2 是最简单直接的合成方法，反应方程式为：

$$Zr + 2B \Longrightarrow ZrB_2 \tag{6-70}$$

这种直接反应合成的方法可以追溯到 100 年前，但是由于很难得到高纯的硼，因此，对于该方法获得纯的二硼化锆近 50 年才有使用和研究。因锆与氧具有很好的亲和性，直接合成法合成 ZrB_2 时，要在惰性气氛、还原气氛或真空条件下进行，以避免氧杂质的引入。该方法的优点在于合成的粉体纯度较高。然而，原材料的成本高、合成的粉体颗粒度较大、粉体活性低、需要高温条件、能量消耗大等劣势，不适用于工业化生产。

② 还原法。还原法是利用具有还原性质的单质或化合物将锆的氧化物还原制取 ZrB_2 的一种方法，种类很多，下面列出几种较为常见的还原制备 ZrB_2 的方法。

a. 碳热/硼热还原法。碳热/硼热还原 ZrO_2 得到 ZrB_2 的方法最为常见，还原剂主要有 C、B、B_4C 及其组合，反应原理主要有以下几种：

$$ZrO_2 + B_2O_3 + 5C \Longrightarrow ZrB_2 + 5CO\uparrow \tag{6-71}$$

$$3ZrO_2 + 10B \Longrightarrow 3ZrB_2 + 2B_2O_3\uparrow \tag{6-72}$$

$$ZrO_2 + 4B \Longrightarrow ZrB_2 + B_2O_2\uparrow \tag{6-73}$$

$$7ZrO_2 + 5B_4C \Longrightarrow 7ZrB_2 + 3B_2O_3\uparrow + 5CO \tag{6-74}$$

$$2ZrO_2 + B_4C + 3C \Longrightarrow 2ZrB_2 + 4CO\uparrow \tag{6-75}$$

$$3ZrO_2 + B_2O_3 + B_4C + 8C \Longrightarrow 3ZrB_2 + 9CO\uparrow \tag{6-76}$$

采用反应（6-74）在 1650℃真空气氛、有过量（20%～25%，质量分数）的 B_4C 参与的条件下保温 1h 合成出 ZrB_2 粉体，并发现在该温度下合成的 ZrB_2 粉体较 1750℃的颗粒度更小且有更低的氧含量，具有更好的烧结性能。且该温度下得到的 ZrB_2 粉体形貌为球状，而 1750℃得到的粉体形貌大多为柱状。

传统的碳热/硼热还原法虽然可以通过多种途径合成所需的 ZrB_2 粉体，但是这种方法合成温度高，所制得的粉体粒径达到微米级别，因此，尚且需要一直朝着降低还原温度的方向努力；另一方面，反应产物中的杂质不易去除。一种新型的碳还原方法——微波碳热还原的诞生很好解决了这一问题。该方法在 1100℃将 ZrO_2、B_4C 和炭黑合成 ZrB_2 粉体，这比传统方法的合成温度降低了 400℃，具有升温速度快、节能等优点。

b. 金属单质还原法。具有还原性的金属单质 Al、Mg 等，它们常用来作为金属氧化物、碳化物、氮化物等的还原剂，还原过程为：

$$3ZrO_2 + 3B_2O_3 + 10Al \Longrightarrow 3ZrB_2 + 5Al_2O_3 \tag{6-77}$$

$$ZrO_2 + B_2O_3 + 5Mg \Longrightarrow ZrB_2 + 5MgO \tag{6-78}$$

与微波碳热还原法相同，微波加热能够大大降低产物的合成温度，使得能耗减少。另外，将镁热还原反应与微波加热的方法结合，利用 ZrO_2、硼酸和镁粉仅加热 20min 即可获得高纯度、小粒度（纳米级）、高活性的 ZrB_2 粉体，反应机理为：

$$ZrO_2 + 2H_3BO_3 + 5Mg \Longrightarrow ZrB_2 + 5MgO + 3H_2O \tag{6-79}$$

在反应过程中通过 XRD 表征发现存在副反应（6-80）和（6-81），然而这些无法避免的副产物诸如 $Mg_3B_2O_6$、Zr_2O 和 MgO 等可通过水洗或酸洗方法进行除杂和提纯。

$$B_2O_3 + 3MgO \Longrightarrow Mg_3B_2O_6 \tag{6-80}$$

$$2ZrO_2 + 3Mg \Longrightarrow Zr_2O + 3MgO \tag{6-81}$$

利用高能球磨机械化学的方法合成纳米晶 ZrB_2，原材料为 ZrO_2、B_2O_3 以及还原剂 Mg，主要的合成机理为：

$$3Mg + B_2O_3 \Longrightarrow 2B + 3MgO \tag{6-82}$$

$$2Mg + ZrO_2 \Longrightarrow Zr + 2MgO \tag{6-83}$$

$$Zr+2B === ZrB_2 \tag{6-84}$$

研究发现，B_2O_3 很容易被 Mg 还原，而 Mg 却不能以自维持方式将 ZrO_2 还原，但由于反应（6-82）和（6-83）均会放出大量热量，会进一步激发反应（6-84）的进行，因此这种方法可以合成纳米级的 ZrB_2 粉体。

制造一种熔融盐的液相环境来合成 ZrB_2 粉体，即选用 ZrO_2、$Na_2B_4O_7$ 和 Mg 粉作为原材料，在 1200℃ 的温度下反应 3h，得到纳米级（300～400nm）且分散性较好的 ZrB_2 粉体，主要反应机理为：

$$Na_2B_4O_7+ 2ZrO_2+10Mg === 2ZrB_2+10MgO+Na_2O \tag{6-85}$$

利用该方法合成 ZrB_2 粉体有两个优点：一是由于反应为液相环境，传质速度较快，因此，与传统的镁热法合成工艺相比，可以降低反应温度；二是在反应过程中有效地避免了难以除去的 $Mg_3B_2O_6$ 杂质，故而大大提高了 ZrB_2 粉体的纯度。

③ 前驱体法。该种方法主要利用无机-有机的混合物作为前驱体，在 500～700℃ 利用 $NaBH_4$ 与 $ZrCl_4$ 之间发生化学反应，进一步分析反应机理发现，当温度高于 500℃ 时，$NaBH_4$ 首先裂解，随后 $ZrCl_4$ 与裂解后的物质发生反应，用此方法可以获得细小均匀的 ZrB_2 粉体，颗粒尺寸大约为 20nm。

$$ZrCl_4+ 2NaBH_4 === ZrB_2+ 2NaCl+ 2HCl+ 3H_2 \tag{6-86}$$

$$NaBH_4 === BH_3+ NaH \tag{6-87}$$

$$ZrCl_4+ 2NaH+2BH_3 === ZrB_2+2HCl+2NaCl+3H_2 \tag{6-88}$$

④ 自蔓延高温合成。SHS 技术最初用于铝热反应。用 SHS 法引发铝热反应，在很短时间内生成 ZrB_2 粉体。若在 SHS 法将 Zr 粉和 B 粉合成 ZrB_2 的过程中加入一定量的 NaCl，则发现 NaCl 可以很好地抑制 ZrB_2 颗粒的长大。研究发现，与未加入 NaCl 时的粒径（303nm）相比，加入 40%（质量分数）NaCl 后，粉末粒径大幅下降，达到 32nm。同时，结果还表明当 NaCl 含量较少（10%）时，大部分颗粒粒径在 2～5μm，当添加剂含量大于 10%（质量分数），ZrB_2 粉体则因 NaCl 的迁移作用变为软团聚，当继续增加 NaCl 含量达到最佳配比 30%（质量分数）时，平均颗粒尺寸由 1μm 左右下降到 100nm，其中的原因可能为 NaCl 经熔化、蒸发等过程最终沉积并包覆在 ZrB_2 晶粒上，因而抑制了其长大。

⑤ 液相法。固相法虽有其特点，但是缺点也比较突出，比如合成的粉体粒径较大、活性低、反应不易控制等，而液相合成粉体的方法恰好可以弥补这些不足，它使反应物在分子水平上均匀混合，具有比固相法合成更低的温度、更高的均一性和更细小的颗粒尺寸。因此，在粉体特别是超细粉体的制备方面得到广泛的应用。

溶胶-凝胶法是一种常见的液相合成法。以 $ZrO(NO_3)_2 \cdot 2H_2O$、硼酸、酚醛树脂为原料合成超细的 ZrB_2 粉体，研究反应温度和原料配比对 ZrB_2 超细粉体的影响，得出硼锆比为 3:1，1500℃ 保温 1h 的工艺下所制得的粉体性能最佳。

⑥ 气相法。气相法包括物理气相沉积、化学气相沉积、等离子喷涂、等离子体增强化学气相沉积等多种方式，用于制备薄膜和涂层材料，目前已发展得较为成熟。氢气作为一种气体还原剂，也可以应用在 ZrB_2 粉体的制备当中，发生的反应为：

$$ZrCl_4 + 2BCl_3 + 5H_2 \Longrightarrow ZrB_2 + 10HCl \qquad (6\text{-}89)$$

6.9.1.4　TiB₂

（1）TiB₂基本性能

TiB₂是六方晶系 C32 型结构的准金属结构化合物。TiB₂晶体结构中的硼原子面和钛原子面交替出现构成二维网状结构，各钛原子层之间堆成 A-A-A 系列产生底心单胞。硼原子是六配位并位于钛原子的三角棱柱的中心（H 位），它们产生了一平面状原始六方的二维类石墨的网络，整个堆叠系列是 AHAHAH⋯⋯，如图 6-69 所示。

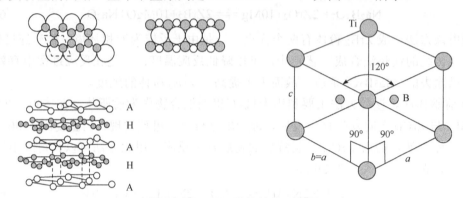

图 6-69　TiB₂晶体结构示意图

在 TiB₂晶体中，这种 a、b 轴为共价键、c 轴为离子键的特性也导致了其性能的各向异性。在材料的制备过程中，这种各向异性会导致晶体生长出现择优取向，从而随着晶粒的长大，材料中的残余应力加大，导致大量的微裂纹产生，使材料的力学性能下降。同时在离子键与共价键的共同作用下，Ti⁺与 B⁻在烧结过程中均难发生迁移，因此，TiB₂的原子自扩散系数很低，烧结件性能很差。

二硼化钛（TiB₂）是硼和钛元素的唯一稳定化合物，相互以共价键结合。它具有高熔点（2790℃）、高硬度（30GPa）、强耐腐蚀性和良好的抗氧化性、导电性和导热性等优点，适合于做耐火材料、精加工刀具、拉丝模、挤压模、喷砂嘴、灯泡外壳、密封元件等，尤其在硬质合金刀具以及特种陶瓷容器材料等方面的应用更为广泛。二硼化钛还用作导电陶瓷材料，是真空镀膜导电蒸发舟的主要原料之一。二硼化钛可与 TiC、TiN、SiC 等材料组成复合材料，制作各种耐高温部件及功能部件，如高温坩埚、引擎部件等，也是制作装甲防护的最好材料之一。由于 TiB₂与金属铝液良好的润湿性，用 TiB₂作为铝电解槽阴极涂层材料，可以使铝电解槽的耗电量降低，电解槽寿命延长，用 TiB₂制作成 PTC 发热陶瓷材料和柔性 PTC 材料，具有安全、省电、可靠、易加工成型等特点，是各类电热材料的一种更新换代的高科技产品；此外，二硼化钛也可做 Al、Fe、Cu 等金属材料的增强剂。

（2）TiB₂粉体制备方法

二硼化钛的制备方法主要有：镁热自蔓延还原法、碳热还原法、熔盐电解法等。其中，镁热自蔓延还原法制备二硼化钛的过程会放出大量热量，反应温度高，难以控制产品纯度，导致 TiB₂中出现许多杂质副产物，例如，$Mg_xB_2O_{x+1}(x=2, 3)$、$MgB_x(x=4, 6)$等，影响了二硼化钛微粉的质量，通常镁热还原制备的二硼化钛微粉收率和纯度均不高，粒径也粗大，就限制了二硼化钛微粉的应用。

为克服传统镁热自蔓延法制备二硼化钛粉体材料技术的不足，这里提供一种工艺简单、成本低廉、产率高、适合于工业化生产的纳米级二硼化钛多晶粉制备方法，反应式为：

$$11/16B_2O_3+TiO_2+5/2Mg+5/8KBH_4 =\!\!= TiB_2+5/2MgO+5/8KOH+15/16H_2O \quad (6\text{-}90)$$

将粉末状原料 B_2O_3：TiO_2：Mg：KBH_4 按照质量配比为 1：（1.2～2）：（1～1.6）：（0.2～1）加入高速混料机中，在 18000r/min 的条件下混合 1～30min，混合均匀，再装入自蔓延反应器，在升温速率为 100℃/min，于温度为 700～850℃、氩气保护下用通电钨丝引燃反应，自然冷却至室温得到自蔓延反应产物；或将混合粉料倒入钢制模具中，压块后放入自蔓延反应器中，在氩气保护和室温条件下用通电钨丝引燃。自蔓延反应产物用酸液浸泡，然后抽滤、水洗，滤饼经 80℃干燥 5～24h，即可获得灰黑色纳米二硼化钛粉体。

6.9.2　硅化物性能与粉体的制备

硅化物是指某些金属或非金属与硅形成的二元化合物。硅化物的原子间结合力强，其化学键既有金属键的特点，又有共价键的性质，所以硅化物除了具有良好的高温抗氧化性、熔点高、高温蠕变强度高及良好的耐腐蚀性能外，还具有良好的导电性及导热性能，并具有金属光泽。硅化物中硅含量越高，抗氧化性能越好。表 6-26 为 2000℃以上熔点的硅化物的结构和性能表。

表 6-26　2000℃以上熔点的硅化物的结构和性能

硅化物	晶体结构	熔点/℃	密度/（g/cm³）	弹性模量/GPa
Ta_5Si_3	$D8_1$	2500	13.40	—
Nb_5Si_3	$D8_1$	2480	7.16	—
W_5Si_3	$D8_m$	2320	14.50	—
Zr_5Si_3	$D8_g$	2210	5.99	220
$TaSi_2$	C40	2200	9.10	—
Mo_5Si_3	$D8_m$	2190	8.24	—
WSi_2	$C11_b$	2160	9.86	468
Ti_5Si_3	$D8_8$	2130	4.32	156
$MoSi_2$	$C11_b$	2030	6.21	440
V_5Si_3	$D8_m$	2010	5.27	257

本节主要对 $MoSi_2$、$TaSi_2$ 和 $FeSi_2$ 的基本性能和制备方法进行简单介绍。

6.9.2.1　$MoSi_2$

$MoSi_2$ 在所有硅化物中具有最好的高温抗氧化性，而熔点较高，密度适中，是目前研究最多的硅化物。

（1）MoSi$_2$ 基本性能

由于 Mo、Si 两原子半径相当，电负性又比较接近，故它们组成了具有严格化学成分配比的道尔顿型金属间化合物，在 1900℃ 以下为 C11$_b$ 型有序体心立方结构，为室温稳定结构，晶体结构如图 6-70（a）所示，是由 3 个体心立方晶胞沿 c 轴方向堆垛而成，其中 Mo 原子坐落在中心节点及八个顶角上，而 Si 原子位于其他节点位置，由从 1900℃ 到熔点为 C40 六方晶体结构，是一种亚稳态结构，其晶体结构如图 6-70（b）。C40 结构基面上的原子分布与 C11$_b$ 结构的（110）面的原子分布相似，不同之处在于其堆垛顺序为 C40 结构的 ABCABC……，而不是 C11$_b$ 结构的 ABAB……。

二硅化钼是 Mo-Si 二元系合金中含硅量最高的一种中间相，其熔点高达 2030℃，密度为 6.24g/cm^3，热膨胀系数较低，为 $7.8×10^{-6}$K；并具有良好的电热传导性，热导率为 45W/（m·K），可进行放电加工，有极好的高温抗氧化性，抗氧化温度达 1600℃ 以上，脆-韧转换温度高（1400℃），即在该温度下具有陶瓷材料的硬脆性，而在脆-韧转换温度以上又具有金属般的软塑性。在一定温度范围内，随着温度的升高其强度基本保持不变，如图 6-71 所示，这也是 MoSi$_2$ 可作为高温结构材料使用的主要理由。相比金属及其他硅系陶瓷，MoSi$_2$ 显示出了优越的性能，表 6-27 给出了详细的比较。MoSi$_2$ 目前多用于高温抗氧化涂层材料，工业上作为窑炉中的发热元件、发电部件、高温热交换器和高温过滤器等，同时作为高超声速飞行器、再入飞行器等航空航天结构件的热防护涂层材料也已经得到了广泛的应用。

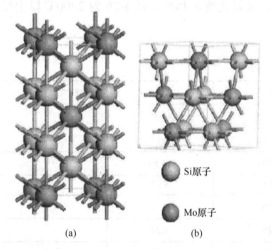

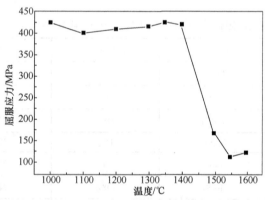

图 6-70 MoSi$_2$ 的单胞结构（a）C11$_b$ 和（b）C40 结构

图 6-71 MoSi$_2$ 烧结材料的强度和温度关系图

表 6-27 MoSi$_2$ 与金属及其他硅系陶瓷的性能比较

材料特性	金属及合金	陶瓷	MoSi$_2$
高温韧性	优	差	优
高温抗氧化性	差	优	优

续表

材料特性	金属及合金	陶瓷	$MoSi_2$
高温抗蠕变性	差	优	差
抗热震性	优	差	优
耐磨性	差	优	优
密度	高	一般	低

（2）$MoSi_2$ 粉体制备方法

$MoSi_2$ 粉体的合成方法有很多，工业上一般用硅粉和钼粉作为原料，在保护气氛下加热到 1400℃ 左右反应 3～4h 得到 $MoSi_2$ 粉体，这些方法反应时间长、耗能高、成本较高，其他新型合成方法包括固相法、自蔓延合成法、溶胶-凝胶法、机械合金法等。

① 固相法。固相反应合成 $MoSi_2$ 粉体所依据的反应方程为：

$$MoO_2(s)+3Si(s)=MoSi_2(s)+SiO_2(s) \tag{6-91}$$

配料：依据相应的化学方程式设计配方，将二氧化钼、硅粉按一定比例称取。

混料：将称量好的原料依次加入球磨罐，以乙醇为溶剂，以 ZrO_2 球为研磨介质在行星磨中混合、磨细 8h。然后将混合后粉体置于 80℃ 烘箱中烘干 8h，烘干后过 60 目筛。

煅烧：取适量混合粉体于石墨坩埚中，在无压烧结炉中，通氩气为保护气氛，按照既定的温度制度进行煅烧处理。$MoSi_2$ 粉体合成温度大多在 1400～1500℃，且 Si 的熔点为 1414℃，考虑到 Si 的损失对反应的影响，原料中 Si 应过量。

以 MoO_2 和 Si 为原料，采用固相反应合成 $MoSi_2$ 粉体最佳的原料组成（质量分数）为：MoO_2(59.2%)+Si(40.8%)，该配方最佳的温度制度为最高温度 1400℃、保温 60min，此时反应最完全，粒度分布较均匀，平均粒径在 4～5μm。所得 $MoSi_2$ 粉体在 500℃ 开始氧化，氧化增重约为 0.25%。

另外，以 MoS_2 和 Si 粉为原料，通过固相反应法，进一步提纯除去副产物 SiS 制备纯 $MoSi_2$ 粉体。研究发现 $MoSi_2$ 在 800℃ 时开始形成，加热到 1100℃ 保温 2h 可得到纯度较高的 $MoSi_2$ 粉体，但仍有 Si 的残余，继续提高反应温度也不能使 $MoSi_2$ 纯度提高。该反应的副产物为 SiS，高温下容易分解挥发，有利于得到纯 $MoSi_2$ 粉体，但是 SiS 有毒，工业化生产成本较高。

② 自蔓延合成法。自蔓延高温合成是基于放热化学反应的基本原理，在一定的气氛中点燃粉体压坯，然后材料合成反应在自身放热的支持下继续进行，表现为燃烧波蔓延至整个体系，最后合成所需的材料，该工艺方法简单，且容易产业化，但是由于燃烧波反应速度快，反应远离平衡态，故合成过程相对难控制。

使用化学炉辅助自蔓延合成法，Si∶Mo 以 2∶1 比例混合，压坯后置于石墨坩埚中部，作为常规自蔓延反应部分，外部以点燃的 C 粉和 Ti 粉混合物为化学炉，制备高纯二硅化钼粉体，粒度在 10μm 左右。结果表明：利用化学炉的温度辅助作用，内部自蔓延反应的最高反应温度达到 1800℃，加快了反应的进行。虽然改进的自蔓延反应可加快反应进程，但仍然不能避免自蔓延反应由于扩散反应不完全所产生的 Mo_5Si_3 杂质和残余 Si 相。

③ 溶胶-凝胶法。利用溶胶-凝胶法制备纳米二硅化钼粉体方法即以钼酸铵、正硅酸乙酯、蔗糖为原料制得干溶胶，再在 1100～1200℃热处理 2h 得到粒度在 180～300nm 的 $MoSi_2$ 粉体。溶胶-凝胶法是制备纳米级粉体的常规方法，但是不能避免杂质相的生成，该配方所得 $MoSi_2$ 粉体的最高纯度为 91.5%，其余杂质为 Mo_5Si_3 和 $Mo_{4.8}Si_3C_{0.6}$。

④ 机械合金化。机械合金化是指原材料（金属或合金）在高能研磨机或球磨机中通过粉末颗粒与磨球之间长期的碰撞、研磨，使粉末颗粒产生不断冷焊和不断断裂，使不同组元的原子相互渗透，最终发生固态反应，从而获得合金化粉末的一种粉末制备技术。该技术有以下优点：在常温下也能产生原子级的合金化；生产的合金杂质含量非常低；易于控制固溶或第二相添加以及产物的粒度，并对最终的加工和性能有好的作用。利用机械合金化技术制备 $MoSi_2$，一般来说，其过程包括初始化、活化、合金化、微晶和非晶化四个阶段。

钼硅混合粉体在 Mo-Si 机械合金化的过程中，.β-$MoSi_2$ 是合金化合成中的初生相，并且随着研磨时间的增加逐渐发生 β 相到非晶相再到 α 相的转变，通过对球磨以后的粉体进行 800～1100℃左右的热处理可以全部转化为.α-$MoSi_2$。机械合金化是制备金属硼硅化物的可行手段，但是反应时间一般较长。

6.9.2.2 $TaSi_2$ 粉体的制备

（1）$TaSi_2$ 基本性能

二硅化钽（$TaSi_2$）是一种具有高熔点（2220℃）、低电阻率（36～55$\mu\Omega \cdot cm^{-1}$）、抗腐蚀、抗高温氧化和高辐射率的金属间化合物。在高超声速飞行器、再入飞行器等航空航天结构件热防护涂层中的扩散阻挡层、高辐射层中广泛应用。

（2）制备方法

目前，Ta-Si 系化合物的研究还处于起步阶段，主要包括固相法、自蔓延合成法、电弧熔炼法、机械化学反应法等，各种技术都未发展成熟。

① 固相法。固相反应合成 $TaSi_2$ 粉体的反应方程式为：

$$2Ta_2O_5(s)+13Si(s)\longrightarrow 4TaSi_2(s)+5SiO_2(s) \qquad (6-92)$$

配料：依据相应的化学方程式设计配方，将五氧化二钽、硅粉按一定比例称取。

混料：将称量好的原料依次加入球磨罐，以乙醇为溶剂，以 ZrO_2 球为研磨介质在行星磨中混合、磨细 8h。然后将混合后粉体置于 80℃烘箱中烘干 8h，烘干后过 60 目筛。

煅烧：取适量混合粉体于石墨坩埚中，在无压烧结炉中，通氩气为保护气氛，按照既定的温度制度进行煅烧处理。

以 Ta_2O_5 和 Si 为原料，采用固相反应合成 $TaSi_2$ 粉体的最佳原料组成（质量分数）为：Ta_2O_5(69.8%)+ Si(30.2%)，最佳的温度制度为最高温度 1450℃、保温 60min，所得粉体的平均粒径在 2μm 左右，粒度分布较均匀。$TaSi_2$ 粉体在 360℃左右开始氧化，氧化增重约为 0.06%。

② 自蔓延合成法。采用自蔓延合成技术研究不同预热温度与不同原料比例下，Si-Ta 体系的燃烧反应产物。研究发现在 Si：Ta 为 5：1（摩尔比），预热温度为 600℃时能得到 $TaSi_2$-Si 的混合物，要想得到纯 $TaSi_2$ 相还需进行提纯处理，其他比例的配方都产生

了 Ta_5Si_3 杂质。

③ 电弧熔炼法。采用电弧熔炼法制备 $TaSi_2$，将原料粉熔炼实现材料的均匀化，但是这种方法为了实现均匀化需要很长时间，且电弧熔炼过程中由于挥发也可能造成硅损失，导致杂质相生成。

④ 机械化学反应法。以金属钽和单质硅为原料，在氩气的条件下，高速球磨 20h，获得粒度为 23nm 的 $TaSi_2$ 粉体。其中控制钽和硅的化学计量比为 1:2，球与粉体的质量比为 30:1，球磨转速为 250r/min。但是 XRD 显示该方法得到的 $TaSi_2$ 粉体结晶度较差，且反应进程不易控制，极易产生杂质相。

6.9.2.3　硅化铁

从图 6-72 的 Fe-Si 系二元相图可以看出，硅化铁的六种相态分别为 DO_3 型立方结构的 Fe_3Si、六方结构的 Fe_2Si、D8 型四方结构的 Fe_5Si_3、B20 型立方结构的 $FeSi$、线型化合物.β-$FeSi_2$（高温相.α-$FeSi_2$）和 Fe_3Si_7。

（1）$FeSi_2$ 基本性能

$FeSi_2$ 主要是以新一代热电能源材料而被广泛研究。热电材料的主要应用包含热电制冷和温差发电。温差发电是利用 Seebeck 效应，直接将热能转化为电能。温差发电在工业余热、废热和低品位热温差发电等方面有极大的应用潜力。同温差发电相反的是热电制冷，应用 Peltier 效应来制造热电制冷机。

β-$FeSi_2$ 是新型的热电材料之一。β-$FeSi_2$ 具有无毒性、抗氧化性能好、成本低廉和原料来源丰富等一系列优点。β-$FeSi_2$ 属于立方晶系，在 25℃ 时，β-$FeSi_2$ 的密度为 4.75g/cm³。化学计量比的 $FeSi_2$ 还有 α-$FeSi_2$ 和 γ-$FeSi_2$。块状的 α-$FeSi_2$ 为亮白色，粉状的 α-$FeSi_2$ 为灰黑色。α-$FeSi_2$ 属于四方晶系，萤石结构的 γ-$FeSi_2$ 是亚稳相，ε-$FeSi$ 的晶体结构是立方晶系。

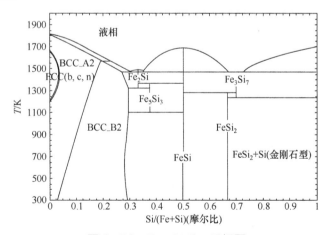

图 6-72　Fe-Si 系二元相图

（2）制备方法

早在 19 世纪初，铁的硅化物就意外地在 Berzelius 制备纯硅的实验中被合成出来，但是直到 19 世纪末，Moisson 等人才借助电炉成功制备出过渡金属硅化物。1950 年以来，过渡金属硅化物的制备技术由于人们对新的难熔材料的需求而发展迅速，自蔓延高温合成技术、电弧熔炼技术、粉末冶金技术、固态置换反应等相继出现。在硫化物和其他硅化物介绍的一些方法是相通的，所以本节主要介绍机械合金化和铝热反应法。

① 机械合金化法。机械合金化法制备β-FeSi₂，先将 Fe 粉和 Si 粉按一定配比混合均匀，再用高能球磨机球磨。混合粉体在磨球的高速撞击和摩擦作用下，受到冲击力和剪切力等多种力的作用，发生颗粒形变，甚至颗粒碎裂。球磨过程重复发生，混合粉体的组织不断得到细化。同时还有扩散和固相反应发生，进一步形成β相 FeSi₂ 合金粉体。通过机械合金化制备的β-FeSi₂ 合金的晶粒细小。晶粒细化能降低该合金的热导率和β相的转变温度。但是机械合金化的显著缺陷仍不可避免，长期的研磨过程使混合原料受到磨球及容器的污染，最终的产品也相应受到污染。

② 铝热反应法。铝热反应法制备 $FeSi_2$ 是一种全新的 $FeSi_2$ 制备方法。根据铝热反应原理，以 Fe_2O_3 粉、Al 粉和 Si 粉按下式进行反应：

$$Fe_2O_3 + 2Al + 4Si \longrightarrow 2FeSi_2 + Al_2O_3 \qquad (6\text{-}93)$$

铁元素以 Fe_2O_3 的形式加入，再加入铝热剂 Al 粉。它们发生剧烈的铝热反应，生成 Fe 和 Al_2O_3，并放出大量的热。Fe 再与原料中的 Si 粉，在铝热反应放出的大量热的作用下反应生成 $FeSi_2$。反应过程中，体系在铝热反应放出热的作用下，温度高于 Al_2O_3 与 $FeSi_2$ 熔点，产物 Al_2O_3 与 $FeSi_2$ 为液相。Al_2O_3 与 $FeSi_2$ 互不相溶，而且它们的密度差别大，在重力和气压的作用下，Al_2O_3 与 $FeSi_2$ 分层。随着反应结束，体系温度降低，液相凝固，$FeSi_2$ 在 Al_2O_3 中凝固并聚集。铝热反应制备 $FeSi_2$ 效率较高、成本较低、工艺简单、生产周期短、环境污染小。该方法能够大批量低成本制得 $FeSi_2$，适用于工业化生产。

参考文献

[1] 蒋阳,陶珍东. 粉体工程[M]. 武汉:武汉理工大学出版社,2008.

[2] 盖国胜,陶珍东. 粉体工程[M]. 北京:清华大学出版社,2009.

[3] 叶菁. 粉体科学与工程基础[M]. 北京:科学出版社,2009.

[4] 魏诗榴. 粉体科学与工程[M]. 广州:华南理工大学出版社,2006.

[5] 陈景华,张长森,等. 材料工程测试技术[M]. 上海:华东理工大学出版社,2006.

[6] 曹春娥,顾幸勇,等. 无机材料测试技术[M]. 南昌:江西高校出版社,2011.

[7] 沙菲. 几种常用的粉体粒度测试方法. 理化检验-物理分册[J]. 2012,48(6):374-377.

[8] 韩跃新. 粉体工程[M]. 长沙:中南大学出版社,2011.

[9] 吴成义. 粉体成形力学原理[M]. 北京:冶金工业出版社,2003.

[10] 关振铎,张中太,焦金生. 无机材料物理性能[M]. 2版. 北京:清华大学出版社,2011.

[11] 张立德. 超微粉体制备与应用技术[M]. 北京:中国石化出版社,2001.

[12] 符岩,张阳春. 氧化铝厂设计[M]. 北京:冶金工业出版社,2008.

[13] 毕诗文,氧化铝生产工艺[M]. 北京:化学工业出版社,2006.

[14] H H 叶列明,等. 氧化铝生产过程与设备[M]. 北京:冶金工业出版社,1987.

[15] 杨重愚. 氧化铝生产工艺学[M]. 北京:冶金工业出版社,1993.

[16] 熊炳昆,林振汉,杨新民,等. 二氧化锆制备及应用[M]. 北京,冶金工业出版社,2008.

[17] 颜鑫,卢云峰,等. 轻质系列碳酸钙关键技术[M]. 北京:化学工业出版社,2016

[18] 谢志鹏. 结构陶瓷[M]. 北京:清华大学出版社,2011.

[19] 姜奉华,陶珍东. 粉体制备原理与技术[M]. 北京:化学工业出版社,2019.

[20] 张玉军,张伟儒,等. 结构陶瓷材料及其应用[M]. 北京:化学工业出版社,2005.

[21] 王世敏,等. 纳米材料制备技术[M]. 北京:化学工业出版社,2002.

[22] 朱海,杨慧敏,朱柏林. 先进陶瓷成型及加工技术[M]. 北京:化学工业出版社,2016.

[23] 王零森. 特种陶瓷[M]. 长沙:中南工业大学出版社,1994.

[24] 张长瑞,郝元恺. 陶瓷基复合材料[M]. 北京:国防科技大学出版社,2000.

[25] Stephen W H. Tungsten sources,metallurgy,properties and application[M]. New York:Plenum Press,1979.

[26] 冯文超,张雯雯,冀雅文,等. 超细粉体表征方法及应用进展[J]. 化学工程师,2014,(3):33-35.

[27] 王清华,李振华,贺安之,等. 颗粒粒度测试方法综述[J]. 江苏教育学院学报:自然科学版,2007,24(2):25-28.

[28] 王瑞俊. 纳米材料粒度测试方法及标准化[J]. 安徽化工,2018,44(4):11-13.

[29] 张敏. 超细粉体团聚的形成机理及消除方法研究[J]. 中国粉体工业,2019,(1):23-27.

[30] 高瑞军,姚燕,吴浩,等. 纳米复合粉体分散剂的制备及其分散性能[J]. 材料导报,2018,32(11):3868-3874.

[31] 路文,陈延益,刘卫,等. 结晶法制备高纯 Al_2O_3 过程中 pH 值对杂质 Fe 去除的影响[J]. 材料科学与工程学报,2017,35(1):149-152.

[32] 徐素鹏. 液相直接沉淀法制备纳米氧化锌研究进展[J]. 广东化工,2020,47(19):254-256.

[33] 段波,赵兴中. 超微粉制备技术的现状与展望[J]. 材料工程,1994(6):5-8.

[34] 钱逸泰,谢毅,唐凯斌. 非氧化物纳米材料的溶剂热合成[J]. 中国科学院院刊,2001,(1):26-28.

[35] 叶凯,梁凤. 纳米镍粉的制备与应用的发展趋势[J]. 化工进展,2019,38(5):2252-2260.

[36] 曾庆猛. 砂状指标与我国氧化铝企业未来竞争力研究[J]. 世界有色金属,2005(11):11-14.

[37] 宋晓岚. 高纯超细氧化铝粉体制备技术进展[J]. 陶瓷工程,2001(6):43-46.

[38] 贾昆仑,刘世凯. 纳米氧化铝粉体制备与应用进展[J]. 中国陶瓷,2020,56(3):8-12.

[39] 吴佳航,刘国军,张桂霞,等. 纳米氧化锆粉体的制备与表征[J]. 大连工业大学学报,2015,34(6):476-479.

[40] 彭伟校,王开军,胡劲,等. 纯/掺杂纳米

氧化锆粉体水热法制备研究进展[J]. 材料导报 A，2013，27(10)：146-147.

[41] 张晓峰，氧化锆纳米粉料制备[J]. 洛阳理工学院学报：自然科学版，2017，27(1)：4-8.

[42] 邱才华，吴江，崔玉玲，等. 氧氯化锆生产排放废碱液的脱硅工艺研究[J]. 广东化工，2019，46(21)：53-56.

[43] 赵玉仲，孙建军，李军，朱庆山. 流化床气相水解制备高纯二氧化钛[J]. 化工学报，2017，68(10)：3978-3984.

[44] 全俊. 碱溶水解法生产工业氧化披新工艺研究[J]. 稀有金属与硬质合金，2012，40(2)：15-18.

[45] 李春雷.浅谈氧化镀的应用市场与生产技术现状[J]. 新疆有色金属，2007，4：31-33.

[46] 张改，田敏，冯勋. 直接沉淀法超细粉体氧化镁的制备与表征[J]. 广州化工，2012，40(10)：59-61.

[47] 张希祥，叶国安，段德智，等. 高活性 UO_2 粉末制备的影响因素研究[J]. 苏州科技学院学报：工程技术版，2006，19(1)：48-50.

[48] 高兴星，牛玉印，耿龙，等. 活性 UO_3 制备技术研究[J]. 原子能科学技术，2019，53(3)：552-556.

[49] 周艳华，虞澎澎，彭永烽，冯果. 硅酸锆粉体的制备及其研究进展[J]. 江苏陶瓷，2008，41(3)：5-9.

[50] 陈志强，苏宪君. 硅酸锆超细粉体加工技术[J]. 中国粉体技术，2009，15(4)：75-78.

[51] 郑或，张伟儒，彭珍珍，等. 高纯氮化硅粉合成研究进展[J]. 硅酸盐通报，2015，34：344-348.

[52] 时利民，赵宏生，闫迎辉，等.SiC 粉体制备技术的研究进展[J]. 材料导报，2016，20(s1)：239-242.

[53] 郝斌，刘进强，王福. 碳热还原法制备碳化硅的动力学分析[J]. 材料导报，2012，26(19)：185-186，190.

[54] 郝建英，王英勇，童希立，等. 不同碳硅比对合成高比表面积碳化硅的影响[J]. 材料导报，2012，26(5)：73-76.

[55] 种小川，肖国庆，丁冬海，等. 碳化硼粉体合成方法的研究进展[J]. 材料导报，2019，33(8)：2524-2531.

[56] 丁冬海，白冰，肖国庆，等. 燃烧合成碳化硼粉体及其介电吸波性能[J]. 硅酸盐学报，2020，48(3)：343-350.

[57] 陈冠廷，李三喜，王松，等. 前驱体转化法制备碳化硼粉体的研究进展[J]. 无机盐工业，2020，52(2)：6-11.

[58] 张卫方，陶春虎，习年生，等. TiC-Al_2O_3-Fe 复相材料的微观组织研究[J]. 无机材料学报，2001，16(1)：173-177.

[59] 张存满，徐政，许业文. 弥散 SiC 颗粒增韧 Al_2O_3 基陶瓷的增韧机制分析[J]. 硅酸盐通报，2001(5)：47-50.

[60] 李慈颖，李亚伟，高运明，等. 高钛渣提取碳氮化钛的研究[J].钢铁钒钛，2006，(27)3：5.

[61] 胡易成，李三妹，陕绍云，等. 碳热还原法制备氮化硅的研究进展[J]. 硅酸盐通报，2012，31(5)：1165-1169.

[62] 蒋周青，刘玉柱，薛丽青，等. 氮化铝粉体制备技术的研究进展[J]. 半导体技术，2019，44(8)：577-583.

[63] 陈琪，李同起，张大海，等. ZrB_2 材料的制备工艺与应用[J]. 硅酸盐通报，2020，39(3)：873-883.

[64] 罗来马，章宇翔，昝祥，等. 自蔓延高温合成高熔点粉体的研究现状与发展[J]. 稀有金属. 2018，42(11)：1211-1220.

[65] A M Chu，M L Qin. Effect of aluminum source on the synthesis of AlN powders from combustion synthesis precursors[J]. Materials Research Bulletin，2012，47(9)：2475-2479.

[66] A V Pavlikov，N V Latukhina，V I Chepurnov. Structural and optical properties of silicon-carbide nanowires produced by the high-temperature carbonization of silicon nanostructures[J]. Semiconductors，2017，51(3)：402-406.

[67] S Ebrahimi，M S Heydari，H R Baharvandi，et al. Effect of iron on the wetting，sintering ability，and the physical and mechanical properties of boron carbide composites：A review[J]. International Journal of Refractory Metals & Hard Materials，2016，57：78-92.

[68] Zhang X，Zhang Z，Nie B，et al. Ultrafine-grained boron carbide ceramics fabricated via ultrafast sintering assisted by high-energy ball milling[J]. Ceram.Int.，2018，44(6)：7291-7296.